变化环境下的水库适应性调度

刘 攀 郭生练 等 著

科 学 出 版 社

北 京

内 容 简 介

本书系统介绍变化环境下水库适应性调度的理论和方法，从水库来水时变预测、调度目标动态评估、调度规则跟踪控制、调度决策柔性区间四方面开展研究。主要内容包括：人类活动驱动的水文极值事件变异；水文模型时变参数的识别及归因；基于互馈关系的水库动态多目标调度；非一致性条件下的防洪评价；耦合水文预报误差的水库运行风险；基于统计过程控制的水库调度失效预警模型；兼顾历史和未来径流的水库调度；基于新息的自适应跟踪控制规则；确定性水库优化调度的区间决策；水库调度规则结构不确定性分析。

本书可供水利、电力、交通、地理、气象、环保、国土资源等领域内的广大科技工作者、工程技术人员参考阅读，也可作为高等院校高年级本科生和研究生的教学参考书。

图书在版编目（CIP）数据

变化环境下的水库适应性调度/刘攀等著. —北京：科学出版社，2022.2
ISBN 978-7-03-071418-3

Ⅰ.①变…　Ⅱ.①刘…　Ⅲ.①水库调度-研究　Ⅳ.①TV697.1

中国版本图书馆 CIP 数据核字（2022）第 024280 号

责任编辑：何　念　张　湾/责任校对：高　嵘
责任印制：彭　超/封面设计：无极书装

科学出版社 出版
北京东黄城根北街 16 号
邮政编码：100717
http://www.sciencep.com
武汉精一佳印刷有限公司印刷
科学出版社发行　各地新华书店经销
*
开本：787×1092　1/16
2022 年 2 月第　一　版　　印张：17 3/4
2022 年 2 月第一次印刷　　字数：419 000
定价：218.00 元
（如有印装质量问题，我社负责调换）

Preface
前　言

水资源时空分布不均、与生产力布局不相匹配，是我国长期面临的基本水情，严重制约社会发展。通过水库调度可以进行水资源时空的二次分配，缓解水资源的紧张形势，保障我国水安全。但是由于环境变化，如气候变异、人类活动影响（如水库径流调节）等，水库的入库径流序列及其洪水特征发生了变异，变化环境下水文的“一致性”假设不再适用。国际地圈-生物圈研究计划和全球水系统计划已将气候变化与人类活动对水循环产生的影响作为重点研究问题之一；联合国教育、科学及文化组织的国际水文计划第七阶段任务中，把气候变化对水文循环和水资源的影响，以及提高变化环境下的水资源管理能力作为研究的重点领域；国际水文科学协会2013年正式启动Panta Rhei（2013～2022）科学计划，主题是变化中的水文科学与社会系统，该计划提出了多个关键的科学问题。研究这些关键问题是对变化中的水文实现科学认识、预测评价和实际应用的核心，只有构建水文科学研究的整体平台，才能满足变化的环境系统和经济社会发展的需要。因此，在变化环境背景下，适应变化环境的水库调度研究十分必要，需重新编制防洪兴利调度规则等，并且重新确定水库特征参数。

“变化环境下的水库适应性调度”在实时调度方面，需重点研究变化环境背景下的水文预报技术，提高预报精度；在规划设计方面，需构建全新的调度规则再编制技术，涉及水文频率分析、非一致性条件下的评价指标体系及水库调度规则的自适应跟踪控制等，存在如下三方面的挑战。

（1）水文时变预报预测。受全球气候变化和人类活动的双重影响，流域的特征条件不可避免地发生改变。在环境变化越来越显著的背景下，传统的认为流域在水文模拟过程中呈现“稳态”的假定面临挑战，导致水文模型中代表流域水文物理特性的参数不随时间变化的假定不再适用。水文频率分析方法是一种超长期的水文预测预报技术，随着人类活动影响的加剧，水文极值系列的非一致性问题越来越突出。如何在已有水文分析框架上，显式地增加人类活动的影响，对开展人类活动影响下的水文频率分析具有重要的理论及现实意义。

（2）调度指标的动态评价。水库适应性调度问题是面向非平稳系列的最优决策。变化环境下的水库调度的调度期长度较短（只能选取基本平稳的一段时间，如3～5年，作为调度期），传统水库优化调度的期望效益最大模型不足以考虑变化环境的强不确定性，此时如何修改水库调度模型（包括目标函数和约束条件），是需要解决的技术难题。此外，水库用户的需求也是动态变化的。例如，气候变化引起的气温和水温升高对鱼类的生态调度产生影响；用电量增多，水电厂需承担的调峰作用更大；等等。此时，水库调度涉及供水-发电-环境的互馈耦合系统。

（3）调度规则的跟踪控制。首先存在全球气候模式的利用问题。未来径流预测数据既具有强不确定性，又具有与过去历史径流资料的“非一致性”，在水库调度中存在可利用性分析及融合等科学问题。在气候变化领域，将全球气候模式输出作为变异源输入水文模型，从而得到多种径流预测情景，已经成为气候变化对水资源影响研究的标准化模式。但是，全球气候模式与水文模型均存在较大的不确定性，常采用多种径流预测情景来描述。此时，这些预测数据是否具有可用性（噪声是否会掩盖真实的信号），如何应用到水库调度管理中，并与历史径流数据相融合，都是有待研究的科学问题。此外，如何利用现代控制技术实现水库调度规则的跟踪控制与自适应调整，也是挑战之一。

围绕以上三个挑战，本书将详细介绍以下内容：水库短期来水的时变预报、水文极值的频率分析，以揭示水库来水变异的机理；非一致性条件下的防洪评价、水库调度多目标的动态协同演化，以客观评价水资源价值；兼顾历史观测及未来预测的径流序列，并根据最新径流进行适应性跟踪，实现水资源的高效利用。

全书由刘攀、郭生练统稿，邓超、高仕达、张晓琦、冯茂源、张玮、张靖文、熊梦思等参与了撰写。本书是在国家自然科学基金重点国际（地区）合作与交流项目（51861125102）的资助下完成的。

作　者

2021 年 5 月于武汉珞珈山

Contents

目　录

▶第 *1* 章

人类活动驱动的水文极值事件变异

1.1 引　　言

水文极值事件是指在给定的时间尺度内，或者一定月份或季节内观测到的水文要素的最高值或最低值。水文频率分析方法作为推求水文设计值的一种标准工具已经得到广泛应用，水文极值事件的频率分析主要包括枯水频率分析和洪水频率分析，对特定水文过程做出尽可能正确的概率描述，从而对未来的水文情势做出概率性预估。人类活动改变了自然面貌，从而改变了陆地的水文情态。例如，地下水抽水对枯水流量变化规律影响巨大；水库的调洪调度对洪水流量变化规律有显著影响。本章旨在基于物理机制，推求出人类活动影响下的枯水频率分布函数和考虑水库影响的洪水频率分布函数。

枯水频率分析是开展生态流量和干旱程度评估的重要依据。现行枯水频率分析方法应用的前提条件是极值系列必须满足一致性要求，但随着人类活动影响的加剧，水文极值系列的非一致性问题越来越突出。对于不满足一致性要求的水文极值系列（即非一致性极值系列），若采用现行的一致性框架下的频率计算方法进行枯水频率计算，得到的设计成果会增加工程水文设计的风险。因此，开展人类活动影响下的枯水频率分析具有重要的理论及现实意义。为了推求人类活动影响下的枯水频率分布函数，本章将地下水抽水和人类废弃回水作为基流退水过程中的变量。具体推导步骤如下：①当不考虑人类活动影响时，假设枯水频率服从 P-III 型分布函数；②基于基流退水公式推导出最大降雨间隔时间的概率分布函数；③人类活动影响下基流退水公式发生改变；④联合人类活动影响下的基流退水公式和最大降雨间隔时间的概率分布函数推求人类活动影响下的枯水频率分布函数。

人类活动如水库的运行，将会对洪水频率曲线的特征产生显著影响。研究表明，水库的调节作用既会减小年最大洪水流量，又会使洪水序列的变异系数（C_V）出现先增加后减小的特征。目前没有研究对水库影响下的洪水频率分析公式进行定性分析，因此本章通过三角形简化计算法和数值积分计算法，推求出水库调节前后入库、出库洪峰的关系公式，从而进一步推导出水库影响下的洪水频率分析公式。为了推求水库影响下的洪水频率分布函数，本章将水库的防洪调度规则简化为三个阶段，并引入三角形简化计算法和数值积分计算法，基于线性水库模型和非线性水库模型，推求出四种入库洪峰和出库洪峰的数学解析关系式。对出库洪峰关于入库洪峰的关系式求偏导，代入原频率分布函数，得到水库影响下的洪水频率分布函数。结果均表明，在线性水库模型中，人类的活动仅改变了频率分布函数的位置参数；但在非线性水库模型中，人类活动改变了整体的频率分布函数。

1.2 人类活动影响下的枯水频率分析

1.2.1 研究方法

传统枯水频率分析基于数理统计分析方法，不能考虑水文物理机制问题。Gottschalk

和 Perzyna[1]基于枯季临近降水的时间分布和基流退水曲线，在降水服从极值 I 型分布和基流退水服从线性水库描述的假定下，推求出枯水频率曲线为韦布尔分布，该方法为枯水频率分析提供了理论依据。Wang 和 Cai[2]提出了考虑地下水抽水的人类活动退水曲线方程。本章基于线性水库模型和非线性水库模型，将人类抽水和回水活动作为具体影响纳入考虑，推求了人类活动影响下的枯水频率分析公式。推求过程主要包括以下四个步骤。

（1）未受人类活动影响的枯水频率分析公式为 P-III 型分布函数：

$$f(Q_{年\min}) = \frac{\beta^{\alpha}}{\Gamma(\alpha)}(Q_{年\min} - \delta)^{\alpha-1}\mathrm{e}^{-\beta(Q_{年\min}-\delta)} \quad (\alpha > 0, \beta > 0, Q_{年\min} \geqslant \delta) \tag{1.1}$$

式中：$Q_{年\min}$ 为年最小流量；α、β、δ 分别为 P-III 型分布函数的形状、尺度和位置参数。

（2）推求基于基流退水公式的年最大降雨间隔时间的概率分布函数。

（3）求考虑人类活动影响的基流退水公式。

（4）联立年最大降雨间隔时间的概率分布函数和考虑人类活动影响的基流退水公式，推求人类活动影响下的枯水频率分析公式。

1. 线性水库模型

地下水的水面比降较平缓，且其涨落与蓄泄关系相同，因为地下径流的蓄泄关系可以用线性水库模型[3]表示：

$$S_{\mathrm{g}} = kQ_{\mathrm{s}} \tag{1.2}$$

式中：S_{g} 为地下水储量；k 为蓄泄常数；Q_{s} 为地下径流。

假定基流退水过程在枯季无降雨，则基流退水公式可用指数方程表示为

$$Q(t) = Q_0\mathrm{e}^{-\frac{t}{k}} \tag{1.3}$$

式中：$Q(t)$为未受人类活动影响的河道在 t 时刻的总流量；Q_0 为起始流量。

枯季径流主要受三个特征参数影响：起始流量、最小枯水流量、降雨间隔时间。起始流量和蓄泄常数被认为是常数，而降雨间隔时间被认为是随机数。Gottschalk 等[4]指出年最大降雨间隔时间可被认为是相互独立的随机数，因此可以用数学分布函数进行模拟，基于未受人类活动影响的径流流量服从 P-III 型分布函数的假定，反推求出年最大降雨间隔时间服从如下分布：

$$f(t) = -\frac{Q_0\beta^{\alpha}}{k\Gamma(\alpha)}\left(Q_0\mathrm{e}^{-\frac{t}{k}} - \delta\right)^{\alpha-1}\mathrm{e}^{-\beta\left(Q_0\mathrm{e}^{-\frac{t}{k}} - \delta\right) - \frac{t}{k}} \tag{1.4}$$

在传统研究中，地下水抽水等人类活动由于存在估算困难，往往被认为是固定参数，Wang 和 Cai[5]将人类活动（包括地下水抽水和废弃回水）作为内在参数进行考虑，推求了人类活动影响下的基流退水公式。地下水抽水是对枯季径流影响最大的人类活动，将地下水抽水作为内在参数纳入线性水库模型的基流退水公式中，可得人类活动影响下的基流退水公式：

$$Q'(t) = Q_0 \exp\left(-\frac{t}{k}\right) - c_{抽水}Q_g \tag{1.5}$$

式中：$Q'(t)$ 为受人类活动影响的河道在 t 时刻的总流量；Q_g 为地下水抽水流量；$c_{抽水}$ 为人类地下水抽水的消耗率。

由式（1.5）可以反推求出年最大降雨间隔时间在人类活动影响下的公式：

$$t = -k\ln\left[\frac{Q'(t) + c_{抽水}Q_g}{Q_0}\right] \tag{1.6}$$

将时间 t 代入年最大降雨间隔时间分布可以推求出人类活动影响下的年最小流量分布：

$$f'(Q) = \frac{\beta^\alpha}{\Gamma(\alpha)}(Q + c_{抽水}Q_g - \delta)^{\alpha-1}\mathrm{e}^{-\beta(Q+c_{抽水}Q_g-\delta)} \tag{1.7}$$

人类活动影响下的枯水频率分析公式仍服从 P-III 型分布函数，但位置参数由 δ 变为 $c_{抽水}Q_g - \delta$，这也说明人类抽水活动明显减少了枯水流量。

2. 非线性水库模型

在模拟实际基流退水工程中，因为非线性水库模型比线性水库模型更加精确，所以非线性水库模型[6]在枯水研究中广泛应用，蓄泄关系可以表示为

$$S_g = aQ_s^{\ b} \tag{1.8}$$

式中：a 和 b 为流域特征参数，通过拟合基流退水公式和实测数据得到。

非线性水库模型中，未受人类活动影响的基流退水公式由 Wittenberg 和 Sivapalan[7]提出：

$$Q(t) = Q_0\left[1 + \frac{(1-b)Q_0^{1-b}}{ab}\right]^{\frac{1}{b-1}} \tag{1.9}$$

式中：$Q(t)$为未受人类活动影响的河道在 t 时刻的总流量；Q_0 为起始流量。 Wittenberg 和 Sivapalan[7]通过分析基流退水公式和实测数据得出参数 b 的值，其可以被设置为 0.5。与线性水库模型类似，基于未受人类活动影响的径流流量服从 P-III 型分布函数和基流退水公式，反推求出年最大降雨间隔时间服从如下分布：

$$f(t) = -2a^5Q_0^{1.5}(a^2 + aQ_0^{0.5}t)^{-3}\frac{\beta^\alpha}{\Gamma(\alpha)}\left[\frac{a^2Q_0^2}{(a+Q_0^{0.5}t)^2} - \delta\right]^{\alpha-1}\mathrm{e}^{-\beta\left[\frac{a^2Q_0^2}{(a+Q_0^{0.5}t)^2}-\delta\right]} \tag{1.10}$$

Wang 和 Cai[2]推求出了考虑人类活动影响的基流退水公式：

$$Q'(t) = (1 - c_{抽水})Q_g + Q_g\tan^2\left[\arctan\sqrt{\frac{Q_0 - (1 - c_{抽水})\ Q_g}{Q_g}} - \frac{\sqrt{Q_g}}{a}t\right] \tag{1.11}$$

式中：$Q'(t)$ 为受人类活动影响的河道在 t 时刻的总流量；Q_g 为地下水抽水流量；$c_{抽水}$ 为人类地下水抽水的消耗率。

由式（1.11）可以反推求出年最大降雨间隔时间在人类活动影响下的公式：

$$t=\frac{a}{\sqrt{Q_{\mathrm{g}}}}\left[\arctan\sqrt{\frac{Q_0-(1-c_{抽水})Q_{\mathrm{g}}}{Q_{\mathrm{g}}}}-\arctan\sqrt{\frac{Q'(t)-(1-c_{抽水})Q_{\mathrm{g}}}{Q_{\mathrm{g}}}}\right] \tag{1.12}$$

将时间 t 代入年最大降雨间隔时间分布可以推求出人类活动影响下的年最小流量分布：

$$\begin{aligned}f'(Q)=&a^6\frac{Q_0^{1.5}}{Q^{0.5}(Q+c_{抽水}Q_{\mathrm{g}})}\\&\times\left\{a^2+a^2\sqrt{\frac{Q_0}{Q_{\mathrm{g}}}}\left[\arctan\sqrt{\frac{Q_0-(1-c_{抽水})Q_{\mathrm{g}}}{Q_{\mathrm{g}}}}-\arctan\sqrt{\frac{Q-(1-c_{抽水})Q_{\mathrm{g}}}{Q_{\mathrm{g}}}}\right]\right\}^{-3}\\&\times\frac{\beta^\alpha}{\Gamma(\alpha)}\left(\frac{a^4Q_0}{\left\{a^2+a^2\sqrt{\frac{Q_0}{Q_{\mathrm{g}}}}\left[\arctan\sqrt{\frac{Q_0-(1-c_{抽水})Q_{\mathrm{g}}}{Q_{\mathrm{g}}}}-\arctan\sqrt{\frac{Q-(1-c_{抽水})Q_{\mathrm{g}}}{Q_{\mathrm{g}}}}\right]\right\}^2}-\delta\right)^{\alpha-1}\\&\times\mathrm{e}^{\frac{a^4Q_0}{\left\{a^2+a^2\sqrt{\frac{Q_0}{Q_{\mathrm{g}}}}\left[\arctan\sqrt{\frac{Q_0-(1-c_{抽水}Q_{\mathrm{g}})}{Q_{\mathrm{g}}}}-\arctan\sqrt{\frac{Q-(1-c_{抽水})Q_{\mathrm{g}}}{Q_{\mathrm{g}}}}\right]\right\}^2}-\delta}\end{aligned} \tag{1.13}$$

对比推求的人类活动影响下的枯水频率分析公式与原频率分析公式可知，在非线性水库模型下，人类活动影响下的枯水频率分析公式不再服从 P-III 型分布函数，所推求公式在函数形式上发生了改变，除 P-III 型分布函数中原有的形状、尺度和位置参数外，新推求的分布函数还有从基流退水公式中得到的流域特征参数 a 和 $c_{抽水}$。

1.2.2　结果分析

1. 流域水文资料

选取无定河流域为研究对象（图 1.1），无定河流域地处毛乌素沙漠与黄土高原的过渡带，是黄河一级子流域。无定河干流河长为 491 km，平均坡降为 0.2%，整个流域海拔为 600～1 800 m，流域集水面积约为 30 261 km^2。白家川水文站为无定河最下游的水文站，其控制面积约为 29 660 km^2，占整个流域集水面积的 98%。无定河流域属于大陆性干旱半干旱季风气候，该区域降雨量具有量少、强度大的特点。根据无定河流域 1956～2000 年实测资料，其多年平均年降雨量为 401 mm，其中约 73%发生在雨季（6～9 月）。由于无定河流域内黄土质地疏松，植被覆盖度较低，且长期以来的乱砍滥伐对其生态系统造成严重破坏，水土流失问题较为严重，其中地下水抽水为该流域最频繁的人类活动[8]。

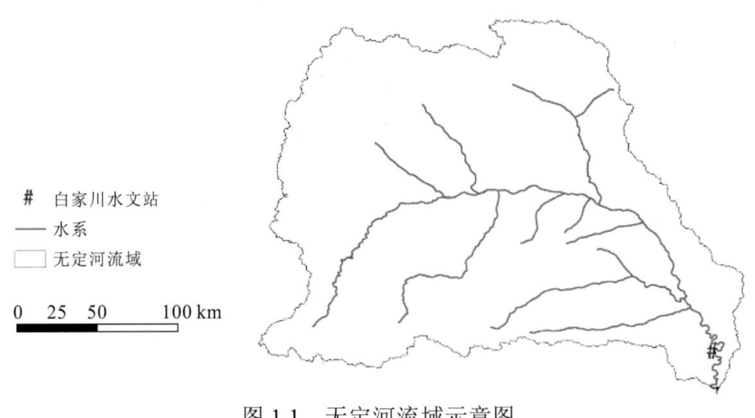

图 1.1 无定河流域示意图

2. 特征参数估计

采用年最小值法计算无定河流域 45 年的枯季径流序列，基于线性矩法计算 P-III 型分布函数的形状、尺度和位置参数。为了模拟地下水抽水流量，在基流退水公式中，将变量作为一个常数值。根据中国统计年鉴的农业数据，估算了无定河流域地下水抽水流量 Q_g 和取水量的消耗率 $c_{抽水}$。假设所有衰退曲线的初始流量都是相同的，Q_0 的值设置为 32 m^3/s，为所有年份观察值的平均初始流量。参数 a 是通过将衰退方程与观察到的衰退曲线拟合确定的，计算结果在表 1.1 中列出，图 1.1 为无定河流域示意图。

表 1.1 无定河流域参数表

函数名称	参数	值
P-III 型分布函数	α	4.34
	β	0.46
	δ	2.5
人类活动影响下的枯水频率分布函数	Q_g/（m^3/s）	0.22
	Q_0/（m^3/s）	32
	a/（$m^{1.5}s^{0.5}$）	21.8
	b	0.5
	$c_{抽水}$	0.8

3. 频率曲线图

以时间变量 t 为参数，对无定河流域年最大降雨间隔时间进行取样排序，计算其经验频率。将经验频率、初始假定的频率公式和人类活动影响下的频率公式绘制成年最大降雨间隔时间的频率曲线图。线性水库模型和非线性水库模型推求的人类活动影响下的频率公式计算的理论频率值，以及无定河流域实测枯季径流值的经验频率如图 1.2 所示。

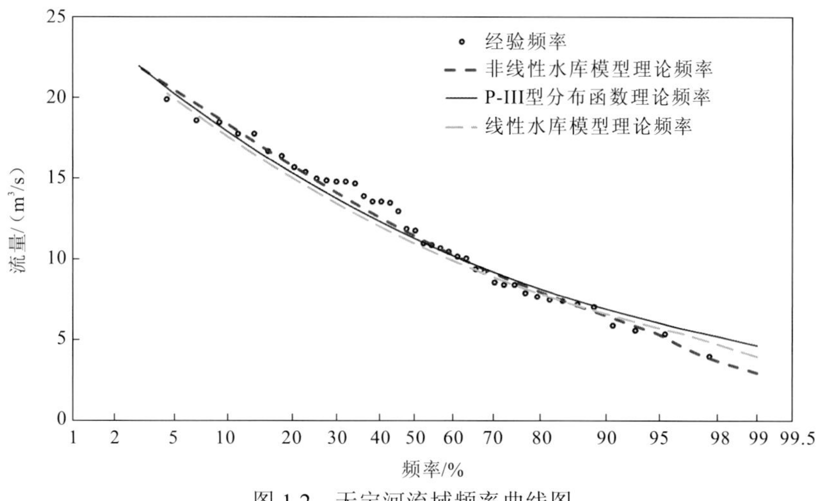

图 1.2　无定河流域频率曲线图

由无定河流域频率曲线图图 1.2 可以看出，线性水库模型下的理论频率曲线和初始 P-III 型分布函数形状相似，但受人类活动的影响，枯季径流流量减小，曲线整体后移，同频率下线性水库模型下的理论频率曲线对应的流量值小于 P-III 型分布函数对应的流量值。非线性水库模型下的理论频率曲线的线型发生了改变，在洪水频率小于 10%的部分与经验频率的拟合度更好，其相对误差为 4.1%，小于 P-III 型分布函数的相对误差（6.2%）。

1.3　考虑水库影响的洪水频率分析

洪水频率分析方法可用于推求设计洪水，广泛应用于防洪工程实践中。传统的研究方法主要包括：美国 1968 年撰写了《设计洪水计算指南》；爱尔兰国立大学 Cunnane 教授受世界气象组织委托，于 1989 年撰写出版了《洪水频率分析的统计分布》[9]；中国自 20 世纪 50 年代开始开展洪水频率分析工作，在频率曲线线型、经验频率公式、参数估计方法、设计洪水过程线放大等方面进行了较为深入的研究。Eagleson[10]首先提出了基于物理机制的洪水频率曲线公式推导法，这一方法主要包含降水和径流模型的设定，以及径流峰值与降雨的转换关系。Sivapalan 等[11]将气候变化和土地利用等因素纳入洪水频率分析中，推导了考虑季节影响的洪水频率曲线公式。Botter 等[12]假定降水服从泊松分布，通过体现气候变化和土地利用影响的模型参数，推导了基于物理机制的洪水频率曲线解析模型。

传统的研究侧重于考虑气候变化及土地利用对洪水频率分析的影响，却忽视了水库调度对自然状态下的水资源时空特征进行重新分配带来的影响[13]。少量研究表明，水库建设前后会对洪水的洪峰洪量有一定程度的削减作用，但水库对洪水频率分析的具体影响尚未有解析公式[14-15]。因此，本节将探讨水库调度影响下的洪水频率分析方法。本节基于线性水库模型和非线性水库模型，分别提出了三角形简化计算法和数值积分计算法，用四种方法推求水库影响下的洪水频率分析公式，推求过程主要包括以下三个步骤：①未受人类活动影响的洪水频率分析公式为 P-III 型分布函数[式（1.1）]；②通过线性水库模型和非线性水库模型下的三角形简化计算法与数值积分计算法，推求入库、出库洪峰关系公式；③对入库、出库洪峰关系公式求偏导，代入初始 P-III 型分布函数，推求出水库影响下的洪水频率分析公式。

研究的水库为自由开敞式泄流水库，其水库调度的规则主要可以分为三个阶段[15]：①当水库洪水流量小于汛限水位相应的下泄能力，且小于安全泄量时，控制闸门，让出库流量等于入库流量；②当水库入库流量超过汛限水位相应的下泄能力，而小于下游安全泄量时，打开闸门，自由泄流，出库流量由于水库调节的作用将小于入库流量；③当水库入库流量超过水库的最大泄流能力时，闸门全开，同时自由泄流，出库流量等于入库流量。

1.3.1 研究方法

1. 线性水库模型

1）数值积分计算法

假定水库的入库流量与时间 t 的函数关系为线性单增后单减，如图 1.3 中的三角形 ABC 所示，其函数关系式为

$$I(t)=\begin{cases} a_{\text{入库}}t & (0\leqslant t\leqslant T_1) \\ b_{\text{入库}}t+a_{\text{入库}}T_1-b_{\text{入库}}T_1 & (t>T_1) \end{cases} \tag{1.14}$$

式中：$I(t)$ 为入库流量；$a_{\text{入库}}$ 和 $b_{\text{入库}}$ 为模拟入库流量随时间变化的特征参数；T_1 为入库洪峰的发生时刻。

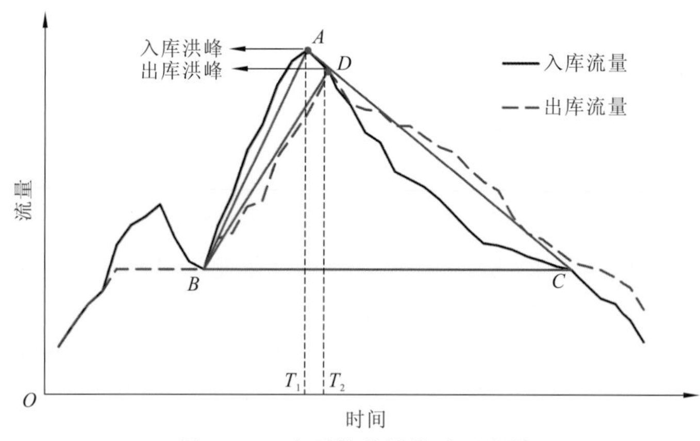

图 1.3 三角形简化计算法示意图

将水库的蓄泄关系用线性水库模型[3]表示：

$$V(t)=kO(t) \tag{1.15}$$

式中：$V(t)$ 为水库库容；k 为线性水库中的蓄泄常数；$O(t)$ 为出库流量。

联立入库流量公式和线性水库模型公式，可以得出线性水库模型下出库流量与时间

的函数关系：

$$O(t)=\begin{cases} ak\mathrm{e}^{-\frac{t}{k}}+at-ak & (0\leqslant t\leqslant T_1) \\ \lambda\mathrm{e}^{-\frac{t}{k}}+bt-bk+aT_1-bT_1 & (t>T_1) \end{cases} \tag{1.16}$$

式中：λ 为出库流量过程的模拟系数。

随着入库流量的变化，出库流量先增加后减少，当入库流量与出库流量相等时，达到水库最大的调蓄水量[16]。推求 $O(t)$ 关于时间 t 的峰值，即求得出库洪峰对应的时间 T_2，将时间 T_2 代入出库流量与时间的函数关系式中，求得出库洪峰。

根据水库调节的规则：①当水库洪水流量小于汛限水位相应的下泄能力，且小于安全泄量时，出库流量等于入库流量，即分段函数第一段；②当水库入库流量超过汛限水位相应的下泄能力，而小于下游安全泄量时，出库流量由函数关系式（1.16）推求；③当水库入库流量超过水库的最大泄流能力时，出库流量等于入库流量，推求出 $O(t)$ 的最大值，即出库洪峰：

$$O_{\mathrm{m}}=\begin{cases} I_{\mathrm{m}} & (0\leqslant I_{\mathrm{m}}\leqslant I_{\mathrm{s}}) \\ -b\ln\left(\dfrac{bk}{\lambda}\right)+I_{\mathrm{m}}-bT_1 & (I_{\mathrm{s}}<I_{\mathrm{m}}<I_{\mathrm{v}}) \\ I_{\mathrm{m}} & (I_{\mathrm{m}}\geqslant I_{\mathrm{v}}) \end{cases} \tag{1.17}$$

式中：I_{m} 为入库洪峰；O_{m} 为出库洪峰；I_{s} 为水库起调流量；I_{v} 为水库最大调节流量。

为了确定水库下游的洪水频率分析公式，求得出库洪峰关于入库洪峰的偏导，并将入库洪峰与出库洪峰的公式代入初始的 P-III 型分布函数，受水库调度规则的影响，洪水频率公式也应划分为三个阶段。水库影响下的洪水频率分析公式如下：

$$f(O_{\mathrm{m}})=\begin{cases} \dfrac{\beta^{\alpha}}{\Gamma(\alpha)}(I_{\mathrm{m}}-\delta)^{\alpha-1}\mathrm{e}^{-\beta(I_{\mathrm{m}}-\delta)} & (0\leqslant I_{\mathrm{m}}\leqslant I_{\mathrm{s}}) \\ \dfrac{\beta^{\alpha}}{\Gamma(\alpha)}\left[-b\ln\left(\dfrac{bk}{\lambda}\right)+I_{\mathrm{m}}-bT_1-\delta\right]^{\alpha-1}\mathrm{e}^{-\beta\left[-b\ln\left(\frac{bk}{\lambda}\right)+I_{\mathrm{m}}-bT_1-\delta\right]} & (I_{\mathrm{s}}<I_{\mathrm{m}}<I_{\mathrm{v}}) \\ \dfrac{\beta^{\alpha}}{\Gamma(\alpha)}(I_{\mathrm{m}}-\delta)^{\alpha-1}\mathrm{e}^{-\beta(I_{\mathrm{m}}-\delta)} & (I_{\mathrm{m}}\geqslant I_{\mathrm{v}}) \end{cases} \tag{1.18}$$

将推导求出的水库影响下的洪水频率分析公式和 P-III 型分布函数比较可知：三个阶段的洪水频率分析公式都服从 P-III 型分布函数的线型，线性水库模型并没有改变初始的洪水频率分析公式；入库洪峰被水库调节后，洪水频率分析公式中的 x 值发生了改变，第二阶段的水库调节作用被作为内在参数进行考虑。

2）三角形简化计算法

如图 1.3 所示，水库入库、出库流量过程采用简化三角形方式处理，入库流量为三角形 ABC，出库流量为三角形 DBC。水库的入流、出流关系曲线受水库的调度规则影响，本节中按照自由溢流方式处理：①当水位处于起调水位，水库入库流量小于汛限水位相应的下泄能力，且小于安全泄量时，控制闸门，让出库流量等于入库流量，即图 1.3 中入库流量和出库流量的重合部分；②当入库流量持续增加但仍小于汛限水位相应的下泄能力时，水库按照固定的下泄流量泄流，即图 1.3 中出库流量的横虚线部分；③当水库入库流量超过汛限水位相应的下泄能力，而小于下游安全泄量时，打开闸门，自由泄流，出库流量由于水库的调节作用将小于入库流量，即图 1.3 中的 *BDC* 部分。

当出库流量过程与入库流量过程相交于点 *D* 时，水库达到最大的调洪库容 V_m，出库流量达到峰值 O_m，峰值过后出库流量随水库水位的降低而逐步减小，三角形简化计算法将出库流量过程的涨水段简化为直线。随着出库流量逐渐大于入库流量，水库库容不断减小。其中，出库流量由线性水库模型的蓄泄关系求出，水库最大的调洪库容 V_m 与出库流量的峰值对应，入库流量在 T_1 时刻达到洪峰值，出库流量在 T_2 时刻达到洪峰值。

入库、出库洪水过程采用简化三角形方式处理，入库、出库三角形面积差为入库洪水形成的水库最大调洪库容 V_m，由此可以得到水量平衡公式：

$$V_m = \frac{1}{2}T_w I_m - \frac{1}{2}T_w O_m \tag{1.19}$$

式中：V_m 为水库最大调洪库容；T_w 为洪水历时。

将线性水库模型公式代入水量平衡公式可得入库洪峰和出库洪峰的关系式：

$$O_m = \frac{T_w}{T_w + 2k} I_m \tag{1.20}$$

基于入库、出库洪峰的公式，求出库洪峰关于入库洪峰的偏导数，并将入库、出库洪峰的公式及偏导数代入初始的 P-III 型分布函数，推求出受水库影响的洪水频率分析公式。受水库调度规则的影响，洪水频率分析公式也应划分为三个阶段。水库影响下的洪水频率分析公式如下：

$$f(O_m) = \begin{cases} \dfrac{\beta^\alpha}{\Gamma(\alpha)}(I_m - \delta)^{\alpha-1} e^{-\beta(I_m - \delta)} & (0 \leqslant I_m \leqslant I_s) \\ \dfrac{T_w}{T_w + 2k} \dfrac{\beta^\alpha}{\Gamma(\alpha)} \left(\dfrac{T_w}{T_w + 2k} O_m \right)^{\alpha-1} e^{-\beta\left(\frac{T_w}{T_w+2k}O_m - \delta\right)} & (I_s < I_m < I_v) \\ \dfrac{\beta^\alpha}{\Gamma(\alpha)}(I_m - \delta)^{\alpha-1} e^{-\beta(I_m - \delta)} & (I_m \geqslant I_v) \end{cases} \tag{1.21}$$

将推导求出的水库影响下的洪水频率分析公式和 P-III 型分布函数比较可知：三个阶段的洪水频率分析公式都服从 P-III 型分布函数的线型，线性水库模型并没有改变初始的洪水频率分析公式；入库洪峰被水库调节后，洪水频率分析公式中的 x 值发生了改变，第二阶段的水库调节作用被作为内在参数进行考虑，出库洪峰关于入库洪峰的偏导数 $\dfrac{T_w}{T_w + 2k}$ 为 P-III 型分布函数的系数。

2. 非线性水库模型

1）数值积分计算法

非线性水库模型的数值积分计算法中，仍假定水库的入库流量函数关系式为线性单

增后单减。与线性水库模型假定不同的是，非线性水库模型的蓄泄关系为

$$V(t)=cO^2(t) \tag{1.22}$$

式中：$V(t)$ 为水库库容；$O(t)$ 为出库流量；c 为流域参数。

联立非线性水库模型蓄泄关系公式和入库流量的函数关系式，推求出线性水库模型下出库流量与时间的函数关系：

$$-\frac{1}{2}\ln\left[\frac{2V(t)}{t}+\frac{V(t)^{\frac{1}{2}}}{ct}-\sigma_s\right]+\frac{1}{\sqrt{-\left(\frac{\sigma_s}{2}+\frac{1}{4c^2}\right)}}\arctan\left[\frac{\frac{V(t)^{\frac{1}{2}}}{t}+\frac{1}{4c}}{\sqrt{-\left(\frac{\sigma_s}{2}+\frac{1}{4c^2}\right)}}\right]+C=\ln t \tag{1.23}$$

式中：C 为积分常数；σ_s 为入流供给率。

非线性微分方程得到的隐函数无法解出初等函数来表示出库流量与时间的关系，因此采用牛顿迭代法计算水库库容 $V(t)$ 和出库流量 $O(t)$ 的数值解。将结果代入原始频率分布中，推求出洪水频率分析公式：

$$f(O_m)=\begin{cases}\dfrac{\beta^\alpha}{\Gamma(\alpha)}(I_m-\delta)^{\alpha-1}e^{-\beta(I_m-\delta)} & (0\leqslant I_m\leqslant I_s)\\ O'_m\dfrac{\beta^\alpha}{\Gamma(\alpha)}(O_m-\delta)^{\alpha-1}e^{-\beta(O_m-\delta)} & (I_s<I_m<I_v)\\ \dfrac{\beta^\alpha}{\Gamma(\alpha)}(I_m-\delta)^{\alpha-1}e^{-\beta(I_m-\delta)} & (I_m\geqslant I_v)\end{cases} \tag{1.24}$$

将推导求出的水库影响下的洪水频率分析公式和 P-III 型分布函数比较可知：受自由溢流式水库影响，在水库未调节阶段，出库流量仍等于入库流量，则洪水频率分析公式都服从 P-III 型分布函数的线型；但第二阶段的分布函数由于出库流量的偏导函数发生了改变，O'_m 中含有关于函数 I_m 的数学式，不再服从 P-III 型分布函数。

2）三角形简化计算法

如图 1.3 所示，水库入库、出库流量过程采用简化三角形方式处理，入库流量为三角形 ABC，出库流量为曲线。当出库流量过程与入库流量过程相交于点 D 时，水库达到最大的调洪库容 V_m，出库流量达到峰值 O_m，峰值过后出库流量随水库水位的降低而逐步减小。随着出库流量逐渐大于入库流量，水库库容不断减小。其中，出库流量由非线性水库模型的蓄泄关系推求，水库最大的调洪库容 V_m 与出库流量的峰值对应。将入库、出库洪水过程简化成三角形，入库、出库三角形面积差为入库洪水形成的水库最大调洪库容。根据非线性水库模型，水库最大调洪库容和出库流量存在非线性关系，代入水量平衡公式（1.19）中，得出入库洪峰和出库洪峰的关系式：

$$O_m=\left(\frac{T_w I_m}{2c}+\frac{T_w^2}{16c^2}\right)^{0.5}-\frac{T_w}{4c} \tag{1.25}$$

求得出库洪峰关于入库洪峰的偏导数后，将其和入库、出库洪峰的公式代入初始的 P-III 型分布函数。受水库调度规则的影响，洪水频率分析公式也应划分为三个阶段，水

库自由溢流时第一阶段和第三阶段出库流量等于入库流量，水库影响下的洪水频率分析公式如下：

$$f(O_{\mathrm{m}})=\begin{cases}\dfrac{\beta^{\alpha}}{\Gamma(\alpha)}(I_{\mathrm{m}}-\delta)^{\alpha-1}\mathrm{e}^{-\beta(I_{\mathrm{m}}-\delta)} & (0\leqslant I_{\mathrm{m}}\leqslant I_{\mathrm{s}})\\ \dfrac{T}{4a}\left[\left(\dfrac{T_{\mathrm{w}}I_{\mathrm{m}}}{2c}+\dfrac{T_{\mathrm{w}}^{2}}{16c^{2}}\right)^{0.5}-\dfrac{T_{\mathrm{w}}}{4c}\right]^{-0.5} & \\ \quad\times\dfrac{\beta^{\alpha}}{\Gamma(\alpha)}\left[\left(\dfrac{T_{\mathrm{w}}I_{\mathrm{m}}}{2c}+\dfrac{T_{\mathrm{w}}^{2}}{16c^{2}}\right)^{0.5}-\dfrac{T_{\mathrm{w}}}{4c}-\delta\right]^{\alpha-1}\mathrm{e}^{-\beta\left[\left(\frac{T_{\mathrm{w}}I_{\mathrm{m}}}{2c}+\frac{T_{\mathrm{w}}^{2}}{16c^{2}}\right)^{0.5}-\frac{T_{\mathrm{w}}}{4c}-\delta\right]} & (I_{\mathrm{s}}<I_{\mathrm{m}}<I_{\mathrm{v}})\\ \dfrac{\beta^{\alpha}}{\Gamma(\alpha)}(I_{\mathrm{m}}-\delta)^{\alpha-1}\mathrm{e}^{-\beta(I_{\mathrm{m}}-\delta)} & (I_{\mathrm{m}}\geqslant I_{\mathrm{v}})\end{cases}\tag{1.26}$$

将推导求出的水库影响下的洪水频率分析公式(1.26)和P-III型分布函数比较可知，根据水库的调度规则，第一阶段及第三阶段的洪水频率分析公式都服从 P-III 型分布函数的线型；入库洪峰被水库调节后，P-III型分布函数中的 x 值发生了改变，出库洪峰关于入库洪峰的偏导数中有关于 x 值的关系式，水库调节作用被作为内在参数进行考虑，第二阶段的分布函数不再服从 P-III 型分布函数。

1.3.2 结果分析

1. 流域水文资料

选取水布垭水库和五强溪水库为研究对象（图 1.4、图 1.5），水布垭水库于 2008 年竣工，位于湖北省恩施土家族苗族自治州巴东县境内，为一等大型水利水电工程。工程主要由以下建筑物组成：高 233 m 的面板堆石坝；最大下泄流量为 18 280 $\mathrm{m^3/s}$ 的岸边溢洪道，布置在左岸；位于右岸的地下厂房，装机容量为 4×400 MW；同时用来中后期导流的放空洞，布置在右岸。坝址上距恩施市 117 km，下距已建成的隔河岩水电站 92 km，是清江干流中下游河段三级开发的龙头梯级，是一座以发电为主，兼顾防洪、航运效益的大型水利枢纽[17]。坝址以上流域面积为 10 860 $\mathrm{km^2}$，占清江全流域面积的 63.9%。水库具有多年调节能力，水电站装机容量为 184×10^4 kW，保证出力为 31.0×10^4 kW，多年平均发电量为 39.84×10^8 kW·h。水库正常蓄水位为 400 m，死水位为 345 m，相应的总库容为 45.89×10^8 $\mathrm{m^3}$，库容系数为 0.272，是湖北省乃至华中地区不可多得的调节性能优异的水库[18-19]。在长江流域规划中，水布垭水库预留防洪库容 5×10^8 $\mathrm{m^3}$，其防洪作用主要体现在以下三方面：①提高荆江河段及城陵矶附近地区的防洪标准；②推迟城陵矶和荆江地区分洪时间，减小分洪量；③降低河道最高水位，减少长江中游广大地区的防汛费用。水布垭水库的参数在表 1.2 中列出。

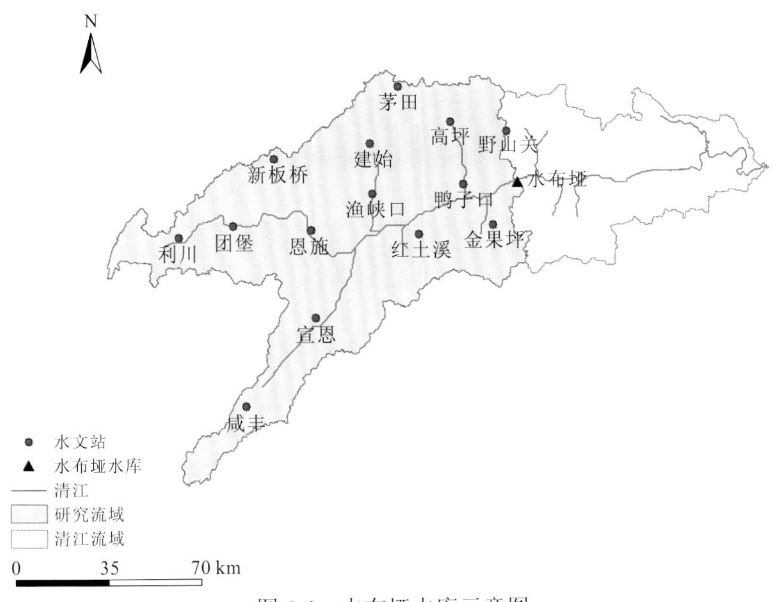

图 1.4　水布垭水库示意图

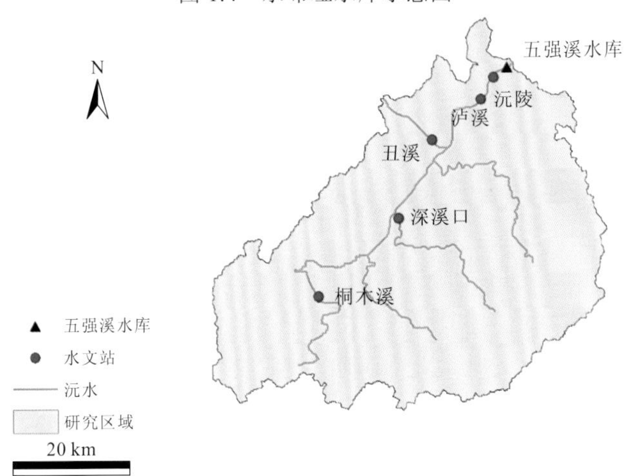

图 1.5　五强溪水库示意图

表 1.2　水布垭水库参数表

名称	参数	值
P-III 型分布函数	α	3.25
	β	0.000 94
	δ	1 588.56
线性水库模型	k/s	17.6
	b/（m^3/s^2）	−0.15
	λ/（m^3/s^2）	−0.11
	T_1/s	100 800
	T_w/s	259 200

续表

名称	参数	值
非线性水库模型	c/（s^2/m）	3.4
	σ_s/（m^3/s^2）	0.14
	T_w/s	259 200

五强溪水库位于湖南省沅陵县境内，上距沅陵县城 73 km，下距常德市 130 km。坝址的控制流域面积为 83 800 km^2，占沅水总流域面积的 93%，流域雨量充沛，水量丰富，坝址多年平均流量为 2 060 m^3/s，年水量为 649×10^8 m^3，并有 1925 年以来的水文资料和核实的历史洪水资料。坝址位于沅水干流最后一段峡谷出口处，岩性坚硬，地形、地质条件良好，具备了修筑高坝的自然条件。五强溪水库除承担水力发电任务外,还承担下游沅水尾闾地区的防洪任务。五强溪水库的多年平均防洪效益随着防洪高水位的抬高而递增，相应于尾闾近期防洪能力，水库多年平均年防洪效益为 3.00 亿～3.56 亿元，相应于尾闾远景防洪能力，水库多年平均年防洪效益为 1.20 亿～1.41 亿元。在沅水规划中，五强溪水库为沅水干流最后的第二个梯级，上游接虎皮溪及酉水的凤滩（已建成）梯级，是一个以发电为主，兼顾防洪、航运效益的综合利用水库，是湖南省最大的水电电源点[20]。

2. 特征参数估计

采取年最大值法进行洪水序列取样，变异系数（C_V）和偏差系数（CS）被估计为频率分布的形状，年最大流量值以降序排列，以计算经验的洪水频率。基于线性矩法计算 P-III 型分布函数的形状、尺度和位置参数，在较短的时间段内，流域特征参数被认为是恒定的。水布垭水库有 1951～2013 年（63 年）的入库流量，其出库流量由调洪演算进行比较，C_V 为 0.48，CS 为 1.14。五强溪水库有 22 年入库、出库流量数据，C_V 为 0.4，CS 为 0.17，参数计算结果在表 1.3 中列出。

表 1.3　五强溪水库参数表

名称	参数	值
P-III 型分布函数	α	138.41
	β	30.001 47
	δ	−74 258.47
线性水库模型	k/s	25.2
	b/（m^3/s^2）	−0.65
	λ/（m^3/s^2）	−0.31
	T_1/s	95 040
	T_w/s	285 120
非线性水库模型	c/（s^2/m）	5.2
	σ_s/（m^3/s^2）	0.23
	T_w/s	285 120

3. 入库洪峰流量、出库洪峰流量关系图

基于线性水库模型和非线性水库模型中的三角形简化计算法和数值积分计算法推求理论出库流量值，并与水布垭水库调洪演算出库流量及五强溪水库实测出库流量进行比较，其中水布垭水库调洪演算的规则如下。

（1）设计洪水重现期为 1 000 年，入库洪水洪峰流量为 20 200 m^3/s，设计洪水位为 401.25 m；校核洪水重现期为 10 000 年，入库洪水洪峰流量为 24 400 m^3/s，校核洪水位为 404.01 m。

（2）5 月 21～31 日，水布垭水库控制水位为 397 m；6 月 1～20 日，水布垭水库控制水位为 397 m，当预报长江荆江河段可能发生较大洪水时，水布垭水库水位应尽快消落至防洪限制水位 391.8 m，并按长江防洪的总体安排进行防洪调度；6 月 21 日～7 月 31 日，水库按汛期防洪限制水位 391.8 m 控制运用；8 月 1～10 日，水库按水位 397 m 控制运用；8 月 11 日～9 月 30 日，水库兴利调度运行水位不超过正常蓄水位 400 m。

（3）在长江干流洪水与清江洪水遭遇的情况下，利用防洪限制水位以上防洪库容进行错峰、削峰调度，以争取避免或减少荆江分洪区的运用，推迟荆江分洪时间和削减分洪总量，减轻荆江的防洪压力。洪水的消退阶段，根据长江和清江的实时气象、水文预报结果，在确保两江防洪安全的前提下，在下次洪水到来之前使库水位消落至防洪限制水位。

结果显示，在水布垭水库中，四种推导方法估计的出库洪峰流量的平均相对误差低于 0.05，线性水库模型的推导方法的计算误差大于非线性水库模型的推导方法的计算误差，非线性水库模型中的数值积分计算法的相对误差最小。在五强溪水库中，四种方法的平均相对误差低于 0.09，线性水库模型计算的出库流量理论值大于非线性水库模型计算的出库流量理论值。图 1.6、图 1.7 中，线性水库模型的三角形简化计算法为方法一，线性水库模型的数值积分计算法为方法二，非线性水库模型的三角形简化计算法为方法三，非线性水库模型的数值积分计算法为方法四。

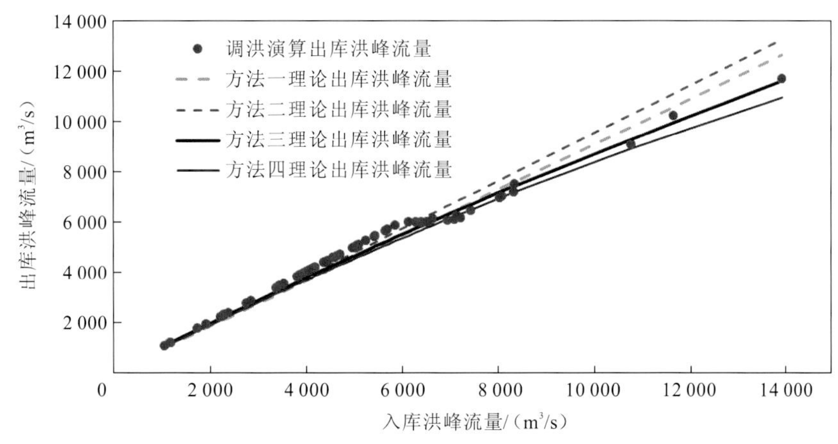

图 1.6　水布垭水库入库洪峰流量、出库洪峰流量关系图

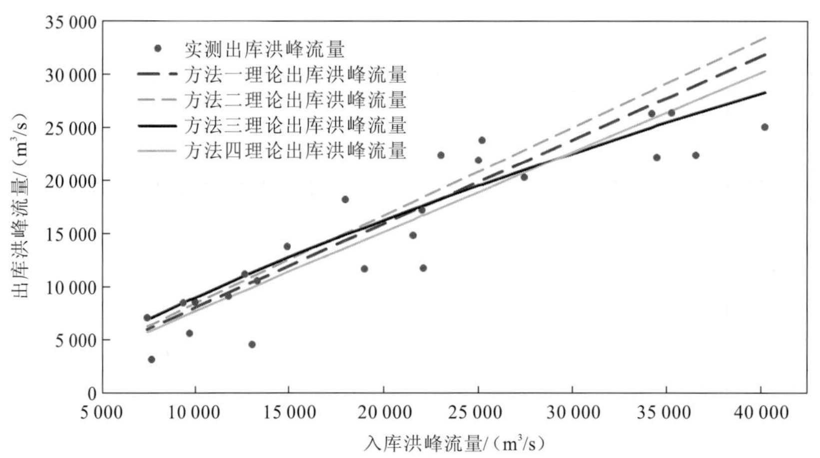

图 1.7　五强溪水库入库洪峰流量、出库洪峰流量关系图

在水布垭水库实例中，线性水库模型下的方法一和方法二在入库洪峰流量较大时，计算得出的出库洪峰流量大于调洪演算的出库洪峰流量，其物理机制在于线性水库模型推求出的出库洪峰流量、入库洪峰流量关系式中的单调一致性。非线性水库模型下的方法三和方法四在入库洪峰流量较大时，计算得出的出库洪峰流量接近于调洪演算的出库洪峰流量，平均相对误差小于 0.02，其物理机制在于非线性水库模型推求出的出库洪峰流量、入库洪峰流量关系式更符合水库调度实际。

在五强溪水库实例中，线性水库模型下的方法一和方法二在入库洪峰流量较小时，计算得出的出库洪峰流量小于非线性水库模型下方法三和方法四的出库洪峰流量；而线性水库模型下的方法一和方法二在入库洪峰流量较大时，计算得出的出库洪峰流量大于非线性水库模型下方法三和方法四的出库洪峰流量。其物理机制在于线性水库模型推求出的出库洪峰流量、入库洪峰流量关系式中的单调一致性，非线性水库模型下方法三和方法四出库洪峰流量、入库洪峰流量关系式中的增长率变小。

4. 频率曲线图

将水布垭水库入库洪峰的经验频率、水布垭水库调洪演算的出库洪峰的经验频率、初始假定的 P-III 型分布函数及基于线性水库模型和非线性水库模型推求的水库影响下的频率分析公式绘制成频率图，如图 1.8 所示。

由图 1.8 可见，当入库洪峰小于汛限水位相应的下泄能力，且小于安全泄量时，出库洪峰等于入库洪峰，方法一～方法四的频率曲线符合这一调度规则；水布垭水库实例中，线性水库模型下的方法一和方法二在入库洪峰流量较大时，计算得出的出库洪峰流量大于方法三和方法四推求的出库洪峰流量。相同频率下的洪峰流量，方法一和方法二大于方法三和方法四。由于水库的调节作用，初始假定的 P-III 型分布函数与入库洪峰拟合较好，但与出库洪峰没有明显的函数关系。

将五强溪水库入库洪峰的经验频率、五强溪水库实测的出库洪峰的经验频率、初始假定的 P-III 型分布函数及基于线性水库模型和非线性水库模型推求的水库影响下的频率分析公式绘制成频率图，如图 1.9 所示。

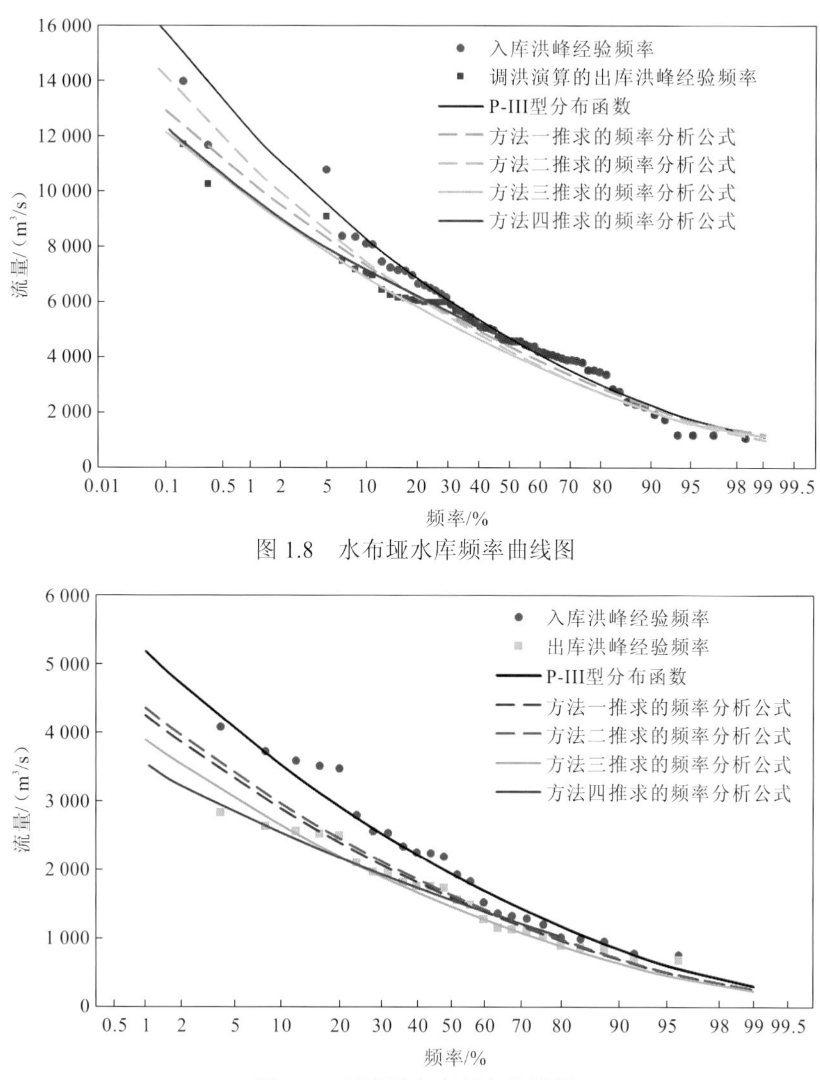

图 1.8　水布垭水库频率曲线图

图 1.9　五强溪水库频率曲线图

由图 1.9 可见，当入库洪峰较小时，出库洪峰等于入库洪峰，方法一～方法四的频率曲线符合这一调度规则；五强溪水库实例中，线性水库模型下的方法一和方法二在入库洪峰流量较大时，计算得出的出库洪峰流量大于方法三和方法四的出库洪峰流量。相同频率下的洪峰流量，方法一和方法二大于方法三和方法四。由于水库的调节作用，初始假定的 P-III 型分布函数与入库洪峰拟合较好，但与出库洪峰没有明显的函数关系。

1.3.3　双峰洪水计算方法讨论

对于入库洪水不仅仅只有一个洪峰的情况，本节所提出的推导方法仍适用，对于多个洪峰的入库洪水，水库主要采用两种调度规则：①当水库库容足够大时，对小洪峰不进行削弱，对主峰进行调节；②对连续洪峰进行连续调节。两种调度规则对应的示意图如图 1.10、图 1.11 所示。

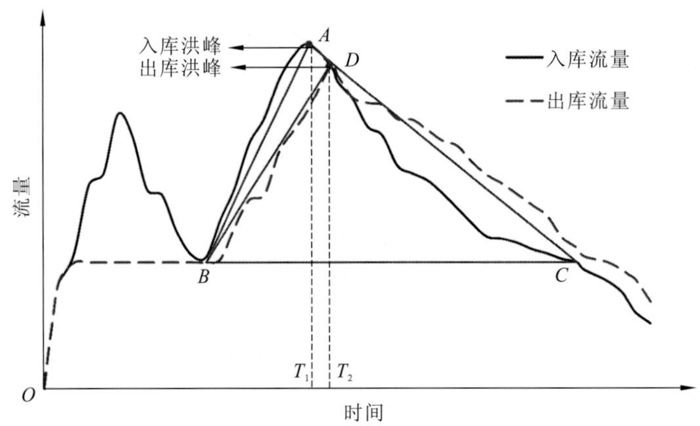

图 1.10　双峰洪水三角形简化计算法示意图（1）

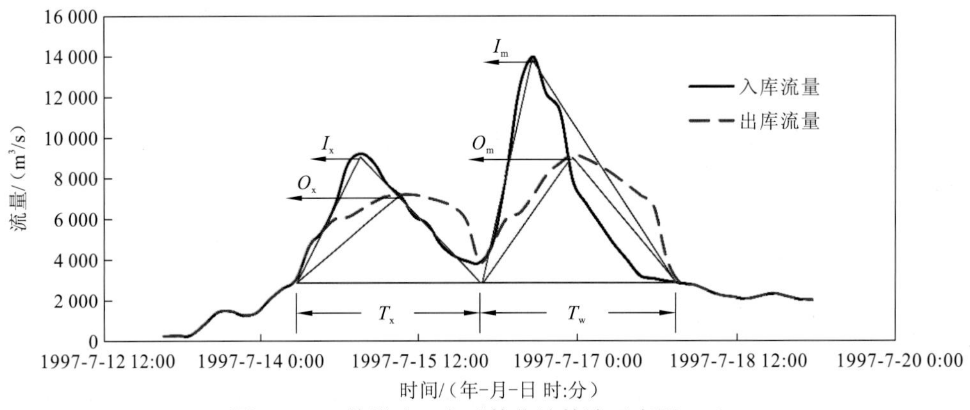

图 1.11　双峰洪水三角形简化计算法示意图（2）

当水库采取第一种调度规则时，双峰或者多峰入库洪水对三角形简化计算法的影响是水库最大调洪库容 V_m 的估算。当水库采取第一种调度规则时，利用三角形简化计算法重新构造函数关系式：

$$\begin{aligned} V_m &= kO_m \\ V_m &= \frac{1}{2}T_x(I_x - O_x) + \frac{1}{2}T_w(I_m - O_m) \end{aligned} \tag{1.27}$$

式中：I_x 为第一次入库洪水的洪峰；O_x 为第一次出库洪水的洪峰；T_x 为第一次洪峰的洪水历时；T_w 为第二次洪峰的洪水历时。

将线性水库模型公式代入水量平衡公式可得入库洪峰和出库洪峰的关系式：

$$O_m = \frac{T_x(I_x - O_x)}{2k + T_w} + \frac{T_w}{2k + T_w}I_m \tag{1.28}$$

对比式（1.28）及式（1.20）可得出如下结论：当入库洪水有两个洪峰时，年最大洪峰的初始值会受第一个洪峰值的影响。

1.4 本章小结

本章介绍了人类活动影响下的枯水频率分析方法和考虑水库影响的洪水频率分析方法，通过基于物理机制的推求，从数学公式上定性解释了变化环境下的频率分析方法，并得出如下结论。

（1）基于线性水库模型推求的枯水频率分析公式和洪水频率分析公式都服从初始假定的分布函数，但所推求的公式均将人类活动和水库调节作用作为分布函数的内在参数进行考虑；

（2）基于非线性水库模型推求的枯水频率分析公式和洪水频率分析公式都不再服从初始假定的分布函数，因此在工程实践中，假定频率分布一致性不再适用于变化环境下的频率分析研究；

（3）本章提出的入库洪峰和出库洪峰关系式中，非线性水库模型里的三角形简化计算法兼顾了简便性和准确性，可用于水库施工后下游流域的径流分析和洪水频率分析。

参考文献

[1] GOTTSCHALK L, PERZYNA G. A physically based distribution function for low flow[J]. Hydrological sciences journal, 1989, 34(5): 559-573.

[2] WANG D, CAI X. Detecting human interferences to low flows through base flow recession analysis[J]. Water resources research, 2009, 45(7): 1-12.

[3] TALLAKSEN L M. A review of baseflow recession analysis[J]. Journal of hydrology, 1995, 165(1/2/3/4): 349-370.

[4] GOTTSCHALK L, TALLASKENA M L, PERZYNAB G. Derivation of low flow distribution functions using recession curves[J]. Journal of hydrology, 1997, 194(1/2/3/4): 239-262.

[5] WANG D, CAI X. Comparative study of climate and human impacts on seasonal baseflow in urban and agricultural watersheds[J]. Geophysical research letters, 2010, 37(6): 1-6.

[6] MOORE R D. Storage-outflow modelling of streamflow recessions, with application to a shallow-soil forested catchment[J]. Journal of hydrology, 1997, 198(1/2/3/4): 260-270.

[7] WITTENBERG H, SIVAPALAN M. Watershed groundwater balance estimation using streamflow recession analysis and baseflow separation[J]. Journal of hydrology, 1999, 219(1/2): 20-33.

[8] ZHOU Y, SHI C, DU J, et al. Characteristics and causes of changes in annual runoff of the Wuding River in 1956—2009[J]. Environmental earth sciences, 2012, 69(1): 225-234.

[9] HOSKING J R M, WALLIS J R. Regional frequency analysis: An approach based on L-moments[M]. Cambridge: Cambridge University Press, 2005.

[10] EAGLESON P S. Dynamics of flood frequency[J]. Water resources research, 1972, 8(4): 878-898.

[11] SIVAPALAN M, BLÖSCHL G, MERZ R, et al. Linking flood frequency to long-term water balance:

Incorporating effects of seasonality[J]. Water resources research, 2005, 41(6): 1-17.

[12] BOTTER G, BASSO S, RODRIGUEZ-ITURBE I, et al. Resilience of river flow regimes[J]. Proceedings of the National Academy of Sciences, 2013, 110(32): 12925-12930.

[13] HEJAZI M I, CAI X, RUDDELL B L. The role of hydrologic information in reservoir operation-learning from historical releases[J]. Advances in water resources, 2008, 31(12): 1636-1650.

[14] BASSO S, SCHIRMER M, BOTTER G. A physically based analytical model of flood frequency curves[J]. Geophysical research letters, 2016, 43(17): 9070-9076.

[15] GUO J, LI H, LEUNG L R, et al. Links between flood frequency and annual water balance behaviors[J]. Water resources research, 2013, 50(2): 937-953.

[16] LIU P, CAI X, GUO S. Deriving multiple near-optimal solutions to deterministic reservoir operation problems[J]. Water resources research, 2011, 47(8): 1-20.

[17] LIU P, GUO S, XIONG L, et al. Flood season segmentation based on the probability change-point analysis technique[J]. Hydrological sciences journal, 2010, 55(4): 540-554.

[18] ZHOU Y, GUO S, LIU P, et al. Joint operation and dynamic control of flood limiting water levels for mixed cascade reservoir systems[J]. Journal of hydrology, 2014, 519: 248-257.

[19] LIU P, GUO S, XU X, et al. Derivation of aggregation-based joint operating rule curves for cascade hydropower reservoirs[J]. Water resources management, 2011, 25(13): 3177-3200.

[20] DU Q, WANG Z, WANG J, et al. Geochronology and paleoenvironment of the pre-Sturtian glacial strata: Evidence from the Liantuo Formation in the Nanhua rift basin of the Yangtze Block, South China[J]. Precambrian research, 2013, 233: 118-131.

第2章

水文模型时变参数的识别及归因

2.1 引　言

流域水文模拟是水文学研究中的重要分支之一。气候变化和人类活动对流域水文循环过程有着重大的影响[1-4]。针对变化环境下的水文问题，2013 年启动的 Panta Rhei（2013～2022）科学计划，主题是变化中的水文科学与社会系统[5]。在变化环境下如何进行水文模拟和预报是该计划中的科学问题之一。当前，受到全球气候变化和人类活动的双重影响，流域的特征条件不可避免地发生变化。在环境变化越来越显著的背景下，传统的认为流域在水文模拟过程中呈现“稳态”的假定面临挑战，导致水文模型中代表流域水文物理特性的参数不随时间变化的假定不再适用。当水文模型参数不能准确地反映流域特性时，势必会降低水文模型的模拟能力。因此，研究水文模型参数随时间的变化规律，建立能够反映流域气候条件和下垫面变化规律的模型参数估计方法，从而提高水文模型在“非稳态”流域水文模拟的预报精度，可为变化环境下的流域水文机理研究和水资源的科学利用提供重要的理论基础与强有力的技术支撑。

本章聚焦水文模型参数的时变性。在传统方法中，假定模型参数在短时间内是不随时间而变化的，参数率定的最终目标通常是得到所有待率定参数的一组全局最优解[6]或是参数分布的均值[7]。在变化环境下，这一假定可能不再适用。

首先，当流域特征条件发生改变时，在水文模型最优参数的情景下计算得到的径流量不一定效果最佳。由于受到气候变化和人类活动的影响，流域的降水、气温和植被覆盖等条件会发生改变，从而对流域内的水文变量产生影响。当假定模型参数不随时间变化时，流域水文循环过程可能没在模型中得到充分体现，或者是流域特征条件的动态变化（如土地利用情况的变化）不能够很好地被水文模型反映出来[8-9]。然后，水文模型参数的率定在很大程度上依赖于用于估计参数的资料序列，特别是许多概念性水文模型[10]。多篇文献提到即使流域下垫面条件相对稳定，用来进行参数率定的实测数据序列所对应的气象条件对模型参数的估计结果有着较大的影响[11-18]。Coron 等[19]采用 3 个概念性水文模型对澳大利亚东南部 216 个流域进行了研究，发现降雨量均值的显著变化会造成参数在不同时段内的差异，使得模型参数随着用来进行参数率定的资料序列的变化而发生改变。最后，假定参数为常数得到的最优参数解（分布）不能很好地确保模型效果的外延性，特别是目标函数通常只针对某一径流要素进行优化（如洪峰流量）。参数率定时目标函数的选择同样对模型结果有着很大的影响[20-22]。例如，Thyer 等[23]通过对不同数据序列进行参数率定发现，当以标准的误差最小平方为目标函数时，各组参数率定结果差异较大；而当将加权的误差最小平方作为目标函数时，各组参数结果之间的差异明显减小。另外，假定模型参数为常数不太可能精准地模拟流域水文变量的所有特性，如洪峰流量、基流、总水量、流域土壤含水量的变化等[24-26]。

在模型参数率定过程中，通常采用单目标函数进行优化率定，使用较为广泛的相关算法有全局优化算法[6,27]、遗传算法（genetic algorithm，GA）[28]及粒子群优化（particle swarm optimization，PSO）算法[29]等。采用单目标函数率定得到的模型参数组合仅仅考虑了水文过程中某一方面的特征，比较适用于特定问题的研究，如水量的模拟等。为了更好地反映流域水文变量的多重特性，水文学家开始寻求基于多目标函数的参数率定方法。Gupta 等[30]将经济学中帕累托最优的概念引入水文模型参数的率定中，其表示的是一种状态，即对于各个目标函数而言，当前状态在不使任何目标变差的情况下，不可能使得某一目标变得更好。该方法通过多目标率定方法获取最优的参数组合，得到的参数组合能够反映水文变量的多重特性，但在模型拟合效果等方面有一定的折扣[25,31]。

目前来看，提高水文模型在变化环境下的模拟效果较为可行的方法是考虑水文模型参数随时间的变化而变化。近几十年，时变参数系统已经在基础系统理论方面有所研究[32-34]，如线性时变系统中的状态变量的空间转移矩阵是随时间变化的[35]。在水文学研究中，水文模型参数的时变性在近期的多篇文献中被提及[36-40]。例如，Ye 等[41]和 Paik 等[42]提到水文模型的参数具有随季节发生变化的特性。对于水文模型时变参数的估计，目前主要有如下两种方法。

（1）将历史观测数据划分为数段，然后分别对每一段的资料序列进行模型参数率定，依然是采用优化算法进行参数估计[9,39,43-44]。例如，Vaze 等[45]以澳大利亚东南部 61 个流域为研究对象，采用 4 个概念性集总式水文模型对研究流域分段率定多个时段的模型参数，发现模型参数的变化与给定资料时段内的气候变化密切相关。Merz 等[36]、Merz 和 Blöschl[46]对奥地利 273 个流域采用分段率定的方法估计水文象限平衡模型的参数，发现模型中与降雪和融雪相关的参数、土壤特性参数、产流参数等具有随时间变化的特性，且这些参数的变化与流域的气候因子（如气温、潜在蒸发）相关。Luo 等[47]采用 SIMHYD 模型对澳大利亚东部位于 3 种气候带的 12 个流域进行研究分析，发现以月为单位分段率定得到的模型参数序列可以提高模型的径流预报效果。

（2）选定水文模型的时变参数，基于时间 t 或者具有随时间变化特性的因子构建时变参数的函数，然后采用优化算法对时变参数的函数的待定系数进行估计，从而得到时变参数的函数形式。例如，Westra 等[48]提出了一种定量描述水文模型时变参数的方法。该方法基于日时间尺度的集总式水文模型 GR4J 模型，以澳大利亚南部的 Scott Creek 流域为研究对象，通过选取与时间相关的变量分别考虑参数的季节、年及多年时间尺度的变化来构建模型参数的时变函数形式，具体为时间 t 的正弦函数、前期降雨和潜在蒸发的线性函数及时间 t 的一次线性函数三者的组合，研究发现考虑模型参数时变可以提高模型的模拟精度。Marshall 等[49]和 Jeremiah 等[38]以澳大利亚新南威尔士州的 2 个流域面积小于 150 km^2 的小流域为研究区域，基于分层混合专家（hierarchical mixtures of experts，HME）方法建立了以流域特征因子为变量的参数时变函数，研究发现时变参数采用多个特征因子（如前期降雨）的模型的模拟结果要优于仅用单个特征因子的模型。

上述第一种方法主要是定性分析气候条件的变化会使水文模型参数随时间发生变化。该种方法需要对数据序列进行分段，分段时间步长的确定对于参数率定结果有一定的影响[47]。通过该方法得到的参数序列的个数即资料的分段数，参数时变样本较少，且在各段时间内仍然认为参数是常数，无法得到连续的参数时变序列。数据同化（data assimilation，DA）方法为水文模型时变参数变化过程的识别提供了另一种途径。该方法可以通过观测值实时更新模型的状态变量和参数，从而识别出参数的时变过程[50-52]。应用广泛的卡尔曼滤波（Kalman filter，KF）[53]可以为误差服从正态分布的线性动态系统提供较优的状态更新值[50,53]。但是，在实际应用中满足此类条件的甚少。因此，为了能够在非线性问题中适用，学者提出了一系列的 DA 方法，如扩展的 KF[54]、集合卡尔曼滤波（ensemble Kalman filter，EnKF）[50]、无迹 KF[55]及粒子滤波[56]等。在水文中，EnKF 应用最为广泛，且取得的效果良好，尽管该方法对于误差项不服从正态分布的问题存在不足[57-62]。DA 方法被广泛应用于对水文状态变量的更新，如估计流域土壤含水量[63-68]、降雨径流模拟[58,69]、洪水预报[69-73]等。近年来，DA 方法已经用来进行水文模型的参数估计，但主要针对参数为常数的情况[74-81]。例如，Vrugt 等[81]采用粒子自适应差分演化 Metropolis 算法分别估计 HyMOD 水文模型参数在不同情景下的更新过程及分布，研究发现参数随时间变化情景下的结果与参数为常数时的结果大致相同。Xie 和 Zhang[52]基于 EnKF 提出了一种预测更新分步进行的方法来搜索模型的最优参数。虽然 DA 方法在水文模型参数估计中得到了一定的应用，但这些研究主要集中在对模型参数为常数时的估计，而没有应用于对时变参数的识别。

对于第二种方法，类似定量描述水文模型时变参数的研究较少，并且该种方法均未考虑流域下垫面条件变化对参数的影响。因此，有必要进一步综合考虑流域内气候条件的变化及下垫面条件的改变对水文模型参数的影响，建立基于流域特征因子的时变参数估计方法，增强水文模型对流域特征变化的反应能力，从而提高水文模型在变化环境下的模拟预测效果。

2.2 水文模型的时变参数识别

在气候变化及流域下垫面发生改变的情况下，认为模型参数不随时间发生变化，将模型参数当作常数进行率定的做法可能不再适用[82]。以水文模型参数的时变性为研究点，采用 DA 方法识别参数是否具有随时间变化的特性，技术路线如图 2.1 所示。

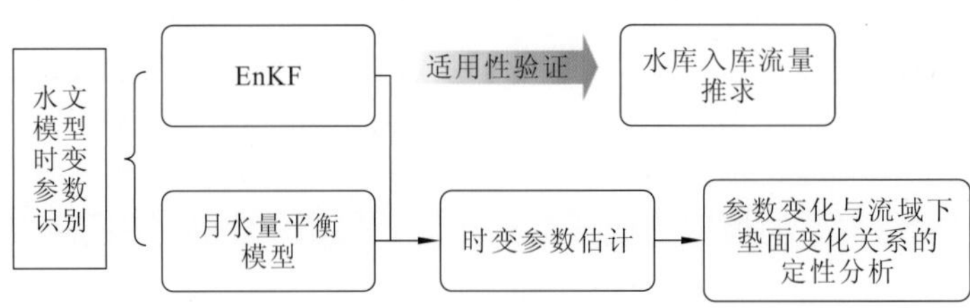

图 2.1　水文模型时变参数识别技术路线图

2.2.1　研究方法

1. EnKF

1）EnKF 简介

DA 方法如 KF、扩展的 KF 及 EnKF 等，能够提供一种综合水文模型及各类观测误差的方法。EnKF 是将蒙特卡罗法和 KF 结合起来的一种连续 DA 方法。EnKF 相对于传统 KF 的优点在于其对非线性问题的适用性，并被广泛应用于水文模型状态变量和模型参数的估计、洪水预报等方面。

EnKF 的关键在于构建系统的状态转移方程和观测方程。通用的状态转移方程为

$$x_{i+1} = f(x_i, \theta_{\mathrm{sy}}) + \varepsilon_i,\quad \varepsilon_i \sim N(0, G_i) \tag{2.1}$$

式中：x_i 为系统状态变量；θ_{sy} 为系统参数；ε_i 为系统的独立白噪声，服从均值为 0、方差为 G_i 的正态分布。

观测方程为

$$y_{i+1} = h(x_{i+1}, \theta_{\mathrm{sy}}) + \xi_{i+1},\quad \xi_{i+1} \sim N(0, W_{i+1}) \tag{2.2}$$

式中：y_{i+1} 为观测值；$h(\cdot)$ 为系统状态变量与观测值之间的转换函数，在水文中一般指水文模型；ξ_{i+1} 为系统白噪声，服从均值为 0、方差为 W_{i+1} 的正态分布。

基于上述状态转移方程和观测方程，EnKF 的同化过程如下：

$$x_{i+1|i}^k = f(x_{i|i}^k, \theta_{\mathrm{sy}}) + \varepsilon_i^k \tag{2.3}$$

$$x_{i+1|i+1}^k = x_{i+1|i}^k + K_{i+1}[y_{i+1}^k - h(x_{i+1|i}^k, \theta_{\mathrm{sy}})] \tag{2.4}$$

$$y_{i+1}^k = y_{i+1} + \xi_{i+1}^k \tag{2.5}$$

式中：$x_{i+1|i}^k$ 为 $i+1$ 时刻第 k 个集合数的预测值；$x_{i|i}^k$ 为 i 时刻第 k 个集合数的更新值；ε_i^k 为第 k 个集合数的白噪声；y_{i+1}^k 为第 k 个集合数的观测值；ξ_{i+1}^k 为第 k 个集合数的观测误差；K_{i+1} 为增益因子，它表示预测值与观测值之间的权重关系，其计算公式为

$$K_{i+1} = \Sigma_{i+1|i}^{xy}(\Sigma_{i+1|i}^{yy} + W_{i+1})^{-1} \tag{2.6}$$

$$\Sigma_{i+1|i}^{xy} = \frac{1}{N-1}\boldsymbol{X}_{i+1|i}\boldsymbol{Y}_{i+1|i}^{\mathrm{T}} \tag{2.7}$$

$$\Sigma_{i+1|i}^{yy} = \frac{1}{N-1}\boldsymbol{Y}_{i+1|i}\boldsymbol{Y}_{i+1|i}^{\mathrm{T}} \tag{2.8}$$

其中：$\Sigma_{i+1|i}^{xy}$ 为预测状态变量的协方差；$\Sigma_{i+1|i}^{yy}$ 为观测量预测值误差的协方差；$\boldsymbol{X}_{i+1|i} = (x_{i+1|i}^1 - \overline{x}_{i+1|i}, \cdots, x_{i+1|i}^N - \overline{x}_{i+1|i})$，$\overline{x}_{i+1|i}$ 为预测状态变量的集合均值；$\boldsymbol{Y}_{i+1|i} = (y_{i+1|i}^1 - \overline{y}_{i+1|i}, \cdots, y_{i+1|i}^N - \overline{y}_{i+1|i})$，$\overline{y}_{i+1|i}$ 为观测量预测值的集合均值；N 为集合数；上标 T 为矩阵转置。

2）EnKF 适用性验证

以水库入库流量推求为例，对 EnKF 在水文状态变量估计方面进行适用性检验。水库实际入库流量资料是水库运行管理的基础性资料。例如，在编制水库水文预报方案时，

水库实际入库流量作为已知数据，是率定水文模型参数和评价预报方案效率、精度的基准，但水库实际入库流量估计中存在的误差给水文预报工作带来了极大的难度；在水库调度中，水库实际入库流量是最基本的输入条件，水库洪水调节演算、水库调度图的编制及水库调度经济评价等均以水库入库流量资料为基础，因此精准的水库入库流量资料也是正确开展水库调度的基石。

目前，水库实际入库流量主要是采用基于水量平衡方程的反演方法来进行测算，即 $I_i = O_i + (V_{i+1} - V_i) / \Delta T + L_i$。该方法根据水库坝前实测水位和出库流量观测资料，利用水库水量平衡方程来反推（反演）入库流量。其中，ΔT 为选取的计算时段步长；I_i 为时段 i 内平均入库流量；O_i 为时段 i 内的平均出库流量，可采用闸门开度和机组出力等数据计算得到；V_{i+1}、V_i 为 i+1、i 时段的水库蓄水量；L_i 为时段 i 内平均损失量，它包括蒸发、渗漏等损失，根据实际情况 L_i 可取常数或忽略不计。

为克服水库入库流量的“锯齿状”波动，传统方法是选择较长的计算时段步长以减小误差放大效应，该方法由于坦化了洪水过程，难以如实反映洪峰等信息。此外，国内外学者还开展了流量过程、水位过程及库容过程等的平滑处理。平滑方法存在如下问题：无法建立水位测量误差与入库流量波动之间的定量关系，存在较大的主观性。因此，针对传统方法推求的水库入库流量存在“锯齿状”波动的问题，提出基于 EnKF 的水库入库流量推求方法。

（1）研究思路。

将水库入库流量的连续性方程和水量平衡方程作为状态转移方程，将水库水位库容关系曲线作为观测方程，利用 EnKF 对入库流量进行估计。

在 DA 方法中，最关键的是确定状态转移方程和观测方程。对于入库流量的状态转移方程，可根据流量具有连续性特征确定，即当取样时间较短时，前后时刻的入库流量近似相等。建立的状态转移方程为

$$I_i = I_{i-1} + \varepsilon \tag{2.9}$$

$$V_i = V_{i-1} + (I_i - O_i)\Delta T \tag{2.10}$$

观测方程为

$$Z_i = f(V_i) + \gamma \tag{2.11}$$

式中：I_i、I_{i-1} 分别为 i、$i-1$ 时段的水库入库流量；ε 为服从正态分布的误差，其均值为 0，方差为 G，G 根据计算时段步长的流域特性进行选取，一般来说，计算时段步长越长，G 的取值越大；V_i、V_{i-1} 分别为 i、$i-1$ 时段的水库蓄水量；O_i 为 i 时段的水库出库流量；ΔT 为计算时段步长；Z_i 为 i 时段水库观测水位；$f(\cdot)$ 为水库的水位库容关系曲线；γ 为均值为 0 的正态分布误差，方差为 R，R 根据水位计精度进行选取。

（2）数据资料。

首先，介绍假拟实验。由于水库入库流量过程的“真实值”未知，开展假拟实验来检验本章提出方法的效果。同时，将本章提出方法的结果与传统的简单水量平衡（simple water balance，SWB）方法和滑动平均法进行对比。给定水位库容关系曲线，水库入库流量和出库流量通过随机生成的方法给定。水库入库流量推求的假拟实验实施步骤具体

如下：①设定计算时间步长为 1 h，生成水库入库流量和出库流量序列；②采用式（2.10）和式（2.11）计算水库水位序列，并对计算的水库水位加入观测误差，误差项服从均值为 0、标准差为 0.01 m 的正态分布；③根据水库水位、出库流量和水位库容关系曲线，采用 EnKF、SWB 方法及滑动平均水量平衡（moving average water balance，MAWB）方法推求水库入库流量。需要说明的是，水库水位观测计一般精确到厘米，故观测误差的标准差设定为 0.01 m。

在假拟实验中，考虑了两种误差情景，见表 2.1。在情景 1 中，考虑了两种水位库容关系曲线对入库流量估计的影响，见图 2.2，即水位变化为 1 cm 时，水位库容关系曲线 2 下的水库蓄水量的变化量大于水位库容关系曲线 1 下的变化量。

表 2.1　假拟实验中不同的误差情景

情景	内容
情景 1	考虑水库水位观测误差及不同水位库容关系曲线的影响
情景 2	考虑水库水位观测误差及动库容的影响

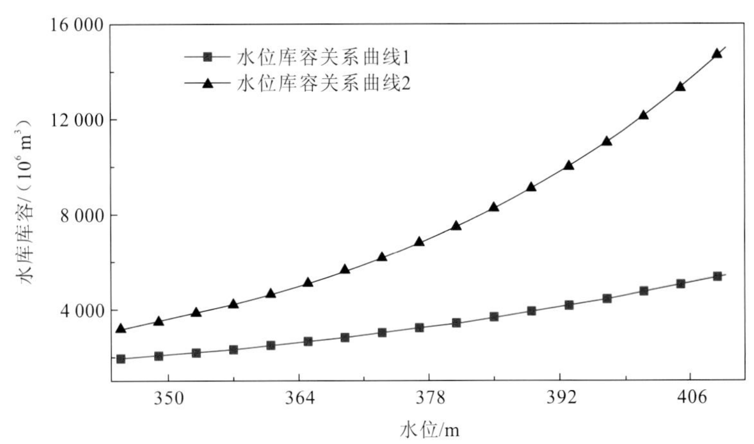

图 2.2　假拟实验情景 1 中不同的水库水位库容关系曲线

然后，介绍高坝洲水库。高坝洲水库（图 2.3）位于长江支流清江的下游河段，其集水面积约为 17 000 km^2。高坝洲水库的上游不到 50 km 处有隔河岩水库，区间河道无明显的水量交换，且河长较短，故隔河岩水库的出库流量可以近似作为高坝洲水库的入库流量，从而为 EnKF 得到的入库流量估计值提供佐证。实例研究所使用的数据包括高坝洲水库时间步长为 15 min 的水库实测水位、水库出库流量及水库水位库容关系曲线，另外，还有隔河岩水库对应时段的 1 h 出库流量。

（3）结果分析。

首先，介绍假拟实验结果。图 2.4 展示了假拟实验中给定的水库入库流量“真实值”与分别采用 EnKF、SWB 方法及 MAWB 方法估计的入库流量过程的对比。另外，实测水位与对应的水库水位估计值之间的误差见图 2.5。此外，表 2.2 给出了不同情景下水库入库流量“真实值”和实测水位与三种方法对应的估计值的统计指标结果。

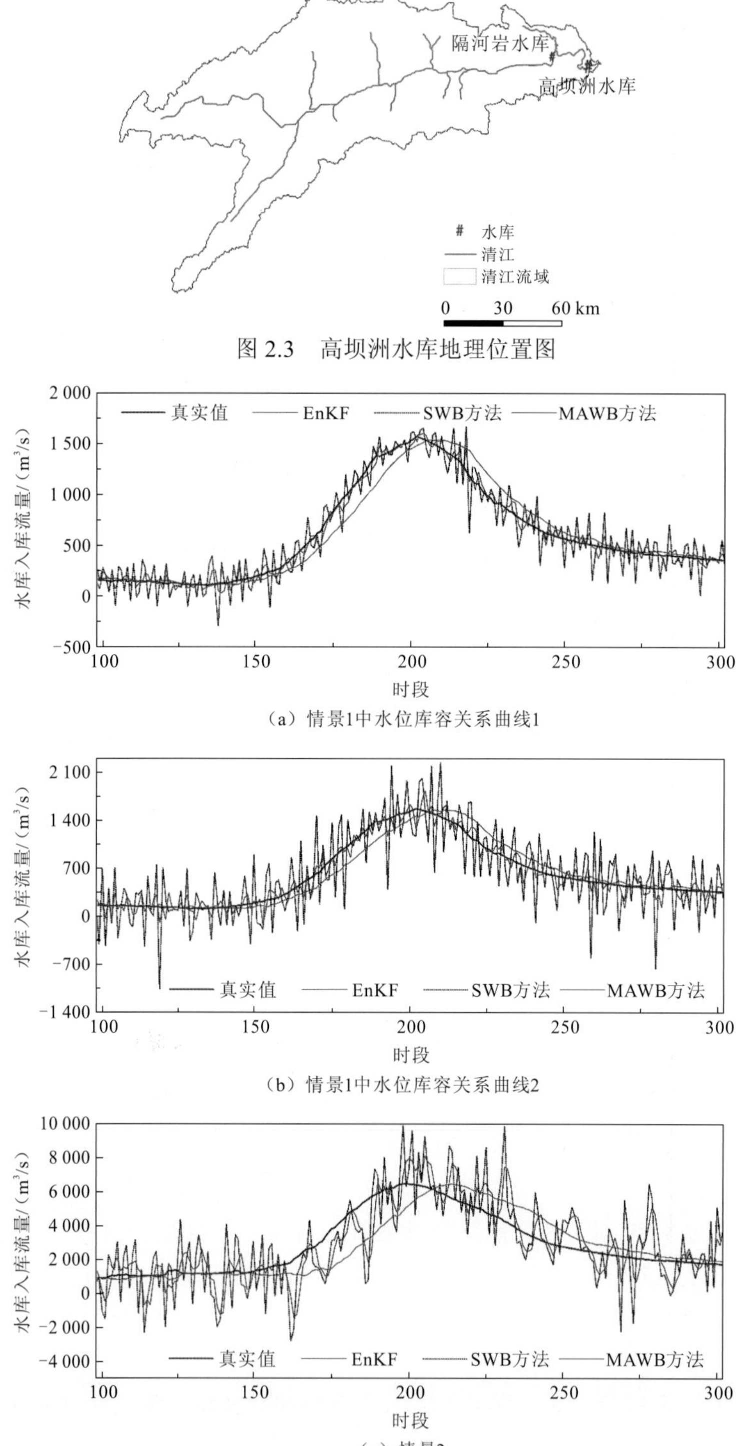

图 2.3　高坝洲水库地理位置图

（a）情景1中水位库容关系曲线1

（b）情景1中水位库容关系曲线2

（c）情景2

图 2.4　假拟实验中水库入库流量“真实值”与分别采用 EnKF、SWB 方法、MAWB 方法估计的入库流量过程对比图

时间步长为 1 h；整个序列长度为 400，图中为了展示清晰，仅给出了第 100～300 时段的数据

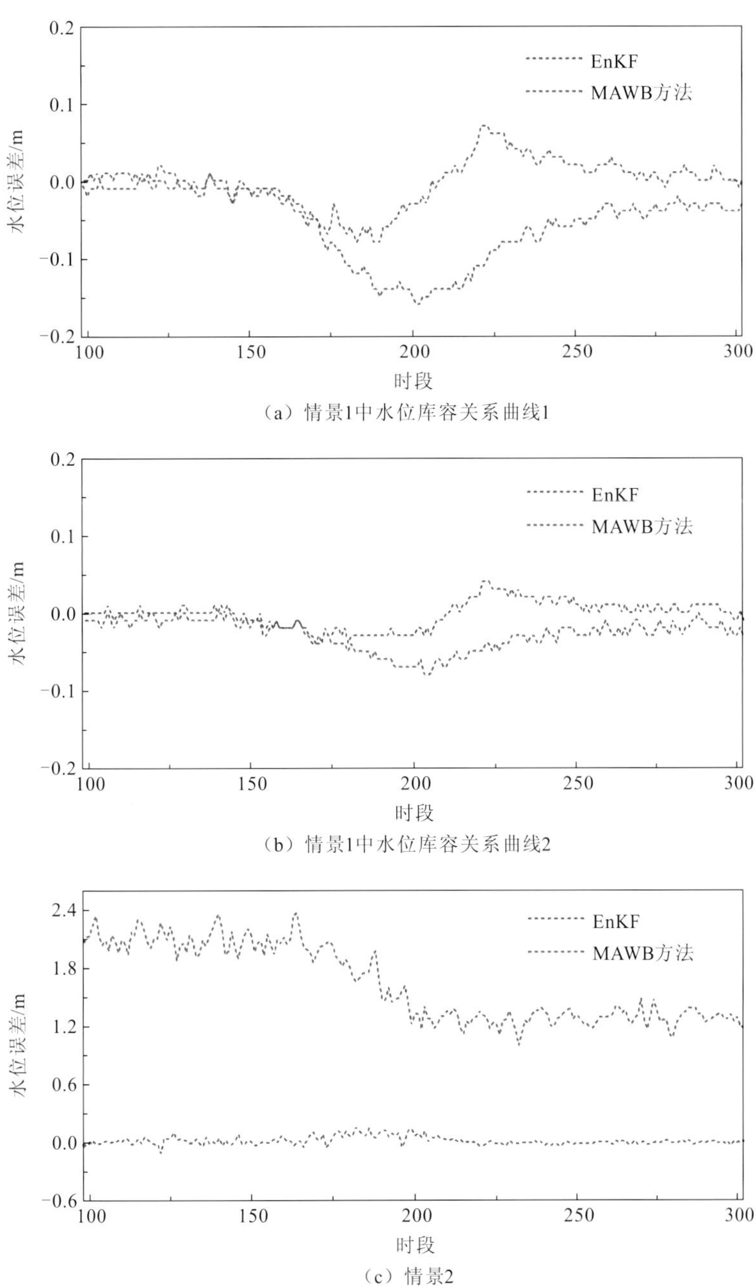

图 2.5　实测水位与对应的水库水位估计值之间的误差

时间步长为 1 h

表 2.2 假拟实验中两种情景下 EnKF、SWB 方法及 MAWB 方法估计的入库流量和水位统计指标结果

指标	情景	EnKF	MAWB 方法	SWB 方法
NSE	情景 1，水位库容关系曲线 1	0.96	—	—
	情景 1，水位库容关系曲线 2	0.95	—	—
	情景 2	0.79	—	—
RMSE/m	情景 1，水位库容关系曲线 1	0.023	0.053	0.011
	情景 1，水位库容关系曲线 2	0.013	0.026	0.010
	情景 2	0.035	1.713	0.011
MAE/m	情景 1，水位库容关系曲线 1	0.014	0.035	0.008
	情景 1，水位库容关系曲线 2	0.009	0.019	0.007
	情景 2	0.024	1.662	0.008
CC	情景 1，水位库容关系曲线 1	0.999	0.999	0.999
	情景 1，水位库容关系曲线 2	0.999	0.999	0.999
	情景 2	0.999	0.999	0.999
WBI/%	情景 1，水位库容关系曲线 1	0.58	0.11	0.18
	情景 1，水位库容关系曲线 2	0.19	0.19	0.44
	情景 2	2.63	2.60	2.50

注：NSE 为纳什效率系数；RMSE 为均方根误差；MAE 为平均绝对误差；CC 为相关系数；WBI 为水量平衡指标。

从图 2.4 可以看出，根据 SWB 方法和 MAWB 方法推求的水库入库流量存在较为严重的“锯齿状”波动，且有少量负值出现。在情景 1 中水位库容关系曲线 2 的情形下，SWB 方法和 MAWB 方法推求的水库入库流量出现了比水位库容关系曲线 1 的情形下更为剧烈的波动。结果表明，水库的水位库容转换误差，即水位通过水库水位库容关系曲线换算为对应的水库蓄水量(或相反)产生的误差，对使用传统方法(SWB 方法和 MAWB 方法）估计水库入库流量具有显著的影响。此外，水库动库容对水库入库流量的估计影响最大[图 2.4（c）]。从表 2.2 中也可以看出，由 EnKF 得到的水库入库流量估计值具有较高的 NSE 和 CC，且具有较小的 RMSE 和 MAE。

图 2.5 给出了水库实测水位与水位估计值之间的误差过程。由于 SWB 方法采用的是实测水位来直接反推水库入库流量，该方法下的水位误差即对实测水位加入的误差扰动。在情景 1 和情景 2 中，由 MAWB 方法估计的水库水位误差均大于由 EnKF 得到的结果。采用水量平衡指标 WBI 对三种方法估计的水库入库流量进行计算，发现当考虑动库容影响时，WBI 的结果情景 2 比情景 1 差。对于 SWB 方法，理论上来说，当实测水库水位

没有观测误差时，其入库流量的估计值应完全满足水量平衡约束。然而，表 2.2 中的结果显示，其 WBI 不为 0，原因在于在假拟实验中考虑了水库水位的观测误差。另外，EnKF 得到的水库入库流量过程与“真实”入库流量过程之间存在滞时[83-84]。对于 EnKF，当前时刻状态变量的更新基于前一时刻和当前时刻的观测量[85]。对于每个状态变量的更新，所使用的观测数据仅为前一时刻和当前时刻的观测量，无法跟踪整个过程。

总之，EnKF 可以提供较好的水库入库流量估计结果，特别是能够避免传统方法中出现的“锯齿状”波动和负值问题。

然后，介绍高坝洲水库结果。高坝洲水库在水库入库流量估计过程中，使用的数据的时间步长为 15 min，然后再将结果转换为 1 h 的时间尺度进行分析对比。图 2.6 展示了高坝洲水库入库参考流量（即隔河岩水库出库流量）过程与分别采用 EnKF、SWB 方法及 MAWB 方法估计的入库流量过程的对比。从图 2.6 中可以看出，采用 EnKF 估计的水库入库流量过程更加平滑，而采用 SWB 方法和 MAWB 方法推求的入库流量有较为剧烈的波动，结果表明提出的方法优于传统的计算方法。由于隔河岩水库与高坝洲水库仅相距 50 km，流量在河道中演进需要一定的时间，隔河岩水库出库流量与高坝洲水库入库流量会存在一定的滞时[86]。EnKF 估计的水库入库流量过程与隔河岩水库出库流量过程的滞时为 3 h，稍微大于实际的河道汇流时间 2 h。

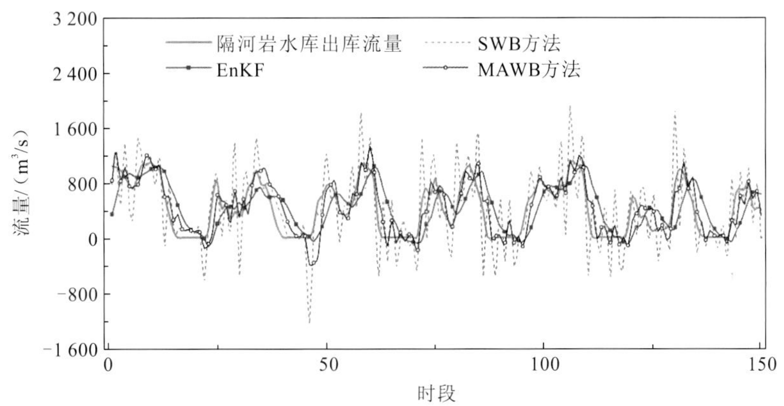

图 2.6　高坝洲水库入库参考流量（即隔河岩水库出库流量）过程与分别采用 EnKF、SWB 方法、MAWB 方法估计的入库流量过程的对比图

时间步长为 1 h

表 2.3 给出了高坝洲水库水量平衡指标，以及实测水库水位与不同方法估计得到的水位统计指标结果。结果显示，EnKF 中水量平衡指标 WBI 优于 MAWB 方法，分别为 18.1%、29.1%。此外，EnKF 估计的水位相较于 MAWB 方法的估计值，有着较小的 RMSE 和 MAE，且有较高的相关系数 CC。图 2.7 给出了高坝洲水库实测水位与分别由 EnKF、SWB 方法和 MAWB 方法估计得到的水位过程的对比图。可以看出，相比于 MAWB 方法，EnKF 的估计水位过程误差更小，与实测水位过程更接近。总之，EnKF 比传统方法更能准确地估计水库入库流量过程，特别是能够避免流量波动的问题。

表 2.3 高坝洲水库 EnKF、SWB 方法及 MAWB 方法估计的水位统计指标结果

指标	EnKF	SWB 方法	MAWB 方法
RMSE/m	0.05	—	0.13
MAE/m	0.04	—	0.11
CC	0.97	—	0.94
WBI/%	18.1	0	29.1

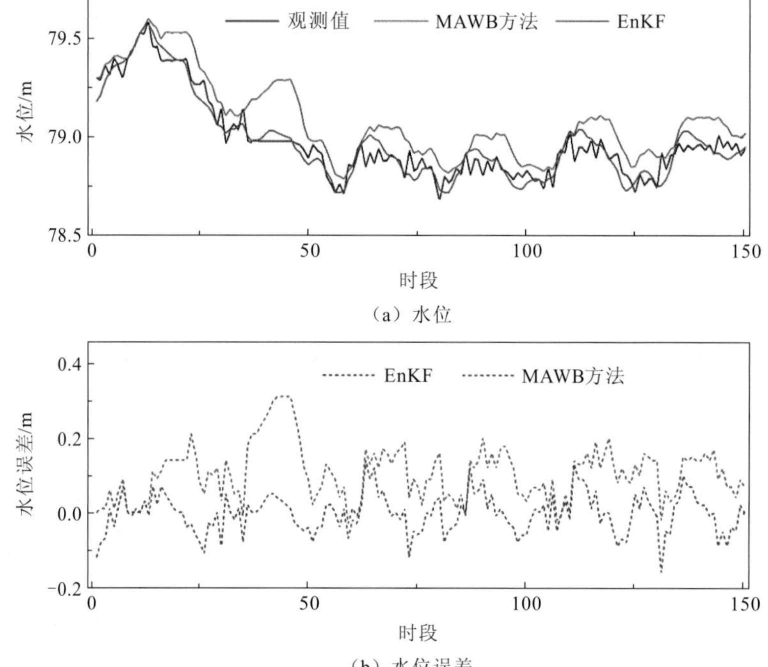

图 2.7 高坝洲水库实测水位与分别采用 EnKF、SWB 方法、MAWB 方法估计的水位过程的对比图

时间步长为 1 h

2. 月水量平衡模型

月水量平衡模型是一种以月水量平衡原理为基础的概念性水文模型，它以降水、气温等气象因子为输入，用经验公式将各水文要素之间的关系概化，并通过该经验公式来模拟流域水文过程[83]。本章采用两参数月水量平衡模型[87-88]，该模型具有结构简单、参数较少等优点，并在月径流模拟和预报中得到了广泛应用[89-94]。该模型的主要计算步骤如下。

（1）月实际蒸发计算：

$$E_i = C_1 \times \mathrm{EP}_i \times \tanh(P_i / \mathrm{EP}_i) \tag{2.12}$$

式中：E_i 为月实际蒸发，mm；EP_i 为月潜在蒸发，mm；P_i 为月降雨量，mm；C_1 为模型的第一个参数（无量纲）；i 为月份。

（2）假定月径流为土壤含水量的双曲正切函数，其计算公式如下：

$$Q_i = S_i \times \tanh(S_i / \text{SC}) \tag{2.13}$$

式中：Q_i 为月径流量，mm；S_i 为土壤含水量，mm；SC 为模型的第二个参数，表示流域最大蓄水能力，mm。

扣除蒸发的可用土壤含水量为 $S_{i-1}+P_i-E_i$，将其代入式（2.13）得

$$Q_i = (S_{i-1}+P_i-E_i)\times \tanh[(S_{i-1}+P_i-E_i)/\text{SC}] \tag{2.14}$$

随后，计算第 i 个月底、第 $i+1$ 个月初的土壤含水量：

$$S_i = S_{i-1}+P_i-E_i-Q_i \tag{2.15}$$

3. 基于 EnKF 的水文模型参数识别

采用 EnKF 对两参数月水量平衡模型的模型参数进行识别。在本章中，采用状态变量和模型参数同时更新的方法[60]建立扩展的状态变量矩阵 $\boldsymbol{Z}=(\theta, x)^{\mathrm{T}}$。其中：$\theta$ 表示模型参数，包括蒸散发参数 C_1 和流域最大蓄水能力参数 SC；x 是土壤含水量 S_i。考虑水文模型的 EnKF 的状态转移方程为

$$\begin{pmatrix}\theta_{i+1|i}^k \\ x_{i+1|i}^k\end{pmatrix} = \begin{pmatrix}\theta_{i|i}^k \\ f(x_{i|i}^k, \theta_{i+1|i}^k, u_{i+1})\end{pmatrix} + \begin{pmatrix}\delta_i^k \\ \varepsilon_i^k\end{pmatrix}, \quad \delta_i^k \sim N(0, U_i), \quad \varepsilon_i^k \sim N(0, G_i) \tag{2.16}$$

式中：$\theta_{i+1|i}^k$ 和 $x_{i+1|i}^k$ 分别为 $i+1$ 时刻模型参数、状态变量的第 k 个集合数的预测值；$\theta_{i|i}^k$ 和 $x_{i|i}^k$ 分别为 i 时刻模型参数、状态变量的第 k 个集合数的更新值；$f(\cdot)$ 为预测算子，即两参数月水量平衡模型；u_{i+1} 为水文模型驱动数据，包括降水和潜在蒸发；ε_i^k 和 δ_i^k 分别为模型的独立白噪声，均服从均值为 0、特定方差（G_i 和 U_i）的正态分布。

观测方程可以表示为

$$y_{i+1}^k = h(x_{i+1|i}^k, \theta_{i+1|i}^k) + \xi_{i+1}^k, \quad \xi_{i+1}^k \sim N(0, W_{i+1}) \tag{2.17}$$

式中：y_{i+1}^k 为 $i+1$ 时刻模拟径流的第 k 个集合值；$h(\cdot)$ 为观测算子，即状态变量与观测变量的转换关系；ξ_{i+1}^k 为误差项，服从均值为 0、方差为 W_{i+1} 的正态分布。

由于两参数月水量平衡模型的参数有一定的取值范围（表 2.4），采用 Wang 等[60]提出的有约束的 EnKF。集合数、模型输入数据的不确定性对 EnKF 的同化效果具有较大的影响，其设定基于前期的相关文献[60,95-107]和研究区域的实际情况。在本章中，集合数均设定为 1000。水文模型状态变量、模型参数的误差项[分别是 ε_i^k 和 δ_i^k，式（2.16）]及径流观测误差[ξ_{i+1}^k，式（2.17）]被认为服从均值为 0、方差特定的正态分布。模型参数误差的设定与选用的水文模型及研究区域相关[100]。设定较大的误差项方差可产生较大的模型参数扰动值，从而提高参数更新值的覆盖范围，但也会使参数估计值出现“波动”现象。模型参数误差项的设定采用经验法，其中参数 C_1 的误差项的标准差设定为 0.01，参数 SC 的误差项的标准差在假拟实验、无定河流域和通天河流域中分别设定为 5.0、1.0 和 0.5。模型状态变量和径流观测误差项的标准差设定采用百分比的方法[60,98]，本章设定为 5%。另外，在假拟实验中，对径流观测误差的标准差采用不同的比例因子来验证 EnKF 的效果，比例因子见表 2.5。在无定河流域和通天河流域的实例研究中，降雨和径流的比例因子采用 0 和 5%。

表 2.4　两参数月水量平衡模型参数及取值范围

模型参数和状态变量		物理意义	取值范围
模型参数	C_1	蒸散发参数	0.2～2.0
	SC	流域最大蓄水能力参数	100～4 000 mm
状态变量	S_i	土壤含水量	—

表 2.5　降雨和径流观测误差项的标准差的比例因子

比例因子类型	低方差	中方差	高方差
降雨比例因子 γ_P	0	0.05	0.10
径流比例因子 γ_Q	0.05	0.10	0.20

4. 评价指标

选用纳什效率系数 NSE[83]、模拟总量相对误差 VE 来评价 EnKF 对径流的同化效果，它们的计算公式分别为

$$\mathrm{NSE}=1-\frac{\sum_{i=1}^{n}(Q_{\mathrm{sim},i}-Q_{\mathrm{obs},i})^2}{\sum_{i=1}^{n}(Q_{\mathrm{obs},i}-\overline{Q}_{\mathrm{obs}})^2} \tag{2.18}$$

$$\mathrm{VE}=\frac{\sum_{i=1}^{n}Q_{\mathrm{sim},i}-\sum_{i=1}^{n}Q_{\mathrm{obs},i}}{\sum_{i=1}^{n}Q_{\mathrm{obs},i}} \tag{2.19}$$

式中：$Q_{\mathrm{sim},i}$ 和 $Q_{\mathrm{obs},i}$ 分别为模拟径流、实测径流；$\overline{Q}_{\mathrm{obs}}$ 为实测径流的均值；n 为资料序列长度。显然，NSE 越接近于 1.0，VE 越接近于 0，说明径流模拟效果越好，模型的整体表现越好。

采用 Pearson 相关系数 R_{p}、均方根误差 RMSE、绝对平均相对误差 MARE 三个指标来评价参数的估计结果（仅在假拟实验中），它们的计算公式分别为

$$R_{\mathrm{p}}=\frac{\sum_{i=1}^{n}(\theta_{\mathrm{sim},i}-\overline{\theta}_{\mathrm{sim}})(\theta_{\mathrm{obs},i}-\overline{\theta}_{\mathrm{obs}})}{\sqrt{\sum_{i=1}^{n}(\theta_{\mathrm{sim},i}-\overline{\theta}_{\mathrm{sim}})^2(\theta_{\mathrm{obs},i}-\overline{\theta}_{\mathrm{obs}})^2}} \tag{2.20}$$

$$\mathrm{RMSE}=\sqrt{\frac{1}{n}\sum_{i=1}^{n}(\theta_{\mathrm{sim},i}-\theta_{\mathrm{obs},i})^2} \tag{2.21}$$

$$\mathrm{MARE}=\frac{1}{n}\sum_{i=1}^{n}\frac{\left|\theta_{\mathrm{sim},i}-\theta_{\mathrm{obs},i}\right|}{\theta_{\mathrm{obs},i}} \tag{2.22}$$

式中：$\theta_{\mathrm{sim},i}$ 和 $\theta_{\mathrm{obs},i}$ 分别为参数估计值、参数“真实值”；$\overline{\theta}_{\mathrm{sim}}$ 和 $\overline{\theta}_{\mathrm{obs}}$ 分别为参数估计值和参数“真实值”的均值；n 为资料序列长度。

2.2.2　研究区域与资料

1. 假拟实验

由于水文模型参数的“真实值”是未知的，开展假拟实验来评估 EnKF 识别参数时变性的效果。在假拟实验中，模型参数的“真实值”为给定序列，并设置了 5 种参数变化情景，如表 2.6 所示。其中，前 4 种情景为参数具有时变性，第 5 种情景中参数为常数。参数 C_1 具有季节性变化的可能性[41-42]，因此用正弦函数来描述其潜在的周期性变化。另外，递增变化趋势被用来考虑参数的年际或多年长期的变化。对于参数 SC，采用趋势变化和跳跃变化来考虑土地利用变化（如植树造林、修建水坝等）对其潜在的影响。假拟实验中的降雨和潜在蒸发数据是通过对来源于实际流域的对应数据加入扰动项得到的，径流数据采用两参数月水量平衡模型计算得到。假拟实验中的数据序列为 672 个月尺度数据，其中前 24 个数据作为“预热期”，用来消除初始土壤条件对模型模拟效果的影响。参数识别的具体步骤如下。

（1）采用正弦函数、线性函数生成不同情景下的模型参数序列。输入月降雨、潜在蒸发及参数序列到两参数月水量平衡模型中，计算得到对应的径流序列并作为实测流量。

（2）采用均匀分布生成模型参数和状态变量的初始集合值。设定集合数和资料序列长度。

（3）完成模型参数和状态变量的初始值设定，利用步骤（1）中得到的实测径流进行 DA，估计参数序列。

表 2.6　假拟实验中不同的参数变化情景

情景	内容
情景 1	C_1 呈周期性变化趋势，SC 呈递增变化趋势
情景 2	C_1 呈周期性变化趋势，SC 有跳跃变化
情景 3	C_1 呈周期性递增变化趋势，SC 呈递增变化趋势
情景 4	C_1 呈周期性递增变化趋势，SC 有跳跃变化
情景 5	C_1 和 SC 均为常数

2. 实例研究

1）无定河流域

无定河流域地处毛乌素沙漠与黄土高原的过渡带，是黄河一级子流域。根据无定河流域 1956～2000 年实测资料，其多年平均年降雨量为 401 mm，其中约 73%发生在雨季（6～9 月），多年平均年潜在蒸发量为 1 077 mm，多年平均年径流深为 39 mm（图 2.8）。

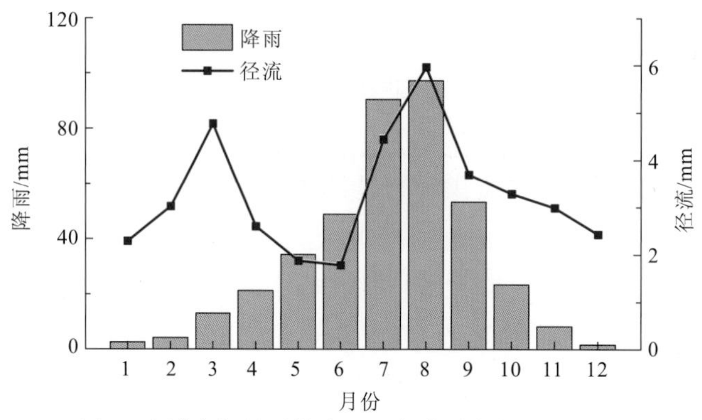

图 2.8　无定河流域多年月平均降雨、径流过程图（1956～2000 年）

由于无定河流域内黄土质地疏松，植被覆盖度较低，且长期以来的乱砍滥伐对其生态系统造成严重破坏，水土流失问题较为严重。为了解决该问题，自 1960 年以来水土保持措施得到大力实施，如植树种草、淤地坝和水库的修建及梯田的改造等工程措施在近几十年得到有效实施。由水土保持措施造成的流域下垫面的改变对流域蓄水能力有着重大的影响[108]。

2）通天河流域

通天河流域（图 2.9）位于青海省的西南部，属于长江流域，始于青海省格尔木市唐古拉山乡，终点在青海省称多县，全长 1 206 km，整个流域海拔为 3 500～6 500 m，集水面积为 141 639 km^2，其流域出口断面控制站为直门达水文站。根据通天河流域 1980～2013 年实测资料，其多年平均年降雨量为 440 mm，其中约 77%发生在雨季（6～9 月），多年平均年潜在蒸发量为 796 mm，多年平均年径流深为 99 mm。通天河流域属于长江水源保护地，受人类活动影响较小。因此，将其作为模型参数识别的对比流域。

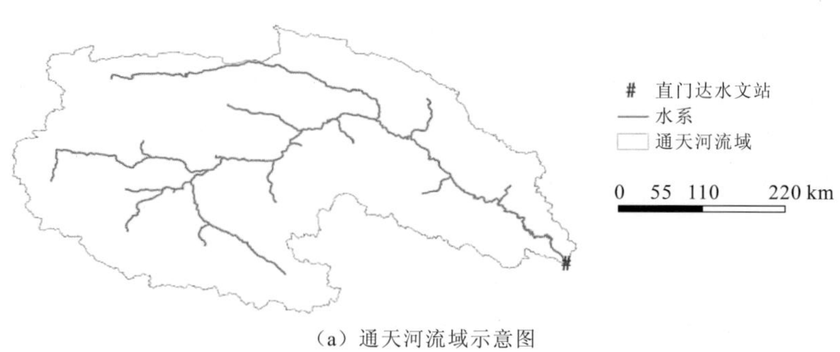

（a）通天河流域示意图

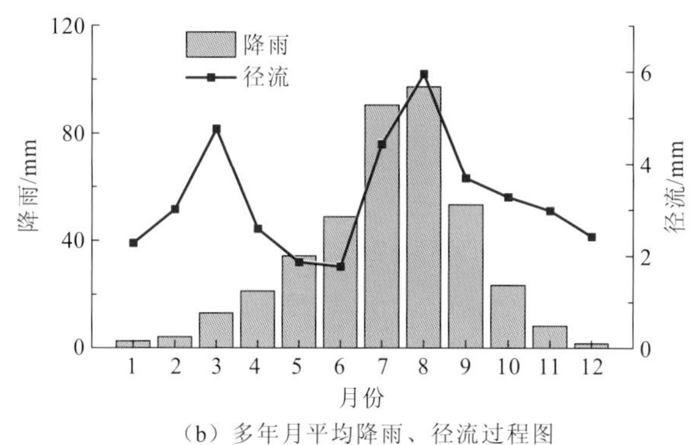

（b）多年月平均降雨、径流过程图

图 2.9 通天河流域及多年月平均降雨、径流过程图（1980～2013 年）

本章中所使用的数据包括月降雨、月潜在蒸发和月径流。其中，无定河流域的资料序列为 1956～2000 年，通天河流域的资料序列为 1980～2013 年。潜在蒸发根据来源于国家气象科学数据中心中国气象数据网的气象数据（包括日最低、最高气温，相对湿度，风速，气象站点纬度等），采用 Penman-Monteith 公式[108]计算得到。为了消除流域初始条件如土壤含水量对模型模拟结果的影响，将资料序列的前两年作为水文模型的“预热期”，即 1956～1957 年为无定河流域“预热期”，而通天河流域则为 1980～1981 年。

2.2.3 结果分析

1. 假拟实验结果

不同情景下水文模型参数估计值与“真实值”的对比如图 2.10～图 2.12 所示。表 2.7 和表 2.8 分别给出了参数估计值及径流模拟值的统计指标结果。从参数估计值与“真实值”的对比图可以看出，通过 EnKF 同化得到的参数值与“真实值”的变化过程吻合较好。对于参数 C_1，估计的参数值与“真实值”具有相同的变化过程，尽管其在周期性变化中的峰值与“真实值”存在一定的偏差；而参数 SC 的估计值在所有参数时变情景下均能够很好地与“真实值”对应，特别是在参数发生跳跃变化过程中，参数估计值能够得到迅速反应。在假拟实验中，通过设定不同的误差的方差水平来验证 EnKF 对参数识别的效果。从图 2.10 中可以看出，在高方差情景下，参数 C_1 的估计值具有较小的 RMSE 和较高的 R_p，且其峰值比其他情景下的估计值准确。从图 2.11 可以看出，参数 SC 的估计值在高方差情景下存在较大的“波动”，这是因为同化结果受到误差不确定性大小的影响。另外，参数 C_1 的估计值与“真实值”之间存在滞时。在 EnKF 中，模型状态变量和参数的更新与增益因子密切相关，其更新依赖于当前时刻的观测值。当前时刻的实测径流与当前时刻和前一时刻的状态变量紧密相关[109]。假定的参数 C_1 的“真实值”呈周期性变化趋势，而假定的参数 SC 的“真实值”的变化较为平缓。对于有周期性变化的待估计值，EnKF 得到的估计值与“真实值”之间容易出现滞时问题[96-97]。

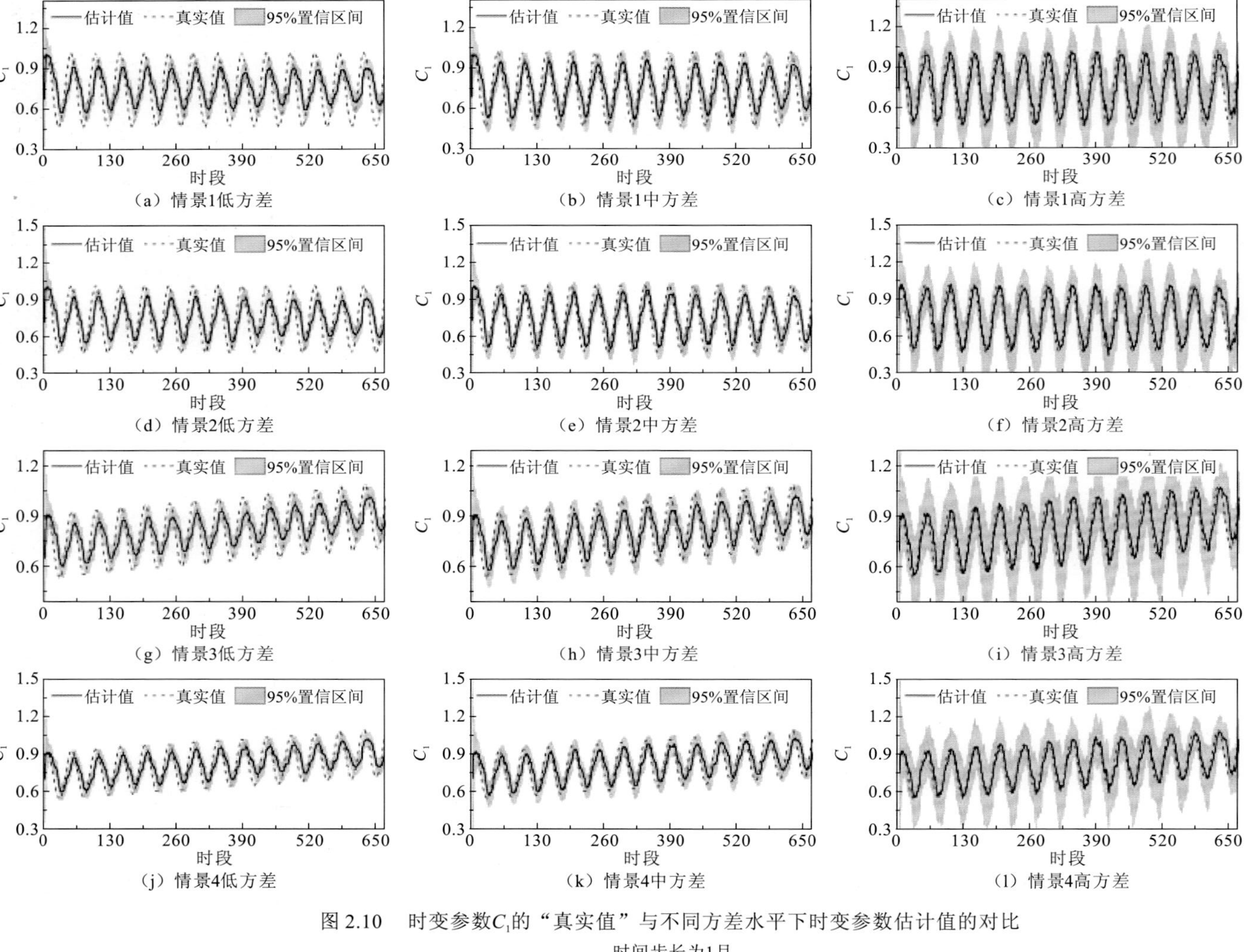

图 2.10　时变参数C_1的“真实值”与不同方差水平下时变参数估计值的对比

时间步长为1月

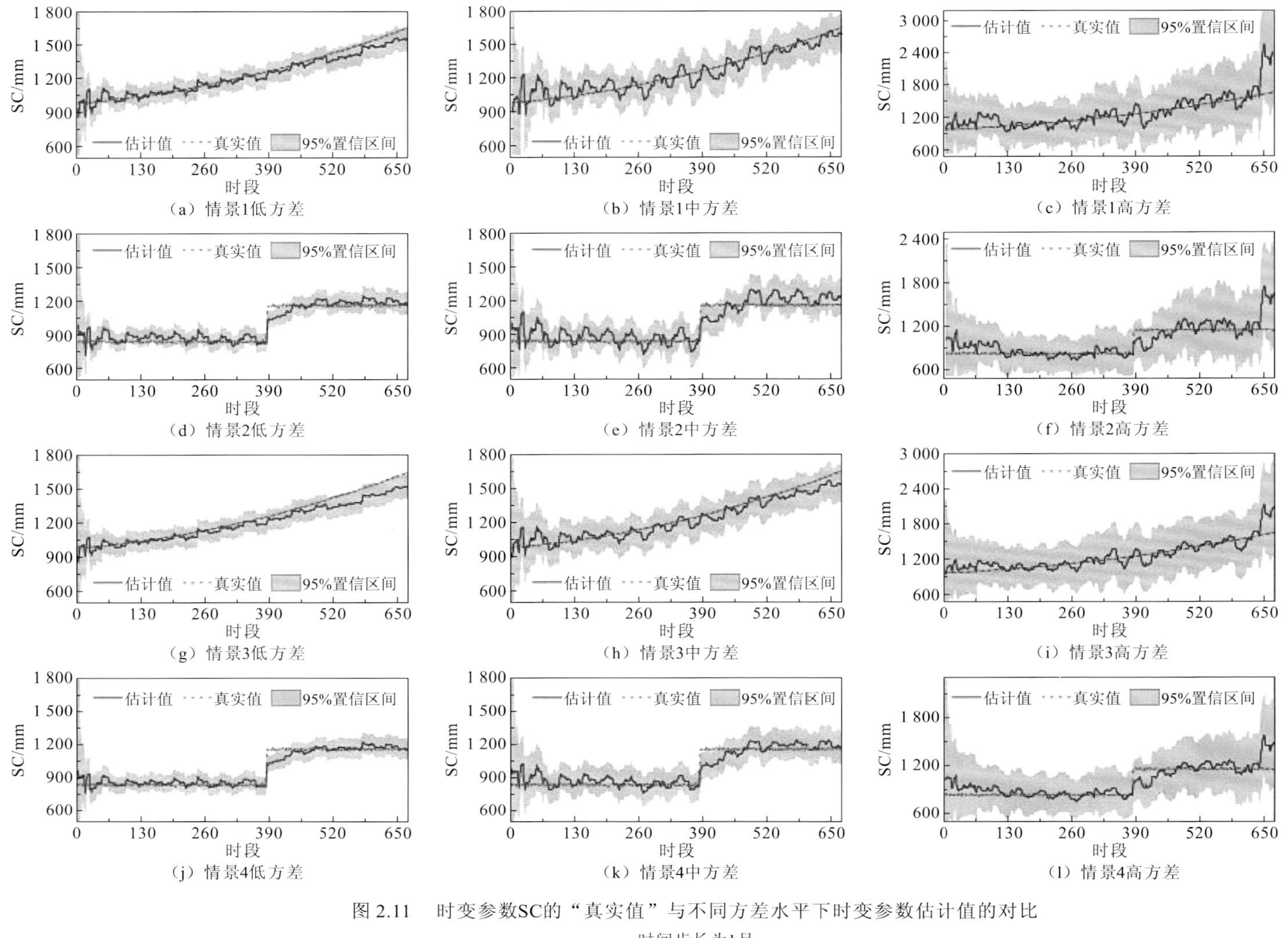

图 2.11　时变参数SC的“真实值”与不同方差水平下时变参数估计值的对比

时间步长为1月

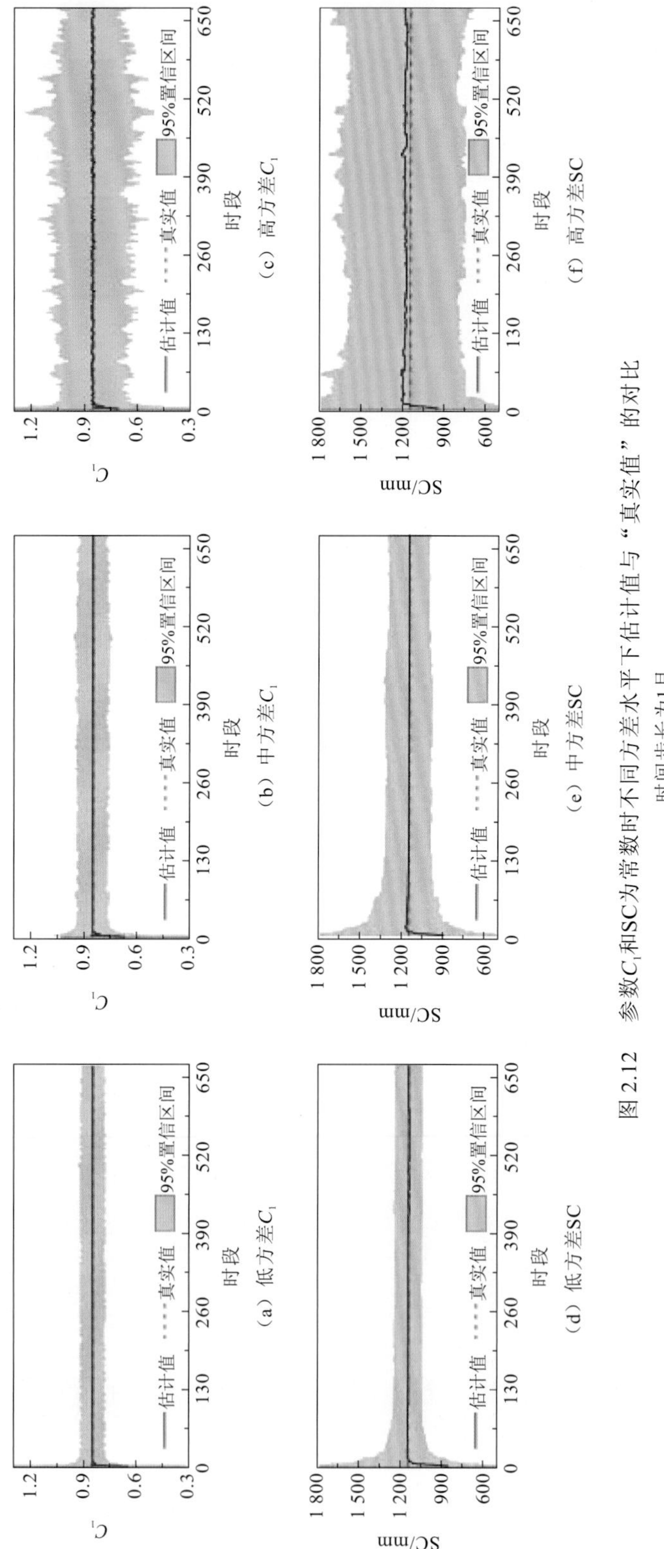

图 2.12 参数C_1和SC为常数时不同方差水平下估计值与“真实值”的对比

时间步长为1月

表 2.7　假拟实验中不同情景下时变参数估计值的统计指标结果

参数	情景	低方差			中方差			高方差		
		RMSE	MARE	R_p	RMSE	MARE	R_p	RMSE	MARE	R_p
C_1	1	0.15	0.21	0.55	0.16	0.18	0.68	0.18	0.11	0.89
	2	0.16	0.19	0.63	0.17	0.16	0.75	0.18	0.09	0.91
	3	0.12	0.13	0.64	0.13	0.11	0.72	0.14	0.07	0.91
	4	0.13	0.12	0.70	0.13	0.10	0.77	0.14	0.06	0.93
	5	0	—	—	0	—	—	0	—	—
SC	1	182.87 mm	0.03	0.99	187.76 mm	0.05	0.94	253.35 mm	0.83	0.83
	2	158.30 mm	0.04	0.96	167.47 mm	0.07	0.91	189.59 mm	0.80	0.80
	3	180.20 mm	0.03	0.99	182.06 mm	0.04	0.97	215.04 mm	0.88	0.88
	4	156.42 mm	0.03	0.97	158.50 mm	0.05	0.93	170.90 mm	0.86	0.86
	5	1.54 mm			2.67 mm			20.54 mm		

表 2.8　假拟实验中不同情景下模型径流模拟结果的统计指标

情景	低方差		中方差		高方差	
	NSE	VE	NSE	VE	NSE	VE
1	0.999	−0.000 3	0.988	−0.004 6	0.967	−0.023 0
2	0.999	0.000 1	0.990	−0.002 8	0.967	−0.014 1
3	0.999	−0.001 1	0.990	−0.001 3	0.974	−0.026 4
4	0.999	−0.000 9	0.992	0.000 2	0.959	−0.014 7
5	0.999	−0.002 2	0.992	−0.007 7	0.961	−0.018 7

参数为常数的情景的结果见图 2.12，可以看出在“预热期”之后 EnKF 估计的参数值能够迅速接近参数的“真实值”，且灰色区域代表的 95%置信区间收敛迅速，并在整个过程中保持平稳状态。另外，结果显示，参数估计结果的好坏与输入数据的误差水平关系密切。当降雨和径流的观测误差水平较高时，其对应情景下的参数估计值的统计指标如 RMSE（表 2.7）和置信区间的范围较大。表 2.8 展示了不同方差水平下各种参数时变情景中径流的模拟结果统计指标。结果表明，EnKF 得到的径流模拟值与观测值拟合很好，纳什效率系数 NSE 均大于 0.95，模拟总量相对误差 VE 均小于 0.03。综上，EnKF 能够成功地进行水文模型参数识别，尽管观测数据的误差的方差水平对结果具有一定的影响。

2. 实例研究结果

图 2.13 分别展现了无定河流域和通天河流域的月降雨、径流深的双累积曲线。图 2.13（a）给出了无定河流域径流突变点 1972 年前后段累积降雨量与累积径流深的线性拟合关系，两段的拟合方程的坡度不同，表明在 1972 年降雨径流关系发生了跳跃变化，

该结果与前期文献结果一致[107,110]。图 2.13（b）的结果显示，通天河流域的累积降雨量与累积径流深的关系为一条单一的直线，说明该流域在 1982～2013 年降雨径流关系稳定。图 2.14 分别给出了无定河流域和通天河流域模型参数估计值及 95%置信区间。其中，无定河流域中参数 SC 呈现明显的分段递增趋势，变异点与图 2.13 中的突变点相对应。

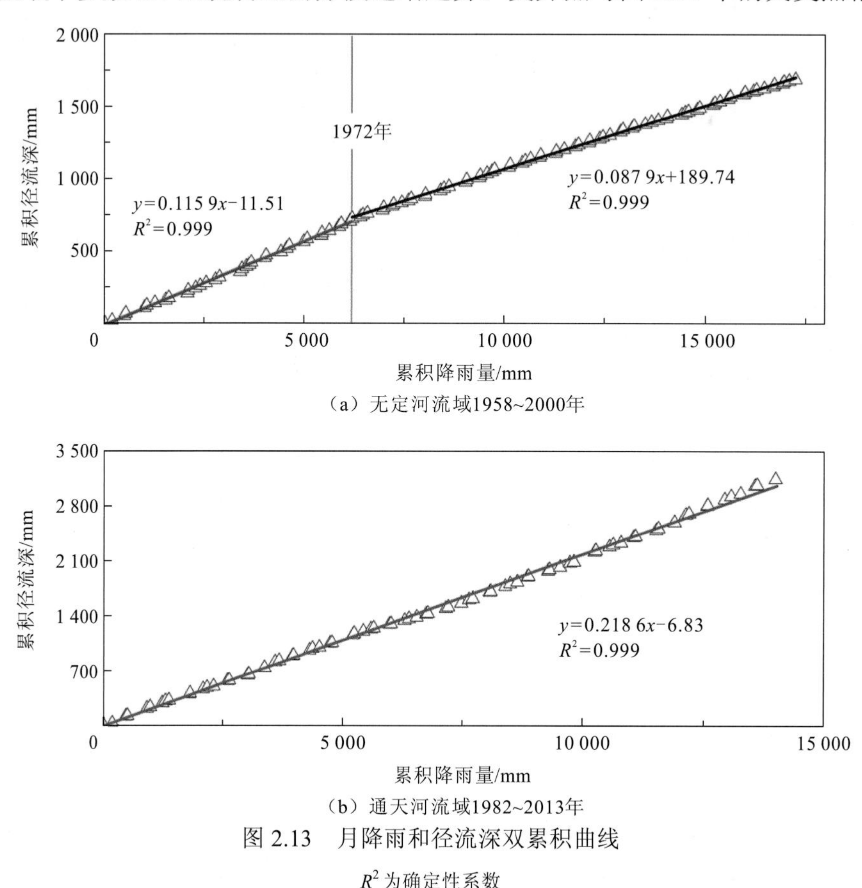

（a）无定河流域1958~2000年

（b）通天河流域1982~2013年

图 2.13　月降雨和径流深双累积曲线

R^2 为确定性系数

无定河流域的最大蓄水能力参数 SC 的时间变化趋势与该流域的土地利用、植被覆盖变化有着紧密联系。由于大规模的水土保持工程措施的实施，特别是水库和淤地坝工程的实施，无定河流域的持水能力得到大幅提升，流域的最大蓄水能力 SC 出现图 2.14（c）中递增的趋势。整个 SC 序列以 1972 年为界可分为具有不同坡度的两段，这是由 1958～2000 年水土保持工程的实施力度不同等造成的。在 20 世纪 80 年代，虽然有新的工程投入，但由于之前建成的水库和淤地坝泥沙的淤积，流域的总体持水能力增幅减缓[111]。图 2.15（a）给出了无定河流域降雨、潜在蒸发和径流深的长序列过程图。从图 2.15（a）中可以看出，流域的径流深呈明显的递减趋势，潜在蒸发为平稳状态，而降雨呈较小的减少趋势，表明流域的径流深减小更多地受人类活动的影响，即该流域的水土保持措施。图 2.15（b）给出了由所有水土保持措施造成的流域减水量过程图，可以看出减水量与流域蓄水能力的整体变化一致，且 1972 年之前的减水量过程线的坡度大于 1972 年之后，与参数 SC 的过程线坡度变化相符。

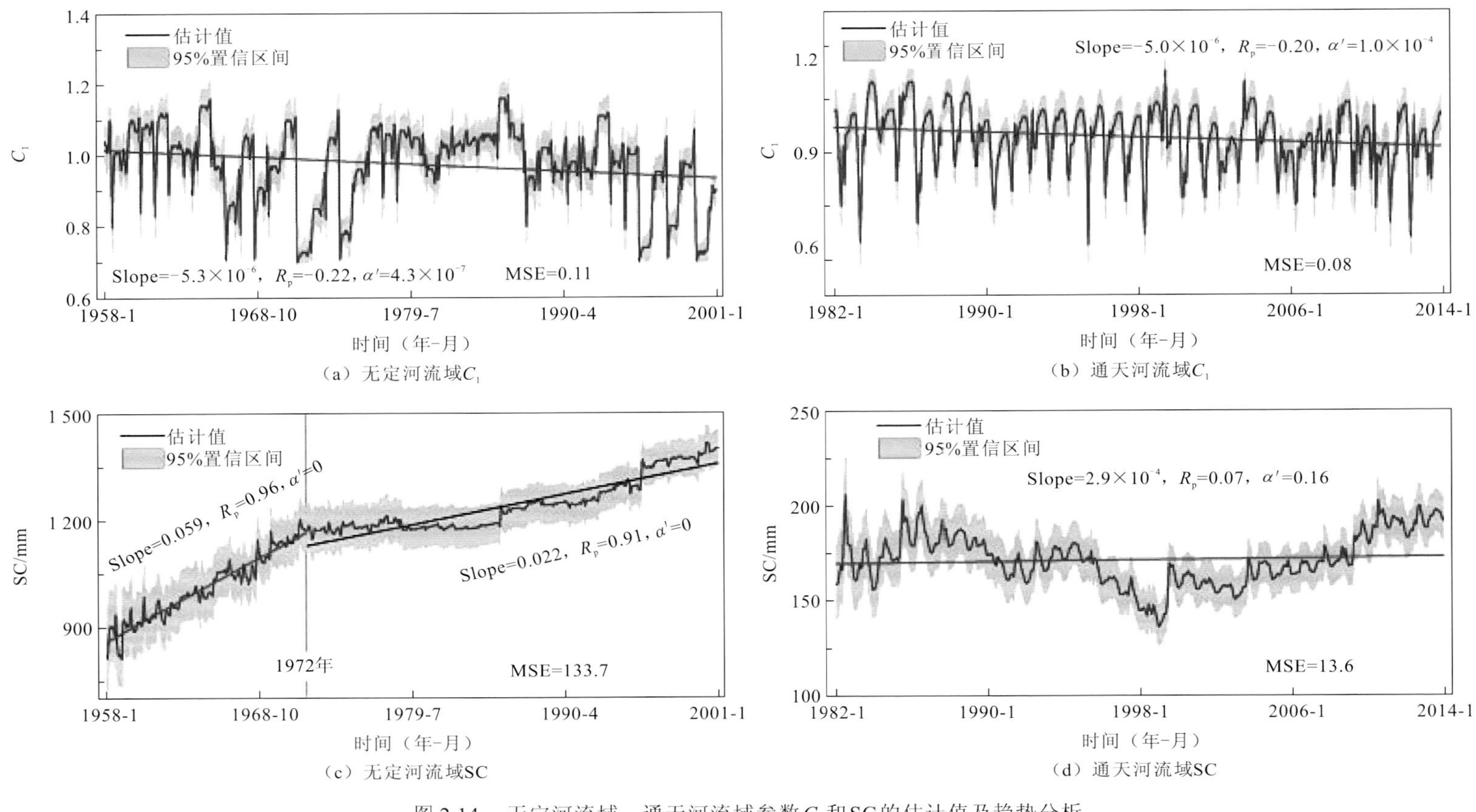

图 2.14 无定河流域、通天河流域参数 C_1 和SC的估计值及趋势分析

MSE为均方差；Slope为坡度；α′为显著性水平

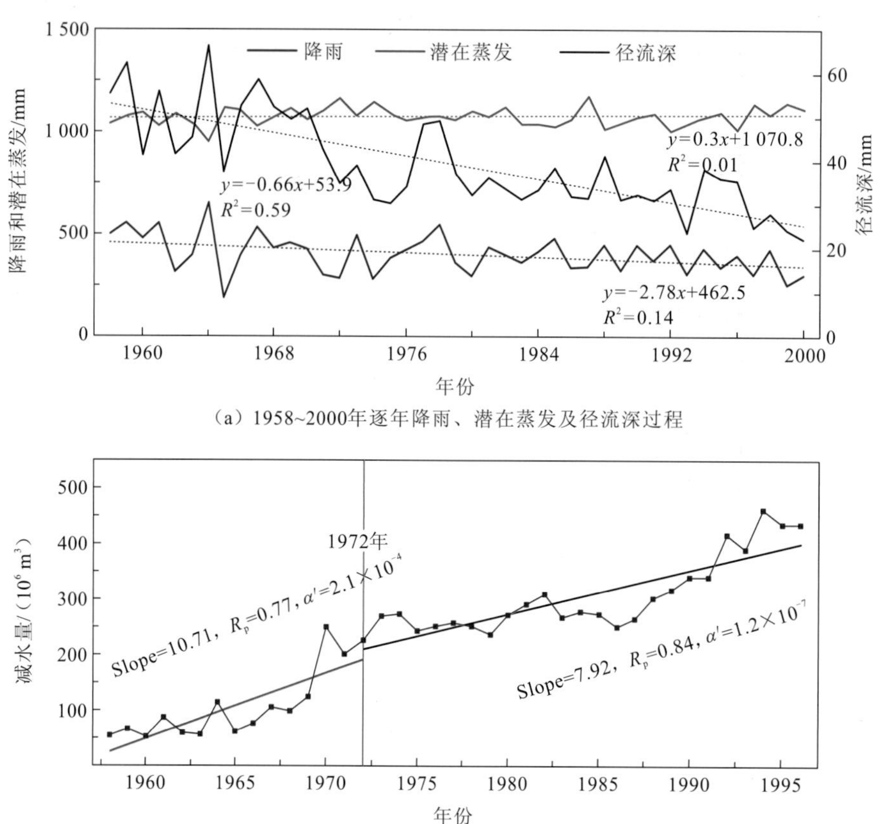

（a）1958~2000年逐年降雨、潜在蒸发及径流深过程

（b）1958~1996年水土保持措施（包括植树种草、淤地坝和水库的修建及梯田的改造）减水量

图 2.15 无定河流域相关情况

对于通天河流域，参数 SC 无明显变化趋势，且估计值的范围和标准差相对无定河流域小，表明该参数在通天河流域较为稳定。两个流域的蒸散发参数 C_1 的估计值均未呈现明显的变化趋势，从图 2.14 可以看出趋势线基本呈水平且相应序列的标准差很小。但是，参数 C_1 依然可以作为时变参数考虑。参数 C_1 的变化与月实际蒸发有关，会受到如气温、太阳辐射等因子的影响而发生月际变化。EnKF 估计得到的径流与实测径流吻合较好，其中无定河流域的径流的纳什效率系数 NSE 和模拟总量相对误差 VE 分别为 0.93、0.07，通天河流域对应的指标为 0.99、0.04。

综上，提出的基于 EnKF 的方法通过径流观测数据对模型的参数和状态变量进行估计，结果表明，该方法对模型参数的时间变化过程识别效果良好。另外，参数 SC 在无定河流域的变化过程与该流域的下垫面变化（土地利用和植被覆盖情况）关系紧密；对于通天河流域，该区域属于长江源头水源保护区，受人类开发利用的影响程度较小，故 SC 不存在明显的变化趋势。参数 C_1 虽然不具有一定的变化趋势，但月际变化过程较为明显，仍然可以当作时变参数来对待。

2.3　水文模型的时变参数预测方法

2.3.1　研究方法

1. 模型参数时变函数形式

本节选用两参数月水量平衡模型，并对模型中的两个参数给定时变函数形式。两参数月水量平衡模型中的蒸散发参数 C_1 反映了与实际蒸散发计算过程相关的因素，C_1 的大小主要受降水、气温、植被覆盖等因素的影响；SC 为流域最大蓄水能力，其大小主要受气候特征及植被覆盖的影响。模型参数时变函数形式的选取与流域的区域情况有关，因此在本节的研究区域与资料部分给出具体的研究思路。

2. 优化算法

参数率定采用 Duan 等[27]提出的全局优化算法，其计算流程如图 2.16 所示。该算法的提出主要基于以下四个方面：①确定性和概率论方法相结合；②在全局优化及改进的

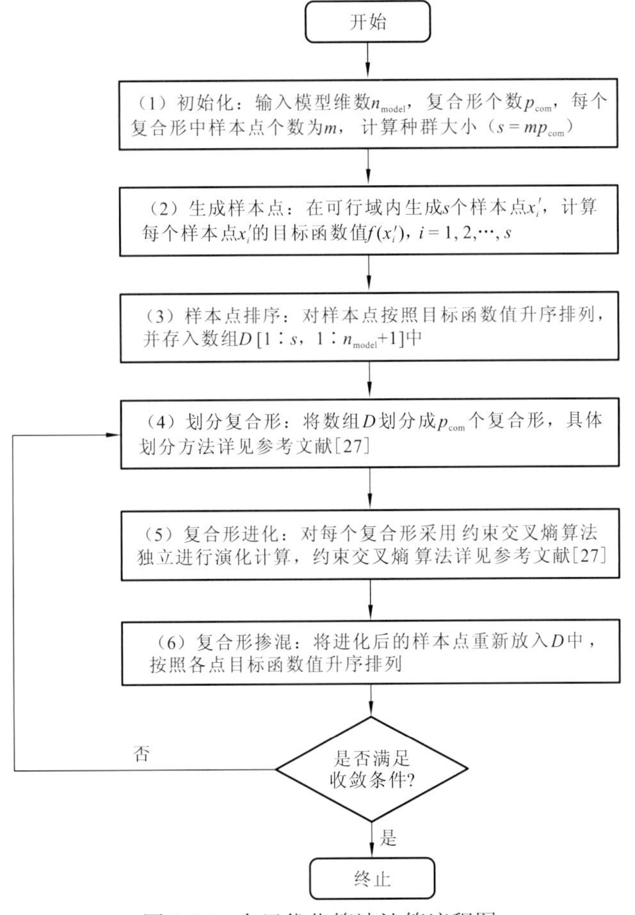

图 2.16　全局优化算法计算流程图

方向上，覆盖参数空间复合形点的系统演化；③竞争演化方式；④复合形掺混。全局优化算法简单且容易实现，能够很快达到全局最优，该算法从提出至今在水文模型参数率定中得到了广泛的应用[104-106]。

2.3.2 研究区域与资料

本节选取两个实例研究方案，两个实例研究方案对于水文模型参数时变函数形式的选取是不同的。

1. 实例研究一

实例研究一选取通天河流域和赣江流域为研究对象，其中，通天河流域的具体区域资料情况参考 2.2.2 小节。

赣江是江西省内最大河流，属于鄱阳湖水系，见图 2.17。赣江发源于江西省、福建省两省交界处武夷山的黄竹岭，从南向北至南昌市流入鄱阳湖，其干流全长 766 km，外洲控制站以上集水面积约为 80 900 km^2。赣江流域位于长江流域南岸，流域范围涉及吉安市、赣州市、新余市等 44 个县（市、区），占整个江西省总面积的 51%。赣江流域地处亚热带湿润季风气候区，气候温和、雨量丰沛，年平均降水量约为 1 550 mm，其中 50%的降雨主要集中在每年的 4～6 月。流域的多年平均年潜在蒸发量和年径流深分别为 1 070 mm、870 mm。

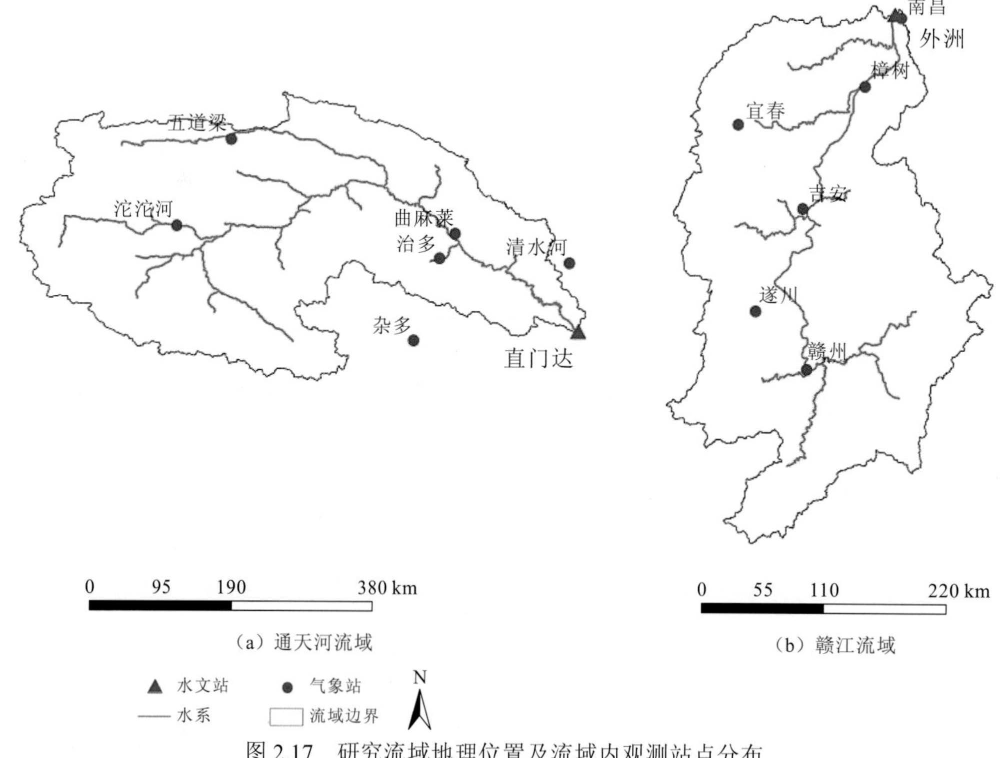

图 2.17 研究流域地理位置及流域内观测站点分布

未来长期气候影响和流域下垫面变化（主要指植被覆盖）可能对流域最大蓄水能力 SC 造成一定的影响；实际蒸发存在月际变化，蒸散发参数 C_1 反映了实际蒸发计算过程中除降雨和潜在蒸发之外的影响因素。该模型的实际蒸发计算公式使用了降雨和潜在蒸发数据，其中潜在蒸发采用 Penman-Monteith 公式进行计算，该公式考虑了太阳辐射、气温、相对湿度和风速，但植被覆盖未直接考虑在内。因此，在时变参数函数形式中考虑植被因子很有可能会提高模型的模拟精度及外延性，特别是在变化环境情景下。NDVI 直接反映植被覆盖情况，并与实际蒸发具有很强的相关性[101-102]。参数 C_1 假定为 NDVI 的线性函数：

$$C_1(t)=\alpha_0+\alpha_1\cdot \text{NDVI}(t) \tag{2.23}$$

式中：t 为模拟月份；α_0 和 α_1 为参数函数式的系数。

流域最大蓄水能力比较稳定，存在月尺度上变化的可能性较小，但由于水文气象条件的变化，其在年际或多年时间尺度上存在变化的可能性。在此，将 12 个月前期降雨和潜在蒸发作为水文气象因子。另外，NDVI 可以反映植被的变化情况，可以用来表征参数 SC 可能受到的植被覆盖变化（如植树、森林砍伐等）的影响。参数 SC 的时变函数形式为

$$\text{SC}(t)=\beta_0+\beta_1\cdot P_{12}+\beta_2\cdot \text{PET}_{12}+\beta_3\cdot \text{NDVI}(t) \tag{2.24}$$

式中：P_{12} 为 12 个月前期降雨；PET_{12} 为 12 个月前期潜在蒸发；β_0、β_1、β_2 和 β_3 为参数函数式的系数。

表 2.9 给出了时变参数的不同函数形式，包括参数 C_1、SC 分别为时变参数，以及 C_1、SC 均为时变参数。

表 2.9 两参数月水量平衡模型不同时变参数函数形式

参数类型	C_1	SC
常数	α_0	β_0
参数 C_1 时变	$\alpha_0+\alpha_1\cdot\text{NDVI}(t)$	β_0
	$\alpha_0+\alpha_1\cdot\text{NDVI}(t-1)$	β_0
参数 SC 时变	α_0	$\beta_0+\beta_1\cdot P_{12}+\beta_2\cdot\text{PET}_{12}$
	α_0	$\beta_0+\beta_1\cdot P_{12}+\beta_2\cdot\text{PET}_{12}+\beta_3\cdot\text{NDVI}(t)$
参数 C_1 和 SC 均时变	$\alpha_0+\alpha_1\cdot\text{NDVI}(t-1)$	$\beta_0+\beta_1\cdot P_{12}+\beta_2\cdot\text{PET}_{12}$

2. 实例研究二

选择美国东南部三个流域为研究对象，资料来源于 MOPEX 数据库。入选 MOPEX 数据库的流域均无大型水利工程，受人类活动影响较小[12]。三个流域的情况分别由表 2.10 给出，并根据干旱指数（AI）划分为干旱流域和湿润流域，AI 为多年平均潜在蒸发与多年平均降水的比值，该值大于等于 1 的流域为干旱流域，小于 1 的流域为湿润

流域。本节使用的数据包括月降水、月潜在蒸散发、月实际蒸散发、月径流和月平均气温，资料序列为1983～2003年。选取1983～1996年数据为水文模型率定期，1997～2003年数据为检验期。

表 2.10　研究流域基本情况

流域号	面积/km^2	年均降水量/mm	年均潜在蒸发量/mm	年均径流量/mm	径流系数	干旱指数
02126000	3 207.2	1 154.3	103.8	360	0.31	1.08
02143500	179.9	1 219.5	101.9	427.1	0.35	1
02143040	66.7	1 363.9	101	648	0.48	0.89

将EnKF应用到研究区域，得到各流域的参数时变序列。对参数及气候因子进行相关性分析的结果表明，参数C_1与降水间存在1个时段滞时，参数SC与降水和气温间存在3个时段滞时，且与同时段的潜在蒸散发及降水具有相关性。因此，可构建如下C_1和SC的时变函数形式：

$$\begin{cases} C_1(t)=\alpha_0+\alpha_1 T(t)+\alpha_2 P(t-1) \\ \mathrm{SC}(t)=\beta_0+\beta_1 \mathrm{PET}(t)+\beta_2 P(t)+\beta_3 P(t-3)+\beta_4 T(t-3) \end{cases} \tag{2.25}$$

式中：$P(t)$为时段降水量；$T(t)$为时段气温；$\mathrm{PET}(t)$为时段潜在蒸散发；$\alpha_0\sim\alpha_2$、$\beta_0\sim\beta_4$为参数函数式的系数。

表2.11给出了参数的不同时变方案，包括参数均为常数、参数C_1和SC分别为时变参数，以及两个参数均为时变参数四种方案。

表 2.11　两参数月水量平衡模型参数的不同时变方案

参数类型	$C_1(t)$	$\mathrm{SC}(t)$
常数	α_0	β_0
参数C_1时变	$\alpha_0+\alpha_1 T(t)+\alpha_2 P(t-1)$	β_0
参数SC时变	α_0	$\beta_0+\beta_1\mathrm{PET}(t)+\beta_2 P(t)+\beta_3 P(t-3)+\beta_4 T(t-3)$
参数C_1和SC均时变	$\alpha_0+\alpha_1 T(t)+\alpha_2 P(t-1)$	$\beta_0+\beta_1\mathrm{PET}(t)+\beta_2 P(t)+\beta_3 P(t-3)+\beta_4 T(t-3)$

2.3.3　结果分析

1. 实例研究一

表2.12和表2.13分别是通天河流域和赣江流域在不同时变参数函数形式下的计算结果统计表。结果显示，假定水文模型参数为时变函数形式的模拟效果在率定期和检验期均优于水文模型参数为常数的方案。其中，当两参数月水量平衡模型中的蒸散发参数C_1假定为一个时段长滞时NDVI的函数，即$C_1(t)=f[\mathrm{NDVI}(t-1)]$时，模型的模拟效果提高最大；而当蒸散发参数$C_1$假定为同时刻NDVI的函数，即$C_1(t)=f[\mathrm{NDVI}(t)]$时，该情景下的模型模拟效果基本与模型参数为常数时的效果相同。前者参数时变情景下模拟径流的RMSE在率定期和检验期均小于后者参数时变情景的结果。对于仅考虑蒸散发参数C_1

表 2.12　通天河流域不同时变参数函数形式下模拟结果统计表

情景	C_1	SC	率定期				检验期			
			R_p	RMSE/mm	NSE/%	WBI	R_p	RMSE/mm	NSE/%	WBI
常数	0.96	178.4	0.89	192.0	78.1	1.04	0.87	219.3	75.6	0.90
参数 C_1 时变	0.873+0.352NDVI(t) AVE=0.93，C_v=0.03	180.6	0.89	188.0	79.3	1.05	0.88	220.2	75.4	0.89
	0.795+0.77NDVI(t−1) AVE=0.93，C_v=0.08	221.4	0.91	169.4	83.2	1.05	0.90	209.6	77.7	0.89
参数 SC 时变	0.96	0.192+0.224PET_{12} AVE=177.6，C_v=0.03	0.89	190.4	78.7	1.04	0.88	217.6	76.0	0.90
	0.96	0.171+0.512NDVI(t)+0.224PET_{12} AVE=177.3，C_v=0.03	0.89	190.4	78.7	1.04	0.88	217.7	76.0	0.90
参数 C_1 和 SC 均时变	0.794+0.771NDVI(t−1) AVE=0.93，C_v=0.08	0.005+0.278PET_{12} AVE=219.9，C_v=0.03	0.92	166.2	83.8	1.05	0.90	207.6	78.1	0.89

注：AVE 为平均值。

表 2.13 赣江流域不同时变参数函数形式下模拟结果统计表

情景	C_1	SC	率定期				检验期			
			R_p	RMSE/mm	NSE/%	WBI	R_p	RMSE/mm	NSE/%	WBI
常数	0.85	1 426.9	0.92	656.5	85.0	1.00	0.89	710.6	78.1	1.00
参数 C_1 时变	0.529 + 0.6NDVI(t) AVE = 0.83，C_v = 0.07	1 554.1	0.93	656.6	85.0	1.00	0.90	696.5	79.0	1.00
	1.667NDVI(t−1) AVE = 0.84，C_v = 0.21	1 776.6	0.93	612.1	87.0	1.00	0.92	628.3	82.9	1.01
参数 SC 时变	0.85	0.131 + 1.327PET_{12} AVE = 1 422.0，C_v = 0.04	0.93	647.7	85.4	1.00	0.89	709.2	78.2	1.00
	0.85	0.571 + 0.004NDVI(t) + 1.324PET_{12} AVE = 1 418.9，C_v = 0.04	0.93	647.7	85.4	1.00	0.89	709.1	78.2	1.00
参数 C_1 和 SC 均时变	1.667NDVI(t−1) AVE = 0.84，C_v = 0.21	0.2 + 1.648PET_{12} AVE = 1 765.7，C_v = 0.04	0.94	605.1	87.3	1.00	0.92	626.1	82.0	1.00

时变的情景，C_1 的估计值序列的均值基本与参数为常数时 C_1 的估计值相同，在通天河流域两者的差值为 0.03。时变参数 C_1 的均值虽然与参数为常数情景下 C_1 的估计值差别很小，但其序列的年内变化对模型的结果影响较大。在考虑参数 C_1 时变的情景下，模型对径流的拟合效果要优于参数为常数的情景，表明考虑参数 C_1 具有时变性的假定是较为合理的。参数 C_1 假定为一个时段长滞时 NDVI 的函数时，其估计值序列的变差系数 C_v 大于参数 C_1 假定为同时刻 NDVI 的函数情景下的结果，表明参数 C_1 具有较大程度的季节性变化特征。在仅考虑参数 C_1 时变的情景中，参数 C_1 为一个时段长滞时 NDVI 的函数时更能反映蒸发的季节性变化，且对模型模拟效果提高得较为显著。

假定流域最大蓄水能力 SC 为时变参数时，模型的径流模拟效果与参数为常数时的结果基本相同，表明考虑参数 SC 时变对研究流域的径流拟合效果无明显提高作用。从参数 SC 的时变函数率定结果可以看出，12 个月前期降雨 P_{12} 的系数为零，函数仅为 12 个月前期潜在蒸发 PET_{12} 的一次线性函数。另外，参数 SC 的时变函数中无论是否考虑 NDVI，其模型径流模拟结果相差甚微。结果表明，研究流域的植被条件较为稳定，也说明研究流域的气候因子对径流过程的影响要大于植被因子。时变参数 SC 估计值序列的均值与参数为常数时的结果基本相同，其变差系数 C_v 比时变参数 C_1 的结果小，SC 估计值序列不存在明显的变化趋势。因此，对于本节的研究流域而言，在研究数据起止时间内（1982～2006 年），参数 SC 可以当作常数进行率定。相较于参数 C_1，流域最大蓄水能力 SC 与流域下垫面的物理特征有一定的关系，较为稳定，参数值随流域下垫面条件的改变而产生变化，如植被覆盖情况的变化、水库大坝的修建等。对于本节研究流域，在研究数据起止时间内，流域下垫面未发生过重大的变化，特别是通天河流域，由于该流域位于青海省三江源水资源保护区，受到的人工开发利用和工程的影响甚微[62]。在变化环境下，流域特征因子（如植被）和气候因子的变化可能会引起水文模型某些参数的改变，而将这些因子作为时变参数的自变量对于变化环境下的水文模拟具有一定的意义[112]。假定参数 C_1 和 SC 均为时变参数时，模型的拟合效果最好。需要注意的是，该情景是将单参数时变情景下效果最佳及待率定参数最少的参数函数形式组合得到的，即 $C_1(t)=f[\mathrm{NDVI}(t-1)]$ 和 $\mathrm{SC}(t)=f(P_{12},\mathrm{PET}_{12})$。

图 2.18 和图 2.19 分别给出了在模型率定期和检验期内，通天河流域和赣江流域控制站实测径流与分别采用不同参数函数形式计算的月径流过程之间的散点对比图。结果显示，对于两个研究流域，赣江流域的径流散点相比于通天河流域，更集中于 45°线的附近，说明赣江流域径流的整体模拟精度要优于通天河流域。另外，图 2.18（b）、（d）和图 2.19（b）、（d）的散点比图 2.18（a）、（c）与图 2.19（a）、（c）的散点更加靠近于 45°线，故图 2.18（b）、（d）和图 2.19（b）、（d）对应的参数方案为所有方案中效果最好的。图 2.20 和图 2.21 分别展示了通天河流域和赣江流域采用不同参数函数形式的实测流量与模拟流量过程。在图 2.20、图 2.21 中展示了参数为常数、参数 C_1 为一个时段长滞时 NDVI 的函数、参数 SC 为 12 个月前期降雨 P_{12} 和 12 个月前期潜在蒸发 PET_{12} 的函数，以及参数 C_1 和 SC 时变组合共 4 种情景下的计算结果。总体而言，假定参数时变的模型的模拟效果优于参数为常数的模型，通天河流域的 NSE 在率定期和检验期分别提高 5.7%、

2.5%，赣江流域的 NSE 在率定期和检验期分别提高 2.3%、4.9%。假定参数 C_1 和 SC 均为时变参数时的模拟效果最好，而仅参数 C_1 时变且其为一个时段长滞时 NDVI 的函数，即 $C_1(t)=f[\mathrm{NDVI}(t-1)]$ 时，模拟效果提高程度最大。

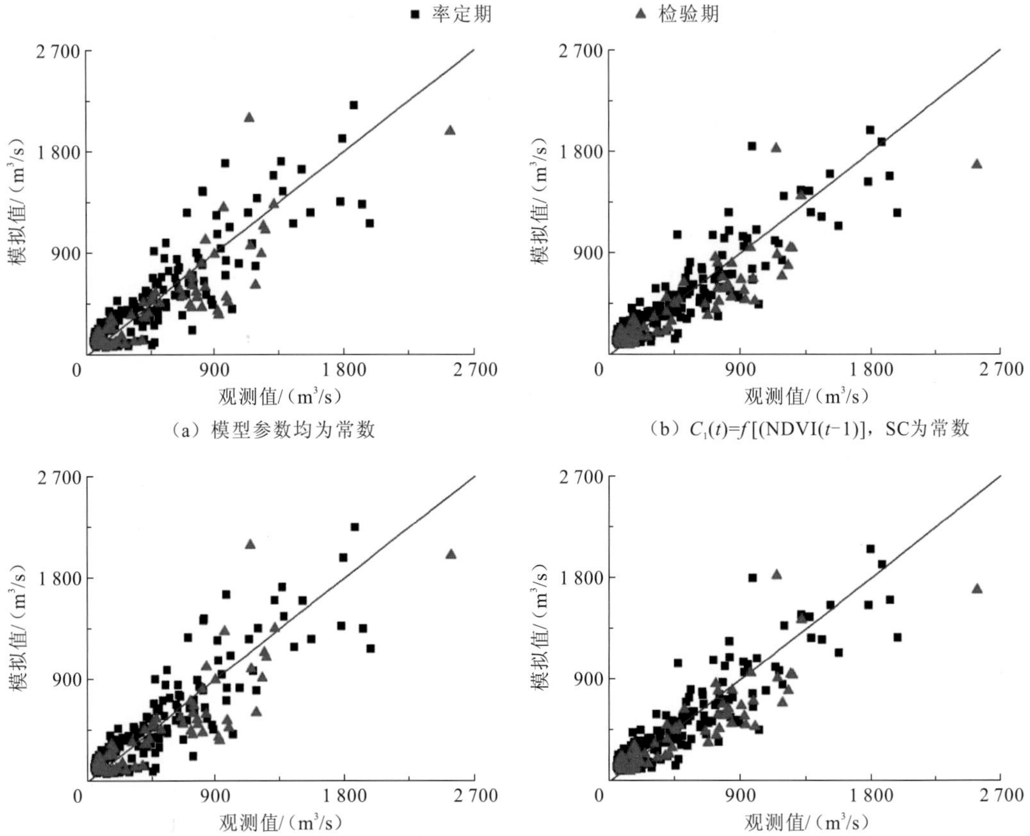

■ 率定期　▲ 检验期

（a）模型参数均为常数

（b）$C_1(t)=f[(\mathrm{NDVI}(t-1)]$，SC为常数

（c）C_1 为常数，$\mathrm{SC}(t)=f(P_{12},\ \mathrm{PET}_{12})$

（d）$C_1(t)=f[(\mathrm{NDVI}(t-1)]$，$\mathrm{SC}(t)=f(P_{12},\ \mathrm{PET}_{12})$

图 2.18　通天河流域直门达水文站径流过程的模拟结果对比

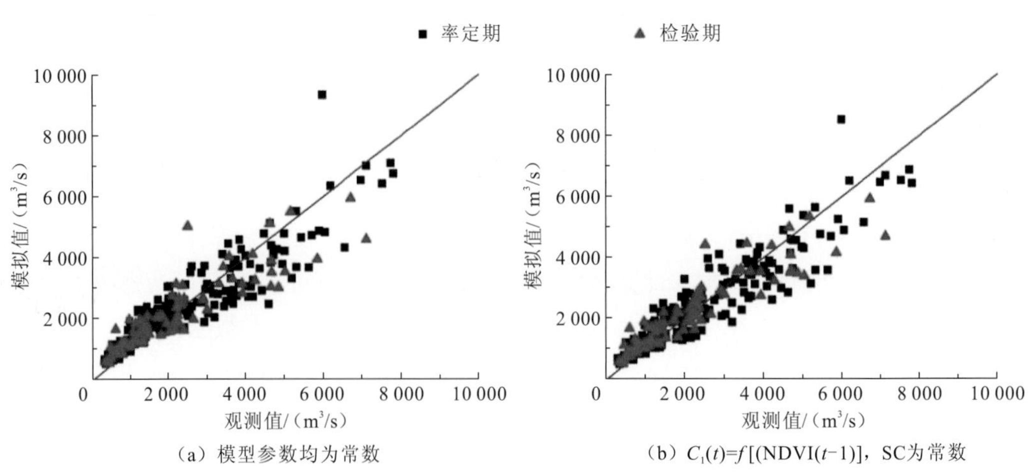

（a）模型参数均为常数

（b）$C_1(t)=f[(\mathrm{NDVI}(t-1)]$，SC为常数

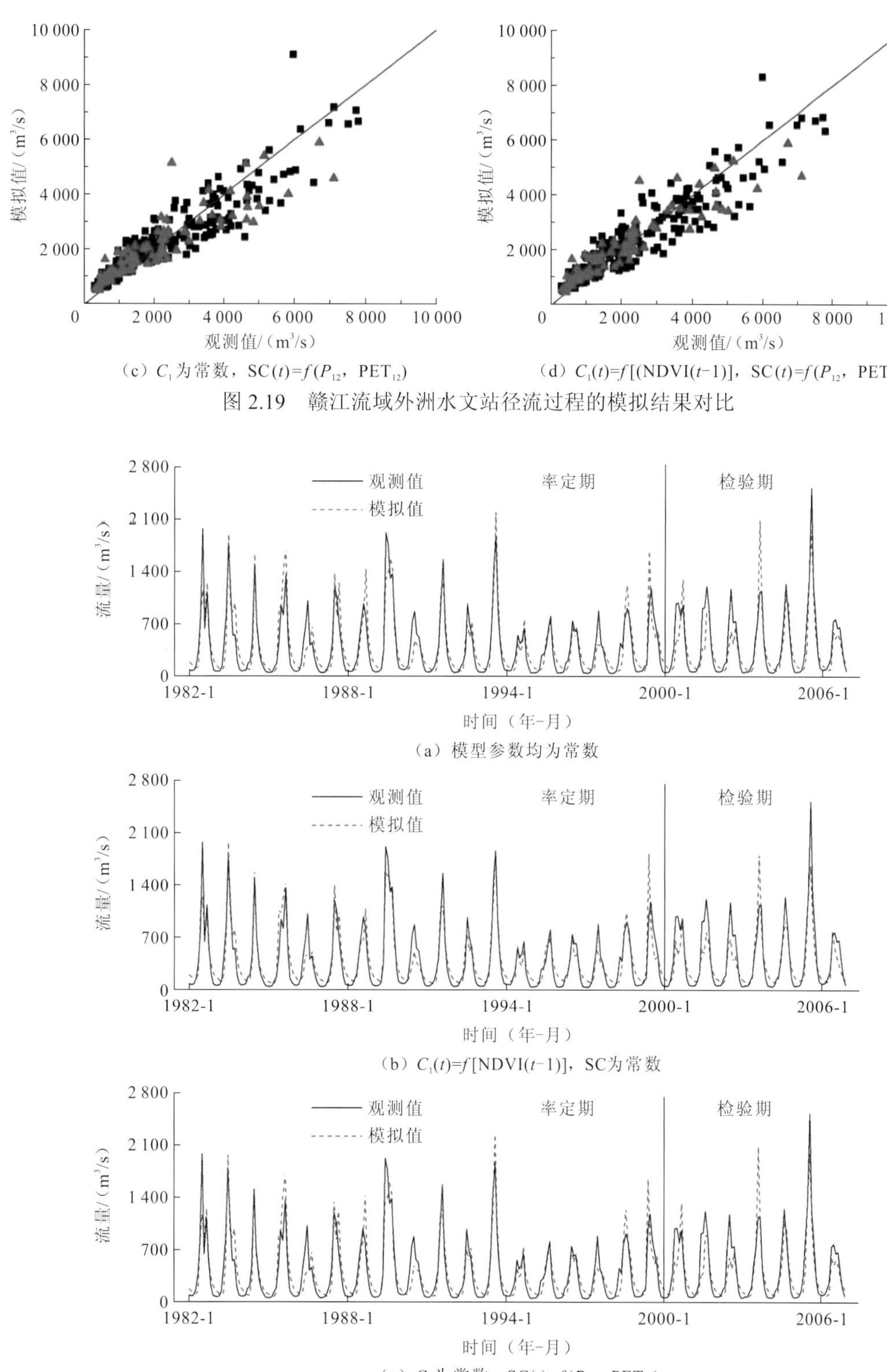

（c）C_1为常数，$SC(t)=f(P_{12}, PET_{12})$　（d）$C_1(t)=f[(NDVI(t-1)]$，$SC(t)=f(P_{12}, PET_{12})$

图 2.19　赣江流域外洲水文站径流过程的模拟结果对比

（a）模型参数均为常数

（b）$C_1(t)=f[NDVI(t-1)]$，SC为常数

（c）C_1为常数，$SC(t)=f(P_{12}, PET_{12})$

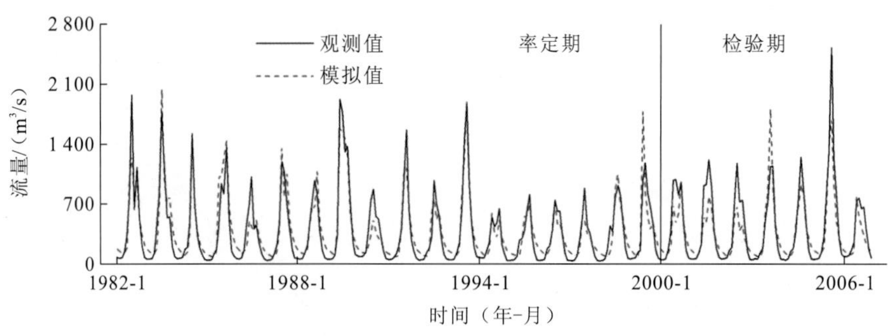

（d）$C_1(t)=f[\mathrm{NDVI}(t-1)]$，$\mathrm{SC}(t)=f(P_{12}, \mathrm{PET}_{12})$

图 2.20　通天河流域 1982～2006 年实测流量与模拟流量过程图

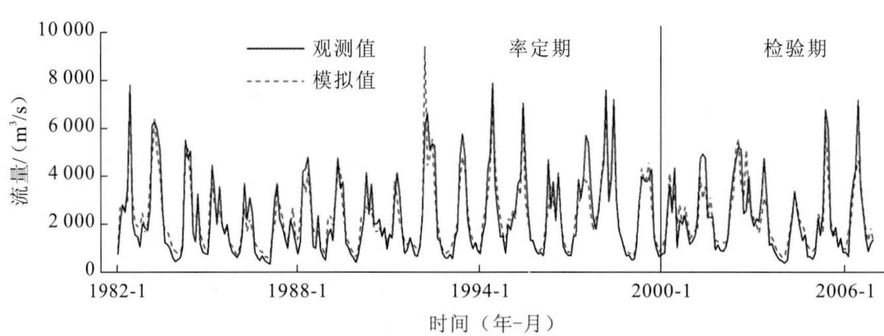

（a）模型参数均为常数

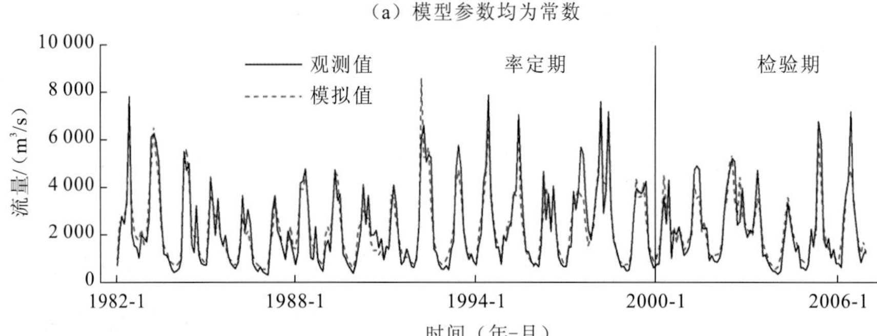

（b）$C_1(t)=f[\mathrm{NDVI}(t-1)]$，SC为常数

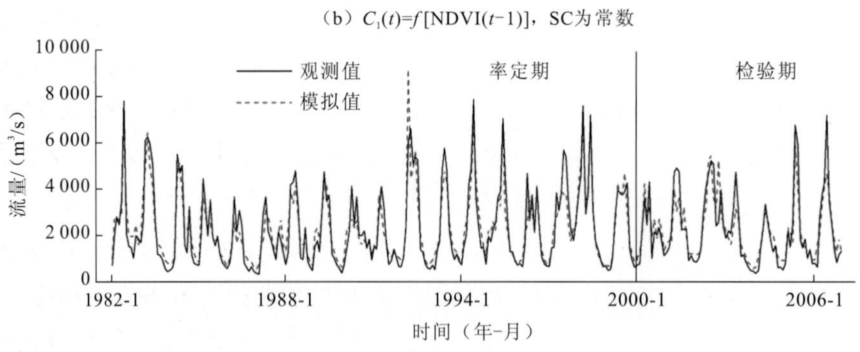

（c）C_1为常数，$\mathrm{SC}(t)=f(P_{12}, \mathrm{PET}_{12})$

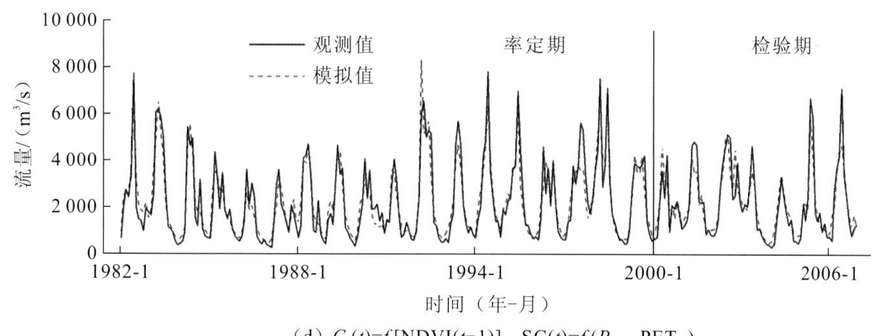

（d）$C_1(t)=f[\mathrm{NDVI}(t-1)]$，$\mathrm{SC}(t)=f(P_{12},\ \mathrm{PET}_{12})$

图 2.21 赣江流域 1982～2006 年实测流量与模拟流量过程图

2. 实例研究二

1）考虑参数为时变形式的径流模拟结果

表 2.14 给出了三个研究流域在不同时变参数方案下的径流模拟结果。由表 2.14 可以看出，相较于常参数，假定参数为时变形式的模拟效果在率定期和检验期均有所提高，其中将参数 C_1 和 SC 均考虑为时变形式的模拟效果最好，02126000 和 02143040 两个流域检验期的 NSE 超过 0.9，相较于常参数分别提高了 18%和 17%，率定期的 NSE 分别提高了 17%和 13%。由表 2.14 还可以看出，参数值随流域不同呈现地区分布。相较于干旱流域，湿润流域的 C_1 减小，SC 增大。

图 2.22 展示了检验期内流域 02126000 在常参数和两参数均时变情况下的径流过程。由图 2.22 可以看出，采用该两参数月水量平衡模型能较好地拟合出径流量的变化过程，而两参数均时变对洪峰的模拟效果更好。

2）时变参数方案下降水变化对径流的影响

图 2.23 为三个研究流域降水和径流系数逐年变化过程。由图 2.23 可以看出，三个流域的降水和径流系数在 1999～2001 年都低于均值，2003 年都达到最大值，且研究数据显示，气温变化在 3%以内，潜在蒸散发变化在 6%以内。因此，选取 1999～2001 年三年为干旱年，2003 年为湿润年来研究降水变化对径流的影响。表 2.15 给出了三个流域在所选干旱年和湿润年的降水、径流变化情况，可以看出径流对降水的变化十分敏感，60%～80%降水变化率导致的径流变化率可达 300%以上。

表 2.16 展示了常参数和两参数时变方案下所选干旱年与湿润年的径流模拟结果。由 RE(Q)可知，传统常参数情况下，干旱年三个研究流域的径流总量的相对误差均值为 20%，湿润年为-17%，即在干旱年的模拟径流总量均大于实测值，湿润年均小于实测值。然而，采用两参数时变方案的径流总量估计均优于常参数，干旱年和湿润年径流总量的相对误差的绝对值均值分别为 10%和 4.7%。由干旱年到湿润年的径流变化量

表 2.14　三个研究流域不同时变参数方案率定期和检验期的径流模拟结果

流域号	方案	C_1	SC	率定期 RMSE/mm	率定期 NSE/%	率定期 RE/%	检验期 RMSE/mm	检验期 NSE/%	检验期 RE/%
02126000	常数	1.093	621.0	16.58	70.62	0	15.72	77.46	10
	参数 C_1 时变	$1.096+0.027T(t)-0.004P(t-1)$	691.1	14.12	78.69	0	10.61	89.74	8.44
	参数 SC 时变	1.092	$611.11-2.64\text{PET}(t)-0.309P(t)-0.203P(t-3)+7.372T(t)$	12.83	79.53	0	12.16	86.53	8.74
	参数 C_1 和 SC 均时变	$1.33+0.004T(t)-0.003P(t-1)$	$726.87-2.59\text{PET}(t)-0.929P(t)-0.189P(t-3)+8.053T(t)$	12.81	82.45	0	9.58	91.63	11.1
02143500	常数	1.065	1 279.5	12.36	80.17	0	12.16	83.54	0.45
	参数 C_1 时变	$1.023+0.021T(t)-0.003P(t-1)$	1 401.3	10.84	84.76	0	11.74	86.90	0.84
	参数 SC 时变	1.065	$1\,277.9-2.913\text{PET}(t)-0.717P(t)-0.359P(t-3)+0.244T(t)$	10.01	87.0	0	11.7	86.99	0.15
	参数 C_1 和 SC 均时变	$0.925+0.02T(t)-0.002P(t-1)$	$2\,175.4-2.358\text{PET}(t)-2.784P(t)-0.381P(t-3)-9.987T(t)$	9.37	88.61	0	12.25	85.75	2.8
02143040	常数	0.905	1 692.9	17.32	76.12	0	19.19	76.70	5.96
	参数 C_1 时变	$0.92+0.029T(t)-0.004P(t-1)$	2 065.7	14.60	83.02	0	13.82	87.91	5.38
	参数 SC 时变	0.904	$1\,422.7-2.967\text{PET}(t)-0.166P(t)+0.671P(t-3)+5.789T(t)$	15.09	81.86	0	16.21	82.37	6.16
	参数 C_1 和 SC 均时变	$0.787+0.037T(t)-0.004P(t-1)$	$3\,258.2-2.292\text{PET}(t)-4.087P(t)-1.912P(t-3)-18.586T(t)$	13.16	86.20	0	12.55	90.03	5.57

注：RE 为相对误差。

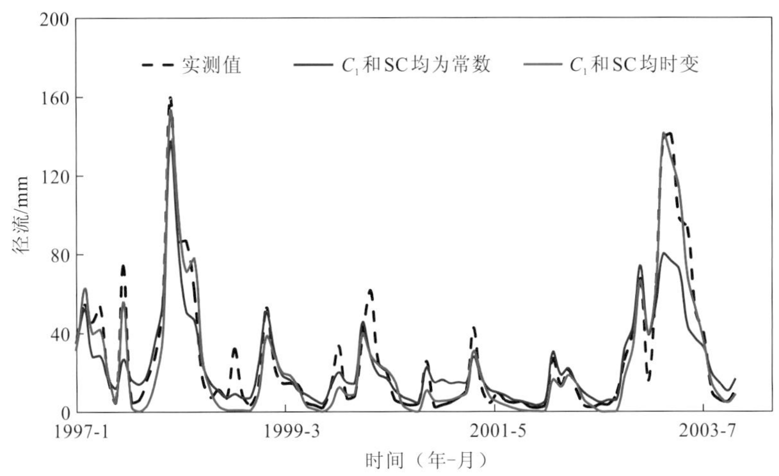

图 2.22　流域 02126000 两参数均为常数和两参数均时变方案下 1997～2003 年实测径流与模拟径流过程图

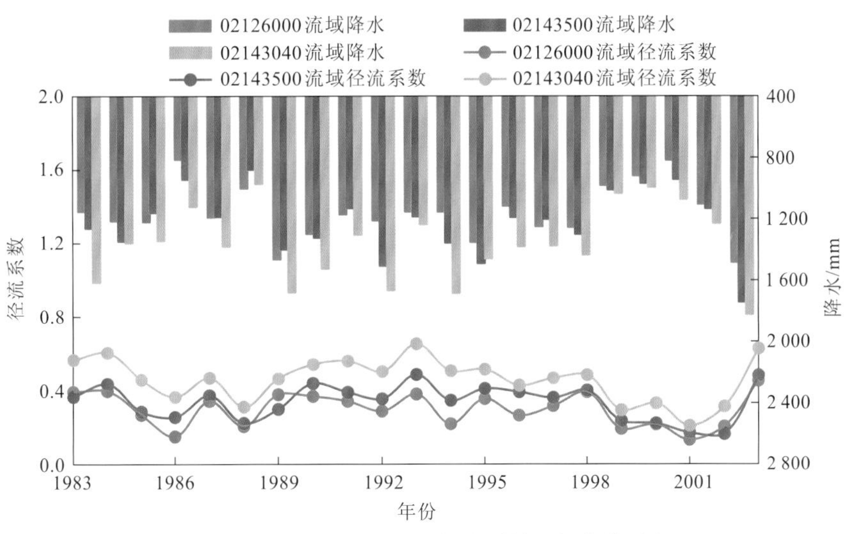

图 2.23　研究流域降水和径流系数逐年变化过程

$\Delta\bar{Q}_{\text{sim}}$ 可知，相同降水变化下，时变参数方案的径流变化明显高于常参数方案。根据实测径流变化量 ΔQ 计算的 RE(ΔQ)的结果显示，常参数方案径流变化量的相对误差均值为-30%，时变参数方案仅为 7%，即传统常参数方案在很大程度上低估了相应的径流变化量，而将参数考虑为时变形式能更准确地模拟降水变化时的径流变化，有利于气候变化下的径流预测及影响分析。

表 2.15　研究流域干旱年（1999～2001 年）和湿润年（2003 年）的降水、径流变化情况

流域号	干旱年（1999～2001 年）			湿润年（2003 年）			ΔP/mm	$\Delta P/\bar{P}_1$	$\Delta\bar{Q}_{obs}$/mm	$\Delta\bar{Q}_{obs}/\bar{Q}_1$	$\Delta\bar{Q}_{obs}/\Delta P$
	$\bar{P}_1$/mm	$\bar{Q}_1$/mm	$\bar{Q}_1/\bar{P}_1$	$\bar{P}_2$/mm	$\bar{Q}_2$/mm	$\bar{Q}_2/\bar{P}_2$					
02126000	901.5	166.4	0.18	1 480.5	674.2	0.46	579	64.2%	507.8	305.2%	0.88
02143500	972.1	205.1	0.21	1 740.1	840.7	0.48	768	79%	635.6	309.9%	0.83
02143040	1 032.4	286.4	0.28	1 821.5	1 145.9	0.63	789.1	76.4%	859.5	300.1%	1.09

注：$\bar{P}_1$ 为干旱年（1999～2001 年）年均降水量；$\bar{Q}_1$ 为干旱年（1999～2001 年）年均径流量；$\bar{P}_2$ 为湿润年（2003 年）平均降水量；$\bar{Q}_2$ 为湿润年（2003 年）平均径流量；ΔP 为湿润年与干旱年的年均降水量之差；$\Delta\bar{Q}_{obs}$ 为湿润年与干旱年的实测年均径流量之差。

表 2.16　常参数和两参数时变方案下干旱年（1999～2001 年）与湿润年（2003 年）模拟径流变化情况

流域	方案	干旱年（1999～2001 年）			湿润年（2003 年）			$\Delta\bar{Q}_{sim}$/mm	RE（$\Delta\bar{Q}$）	$\Delta\bar{Q}_{sim}/\Delta P$
		NSE	RE（Q）	$\bar{Q}_{sim}$/mm	NSE	RE（Q）	$\bar{Q}_{sim}$/mm			
02126000	常数	0.68	0.09	181.5	0.58	−0.26	498.1	316.6	−0.38	0.55
	两参数时变	0.68	−0.20	133.6	0.94	0.0	676.9	543.3	0.07	0.94
02143500	常数	0.64	0.13	231.3	0.71	−0.1	760.2	528.9	−0.17	0.69
	两参数时变	0.78	0.01	207.0	0.65	0.09	916.0	709.0	0.11	0.92
02143040	常数	0.12	0.37	393.4	0.57	−0.16	957.4	564.0	−0.34	0.71
	两参数时变	0.59	0.10	315.0	0.91	0.05	1 201.3	886.3	0.03	1.12

注：$\bar{Q}_{sim}$ 为模拟年均径流量；$\Delta\bar{Q}_{sim}$ 为湿润年与干旱年的模拟年均径流量之差；$\Delta\bar{Q}$ 为 $\Delta\bar{Q}_{sim}$ 与 $\Delta\bar{Q}_{obs}$ 之差。

2.4 本章小结

在变化环境下，流域的水文物理特性可能发生变化，从而导致水文模型参数的变化。本章针对水文模型参数时变性问题，采用 EnKF 对两参数月水量平衡模型的参数变化过程进行识别。

首先，开展假拟实验，假定参数的“真实值”已知，并设置不同的参数时变情景和方差水平来验证 EnKF 的可行性。结果表明，EnKF 能够很好地识别不同时变形式的参数。当观测误差的方差水平较大时，该方法仍能识别出参数的变化过程，尽管其对结果有一定的影响。

其次，将基于 EnKF 的模型时变参数识别方法应用于两个不同条件的实际流域。结果表明，在无定河流域和通天河流域，参数 C_1 的估计值序列具有随时间变化的特性，但没有明显的变化形式。对于参数 SC，其在无定河流域的估计值序列具有分段增大的变化趋势，通过与该流域的水土保持措施造成的径流减水量进行对比分析发现，两者吻合较好；对于通天河流域，由于该流域属于三江源水源保护区，受人类活动影响甚微，参数 SC 的估计值没有明显的变化趋势。

基于水文模型的时变参数识别研究，本章还开展了水文模型的时变参数预测研究。选取通天河流域和赣江流域为实例一，通过筛选协变量，建立模型参数与前期降水、NDVI 等指标的相关关系；选取美国东南部三个流域为研究对象，开展模型参数与气候因子的相关性分析，并构建了参数与降水、潜在蒸散发和气温的函数形式。通过两个实例开展了参数变化的归因分析，为进一步预测模型参数提供了理论途径。

参考文献

[1] BARNETT T P, PIERCE D W, HIDALGO H G, et al. Human-induced changes in the hydrology of the western United States[J]. Science, 2008, 319(5866): 1080-1083.

[2] MILLY P C, BETANCOURT J, FALKENMARK M, et al. Stationarity is dead: Whither water management?[J]. Science, 2008, 319(5863): 573-574.

[3] WAGENER T, SIVAPALAN M, TROCH P A, et al. The future of hydrology: An evolving science for a changing world[J]. Water resources research, 2010, 46: 1-10.

[4] VOGEL R M. Hydromorphology[J]. Journal of water resources planning and management, 2011, 137(2): 147-149.

[5] MONTANARI A, YOUNG G, SAVENIJE H H G, et al. “Panta Rhei—everything flows”: Change in hydrology and society—the IAHS scientific decade 2013—2022[J]. Hydrological sciences journal, 2013, 58(6): 1256-1275.

[6] DUAN Q, SOROOSHIAN S, GUPTA V K. Optimal use of the SCE-UA global optimization method for calibrating watershed models[J]. Journal of hydrology, 1994, 158(3/4): 265-284.

[7] BEVEN K, FREER J. Equifinality, data assimilation, and uncertainty estimation in mechanistic modelling of complex environmental systems using the GLUE methodology[J]. Journal of hydrology, 2001, 249(1/2/3/4): 11-29.

[8] LIN Z, BECK M B. On the identification of model structure in hydrological and environmental systems[J]. Water resources research, 2007, 43(2): 329-335.

[9] VOS N J D, RIENTJES T H M, GUPTA H V. Diagnostic evaluation of conceptual rainfall-runoff models using temporal clustering[J]. Hydrological processes, 2010, 24(20): 2840-2850.

[10] EBTEHAJ M, MORADKHANI H, GUPTA H V. Improving robustness of hydrologic parameter estimation by the use of moving block bootstrap resampling[J]. Water resources research, 2010, 46(7): 1-14.

[11] SOROOSHIAN S, GUPTA V K, FULTON J L. Evaluation of maximum likelihood parameter estimation techniques for conceptual rainfall-runoff models: Influence of calibration data variability and length on model credibility[J]. Water resources research, 1983, 19(1): 251-259.

[12] GAN T Y, BURGES S J. An assessment of a conceptual rainfall-runoff model's ability to represent the dynamics of small hypothetical catchments: 2. Hydrologic responses for normal and extreme rainfall[J]. Water resources research, 1990, 26(7): 1605-1619.

[13] WAGENER T, MCINTYRE N, LEES M J, et al. Towards reduced uncertainty in conceptual rainfall-runoff modelling: Dynamic identifiability analysis[J]. Hydrological processes, 2003, 17(2): 455-476.

[14] CHOI H T, BEVEN K. Multi-period and multi-criteria model conditioning to reduce prediction uncertainty in an application of TOPMODEL within the GLUE framework[J]. Journal of hydrology, 2007, 332(3/4): 316-336.

[15] LE L M, GALLE S, SAULNIER G M, et al. Exploring the relationship between hydroclimatic stationarity and rainfall-runoff model parameter stability: A case study in West Africa[J]. Water resources research, 2007, 43(7): 1-11.

[16] WU K, JOHNSTON C A. Hydrologic response to climatic variability in a Great Lakes Watershed: A case study with the SWAT model[J]. Journal of hydrology, 2007, 337(1/2): 187-199.

[17] ZHANG H, HUANG G H, WANG D, et al. Multi-period calibration of a semi-distributed hydrological model based on hydroclimatic clustering[J]. Advances in water resources, 2011, 34(10): 1292-1303.

[18] SEILLER G, ANCTIL F, PERRIN C. Multimodel evaluation of twenty lumped hydrological models under contrasted climate conditions[J]. Hydrology and earth system sciences, 2012, 16(4): 1171-1189.

[19] CORON L, ANDRÉASSIAN V, PERRIN C, et al. Crash testing hydrological models in contrasted climate conditions: An experiment on 216 Australian catchments[J]. Water resources research, 2012, 48(5): 1-17.

[20] MADSEN H. Parameter estimation in distributed hydrological catchment modelling using automatic calibration with multiple objectives[J]. Advances in water resources, 2003, 26(2): 205-216.

[21] WANG Y C, YU P S, YANG T C. Comparison of genetic algorithms and shuffled complex evolution

approach for calibrating distributed rainfall-runoff model[J]. Hydrological processes, 2010, 24(8): 1015-1026.

[22] PATHIRAJA S, WESTRA S, SHARMA A. Why continuous simulation? The role of antecedent moisture in design flood estimation[J]. Water resources research, 2012, 48(6): 1-15.

[23] THYER M, RENARD B, KAVETSKI D, et al. Critical evaluation of parameter consistency and predictive uncertainty in hydrological modeling: A case study using Bayesian total error analysis[J]. Water resources research, 2009, 45(12): 1211-1236.

[24] MOUSSA R. Comparison of different multi-objective calibration criteria using a conceptual rainfall-runoff model of flood events[J]. Hydrology and earth system sciences, 2009, 4(3): 215-224.

[25] EFSTRATIADIS A, KOUTSOYIANNIS D. One decade of multi-objective calibration approaches in hydrological modelling: A review[J]. Hydrological sciences journal, 2010, 55(1): 58-78.

[26] WESTERBERG I K, GUERRERO J L, YOUNGER P M, et al. Calibration of hydrological models using flow-duration curves[J]. Hydrology and earth system sciences, 2011, 15(7): 2205-2227.

[27] DUAN Q Y, GUPTA V K, SOROOSHIAN S. Shuffled complex evolution approach for effective and efficient global minimization[J]. Journal of optimization theory and applications, 1993, 76(3): 501-521.

[28] GOLDBERG D E. Genetic algorithms in search, optimization and machine learning[M]. Boston: Addison-Wesley Professional, 1989.

[29] KENNEDY J, EBERHART R. Particle swarm optimization[C]//Proceedings of ICNN'95-International Conference on Neural Networks. Perth: IEEE, 1995.

[30] GUPTA H V, SOROOSHIAN S, YAPO P O. Toward improved calibration of hydrologic models: Multiple and noncommensurable measures of information[J]. Water resources research, 1998, 34(4): 751-763.

[31] MADSEN H. Automatic calibration of a conceptual rainfall-runoff model using multiple objectives[J]. Journal of hydrology, 235(3/4): 276-288.

[32] RICHARDS J A. Analysis of periodically time-varying systems[M]. New York: Springer-Verlag, 1983.

[33] SCHWARTZ C A, OZBAY H. An identification procedure for linear continuous time systems with jump parameters[M]//Realization and modelling in system theory. Berlin: Birkhäuser Boston, 1990: 471-480.

[34] MOHAMMADPOUR J, SCHERER C W. Control of linear parameter varying systems with applications[M]. New York: Springer-Verlag, 2012.

[35] KHALIL H K. Nonlinear systems[M]. New Jersey: Simon & Schuster, 1996.

[36] MERZ R, PARAJKA J, BLÖSCHL G. Time stability of catchment model parameters: Implications for climate impact analyses[J]. Water resources research, 2011, 47(2): 1-17.

[37] BRIGODE P, OUDIN L, PERRIN C. Hydrological model parameter instability: A source of additional uncertainty in estimating the hydrological impacts of climate change?[J]. Journal of hydrology, 2013, 476: 410-425.

[38] JEREMIAH E, MARSHALL L, SISSON S A, et al. Specifying a hierarchical mixture of experts for hydrologic modeling: Gating function variable selection[J]. Water resources research, 2013, 49(5):

2926-2939.

[39] THIREL G, ANDREASSIAN V, PERRIN C, et al. Hydrology under change: An evaluation protocol to investigate how hydrological models deal with changing catchments[J]. Hydrological sciences journal, 2015, 60(7/8): 1184-1199.

[40] PATHIRAJA S, MARSHALL L, SHARMA A, et al. Hydrologic modeling in dynamic catchments: A data assimilation approach[J]. Water resources research, 2016, 52(5): 3350-3372.

[41] YE W, BATES B C, VINEY N R, et al. Performance of conceptual rainfall-runoff models in low-yielding ephemeral catchments[J]. Water resources research, 1997, 33(1): 153-166.

[42] PAIK K, KIM J H, KIM H S, et al. A conceptual rainfall-runoff model considering seasonal variation[J]. Hydrological processes, 2005, 19(19): 3837-3850.

[43] SEIBERT J, MCDONNELL J J. Land-cover impacts on streamflow: A change-detection modeling approach that incorporates parameter uncertainty[J]. Hydrological sciences journal, 2010, 55(3): 316-332.

[44] GHARARI S, HRACHOWITZ M, FENICIA F, et al. An approach to identify time consistent model parameters: Sub-period calibration[J]. Hydrology and earth system sciences, 2013, 17(1): 149-161.

[45] VAZE J, POST D A, CHIEW F H S, et al. Climate non-stationarity-validity of calibrated rainfall-runoff models for use in climate change studies[J]. Journal of hydrology, 2010, 394(3/4): 447-457.

[46] MERZ R, BLÖSCHL G. A regional analysis of event runoff coefficients with respect to climate and catchment characteristics in Austria[J]. Water resources research, 2009, 45: 1-19.

[47] LUO J, WANG E, SHEN S, et al. Effects of conditional parameterization on performance of rainfall-runoff model regarding hydrologic non-stationarity[J]. Hydrological processes, 2012, 26(26): 3953-3961.

[48] WESTRA S, THYER M, LEONARD M, et al. A strategy for diagnosing and interpreting hydrological model nonstationarity[J]. Water resources research, 2014, 50(6): 5090-5113.

[49] MARSHALL L, SHARMA A, NOTT D. Modeling the catchment via mixtures: Issues of model specification and validation[J]. Water resources research, 2006, 42(11):1-14.

[50] EVENSEN G. Data assimilation: The ensemble Kalman filter[M]. New York: Springer-Verlag, 2006.

[51] LIU Y, GUPTA H V. Uncertainty in hydrologic modeling: Toward an integrated data assimilation framework[J]. Water resources research, 2007, 43(7): 1-18.

[52] XIE X, ZHANG D. A partitioned update scheme for state-parameter estimation of distributed hydrologic models based on the ensemble Kalman filter[J]. Water resources research, 2013, 49(11): 7350-7365.

[53] KALMAN R E. A new approach to linear filtering and prediction problems[J]. Journal of basic engineering, 1960, 82: 35-45.

[54] JAZWINSKI A H. Stochastic processes and filtering theory[M]. New York: Elsevier, 1970.

[55] WAN E A, VAN DER MERWE R. The unscented Kalman filter for nonlinear estimation[C]//Proceedings of the IEEE 2000 Adaptive Systems for Signal Processing, Communications, and Control Symposium (Cat. No. 00EX373). Lake Louise: IEEE, 2000.

[56] MORADKHANI H, HSU K L, GUPTA H, et al. Uncertainty assessment of hydrologic model states and parameters: Sequential data assimilation using the particle filter[J]. Water resources research, 2005, 41(5): 1-18.

[57] REICHLE R H, MCLAUGHLIN D B, ENTEKHABI D. Hydrologic data assimilation with the ensemble Kalman filter[J]. Monthly weather review, 2002, 130(1): 103-114.

[58] WEERTS A H, EL SERAFY G Y H. Particle filtering and ensemble Kalman filtering for state updating with hydrological conceptual rainfall runoff models[J]. Water resources research, 2006, 42(9): 123-154.

[59] KOMMA J, BLÖSCHL G, RESZLER C. Soil moisture updating by ensemble Kalman filtering in real-time flood forecasting[J]. Journal of hydrology, 2008, 357(3/4): 228-242.

[60] WANG D, CHEN Y, CAI X. State and parameter estimation of hydrologic models using the constrained ensemble Kalman filter[J]. Water resources research, 2009, 45(11): 1-13.

[61] SAMUEL J, COULIBALY P, DUMEDAH G, et al. Assessing model state and forecasts variation in hydrologic data assimilation[J]. Journal of hydrology, 2014, 513: 127-141.

[62] DENG C, LIU P, GUO S, et al. Estimation of nonfluctuating reservoir inflow from water level observations using methods based on flow continuity[J]. Journal of hydrology, 2015, 529: 1198-1210.

[63] HOUSER P R, SHUTTLEWORTH W J, FAMIGLIETTI J S, et al. Integration of soil moisture remote sensing and hydrologic modeling using data assimilation[J]. Water resources research, 1998, 34(12): 3405-3420.

[64] WALKER J P, WILLGOOSE G R, KALMA J D. One-dimensional soil moisture profile retrieval by assimilation of near-surface observations: A comparison of retrieval algorithms[J]. Advances in water resources, 2001, 24(6): 631-650.

[65] HAN E, MERWADE V, HEATHMAN G C. Implementation of surface soil moisture data assimilation with watershed scale distributed hydrological model[J]. Journal of hydrology, 2012, 416-417: 98-117.

[66] KUMAR S V, REICHLE R H, HARRISON K W, et al. A comparison of methods for a priori bias correction in soil moisture data assimilation[J]. Water resources research, 2012, 48(3): 1-16.

[67] MATGEN P, FENICIA F, HEITZ S, et al. Can ASCAT-derived soil wetness indices reduce predictive uncertainty in well-gauged areas? A comparison with in situ observed soil moisture in an assimilation application[J]. Advances in water resources, 2012, 44: 49-65.

[68] YAN H, DECHANT C M, MORADKHANI H. Improving soil moisture profile prediction with the particle filter-Markov chain Monte Carlo method[J]. IEEE transactions on geoscience and remote sensing, 2015, 53(11): 6134-6147.

[69] AUBERT D, LOUMAGNE C, OUDIN L. Sequential assimilation of soil moisture and streamflow data in a conceptual rainfall-runoff model[J]. Journal of hydrology, 2003, 280(1/2/3/4): 145-161.

[70] VRUGT J A, GUPTA H V, NUALLÁIN B Ó, et al. Real-time data assimilation for operational ensemble streamflow forecasting[J]. Journal of hydrometeorology, 2006, 7: 548-565.

[71] LI Y, RYU D, WESTERN A W, et al. Assimilation of stream discharge for flood forecasting: The benefits of accounting for routing time lags[J]. Water resources research, 2013, 49(4): 1887-1900.

[72] NOH S J, TACHIKAWA Y, SHIIBA M, et al. Sequential data assimilation for streamflow forecasting using a distributed hydrologic model: Particle filtering and ensemble Kalman filtering[J]. Floods: From risk to opportunity, 2013, 357: 341-349.

[73] ABAZA M, ANCTIL F, FORTIN V, et al. Sequential streamflow assimilation for short-term hydrological ensemble forecasting[J]. Journal of hydrology, 2014, 519(D): 2692-2706.

[74] ANNAN J D, HARGREAVES J C, EDWARDS N R, et al. Parameter estimation in an intermediate complexity earth system model using an ensemble Kalman filter[J]. Ocean modelling, 2005, 8(1/2): 135-154.

[75] MORADKHANI H, SOROOSHIAN S, GUPTA H V, et al. Dual state-parameter estimation of hydrological models using ensemble Kalman filter[J]. Advances in water resources, 2005, 28(2): 135-147.

[76] YANG X, DELSOLE T. Using the ensemble Kalman filter to estimate multiplicative model parameters[J]. Tellus: Series A, 2009, 61(5): 601-609.

[77] SIMON E, BERTINO L. Gaussian anamorphosis extension of the DEnKF for combined state parameter estimation: Application to a 1D ocean ecosystem model[J]. Journal of marine systems, 2012, 89(1): 1-18.

[78] MANETA M P, HOWITT R. Stochastic calibration and learning in nonstationary hydroeconomic models[J]. Water resources research, 2014, 50(5): 3976-3993.

[79] SHI Y, DAVIS K J, ZHANG F, et al. Parameter estimation of a physically based land surface hydrologic model using the ensemble Kalman filter: A synthetic experiment[J]. Water resources research, 2014, 50(1): 706-724.

[80] XIE X, MENG S, LIANG S, et al. Improving streamflow predictions at ungauged locations with real-time updating: Application of an EnKF-based state-parameter estimation strategy[J]. Hydrology and earth system sciences, 2014, 18(10): 3923-3936.

[81] VRUGT J A, TER BRAAK C J F, DIKS C G H, et al. Hydrologic data assimilation using particle Markov chain Monte Carlo simulation: Theory, concepts and applications[J]. Advances in water resources, 2013, 51: 457-478.

[82] DENG C, LIU P, GUO S, et al. Identification of hydrological model parameter variation using ensemble Kalman filter[J]. Hydrology and earth system sciences, 2016, 20(12): 4949-4961.

[83] NASH J E, SUTCLIFFE J V. River flow forecasting through conceptual models part I: A discussion of principles[J]. Journal of hydrology, 1970, 10(3): 282-290.

[84] SAMUEL J, COULIBALY P, METCALFE R. Estimation of continuous stream flow in Ontario ungauged basins: Comparison of regionalization methods[J]. Journal of hydrology, 2011, 16(5): 447-459.

[85] MORADKHANI H, SOROOSHIAN S. General review of rainfall-runoff modeling: Model calibration, data assimilation, and uncertainty analysis hydrological modelling and the water cycle-coupling the atmospheric and hydrological models[M]. Berlin: Springer-Verlag, 2008.

[86] CHOW V T, MAIDMENT D R, MAYS L W. Applied hydrology[M]. New York: McGraw Hill, 1988.

[87] 李帅, 熊立华, 万民. 月水量平衡模型的比较研究[J]. 水文, 2011, 31(5): 35-41.

[88] 熊立华，郭生练，付小平，等. 两参数月水量平衡模型的研制和应用[J]. 水科学进展，1996(S1): 80-86.

[89] XIONG L, GUO S. A two-parameter monthly water balance model and its application[J]. Journal of hydrology, 1999, 216: 111-123.

[90] GUO S, CHEN H, ZHANG H, et al. A semi-distributed monthly water balance model and its application in a climate change impact study in the middle and lower Yellow River basin[J]. Water international, 2005, 30(2): 250-260.

[91] XIONG L, GUO S. Appraisal of Budyko formula in calculating long-term water balance in humid watersheds of southern China[J]. Hydrological processes, 2012, 26(9): 1370-1378.

[92] LI S, XIONG L, DONG L, et al. Effects of the Three Gorges Reservoir on the hydrological droughts at the downstream Yichang station during 2003—2011[J]. Hydrological processes, 2013, 27(26): 3981-3993.

[93] ZHANG D, LIU X, LIU C, et al. Responses of runoff to climatic variation and human activities in the Fenhe River, China[J]. Stochastic environmental research and risk assessment, 2013, 27(6): 1293-1301.

[94] XIONG L, YU K, GOTTSCHALK L. Estimation of the distribution of annual runoff from climatic variables using copulas[J]. Water resources research, 2014, 50(9): 7134-7152.

[95] 王乐，郭生练，洪兴骏，等. 赣江流域未来降雨径流变化模拟预测[J]. 水资源研究，2014, 3(6): 522-531.

[96] REICHLE R H, WALKER J P, KOSTER R D, et al. Extended versus ensemble Kalman filtering for land data assimilation[J]. Journal of hydrometeorology, 2002, 3: 728-740.

[97] XIE X, ZHANG D. Data assimilation for distributed hydrological catchment modeling via ensemble Kalman filter[J]. Advances in water resources, 2010, 33(6): 678-690.

[98] NIE S, ZHU J, LUO Y. Simultaneous estimation of land surface scheme states and parameters using the ensemble Kalman filter: Identical twin experiments[J]. Hydrology and earth system sciences, 2011, 15(8): 2437-2457.

[99] LÜ H, HOU T, HORTON R, et al. The streamflow estimation using the Xinanjiang rainfall runoff model and dual state-parameter estimation method[J]. Journal of hydrology, 2013, 480: 102-114.

[100] THORNTHWAITE C W. An approach toward a rational classification of climate[J]. Geographical review, 1948, 38(1): 55-94.

[101] SZILAGYI J, RUNDQUIST D C, GOSSELIN D C, et al. NDVI relationship to monthly evaporation[J]. Geophysical research letters, 1998, 25(10): 1752-1756.

[102] CHEN X, ALIMOHAMMADI N, WANG D. Modeling interannual variability of seasonal evaporation and storage change based on the extended Budyko framework[J]. Water resources research, 2013, 49(9): 6067-6078.

[103] MCMILLAN H K, HREINSSON E Ö, CLARK M P, et al. Operational hydrological data assimilation with the retrospective ensemble Kalman filter: Use of observed discharge to update past and present model states for flow forecasts[J]. Hydrology and earth system sciences, 2012, 9:9533-9575.

[104] 马海波, 董增川, 张文明, 等. SCE-UA 算法在 TOPMODEL 参数优化中的应用[J]. 河海大学学报(自然科学版), 2006, 34(4): 361-365.

[105] 徐会军, 陈洋波, 曾碧球, 等. SCE-UA 算法在流溪河模型参数优选中的应用[J]. 热带地理, 2012, 32(1): 32-37.

[106] 李帅. 考虑不确定性的变化环境下径流变化归因分析[D]. 武汉: 武汉大学, 2015.

[107] XU J. Variation in annual runoff of the Wudinghe River as influenced by climate change and human activity[J]. Quaternary international, 2011, 244(2): 230-237.

[108] ALLAN R G, PEREIRA L S, RAES D, et al. Crop evapotranspiration-guidelines for computing crop water requirements-FAO irrigation and drainage paper 56[M]. Rome: Food and Agriculture Organization of the United Nations, 1998.

[109] PAUWELS V, DE LANNOY G. Improvement of modeled soil wetness conditions and turbulent fluxes through the assimilation of observed discharge[J]. Journal of hydrometeorology, 2006, 7(3): 458-477.

[110] 李析男, 谢平, 李彬彬, 等. 变化环境下不同等级干旱事件发生概率的计算方法: 以无定河流域为例[J]. 水利学报, 2014, 45(5): 585-594.

[111] 汪岗, 范昭. 黄河水沙变化研究 第 2 卷[M]. 郑州: 黄河水利出版社, 2002.

[112] KIM K B, KWON H H, HAN D. Hydrological modelling under climate change considering nonstationarity and seasonal effects[J]. Hydrology research, 2015, 47(2): 260-273.

第3章

基于互馈关系的水库动态多目标调度

3.1 引　言

日益频繁的人类社会活动已经改变了供水、发电和环境系统及它们之间的相互作用关系。为了更好地考虑这些变化，应当采用耦合系统的方法来考虑供水、发电和环境系统[1-3]。并且，水库在供水-发电-环境耦合系统中发挥着非常重要的作用[3-7]：①水库的调度决策能够确定供给每个系统的可用水量；②供水-发电-环境耦合系统的不断演化将使利益相关者的决策偏好和社会经济条件发生改变，进而改变水库的调度决策。因此，作为供水-发电-环境耦合系统的重要组成部分，水库及其调度决策应当被合理考虑。

已有的耦合系统建模方法主要分为三类：系统动力学模型、主体模型和系统的系统模型。在这些模型中，水库大部分是由主体模型进行考虑，但是这种方法不能够合理考虑水库调度决策与耦合系统其他组分之间的相互关系。在水库调度方面，许多工作集中在适应性策略的制订上，希望能够通过这些策略使水库更好地适应由气候变化和人类活动造成的环境变化[8-12]。例如，为应对未来强不确定性条件而提出动态决策框架；通过未来气候模式生成适应性调度规则；考虑生态目标对水库重新调度。然而，这些方法不能很好地描述与人类相关的系统，因为这些系统相互影响，需要通过耦合系统的方法来考虑。总之，耦合系统和水库调度这两个方向所涉及的方法都未能合理地考虑水库的调度决策与其他系统之间的关系。因此，本章将在耦合系统的框架下，通过动态的决策偏好来调控多目标问题，从而将水库调度决策加入耦合系统的协同演化过程。

3.2 研究方法

供水-发电-环境耦合系统主要由三部分组成（图 3.1）：①描述供水、发电和环境系统变化的系统动力学模型；②多目标优化调度模型；③描述调度决策与供水-发电-环境耦合系统之间反馈关系的链接。采用系统动力学模型主要是因为其能够较为方便、灵活地描述不同系统之间的反馈关系。对于丹江口水库的调度，采用多目标优化调度模型是因为其能够处理不断变化的决策偏好。另外，两个新提出的反馈链接将调度决策耦合进供水、发电和环境系统的协同演化过程中，从而使该模型能够模拟更为实际的情形。

供水-发电-环境耦合系统中的反馈环如图 3.2 所示。变化的社会经济条件，如人口数量、环境容量和人均用水量，将会改变人类对水和电的需求；这些需求则是构成多目标优化调度模型中目标函数的主要组成部分。对于一个给定的决策偏好，多目标优化调度模型可以被归一化为单一目标，进而得到符合给定偏好的最优调度决策。水库调度决策的最直接结果是水电短缺（供不应求时），同时改变水库下游河道中的水流流态。水流流态的改变则会改变人类对环境状态的感知，即环境意识的改变。如图 3.2 中红色虚线箭头表示的两类反馈链接所示，调度决策所导致的水电短缺将进一步改变社会经济状态，

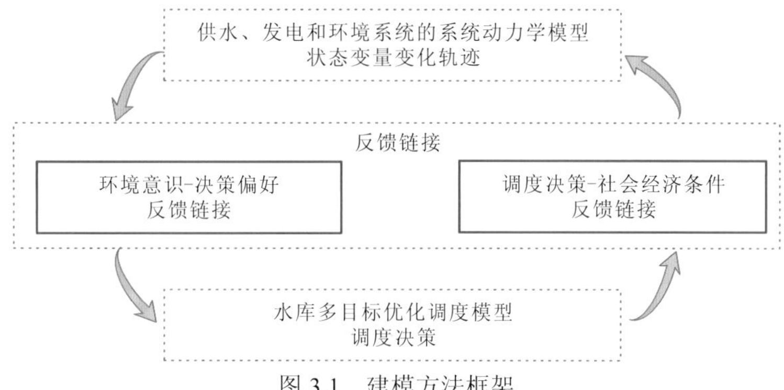

图 3.1　建模方法框架

水流流态变化造成的环境意识的改变将进一步改变调度决策偏好，因此，使得系统形成封闭的反馈环。

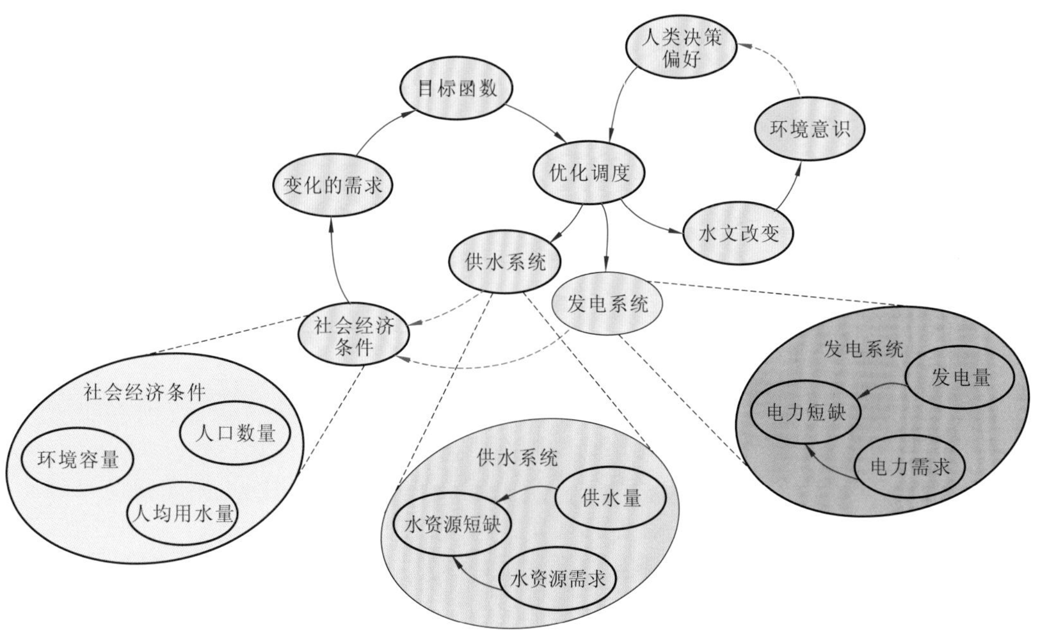

图 3.2　供水-发电-环境耦合系统的反馈环

3.2.1　系统动力学模型

系统动力学模型由五个非线性常微分方程组成，每个方程均表示相应系统状态的变化。不同系统中的变量及其符号表示如表 3.1 所示。水库系统的方程用来模拟丹江口水库的水量平衡，其中考虑了受水区的供水和发电用水。对于受水区的供水系统，人口方程用来描述四个受水区的人口动态变化，用水方程则描述了各地区的人均用水变化。对于发电系统，采用虚拟社会团体的概念来描述丹江口水库发电可以支撑的人口[13]。最后，环境意识方程用于描述整个社会对于环境保护的态度。

表 3.1 供水-发电-环境耦合系统的符号表示及初始化

系统	变量	符号	单位	数值
水库	库容	V	$10^8\ \text{m}^3$	198.2
供水	人口	N_s^{w}	万人	6 783.9、5 546.0、2 169.7、1 622.2
	人均用水量	U_s	m^3/人	233.9、279.3、202.6、194.4
发电	人口	N^{p}	万人	256.287
	人均用电量	G_{e}	kW·h/人	1 380.926
环境	环境意识	E	—	30
水文	可用水量	AW_s	$10^8\ \text{m}^3$	183.59、115.88、24.44、12.36
社会	初始环境容量	$K_{s,0}$	万人	6 808.185、5 555.651、2 179.708、1 793.441

1. 水库系统

供水-发电-环境耦合系统实质上是由水库系统的水量平衡方程联系起来的。水量平衡方程表示，水库库容的变化是由入库和出库流量的差异造成的。水量平衡方程可以表述为

$$\frac{\mathrm{d}V}{\mathrm{d}t} = I - \text{DV} - \text{PV} - l - e \tag{3.1}$$

式中：$\frac{\mathrm{d}V}{\mathrm{d}t}$ 为库容 V 的变化率；I 为水库入流；DV 和 PV 分别为供水和发电系统的供水量；l 为水库弃水量；e 为水库的蒸发渗漏损失，通常考虑其为水库库容（水面面积）的方程。对于丹江口水库的调度，这项损失可参照调度手册进行计算。值得注意的是，发电所用的水量是非消耗性的，将被放至下游，用来维持下游河道的生态健康。

2. 供水系统

供水系统是指南水北调中线工程沿线的受水区。因为在同一省/直辖市内的水资源利用特性较为类似，所以可将省/直辖市作为单位来划分受水区。因此，南水北调中线工程沿线可划分为四个受水区，在各受水区中的人口变化和用水量可以表述如下。

1）人口方程

目前，有限资源条件下的人口增长可采用 Logistic 模型进行描述[13-17]。因为各受水区的人口越来越受到可用水资源量的约束，所以 Logistic 模型可以被用来描述各受水区的人口增长，其方程表示如下：

$$\frac{\mathrm{d}N_s^{\text{w}}}{\mathrm{d}t} = r_s^{\text{n}} N_s^{\text{w}} \left(1 - \frac{N_s^{\text{w}}}{K_{s,st-1}}\right) \tag{3.2}$$

式中：N_s^{w} 为受水区 s 的人口；$K_{s,st-1}$ 为受水区 s 在阶段 st-1 内的平均环境容量（用人口表示），一个阶段的时间间隔表示环境容量的变化对人口的影响存在延迟效应；r_s^{n} 为受

水区 s 内人口的自然增长率，由于中国社会经济的快速发展，自然增长率应当被作为时变的参数。

2）用水方程

人均用水量的变化非常复杂，与各类社会经济指标相关，如人口、技术、基础设施和教育水平等。人均用水量变化的复杂性增加了对其预测和模拟的难度。历史资料表明，受水区的人均用水量是逐渐降低的，并且其降低速率也是在减小的（一阶导数为负，二阶导数为正）。这一现象可以解释为节水技术的不断进步促进了人均用水量的不断降低；用于维持正常生存所需的用水水平使得节水的难度不断增加。因此，人均用水量的方程可以简单地考虑为能够模拟实际人均用水量变化趋势的微分方程，可以表述如下：

$$\frac{\mathrm{d}U_s}{\mathrm{d}t} = -r_s^{\mathrm{w}} \cdot \mathrm{e}^{-\varphi_{\mathrm{w}} t} \tag{3.3}$$

式中：U_s 为受水区 s 的人均用水量；r_s^{w} 为受水区 s 中人均用水量的名义增长率；$\mathrm{e}^{-\varphi_{\mathrm{w}} t}$ 为不断降低的节水效应。

式（3.3）所表述的人均用水量的变化是与历史的实际变化相吻合的：开始的降低速率较大，之后较小。

假设在演化过程结束时，人均用水量将降低至维持正常生活所需的用水水平，同时人均用水量的变化率接近于 0；在没有大的技术变革或新技术投入使用的前提下，这样的假设应当是合理的。进一步，假设在演化结束时，所降低的人均用水量可用百分比 τ_s^{w} 表示，即

$$\begin{cases} \left.\dfrac{\mathrm{d}U_s}{\mathrm{d}t}\right|_{t=T} \approx 0 \\ U_{s,T} = (1-\tau_s^{\mathrm{w}})U_{s,0} \end{cases} \tag{3.4}$$

式中：$U_{s,T}$ 和 $U_{s,0}$ 分别为受水区 s 在时段末 T 与初始时段的人均用水量。

根据式（3.4），可求得式（3.3）的解析解，为

$$U_{s,t} = U_{s,0} - \tau_s^{\mathrm{w}} U_{s,0} \left(1 - \mathrm{e}^{-\frac{2.996}{T}t}\right) \tag{3.5}$$

式中：$U_{s,t}$ 为受水区 s 在时段 t 的人均用水量。

需要注意的是，式（3.3）和式（3.5）都是基于历史数据建立的，用于预测未来的人均用水量变化，进而用于研究供水-发电-环境耦合系统的行为。

3. 发电系统

因为发电所得的电力通常与电网相连接，通过电网供应，所以发电系统的边界很难确定。为解决发电系统边界不明确的问题，虚拟社会团体被用来描述发电系统的规模，其定义为特定发电系统所生产的电力能够维持正常社会生产的人口数量。因此，特定发电系统的虚拟社会团体可由该团体的人口规模和人均用电量表述。

1）虚拟社会团体的人口

丹江口水库的发电系统所生产的电量主要用于湖北省本地的电力消耗，因此，该发电系统所对应的虚拟社会团体的人口规模可由年均发电量和湖北省的人均用电量估计得到（这两项数据都是较易得到的）。此外，丹江口水库的发电系统所对应的虚拟社会团体的人口规模可假设为常量，原因如下：①湖北省的年均人口自然增长率非常小（2000～2014 年的平均值为 3.5‰）；②用电需求的增加主要是由于人均用电量的增加，而非人口数量的增加。

2）虚拟社会团体的人均用电量

近年来，在湖北省及中国的其他地区，人均用电量急剧增加。人均用电量的增加是由于农业、工业和服务业等各类因素的快速变化。电力消耗的复杂性增加了对人均用电量轨迹的模拟。为简单考虑，可采用与人均用水量类似的方法，建立微分方程来描述人均用电量及其变化速率的历史趋势：

$$\frac{\mathrm{d}G_{\mathrm{e}}}{\mathrm{d}t}=r^{\mathrm{g}}\cdot \mathrm{e}^{-\varphi_{\mathrm{g}}t} \tag{3.6}$$

式中：r^{g} 为人均用电量的名义增长率；$\mathrm{e}^{-\varphi_{\mathrm{g}}t}$ 为人均用电量逐渐降低的增长率。

与人均用水量类似的两个假设如下：①在演化过程末，人均用电量的增长率为 0；②在时段末 T，人均用电量的增加量可用百分比 τ^{g} 表示，即

$$\begin{cases} G_T=(1+\tau^{\mathrm{g}})G_0 \\ \left.\dfrac{\mathrm{d}G_{\mathrm{e}}}{\mathrm{d}t}\right|_{t=T}\approx 0 \end{cases} \tag{3.7}$$

式中：G_0 和 G_T 为初始时段和时段末 T 的人均用电量。根据式（3.7），可求得式（3.6）的解析解，为

$$G_t=G_0+\tau^{\mathrm{g}}G_0\left(1-\mathrm{e}^{-\frac{2.996}{T}t}\right) \tag{3.8}$$

式中：G_t 为时段 t 的人均用电量。

类似地，由式（3.6）和式（3.8）所模拟的人均用电量与历史实际数据相符合。

4. 环境系统

丹江口水库的调度将会导致下游环境系统的退化和水生生物多样性的减少。Gehrke 等[18]的研究表明，鱼类的生物多样性与水库对水流流态的调控程度呈反相关关系。因此，自然径流 I_{r} 与调控后径流 R_{r} 之间的差异的平方 $r=[(R_{\mathrm{r}}-I_{\mathrm{r}})/I_{\mathrm{r}}]^2$ 可以用来描述生态系统的质量。

环境意识和社会敏感性是描述人类社会对外部环境条件的态度的两个变量[19-24]。社会敏感性是描述人类环境控制和修复态度的双向的变量；而环境意识则反映了人类所感受到的系统崩溃的威胁，当系统特性低于一个临界值时，环境意识不断增长，反之，减小。与社会敏感性相比，环境意识是一个更适合的变量，因此在此处采用。环境意识的

变化可由式（3.9）表述：

$$\frac{\mathrm{d}E}{\mathrm{d}t}=\begin{cases}\kappa(r-r_{\mathrm{crit}})^{\eta} & (r \geqslant r_{\mathrm{crit}})\\ -\omega E & (r<r_{\mathrm{crit}})\end{cases} \tag{3.9}$$

式中：r_{crit} 为水流流态的 r 的临界值，高于 r_{crit} 时，环境意识将会增加，低于 r_{crit} 时，环境意识将会降低；κ 和 η 为描述社会团体感知能力的参数；ω 为环境意识的损失系数，表示在正常情况下环境意识的降低速率。

3.2.2　多目标优化调度模型

1. 目标函数

多目标优化调度模型有三个目标函数，分别为水资源短缺指标、电力短缺指标和生态改变指标。水资源短缺指标和电力短缺指标可分别表达为

$$\min \mathrm{WSI}=\frac{1}{T_r}\int_0^{T_r}\left(\frac{\mathrm{WS}}{\mathrm{WD}}\right)^2\mathrm{d}t \tag{3.10}$$

$$\min \mathrm{PSI}=\frac{1}{T_r}\int_0^{T_r}\left(\frac{\mathrm{PS}}{\mathrm{PD}}\right)^2\mathrm{d}t \tag{3.11}$$

式中：T_r 为水库多目标优化调度模型的调度期；WS 和 WD 分别为水资源短缺量和需求量；PS 和 PD 分别为电力资源的短缺量和需求量。

变量 WS、WD、PS 和 PD 的计算如下：

$$\begin{cases}\mathrm{WS}=\sum\limits_{s=1}^{4}\mathrm{WS}_s\\ \mathrm{WS}_s=\max\left\{\mathrm{WD}_s-\mathrm{AW}_s-\dfrac{\mathrm{WD}_s-\mathrm{AW}_s}{\sum\limits_{s=1}^{4}(\mathrm{WD}_s-\mathrm{AW}_s)}\mathrm{DV},0\right\}\end{cases} \tag{3.12}$$

$$\begin{cases}\mathrm{WD}=\sum\limits_{s=1}^{4}\mathrm{WD}_s\\ \mathrm{WD}_s=N_s^{\mathrm{w}}\cdot U_s'\end{cases} \tag{3.13}$$

$$\mathrm{PS}=\max\{\mathrm{PD}-\mathrm{PG},0\} \tag{3.14}$$

$$\mathrm{PD}=N^{\mathrm{p}}\cdot G' \tag{3.15}$$

式中：WS_s、WD_s 和 AW_s 分别为受水区 s 的水资源短缺量、水资源需求量和当地的可用水量（$s=1,2,3,4$ 分别表示河南省、河北省、北京市和天津市）；N_s^{w} 为受水区 s 的人口；U_s' 为考虑了前期水资源短缺影响的受水区 s 的人均可用水量；N^{p} 为发电系统所供应的人口；G' 为考虑了前期电力短缺影响的人均用电量；PG 为发电量，由 $\mathrm{PG}=\max\{\gamma_{\mathrm{G}}\cdot\mathrm{PV}\cdot H,P_{\max}(H)\}$ 确定，γ_{G} 为综合出力系数，表示机组的发电效率，H 为净水头，$P_{\max}(\cdot)$ 为受机组约束的最大出力。

值得注意的是，南水北调中线工程中由蒸发和渗漏造成的渠系损失采用效率系数进行考虑。由吴昌瑜和张伟[25]的研究可知，直接调水量DV应该乘以折减系数0.7356。

年均径流偏差比例（APFD）是一个描述河流受调控程度的指标。该指标具有一定的生态含义，因此将APFD作为生态目标来控制，即生态改变指标：

$$\min \mathrm{HAI}=\frac{1}{L_2}\int_0^{L_2}\left[\int_0^{L_1}\left(\frac{R_\mathrm{a}-R_\mathrm{b}}{I}\right)^2\mathrm{d}l_1\right]^{\frac{1}{2}}\mathrm{d}l_2 \tag{3.16}$$

式中：R_a 和 R_b 分别为调控后和调控前的河流流量；L_1 和 L_2 分别为每年的时间长度和调度期内的年数，因此，L_1 和 L_2 的乘积应等于 T_r，即 $T_r=L_1\times L_2$。

2. 不同系统之间的权衡及调度决策的确定

对于多目标优化调度，有两个问题需要考虑：①不同系统之间的权衡可用Pareto前沿来进行评估；②能够将当前阶段的状态转移至相邻阶段状态的调度决策。对于供水-发电-环境耦合系统的协同演化，这两个问题都至关重要，需要对其进行评估。

1）不同系统之间权衡的评估

不同系统之间的权衡可采用Pareto前沿进行有效评估。通常有三类方法可用于获得多目标问题的Pareto前沿：进化算法、约束法和权重法。尽管这三类方法都能够获得Pareto前沿，权重法在本章研究中具有得天独厚的优势，因为它能够很好地处理决策者对不同系统的偏好（并且这些偏好是在不断变化的）。权重法是采用权重平均的方法将多目标问题转化为单目标问题，通过优化单目标问题获得每组权重所对应的最优决策，通过不断改变权重并且优化获得Pareto前沿。因此，权重平均后的单目标可以表述为

$$\min(1-\alpha_\mathrm{p}-\beta_\mathrm{p})\cdot\frac{\mathrm{WSI}-\mathrm{WSI}_{\min}}{\mathrm{WSI}_{\max}-\mathrm{WSI}_{\min}}+\beta_\mathrm{p}\times\frac{\mathrm{PSI}-\mathrm{PSI}_{\min}}{\mathrm{PSI}_{\max}-\mathrm{PSI}_{\min}}+\alpha_\mathrm{p}\times\frac{\mathrm{HAI}-\mathrm{HAI}_{\min}}{\mathrm{HAI}_{\max}-\mathrm{HAI}_{\min}} \tag{3.17}$$

式中：α_p 和 β_p 分别为对应于环境和发电系统的决策偏好；$\mathrm{WSI}_{\max}$ 和 $\mathrm{WSI}_{\min}$ 分别为水资源短缺指标的最大值和最小值；$\mathrm{PSI}_{\max}$ 和 $\mathrm{PSI}_{\min}$ 分别为发电短缺指标的最大值和最小值；$\mathrm{HAI}_{\max}$ 和 $\mathrm{HAI}_{\min}$ 分别为生态改变指标的最大值和最小值。

已有文献证明，权重法求解Pareto前沿的充分条件如下：①所有的目标函数为凹函数；②所有的权重为正。因此，决策偏好 α_p 和 β_p 可以在满足 $0\leqslant\alpha_\mathrm{p},0\leqslant\beta_\mathrm{p},\alpha_\mathrm{p}+\beta_\mathrm{p}\leqslant1$ 的条件下随机生成。但是，值得注意的是，式（3.17）中目标函数的凹凸性较难确定。因此，需要对所求得的最优解集进行非支配排序，进而求得Pareto解。

2）考虑决策偏好的调度决策

调度决策的确定可以使系统状态从当前阶段转移至相邻阶段，进而可获得耦合系统的协同演化轨迹。通常调度决策的确定与决策者和利益相关者的决策偏好有关。当决策偏好给定时，最优的调度决策可在已经求得的Pareto前沿中筛选求得。环境系统的决策偏好 α_p 与环境意识紧密相关，它们之间的关系可由环境意识-决策偏好（$E-\alpha_\mathrm{p}$）反馈

链接确定（详见 3.2.3 小节）。对于发电系统和供水系统的决策偏好 β_{p} 与 $1-\alpha_{\mathrm{p}}-\beta_{\mathrm{p}}$，本章中引入参数 θ_{p}（$0 \leqslant \theta_{\mathrm{p}} \leqslant 1$）来表征与供水系统相比发电系统的优先级，$\theta_{\mathrm{p}}=0$ 时供水系统完全优先于发电系统，$\theta_{\mathrm{p}}=1$ 时发电系统完全优于供水系统。因此，发电系统和供水系统的决策偏好可分别表示为 $\theta_{\mathrm{p}}(1-\alpha_{\mathrm{p}})$ 和 $(1-\theta_{\mathrm{p}})(1-\alpha_{\mathrm{p}})$。本章中仅对 $\beta_{\mathrm{p}}=\frac{1}{3}(1-\alpha_{\mathrm{p}})$ 的情形进行展示，用于强调南水北调中线工程中受水区的供水系统比丹江口水库的发电系统更重要的事实。但是，本章也对不同的优先级别所造成的不确定性进行了评估。

3.2.3　反馈链接

本章提出了两类反馈链接，即调度决策-社会经济条件（D^*-S）反馈链接和 E-α_{p} 反馈链接，用来描述多目标优化调度模型与供水、发电和环境系统之间的反馈关系，从而使图 3.2 中的反馈环闭合。

1. D^*-S 反馈链接

D^*-S 反馈链接用于描述调度决策 D^* 如何影响社会经济条件 S，包括受水区的环境容量、人均用水量和人均用电量。受水区 s 的环境容量与该地区的供水量息息相关：当考虑环境容量对外界条件变化的适应过程时，环境容量的变化可视为一个 Logistic 增长过程。但是，为降低模型的复杂度，环境容量变化的适应过程在此不进行考虑，可直接视为可用水量的非线性函数。此外，考虑到环境容量同样受到其他社会经济条件的影响，环境容量的变化可以表示为

$$K_{s,st}=\left(1+\frac{\overline{\mathrm{DV}}_{s,st}}{\mathrm{AW}_s}\right)^{\sigma_s} K_{s,0} \tag{3.18}$$

式中：$\overline{\mathrm{DV}}_{s,st}$ 为受水区 s 在阶段 st 内的平均调水量；$K_{s,st}$ 和 $K_{s,0}$ 分别为受水区 s 在阶段 st 和初始阶段的环境容量；σ_s 为社会经济条件（如基础设施、粮食和其他资源）对环境容量的影响，当 σ_s 等于 1 时，环境容量与可用水量线性相关，当 σ_s 小于 1 时，外部的社会经济因素将制约环境容量的增加。

水资源和电力资源的短缺将会对人均用水量与人均用电量产生影响；考虑前期资源短缺后，人均用水量和人均用电量可以表示为

$$U_s'=[w+(1-w)\mathrm{e}^{-\lambda_{\mathrm{w}}\overline{\mathrm{WSI}}_{st-1}}]U_s \tag{3.19}$$

$$G'=[w+(1-w)\mathrm{e}^{-\lambda_{\mathrm{g}}\overline{\mathrm{PSI}}_{st-1}}]G_{\mathrm{e}} \tag{3.20}$$

式中：U_s' 和 U_s 分别为受水区 s 考虑和不考虑前期水资源短缺影响的人均用水量；G' 和 G_{e} 分别为考虑和不考虑前期电力短缺影响的人均用电量；$\overline{\mathrm{WSI}}_{st-1}$ 和 $\overline{\mathrm{PSI}}_{st-1}$ 分别为阶段 $st-1$ 内的平均水资源短缺指标和平均电力短缺指标，一个阶段的时间间隔表示前期短缺对后期影响存在滞时效应；λ_{w} 和 λ_{g} 分别为人均用水和人均用电的归一化参数；w 为最小的用

水/用电指标与初始用水/用电指标的比值，最小的人均用水/用电指标指可以维持正常生活水平所需的用水/用电。

2. E-α_p 反馈链接

E-α_p 反馈链接描述了环境意识和环境保护的决策偏好之间的函数关系。一般来说，如果一个社会团体的环境意识较高，则他们将会更多地采取以环境为中心的开发策略；反之，若环境意识较低，社会团体将更多地采取以人类活动为中心的开发策略[26]。因此，可以假设环境意识和决策偏好的关系如图 3.3 所示。

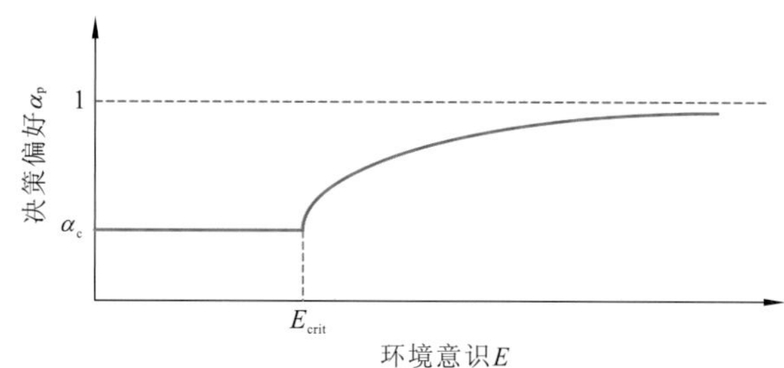

图 3.3　环境意识与决策偏好的假设关系

如图 3.3 所示，在低于环境意识的临界值 E_{crit} 时，对环境系统的决策偏好保持为常数 α_c；在高于环境意识的临界值时，对环境系统的决策偏好逐渐增加，直至其极限值 1。若假设决策偏好的增加可用指数函数表示，则环境意识与决策偏好的关系可以表述为

$$\alpha_p=\begin{cases}1-(1-\alpha_c)\exp[-\varepsilon_0(E-E_{crit})] & (E>E_{crit})\\ \alpha_c & (E\leqslant E_{crit})\end{cases} \tag{3.21}$$

式中：ε_0 为指数增加部分的形状参数，表示决策偏好、环境意识的增长速率。ε_0 为式（3.21）中的唯一参数，极大程度地降低了模型的复杂度。

3.2.4　供水-发电-环境耦合系统

在运行供水-发电-环境耦合系统之前，有几个问题需要说明和强调：①入流的随机性；②耦合系统的时间尺度；③运行模型的步骤。入流的随机性将影响水库调度决策，以至于耦合系统的涌现特性可归因于：①入流的变化；②社会经济的发展。为消除入流对耦合系统特性的影响，将 56 年（1955～2010 年）的入流数据作为水库调度模型中确定每年调度决策的输入条件：每年都将采用 56 年的入流数据进行优化计算，并且将 56 年平均的供水、发电结果作为当年的调度决策。

耦合系统的时间尺度设定包括三个层面：研究期、规划阶段和调度期。研究期是指耦合系统协同演化轨迹研究的时间区间，由于未来几十年内南水北调的调度问题十分重要，可设定为 2016～2050 年。规划阶段是指决策偏好需要调整的时间长度，对应于中国宏观经济政策的 5 年阶段，可设定为 5 年一调整。调度期是指每次运行优化调度模型的时间长度，每年的调度决策都需要将 56 年的径流资料作为输入并取平均值，因此需设定为 56 年。

供水-发电-环境耦合系统可阶段运行，每两个相邻阶段的运行如图 3.4 所示，其具体步骤可总结如下。

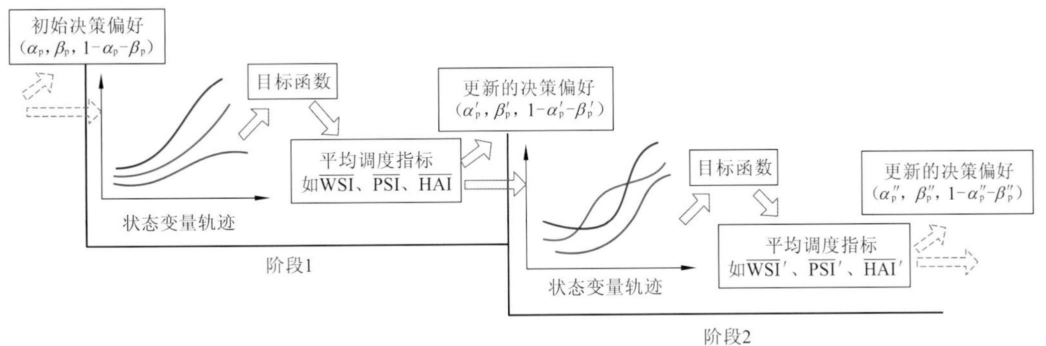

图 3.4　供水-发电-环境耦合系统相邻两阶段的运行

（1）耦合系统的初始化。模型参数可以通过试错法得到，即通过不断改变模型参数，使得模拟结果与历史实测结果相吻合。此外，耦合系统的状态变量也需要初始给定。

（2）各阶段初对衔接因素的更新。衔接因素包括平均水资源短缺指标 $\overline{WSI}$、平均电力短缺指标 $\overline{PSI}$、对环境保护的决策偏好 α_p。这些因素的更新都基于前一阶段的计算结果。

（3）对模型状态变量的模拟。根据更新后的衔接变量，状态变量的轨迹可由系统动力学模型模拟得到。

（4）水库调度模型的优化。不同系统之间的相互权衡可通过 Pareto 前沿进行评估，调度决策的确定可由该阶段给定的决策偏好确定。

（5）重复步骤（2）～（4），直至所有阶段结束。

3.3　研究区域与资料

我国的南水北调工程是从南方湿润地区向北方干旱地区调水的一项战略性工程，该工程的目的是缓解由社会经济快速增长造成的水资源短缺。南水北调中线工程的长度约为 1 432 km，年均调水能力为 95×10^8 m^3，从长江最大的支流汉江向华北平原调水，途经四个省/直辖市的 17 个市（表 3.2）。丹江口水库在该流域的防洪、供水和发电中发挥着重要的作用，其特征参数如表 3.3 所示。汉江穿过山西省和湖北省两省，在武汉市汇入长江，全长为 1 570 km，流域面积为 159 000 km^2。汉江流域是亚热带季风气候，年均降水量为 700～1 100 mm，其中 70%～80%的降水量发生在 5～9 月的湿季。

表 3.2　南水北调中线工程沿线城市

省/直辖市	城市
河南省	南阳市、平顶山市、漯河市、周口市、许昌市、鹤壁市、濮阳市、安阳市
河北省	邯郸市、邢台市、石家庄市、保定市、衡水市、沧州市、廊坊市
北京市	北京市
天津市	天津市

表 3.3　丹江口水库特征参数

参数	单位	数值
库容总量	10^8 m^3	339.1
夏季防洪库容	10^8 m^3	141
秋季防洪库容	10^8 m^3	111
坝顶高程	m	176.6
正常库水位	m	170
夏季汛限水位	m	160
秋季汛限水位	m	163.5
死水位	m	150
装机容量	MW	900
年均发电量	10^8 kW·h	38
调节能力	—	多年调节

南水北调中线工程将水源区和受水区的社会经济状况联系起来，形成一个整体。特别地，受水区的供水系统、丹江口水库附近的发电系统和水库下游的水流流态（环境系统）相互影响，从而形成供水-发电-环境耦合系统。此外，丹江口水库通过调度决策来确定每个系统的可用水量，从而主导供水-发电-环境耦合系统的行为。建模所需的主要数据及其来源如表 3.4 所示，其中来自年鉴和公报的数据可通过中国经济社会大数据研究平台（http://data.cnki.net/）获取。所获得的历史数据将被用于预测相关变量的未来发展轨迹。丹江口水库有 1955～2010 年的径流资料；丹江口水库从 1967 年开始蓄水，1968～2010 年的数据已经过还原处理，从而使径流资料的统计参数前后一致。

表 3.4　主要数据及其来源

数据	来源
受水区人口数量（2000～2014 年）	中国城市统计年鉴、中国区域经济统计年鉴、河南统计年鉴、河北经济年鉴
各受水区当地可用水资源量（2000～2015 年）	河南省水资源公报、河北省水资源公报、北京市水资源公报和天津市水资源公报
各受水区供水量（2000～2015 年）	河南省水资源公报、河北省水资源公报、北京市水资源公报和天津市水资源公报
湖北省人口数量（2000～2015 年）	湖北统计年鉴
湖北省用电量（2000～2015 年）	中国电力年鉴
丹江口水库历史发电量（1973～2015 年）	丹江口水库
水库入流（1955～2010 年）	丹江口水库

3.4　结果分析

根据已建立的供水-发电-环境耦合系统模型，系统中各状态变量的轨迹可以求得。其中，状态变量的初始设定如表 3.1 所示，模型参数设定如表 3.5 所示，状态变量变化的计算公式如表 3.6 所示。根据已有的模型设定，运行耦合系统模型，可对模型的整体运行轨迹进行分析；对水库调度的行为进行评价；对模型参数的不确定性进行分析。

表 3.5　供水-发电-环境耦合系统模型参数设定

参数	单位	公式	取值	参数	单位	公式	取值
φ_w	—	式（3.3）	0.085 6	w	—	式（3.19）、式（3.20）	0.9
φ_g	—	式（3.6）	0.085 6	λ_w	—	式（3.19）	0.199 7
κ	—	式（3.9）	35	λ_g	—	式（3.20）	0.199 7
η	—	式（3.9）	2	E_{crit}	—	式（3.21）	10
r_{crit}	—	式（3.9）	1.0	ε_0	—	式（3.21）	0.059 9
α_c	—	式（3.21）	0.1	τ_s^w	—	式（3.4）	0.2
ω	—	式（3.9）	0.15	τ^g	—	式（3.7）	0.2
σ_s	—	式（3.18）	0.9、0.9、0.8、0.7				

表 3.6 考虑反馈链接后的模型状态变量变化

变量	状态变量变化的计算公式
N_s^{w}	$N_1^{\mathrm{w}}=\left(1+\frac{\overline{\mathrm{DV}_{1,st-1}}}{\mathrm{AW}_1}\right)^{0.9}\frac{K_{1,0}}{1+\exp[-0.007(t-1\,999)^2-0.143\,3(t-1\,999)-1.214\,5]}$ $N_2^{\mathrm{w}}=\left(1+\frac{\overline{\mathrm{DV}_{2,st-1}}}{\mathrm{AW}_2}\right)^{0.9}\frac{K_{2,0}}{1+\exp[-0.019\,9(t-1\,999)^2-0.092(t-1\,999)-2.171\,7]}$ $N_3^{\mathrm{w}}=\left(1+\frac{\overline{\mathrm{DV}_{3,st-1}}}{\mathrm{AW}_3}\right)^{0.8}\frac{K_{3,0}}{1+\exp[-0.023\,6(t-1\,999)^2-0.128\,6(t-1\,999)-0.740\,8]}$ $N_4^{\mathrm{w}}=\left(1+\frac{\overline{\mathrm{DV}_{4,st-1}}}{\mathrm{AW}_4}\right)^{0.7}\frac{K_{4,0}}{1+\exp[-0.009\,5(t-1\,999)^2-0.045\,7(t-1\,999)-0.279\,7]}$
U_s'	$U_s'=U_{s,0}(0.9+0.1\overline{\mathrm{WSI}_{st-1}})\{1-0.2[1-0.085\,6\exp(t-2\,015)]\}$
G'	$G'=G_0(0.9+0.1\overline{\mathrm{PSI}_{st-1}})\{1+0.2[1-0.085\,6\exp(t-2\,015)]\}$
E	$\frac{\mathrm{d}E}{\mathrm{d}t}=\begin{cases}35.0(r-1.0)^2 & (r>1.0)\\ -0.15E & (r\leqslant 1.0)\end{cases}$
α_{p}	$\alpha_{\mathrm{p}}=\begin{cases}1-0.9\exp[-0.059\,92(E-10)] & (E>10)\\ 0.1 & (E\leqslant 10)\end{cases}$

3.4.1 耦合系统的协同演化

相互联系的供水、发电和环境系统的协同演化轨迹可由图 3.5 表示。图 3.5（a）表示环境意识和决策偏好的轨迹，它们由 E-α_{p} 反馈链接联系起来。将每个阶段开始时的决策偏好用于该阶段水库调度决策的确定，从而可获得 WSI、PSI 和 HAI 的轨迹[图 3.5（b）]。变化的 WSI 和 PSI 将会对人均用水量[图 3.5（d）]和人均用电量[图 3.5（e）]的运行轨迹造成影响。此外，HAI 也将环境意识和决策偏好联系起来。同时，调度决策将会给定对每个受水区的供水量，因此将改变当地的环境容量和人口数量[图 3.5（c）]。而这些受到影响的状态变量，包括人口、人均用水量和人均用电量，将会被进一步用来表示水库调度的目标函数，从而将影响后续的协同演化轨迹。根据图 3.5，几个重要的发现如下。

（1）供水系统与环境和发电系统竞争用水。如图 3.5（b）所示，每当有较小的 WSI 出现时，紧跟着会有较大的 HAI 和 PSI 出现。这样的现象可以解释为，供水系统消耗了原本应当用于环境和发电系统的水资源，所以会导致环境系统的退化和发电系统的赤字。PSI 和 HAI 的同步增加（减少）是因为用于发电的那部分水量也将会被放入下游河道，用于维持河流的生态健康。

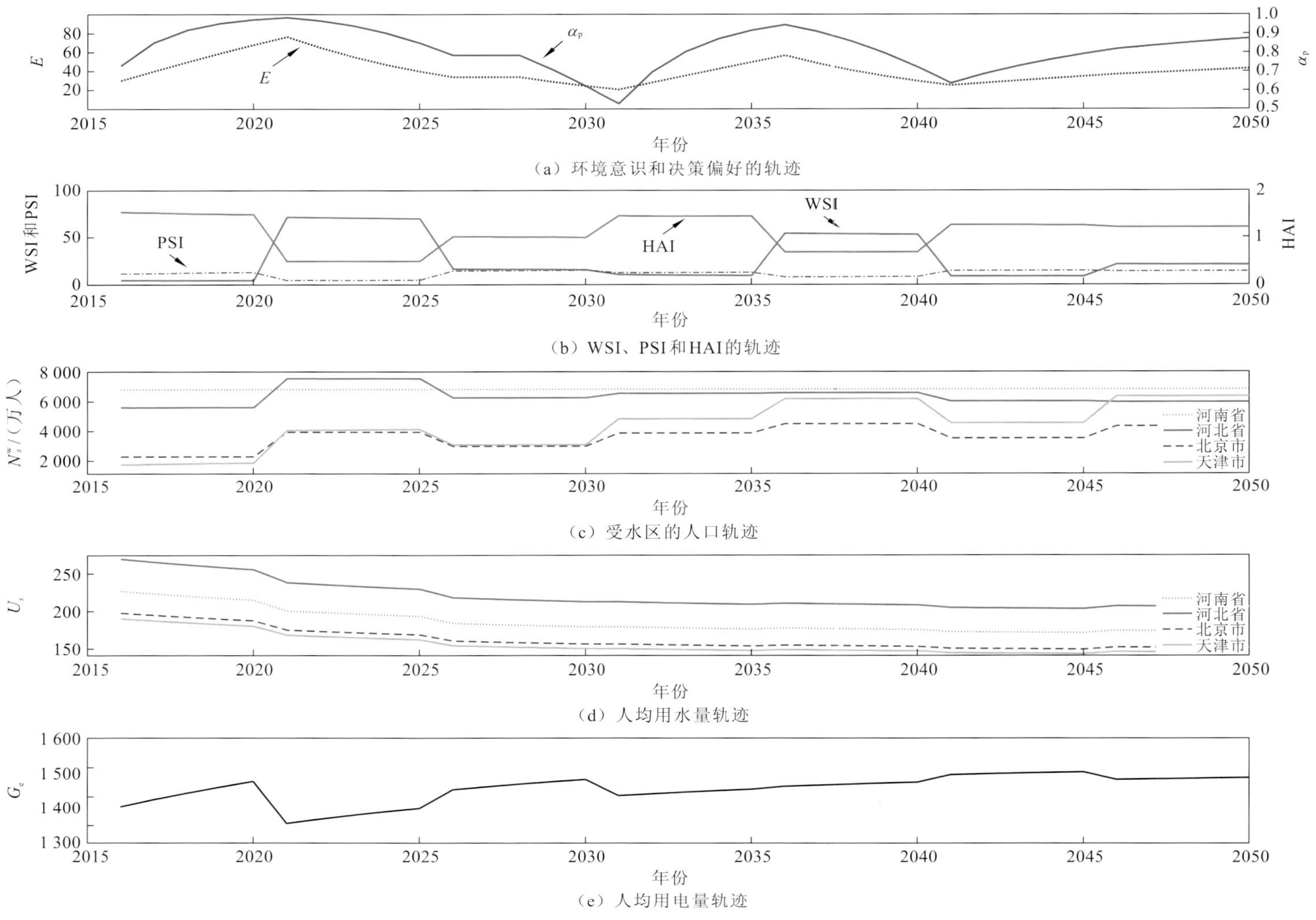

图 3.5　供水-发电-环境耦合系统协同演化轨迹

（2）不同系统状态变量之间的相互影响存在滞时效应，这与经验和以往的研究是一致的。如图 3.5（b）～（e）所示，每当较大的 WSI 出现时，随后都会出现人口数量的降低和人均用水量的加速减少现象。相反地，较小的 WSI 意味着人口数量的增加和人均用水量的减少速率的降低。类似地，每当较大的 PSI 出现时，随后将出现人均用电量的降低；较小的 PSI 也意味着人均用电量增长速率的增加。不同系统变量之间相互影响的滞时为一个规划阶段（5 年）。

（3）所建立的供水-发电-环境耦合系统能够模拟阶段性的政策调整。尽管社会团体对不同目标的决策偏好是连续变化的，但是将调度决策设定为连续变化的是不可取的，因为在现实世界中不断变化的政策的实现将需要极大的成本。因此，水库调度决策的调整是阶段性的，通过在阶段初采用新的决策偏好来模拟实现。如图 3.5（e）所示，阶段性的政策调整在人均发电量的轨迹中体现得尤为明显。

3.4.2 水库在耦合系统中的作用

水库在耦合系统中的表现主要分为两方面：①不同系统（调度目标）之间权衡关系的改变；②调度决策的变化。在展示这两方面的结果之前，先以 2016 年多目标优化调度的结果为例来展示 Pareto 前沿的性质，如图 3.6 所示。图 3.6 表示三个目标函数之间的权衡关系：任何一个目标的改进都需要其他两个目标中至少一个的牺牲。图 3.6（b）～（d）表示任意两组目标函数之间的权衡关系。由图 3.6 可知，当 HAI 增加时，WSI 和 PSI 的值同时减小；WSI 或 PSI 的减小都将增加 HAI 的值。此外，2016 年的调度决策可以是 Pareto 前沿上的任何一点，但是代表调度决策的点需要根据该时段的决策偏好确定。

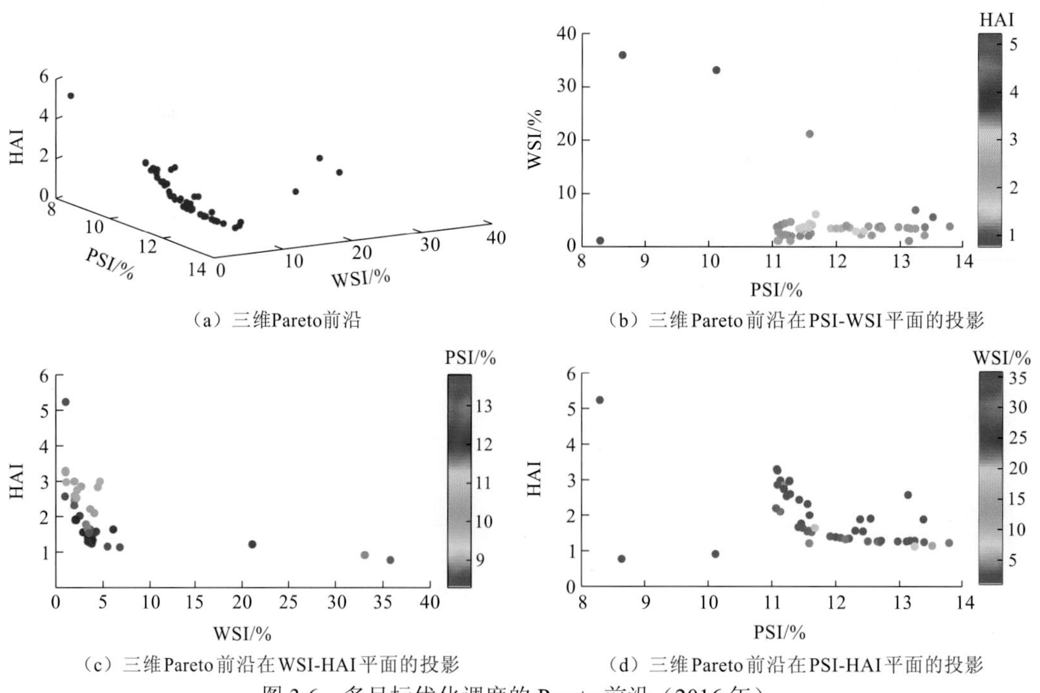

（a）三维Pareto前沿

（b）三维Pareto前沿在PSI-WSI平面的投影

（c）三维Pareto前沿在WSI-HAI平面的投影

（d）三维Pareto前沿在PSI-HAI平面的投影

图 3.6　多目标优化调度的 Pareto 前沿（2016 年）

1）Pareto 前沿的演进

图 3.7 展示了 Pareto 前沿在各个阶段的演进，表明不同系统之间的权衡是在持续变化的。导致 Pareto 前沿变化的最可能的两个因素如下：①入流的变异性；②社会经济条件的改变。因为前者在模型设定中保持不变（每年的调度决策由 56 年径流资料的平均结果得到），所以后者（即社会经济条件的改变）是 Pareto 前沿演进的主要原因。

2）调度决策的演进

水库调度决策可以被认为是相应的 Pareto 前沿上的一个特定的点。图 3.8 通过调度决策在 Pareto 前沿上位置的改变展示了调度决策的演进。调度决策的演进可归因于：①状态变量轨迹的改变；②决策偏好的更新。状态变量轨迹的改变将导致 Pareto 前沿的变形，而决策偏好的更新将改变其在 Pareto 前沿上的相对位置。调度决策的更新可以为管理者和政策制定者提供启示：为了使制定的政策能够满足不同时期的特定需求，不同系统之间的权衡和调度决策每隔数年都需要被重新评估。

3.4.3 反馈链接的作用

与反馈链接相关的反馈环对于供水-发电-环境耦合系统的涌现特性非常重要。对于 D^*-S 反馈链接，有两个相关的反馈环，即环境容量反馈环和人均用水量反馈环，分别由图 3.9 和图 3.10 展示。对于 E-α_p 反馈链接，决策偏好反馈环最为重要，由图 3.11 展示。

图 3.9 展示的是河南省、河北省、北京市和天津市环境容量的反馈环。为分析方便，可将注意力集中在一个单一的区域（如图 3.9 中红线表示的河北省的数据）。在演化的开始，人口数量低于环境容量，它们之间的空间驱使人口数量不断增长，直至达到环境容量。增加的人口数量将需要更多的水资源来满足需求。尽管如此，水资源供应量在第二阶段中有所降低，主要是因为在第二阶段更新后的决策偏好对环境保护施加了更多的权重。因此，降低了的水资源供应量将导致环境容量的降低。因此，新的环境容量将驱动人口数量发生新的变化，即新一轮的循环将会开始。类似地，其他三个地区的反馈也可以进行解释。

图 3.10 描述了 WSI 将如何影响不同受水区的人均用水量，以及与之相关的状态变量。仅以河北省的人均用水量为例进行介绍，人均用水量的改变促进了水资源需求量的改变。但是，需要注意的是，水资源需求量的变化不仅来自人均用水量的变化，而且来自人口数量的改变；这也解释了在第二阶段中，水资源需求量的增长与人均用水量的降低同时发生。水资源需求量的增加将激化水资源短缺；反之，水资源需求量的降低将缓解水资源短缺。WSI 指标是一个用来评价水资源短缺程度的综合性指标。最后，WSI 指标与人均用水量通过 D^*-S 反馈链接相联系，从而使得人均用水量的反馈环闭合。

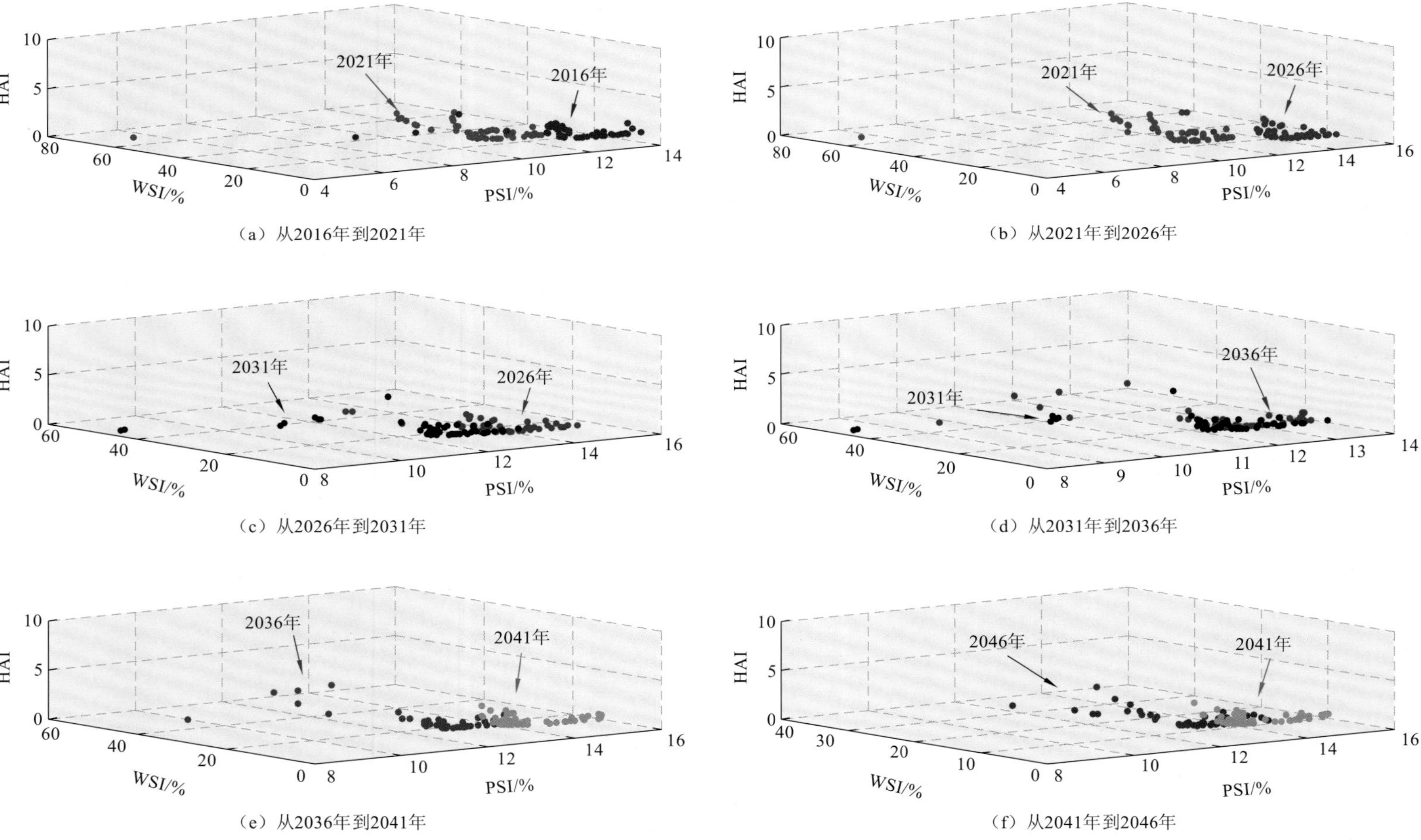

图 3.7　Pareto前沿的演进

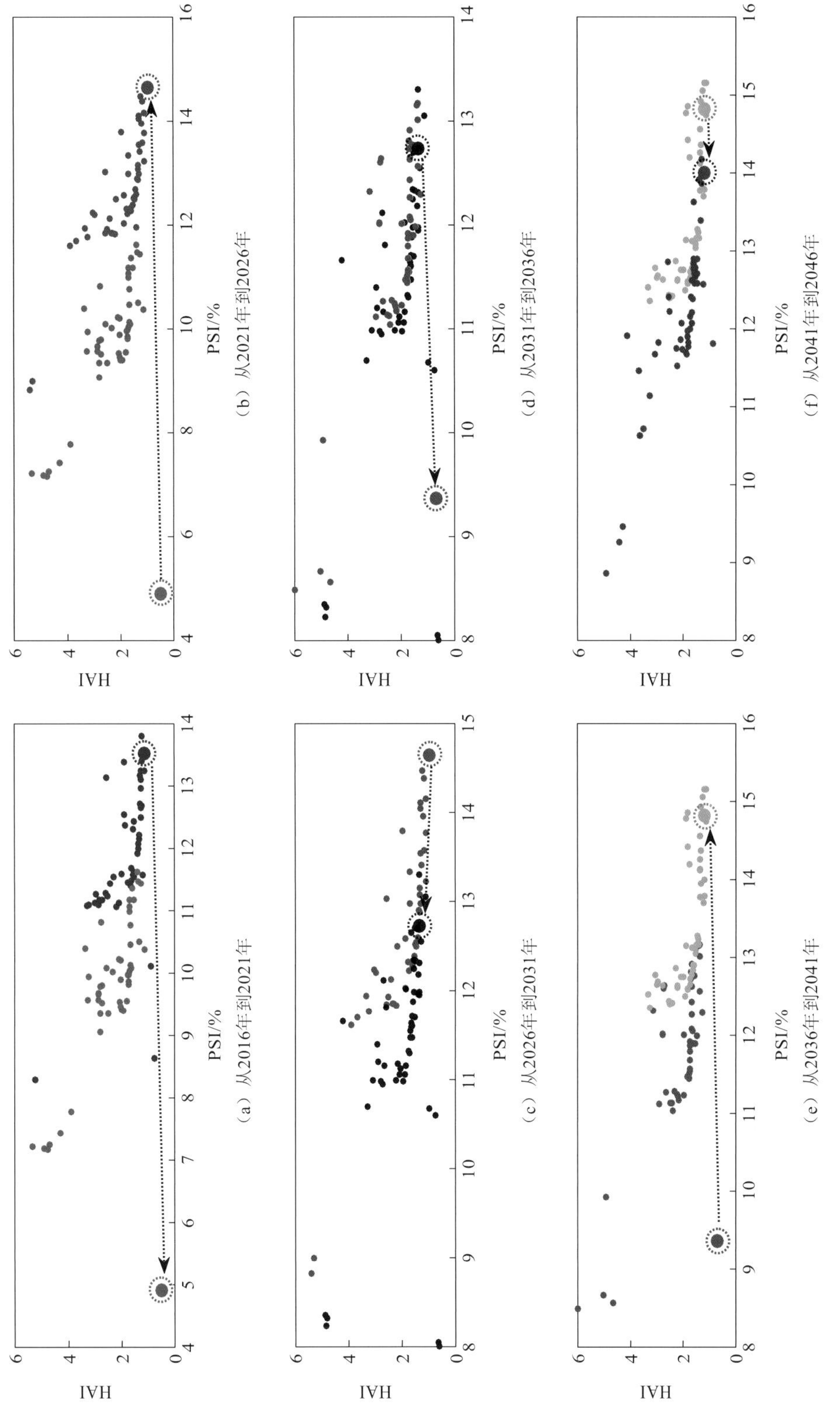
HAI
PSI/%
（a）从2016年到2021年
（b）从2021年到2026年
（c）从2026年到2031年
（d）从2031年到2036年
（e）从2036年到2041年
（f）从2041年到2046年

图 3.8　调度决策的演进

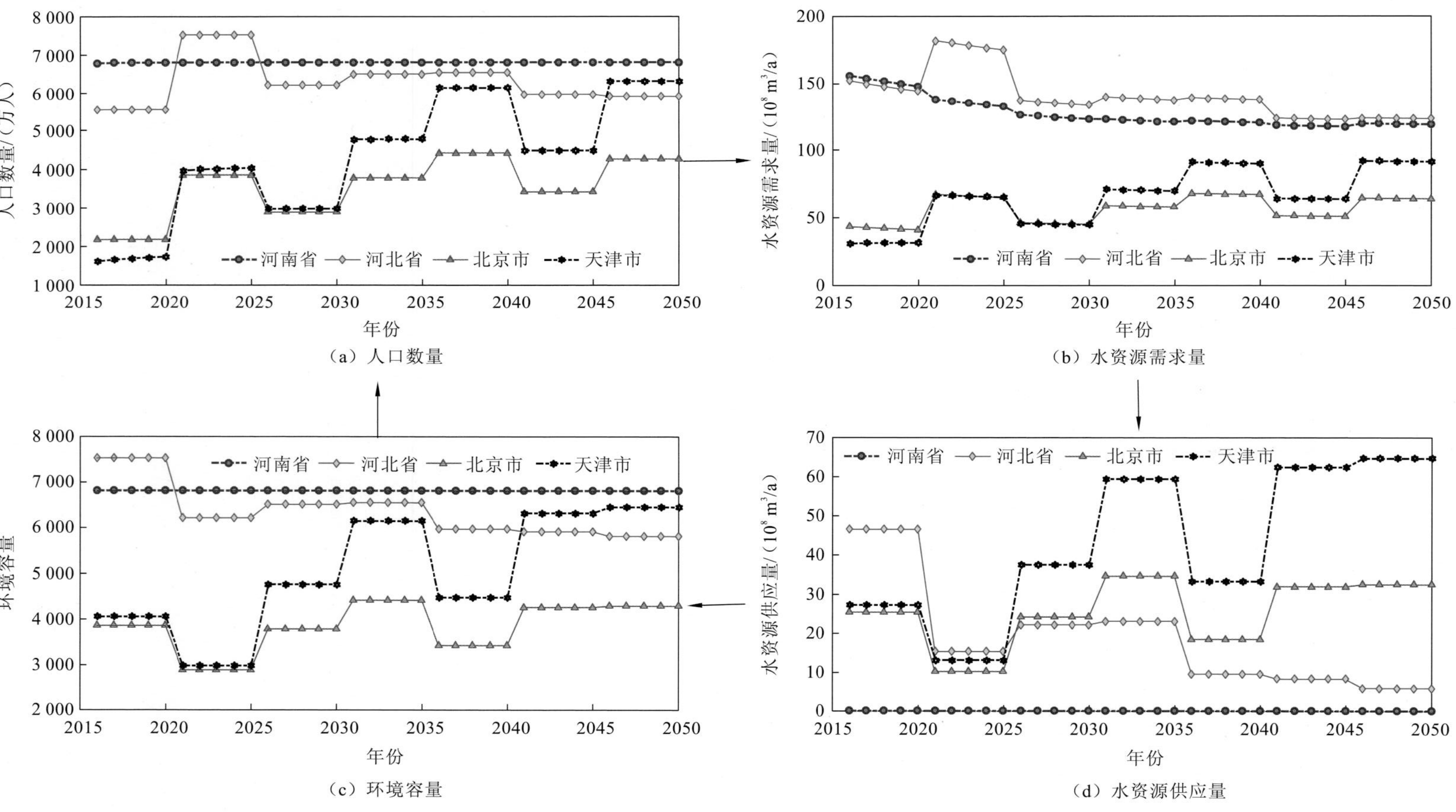

图 3.9 D^{*}-S反馈链接：环境容量反馈环

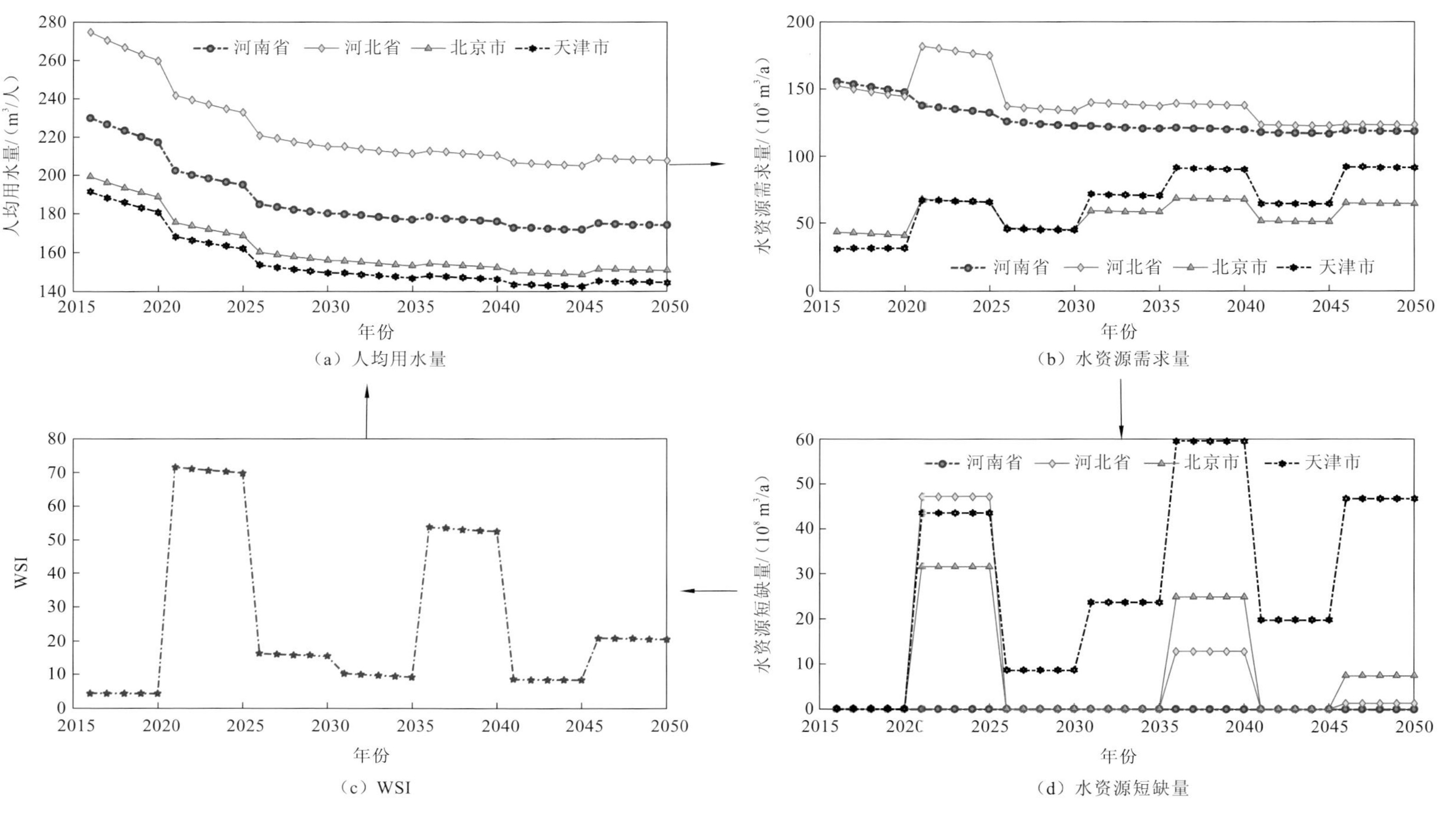

图 3.10　D^*-S反馈链接：人均用水量反馈环

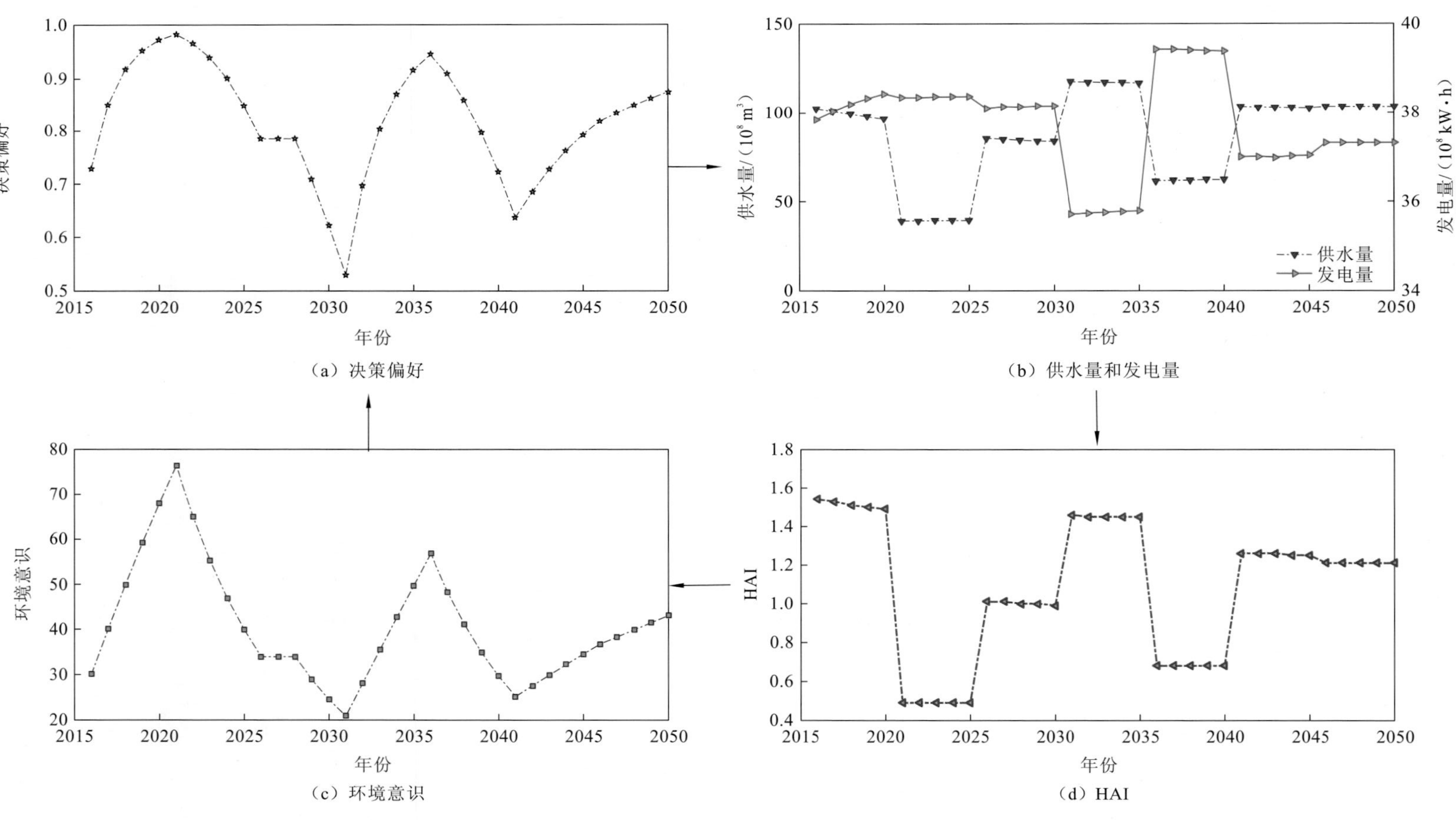

图 3.11 E-α_p反馈链接：决策偏好反馈环

图 3.11 展示的是与环境保护的决策偏好相关的反馈环。随着耦合系统的不断演进，决策偏好不断变化，在每个阶段初进行更新并且保持不变。在第一阶段，环境意识急剧增长，因此决策偏好增至一个极大值。但是，第一阶段所采用的决策偏好较小（初始值为 0.3），所以人类社会在第一阶段内持续较高强度地开采资源。尽管如此，供水量有微量降低，发电量略有增加，这可归因于人均用水量和人均发电量的快速变化。在调度决策更新后，供水和发电系统的轨迹发生了明显改变；由图 3.11（b）和（d）可知，供水量与 HAI 指标更相关。环境意识描述的是人类社会对水文改变量所造成的威胁的感知，较大的 HAI 将导致环境意识的快速增长，而较小的 HAI 将导致环境意识的降低。

3.4.4　灵敏度分析

1. 模型参数的灵敏度分析

模型参数的灵敏度分析可以用来辨清不同模型参数对演化轨迹的影响。灵敏度分析的模型参数设定如表 3.7 所示。每次改变一个参数，每次对参数改变一个增量，直至所有参数在最大值和最小值范围内遍历一遍。值得注意的是，本小节仅选取部分表 3.7 中的参数进行灵敏度分析，因为根据经验，这些参数对模型的运行结果影响较大。

表 3.7　灵敏度分析的模型参数设定

参数	含义描述	最小值	最大值	增量
r_{crit}	临界水文改变量	0.5	1.5	0.1
E_{crit}	临界环境意识	5	50	5
τ_s^w	降低的人均用水量比例	0.1	0.5	0.1
τ^g	增加的人均用电量比例	0.1	0.5	0.1
w	满足基本生存需求的水平	0.5	1.0	0.1
κ	感知能力倍数参数	10	50	5
η	感知能力指数参数	1.8	2.3	0.1
α_c	初始决策偏好	0.1	0.5	0.1

以环境意识和北京市人口的演化轨迹为例进行展示，如图 3.12 和图 3.13 所示。其他状态变量的轨迹同样可用于类似的研究，但在此不做展示。由图 3.12 和图 3.13 可知，状态变量的轨迹对所选定的参数都比较敏感。此外，一个系统中某个参数的改变将会改变其他系统中状态变量的轨迹，这也验证了供水、发电和环境系统之间相互联系的假设。临界水文改变量 r_{crit} 和临界环境意识是对这些状态变量影响较为显著的两个参数。通过对比这些变量的轨迹，得到如下结论。

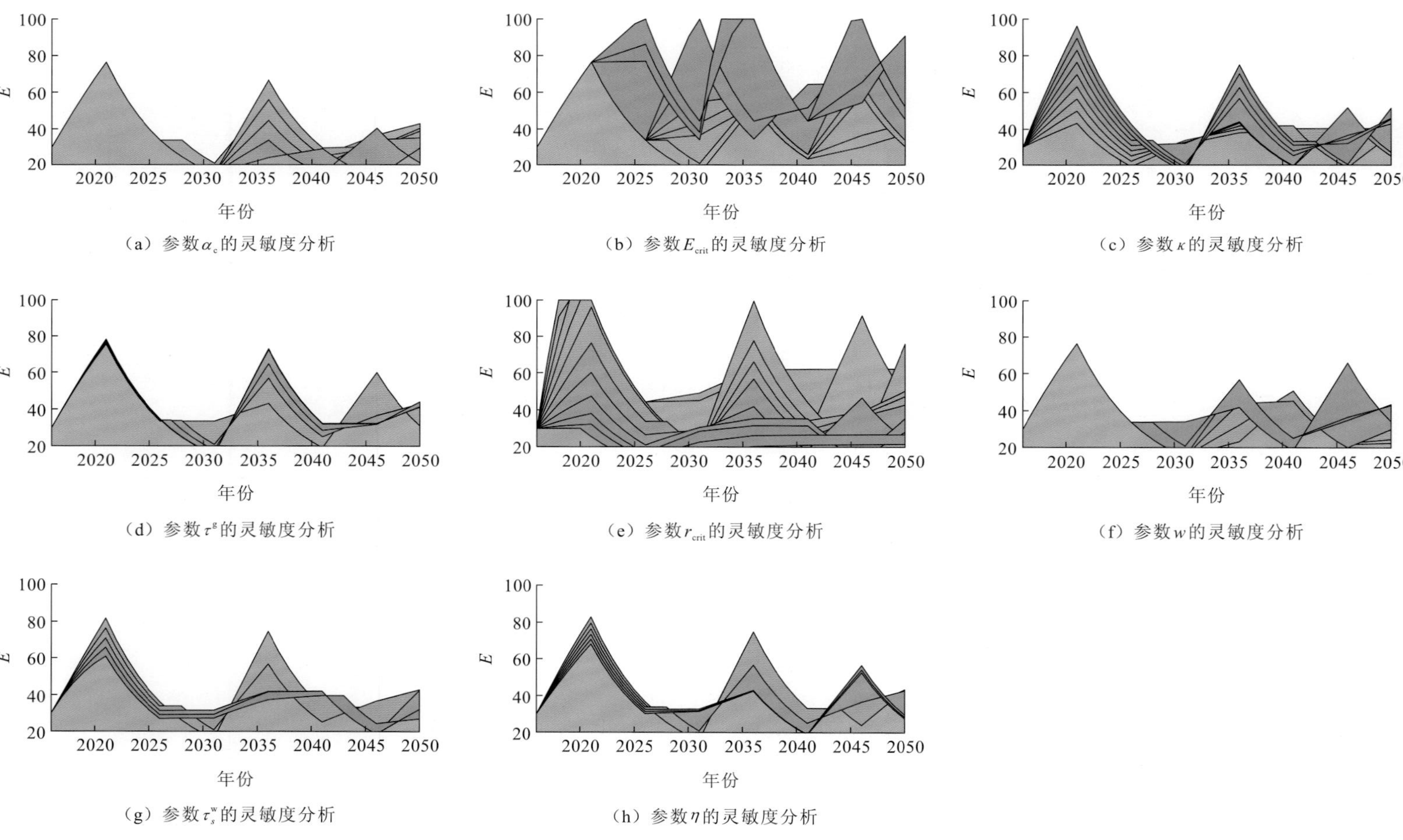

图 3.12　灵敏度分析：以环境意识轨迹为例
从浅蓝至深绿表示模型参数不断增加

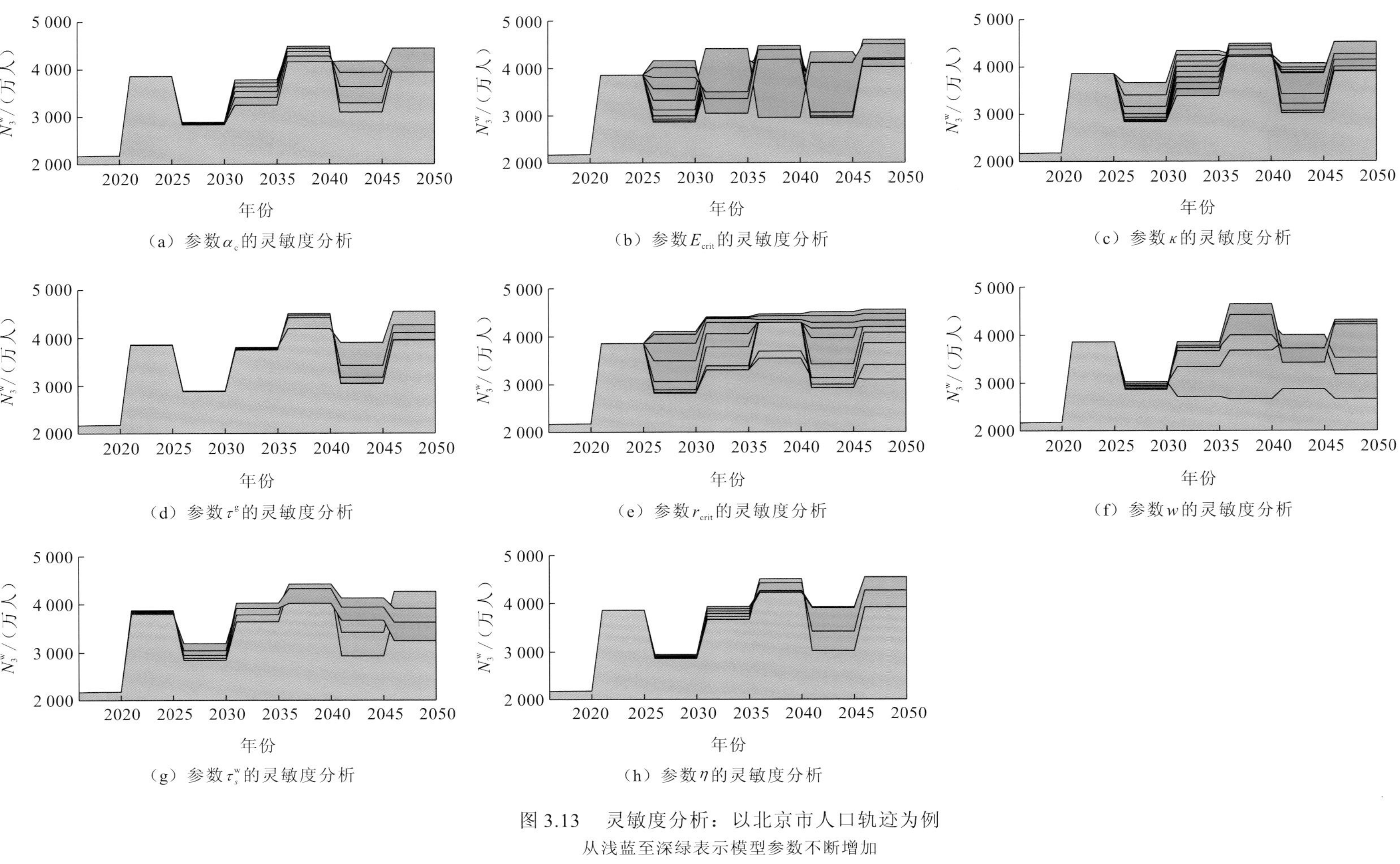

图 3.13　灵敏度分析：以北京市人口轨迹为例

从浅蓝至深绿表示模型参数不断增加

（1）对参数的扰动在长时间的运行中将会对模型轨迹造成累积效应。如图 3.12（a）～（h）所示，对于不同的模型参数，环境意识的轨迹在演化的开始阶段都比较类似；但是在经历了第一次警戒—松懈的周期（快速增加的环境意识表示警戒，逐渐降低的环境意识表示松懈）后，不同参数所对应的模型轨迹存在较大不同，尤其是在图 3.12（b）、（c）、（e）和（f）中。这种累积效应不仅会影响环境意识的峰值，而且会改变其周期长度。如图 3.12（d）所示，较大的 τ^{g} 表示较大的峰值，并且有更长的周期长度；如图 3.12（e）所示，较大的 r_{crit} 表示较小的峰值、较长的周期长度。这表明前期的社会经济条件的改变会在长时间的演化过程中不断放大。因此，在政策制定过程中，需要考虑新政策或措施长期运行所造成的累积效应。

（2）模型参数的改变可能会造成人口轨迹的分叉，如图 3.13 所示。系统行为从一种状态变为另一种状态的过程称为分叉。由图 3.13（e）、（f）和（g）可知，不同的参数设定将会造成不同的人口运行模式：如图 3.13（e）所示，通过将 r_{crit} 由最大值减小至最小值，北京市可从高人口状态变为低人口状态；如图 3.13（f）所示，将 w 从大到小改变，北京市将从低人口状态变为高人口状态。由此可知，通过采取合理的社会经济政策，可以控制人口规模从不期望的状态转变为期望的状态。

2. 决策偏好的不确定性分析

调度决策的确定取决于当前阶段的决策偏好。对环境保护的决策偏好可通过环境意识得到，而对其他两个系统的决策偏好可通过参数 θ_p 确定，参数 θ_p 可反映对发电和供水系统供水的优先级。参数 θ_p 对模型演化轨迹的影响如图 3.14 所示，图中对比了参数 θ_p 从 1/4 改变至 3/4 的状态变量的轨迹。

如图 3.14 所示，对于不同的优先级参数 θ_p，状态变量的整体变化趋势是类似的，包括环境意识、人口、人均用水量和人均发电量。主要的差别可从环境意识和决策偏好的轨迹中观察得到。由图 3.14（a）可知，在演化过程开始时，不同决策偏好所对应的环境意识的轨迹毫无差别，直到环境意识开始衰减，较小的参数 θ_p 对应于较小的衰减速率。此后，对于不同的优先级参数 θ_p，环境意识的恢复速率各不相同，较小的参数 θ_p 对应于较小的恢复速率。当环境意识恢复至一个新的峰值时，新一轮的衰减开始，随后的变化模式与之前类似。因此，环境意识随参数 θ_p 的变化模式可总结如下：当参数 θ_p 较小时，环境意识的轨迹差别较大；当参数 θ_p 较大时，环境意识的轨迹差别较小。这种变化模式可以解释为：当环境意识较大时，管理者希望将大部分的努力都放在环境保护上，此时供水或发电系统的优先情况对环境意识的演化无关紧要；当环境意识较小时，发电系统的优先情况将改变水资源在三个系统中的分配，此时优先级的影响举足轻重。

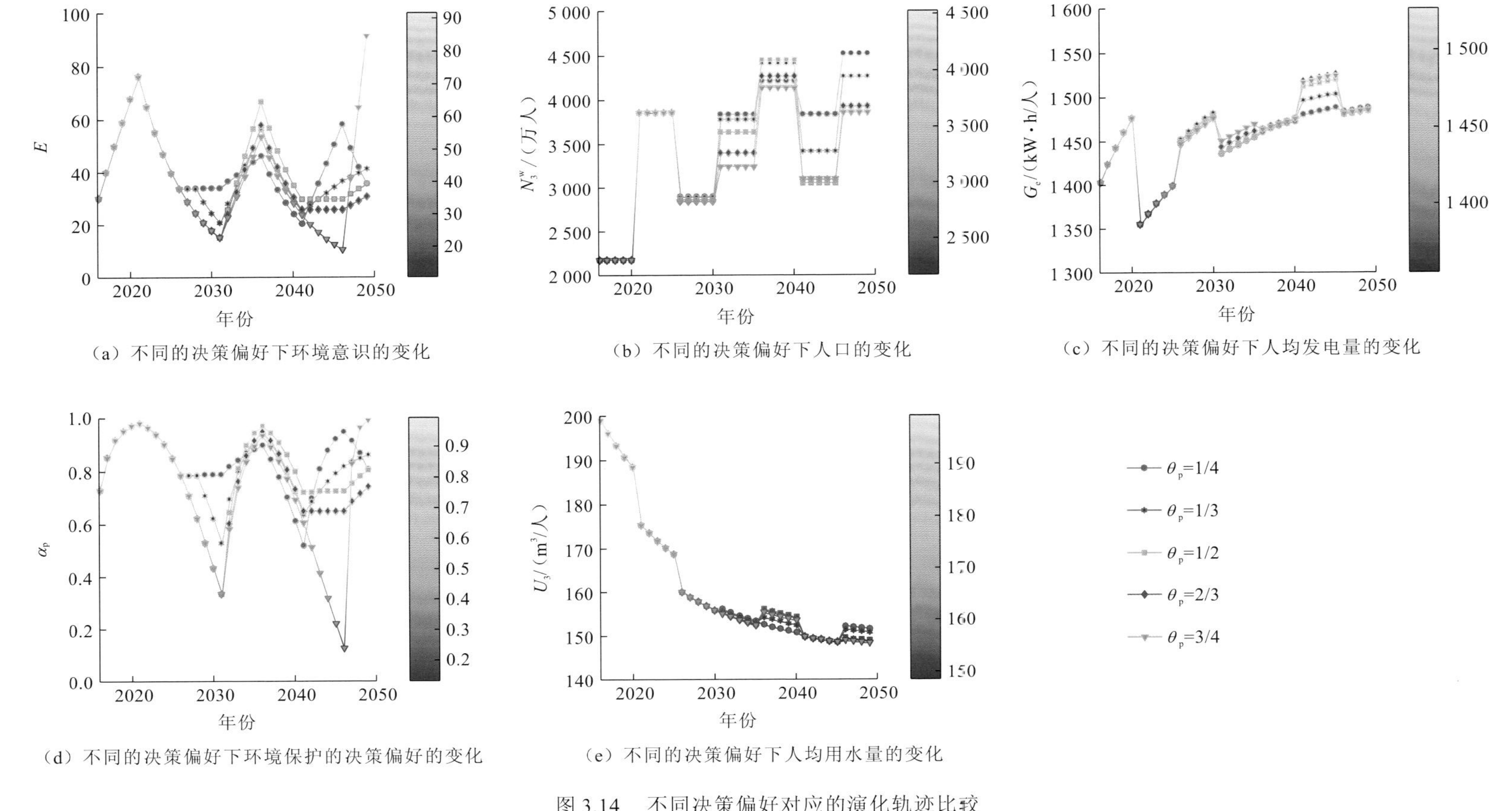

（a）不同的决策偏好下环境意识的变化

（b）不同的决策偏好下人口的变化

（c）不同的决策偏好下人均发电量的变化

（d）不同的决策偏好下环境保护的决策偏好的变化

（e）不同的决策偏好下人均用水量的变化

图 3.14　不同决策偏好对应的演化轨迹比较

$\frac{\theta_p}{1-\theta_p}$定义了发电和供水系统决策偏好的比值；图中人口和人均用水量的轨迹仅以北京市为例

3.5 本章小结

本章的目的在于将水库调度决策适应性地加入供水-发电-环境耦合系统的协同演化中。研究方法主要分为以下几个部分：①建立五个非线性微分方程，用来描述供水、发电和环境系统状态变量的变化；②建立多目标优化调度模型，用于评估不同系统之间的权衡关系和优化水库调度决策；③提出两个反馈链接，用于描述水库调度决策与供水、发电和环境系统之间的反馈关系。采用以上研究方法，可获得三个系统的协同演化轨迹、水库调度决策的变化、与反馈链接相关的反馈环及不同参数对模型行为的影响。根据以上结果，可以得到如下主要结论。

（1）所提出的反馈链接能够有效地将水库调度决策加入耦合系统的运行中。反馈链接能够使所建立的反馈环闭合，从而使供水-发电-环境耦合系统完整。

（2）不同系统之间的权衡和调度决策都是逐阶段变化的：Pareto 前沿的形状和调度决策在 Pareto 前沿上的位置。因此，在现实调度工作中，进入新阶段后，不同系统之间的关系需要重新评估，而调度决策也需要重新确定。

（3）临界水文改变量和临界环境意识对状态变量的运行轨迹影响显著。此外，模型参数扰动的累积效应和可能的分叉现象需要在现实的调度中着重考虑。

通过本章的研究，南水北调中线地区的供水、发电和环境系统的特性已被较好地揭示。但是，所提出的反馈链接基于历史经验，并且由于南水北调中线于 2014 年底开始运行，缺乏实际运行数据而难以验证。因此，调度决策与供水、发电和环境系统之间的联系仍然需要进一步更为准确的研究。

参考文献

[1] SIVAPALAN M, SAVENIJE H H G, BLÖSCHL G. Socio-hydrology: A new science of people and water[J]. Hydrological processes, 2012, 26(8): 1270-1276.

[2] SIVAPALAN M, BLÖSCHL G. Time scale interactions and the coevolution of humans and water[J]. Water resources research, 2015, 51(9): 6988-7022.

[3] FENG M, LIU P, GUO S, et al. Identifying changing patterns of reservoir operating rules under various inflow alteration scenarios[J]. Advances in water resources, 2017, 104: 23-36.

[4] CONWAY D, VAN GARDEREN E A, DERYNG D, et al. Climate and southern Africa's water-energy-food nexus[J]. Nature climate change, 2015, 5(9): 837-846.

[5] FENG M, LIU P, LI Z, et al. Modeling the nexus across water supply, power generation and environment systems using the system dynamics approach: Hehuang Region, China[J]. Journal of hydrology, 2016, 543: 343-359.

[6] HOFF H. Understanding the nexus. Background paper for the Bonn 2011 conference: The water, energy and food security nexus[R]. Stockholm : Stockholm Environment Institute, 2011.

[7] LECK H, CONWAY D, BRADSHAW M, et al. Tracing the water-energy-food nexus: Description, theory and practice[J]. Geography compass, 2015, 9(8): 445-460.

[8] LI S F, WANG X L, XIAO J Z, et al. Self-adaptive obtaining water-supply reservoir operation rules: Co-evolution artificial immune system[J]. Expert systems with applications, 2014, 41(4): 1262-1270.

[9] AHMADI M, HADDAD O B, LOÁICIGA H A. Adaptive reservoir operation rules under climatic change[J]. Water resources management, 2015, 29(4): 1247-1266.

[10] EUM H I, VASAN A, SIMONOVIC S P. Integrated reservoir management system for flood risk assessment under climate change[J]. Water resources management, 2012, 26(13): 3785-3802.

[11] EUM H I, SIMONOVIC S P. Integrated reservoir management system for adaptation to climate change: The Nakdong River Basin in Korea[J]. Water resources management, 2010, 24(13): 3397-3417.

[12] ZHOU Y, GUO S. Incorporating ecological requirement into multipurpose reservoir operating rule curves for adaptation to climate change[J]. Journal of hydrology, 2013, 498: 153-164.

[13] 李智勇, 陈志刚, 徐政, 等. 中国全社会用电量增长主导因素辨识[J]. 电力系统自动化, 2010, 34(23): 30-35.

[14] ELSHAFEI Y, COLETTI J Z, SIVAPALAN M, et al. A model of the socio-hydrologic dynamics in a semiarid catchment: Isolating feedbacks in the coupled human-hydrology system[J]. Water resources research, 2015, 51(8): 6442-6471.

[15] SEIDL I, TISDELL C A. Carrying capacity reconsidered: From Malthus' population theory to cultural carrying capacity[J]. Ecological economics, 1999, 31(3): 395-408.

[16] BERKES F, JOLLY D. Adapting to climate change: Social-ecological resilience in a Canadian western Arctic community[J]. Conservation ecology, 2002, 5(2): 18-32.

[17] LIU J G, DIETZ T, CARPENTER S R, et al. Complexity of coupled human and natural systems[J]. Science, 2007, 317: 1513-1516.

[18] GEHRKE P C, BROWN P, SCHILLER C B, et al. River regulation and fish communities in the Murray-Darling river system, Australia[J]. Regulated rivers: Research & management, 1995, 11(3/4): 363-375.

[19] ELSHAFEI Y, SIVAPALAN M, TONTS M, et al. A prototype framework for models of socio-hydrology: Identification of key feedback loops and parameterisation approach[J]. Hydrology and earth system sciences, 2014, 18(6): 2141-2166.

[20] FILATOVA T. Empirical agent-based land market: Integrating adaptive economic behavior in urban land-use models[J]. Computers, environment and urban systems, 2015, 54: 397-413.

[21] FORRESTER J W. Counterintuitive behavior of social systems[J]. Theory and decision, 1971, 2(2): 109-140.

[22] HUI C. Carrying capacity, population equilibrium, and environment's maximal load[J]. Ecological modelling, 2006, 192(1/2): 317-320.

[23] JØRGENSEN S E, BENDORICCHIO G. Fundamentals of ecological modelling[M]. Amsterdam: Elsevier, 2001.

[24] MONTANARI A, YOUNG G, SAVENIJE H H G, et al. “Panta Rhei—everything flows”: Change in hydrology and society—the IAHS scientific decade 2013—2022[J]. Hydrological sciences journal, 2013, 58(6): 1256-1275.

[25] 吴昌瑜，张伟. 南水北调中线工程总干渠渗流与蒸发损失研究[J]. 长江科学院院报，2002(S1): 89-93.

[26] KINGSLAND S. The refractory model: The logistic curve and the history of population ecology[J]. The quarterly review of biology, 1982, 57(1): 29-52.

第4章

非一致性条件下的防洪评价

4.1 引　　言

洪水风险指发生由洪水造成的损失与伤害的可能性，可利用损失值和风险率两个指标共同表征。目前，水利工程的防洪标准常采用一致性条件下的洪水风险率进行表征，即认为某一重现期的设计洪水可用频率值表征洪水风险。例如，100 年一遇洪水的设计频率为 1%，可理解为水库每年发生 100 年一遇量级洪水的风险率为 1%。在现有的技术中存在如下问题：①目前洪水风险损失值的评估主要为灾后经济评估，缺乏一种针对未来可能发生的防洪损失的评估方法；②没有一种适用于非一致性条件下防洪损失值评估的方法。

4.2 研 究 方 法

本章基于经济学中的条件风险价值理论，推导一种新的防洪损失评价指标，该基于条件风险价值的防洪损失评价指标既可适用于一致性径流条件，又可适用于非一致性径流条件。通过建立适应性水库汛限水位优化模型，对比基于条件风险价值的防洪损失评价指标与传统洪水风险率指标。

4.2.1 洪水风险率计算

洪水风险率是用于衡量防洪标准的最常用的传统指标。假设 Q_f 为径流系列的设计洪峰值，而实际径流洪峰值 Q_i 是一个随机变量，p_i 为 Q_i 超过 Q_f 的发生概率。在一致性条件下，超过概率 p_i 是常数值 p_f。因此，超过事件发生在第 i 年的概率为

$$f(i)=P\{I=i\}=p_f(1-p_f)^{i-1}\quad(i=1,2,\cdots)\tag{4.1}$$

假设水利工程的生命周期是 n_c 年，该工程面临的来水超过设计洪水的事件发生在工程生命周期 n_c 年之内，则该工程的洪水风险率 R_f 为

$$R_f=P\{I\leqslant n_c\}=p_f\sum_{i=1}^{n_c}f(i)=p_f\sum_{i=1}^{n_c}(1-p_f)^{i-1}=1-(1-p_f)^{n_c}\tag{4.2}$$

然而，在非一致性条件下，超过概率 p_i 会随时间的变化而变化。因此，超过事件发生在第 i 年的概率及该工程的洪水风险率 R_f 为

$$f(i)=P\{I=i\}=(1-p_1)(1-p_2)\cdots(1-p_{i-1})p_i\quad(i=1,2,\cdots)\tag{4.3}$$

$$\begin{aligned}R_f=P\{I\leqslant n_c\}&=p_1+p_2(1-p_1)+\cdots+p_{n_c}(1-p_1)(1-p_2)\cdots(1-p_{n_c-1})\\&=\sum_{i=1}^{n_c}p_i\prod_{t=1}^{i-1}(1-p_t)\end{aligned}\tag{4.4}$$

4.2.2 基于条件风险价值的防洪损失评价指标

1. 风险价值和条件风险价值的基本定义

风险价值（VaR_{α_C}）和条件风险价值（CVaR_{α_C}）均是财务风险测量工具，也可应用于水资源相关领域，并提供损失值的评价方法。VaR_{α_C} 的定义为，某一段时间内，在给定的置信水平 α_C 条件下的最大损失，VaR_{α_C} 可以通过一个随机变量的累积分布函数推导得来，它的表达式为

$$\mathrm{VaR}_{\alpha_C}=\min[L(x,\theta_r)\,|\,\varphi(x,\theta_r)\geqslant\alpha_C] \tag{4.5}$$

式中：x 为决策变量；θ_r 为随机变量；$L(\cdot)$ 为损失函数，可以是连续型，也可以是离散型；$\varphi(\cdot)$ 为累积分布函数；α_C 为置信水平。

CVaR_{α_C} 的含义是，在一定置信水平（置信度）上，损失超过 VaR_{α_C} 的潜在价值，即反映超额损失的平均水平。它与 VaR_{α_C} 相比更能体现投资组合的潜在风险，可用式（4.6）表达。

$$\mathrm{CVaR}_{\alpha_C}=E[L(x,\theta_r)\,|\,L(x,\theta_r)\geqslant\mathrm{VaR}_{\alpha_C}]\quad\text{或}\quad\mathrm{CVaR}_{\alpha_C}=E[L(x,\theta_r)\,|\,\varphi(x,\theta_r)\geqslant\alpha_C] \tag{4.6}$$

式中：$E(\cdot)$ 为期望。

2. 防洪损失评价指标

本章通过简化考虑水库下游蓄滞洪量来建立水库防洪损失评价指标，以水库防洪损失相关的参数为因变量来构造损失函数 $L(x,\theta_r)$，即选取水库汛限水位为决策变量 x，入库洪水量级为随机变量 θ_r，并计算相应于置信水平 α_C 下的条件风险价值 CVaR_{α_C}，则水库每年的防洪损失值的计算式为

$$\mathrm{CVaR}_{\alpha_C}=E[L(x,\theta_r)\,|\,L(x,\theta_r)\geqslant\mathrm{VaR}_{\alpha_C}]=\frac{\int_{F_{\alpha_C}}^{\max}L(x,\theta_r)f[L(x,\theta_r)]\mathrm{d}L}{1-\alpha_C} \tag{4.7}$$

式中：x 为决策变量水库汛限水位值；θ_r 为随机变量入库洪水量级；F_{α_C} 为相应于置信水平 α_C 的 VaR_{α_C}；max 为损失函数的最大值；$f(\cdot)$ 为防洪损失的概率密度函数。

假设防洪损失发生在第 i 年的洪水风险率为 R_f，则置信水平 α_C 和洪水风险率 R_f 满足关系式 $\alpha_C+R_f=1$。当损失函数 $L(x,\theta_r)$ 的形式确定，并且给定置信水平 α_C 时，防洪损失的条件风险价值 CVaR_{α_C} 为确定值。因此，将防洪损失的条件风险价值 CVaR_{α_C} 应用于特征水位的设计阶段有以下三个步骤：①建立防洪损失函数 $L(x,\theta_r)$；②选择合适的置信水平及决策者可以接受的防洪损失；③利用指标 CVaR_{α_C} 试算推求水库特征水位。

若将 n_c 年的工程生命周期视为整体，当 n_c 年的损失函数形式确定，并且给定置信水平 α_C 时，n_c 年的防洪损失条件风险价值 $\mathrm{CVaR}_{\alpha_C}^{n_c}$ 为确定值。n_c 年内防洪损失发生的概率为 R_f，不发生的概率为 $1-R_f$，则 n_c 年的防洪损失的期望值为

$$R_f\cdot\mathrm{CVaR}_{\alpha_C}^{n_c}+(1-R_f)\cdot 0=R_f\cdot\mathrm{CVaR}_{\alpha_C}^{n_c} \tag{4.8}$$

式中：R_f 为防洪损失事件在 n_c 年内至少发生一次的概率（即洪水风险率），一致性条件下的累积洪水风险率计算式为 $R_\mathrm{f}=P\{I\leqslant n_\mathrm{c}\}=1-(1-p_\mathrm{f})^{n_\mathrm{c}}$，非一致性条件下的累积洪水风险率计算式为 $R_\mathrm{f}=P\{I\leqslant n_\mathrm{c}\}=p_1+p_2(1-p_1)+\cdots+p_{n_\mathrm{c}}(1-p_1)\cdots(1-p_{n_\mathrm{c}-1})$。

每年防洪损失是否发生是独立事件，n_c 年的防洪损失的期望值也可以通过枚举 n_c 年内防洪损失事件可能发生的组合形式得到，推导的关系式如下：

$$\begin{aligned}R_\mathrm{f}\cdot\mathrm{CVaR}_{\alpha_\mathrm{C}}^{n_\mathrm{c}}=&\,\mathrm{CVaR}_{\alpha_\mathrm{C}1}p_1(1-p_2)\cdots(1-p_{n_\mathrm{c}})+\mathrm{CVaR}_{\alpha_\mathrm{C}2}p_2(1-p_1)(1-p_3)\cdots(1-p_{n_\mathrm{c}})\\&+\cdots+\mathrm{CVaR}_{\alpha_\mathrm{C}n_\mathrm{c}}p_{n_\mathrm{c}}(1-p_1)\cdots(1-p_{n_\mathrm{c}-1})+(\mathrm{CVaR}_{\alpha_\mathrm{C}1}+\mathrm{CVaR}_{\alpha_\mathrm{C}2})p_1p_2(1-p_3)\cdots(1-p_{n_\mathrm{c}})\\&+\cdots+(\mathrm{CVaR}_{\alpha_\mathrm{C}1}+\mathrm{CVaR}_{\alpha_\mathrm{C}n_\mathrm{c}})p_1p_{n_\mathrm{c}}(1-p_2)\cdots(1-p_{n_\mathrm{c}-1})+\cdots\\&+(\mathrm{CVaR}_{\alpha_\mathrm{C}1}+\mathrm{CVaR}_{\alpha_\mathrm{C}2}+\cdots+\mathrm{CVaR}_{\alpha_\mathrm{C}n_\mathrm{c}})p_1p_2\cdots p_{n_\mathrm{c}}+0\times(1-p_1)(1-p_2)\cdots(1-p_{n_\mathrm{c}})\end{aligned}\tag{4.9}$$

式中：$\mathrm{CVaR}_{\alpha_\mathrm{C}i}$ 为第 i 年防洪损失事件的条件风险价值，且置信水平 $\alpha_\mathrm{C}i=1-p_i$。

以 $\mathrm{CVaR}_{\alpha_\mathrm{C}1}$ 为例简化表达式（4.9），$\mathrm{CVaR}_{\alpha_\mathrm{C}1}$ 的系数如 $B1$ 所示：

$$\begin{aligned}B1=&\,p_1(1-p_2)\cdots(1-p_{n_\mathrm{c}})+p_1p_2(1-p_3)\cdots(1-p_{n_\mathrm{c}})+\cdots+p_1p_{n_\mathrm{c}}(1-p_2)\cdots(1-p_{n_\mathrm{c}-1})\\&+p_1p_2p_3(1-p_4)\cdots(1-p_{n_\mathrm{c}})+\cdots+p_1p_2p_{n_\mathrm{c}}(1-p_3)\cdots(1-p_{n_\mathrm{c}-1})+\cdots+p_1p_2\cdots p_{n_\mathrm{c}}\end{aligned}\tag{4.10}$$

$B1$ 中包含 $p_1p_2\cdots p_{n_\mathrm{c}}$ 项的所有组合形式列举在表 4.1 中，$p_1p_2\cdots p_{n_\mathrm{c}}$ 项的系数如 $B1_{n_\mathrm{c}}$ 所示：

$$B1_{n_\mathrm{c}}=\mathrm{C}_{n_\mathrm{c}-1}^{n_\mathrm{c}-1}(-1)^{n_\mathrm{c}-1}+\mathrm{C}_{n_\mathrm{c}-1}^{n_\mathrm{c}-2}(-1)^{n_\mathrm{c}-2}+\mathrm{C}_{n_\mathrm{c}-1}^{n_\mathrm{c}-3}(-1)^{n_\mathrm{c}-3}+\cdots+\mathrm{C}_{n_\mathrm{c}-1}^{1}(-1)^{1}+\mathrm{C}_{n_\mathrm{c}-1}^{0}(-1)^{0}\tag{4.11}$$

表 4.1　*B1* 中包含 $p_1p_2\cdots p_{n_\mathrm{c}}$ 项的所有组合形式

$p_1p_2\cdots p_{n_\mathrm{c}}$	组合数	$p_1p_2\cdots p_{n_\mathrm{c}}$ 项系数
$p_1(1-p_2)\cdots(1-p_{n_\mathrm{c}})$	$\mathrm{C}_{n_\mathrm{c}-1}^{n_\mathrm{c}-1}$	$(-1)^{n_\mathrm{c}-1}$
$p_1p_k(1-p_2)\cdots(1-p_i)\cdots(1-p_{n_\mathrm{c}})$（$2\leqslant i\leqslant n_\mathrm{c},k\neq i$）	$\mathrm{C}_{n_\mathrm{c}-1}^{n_\mathrm{c}-2}$	$(-1)^{n_\mathrm{c}-2}$
$p_1p_jp_k(1-p_2)\cdots(1-p_i)\cdots(1-p_{n_\mathrm{c}})$（$2\leqslant i\leqslant n_\mathrm{c},j<k,j\neq i,k\neq i$）	$\mathrm{C}_{n_\mathrm{c}-1}^{n_\mathrm{c}-3}$	$(-1)^{n_\mathrm{c}-3}$
...	...	...
$p_1p_2\cdots p_k\cdots p_{n_\mathrm{c}}(1-p_i)(1-p_j)$（$2\leqslant i<j\leqslant n_\mathrm{c},k\neq i,k\neq j$）		$(-1)^2$
$p_1p_2\cdots p_k\cdots p_{n_\mathrm{c}}(1-p_i)$（$2\leqslant i\leqslant n_\mathrm{c},k\neq i$）	$\mathrm{C}_{n_\mathrm{c}-1}^{1}$	$(-1)^1$
$p_1p_2\cdots p_{n_\mathrm{c}}$	$\mathrm{C}_{n_\mathrm{c}-1}^{0}$	$(-1)^0$

当 n_c 是偶数时，$p_1p_2\cdots p_{n_\mathrm{c}}$ 项的系数可简化为式（4.12）；当 n_c 是奇数时，$p_1p_2\cdots p_{n_\mathrm{c}}$ 项的系数可简化为式（4.13）。综上所述，无论 n_c 取值的奇偶性，$p_1p_2\cdots p_{n_\mathrm{c}}$ 项的系数为零。

$$B1_{n_\mathrm{c}}=\mathrm{C}_{n_\mathrm{c}-1}^{0}[(-1)^{n_\mathrm{c}-1}+(-1)^0]+\mathrm{C}_{n_\mathrm{c}-1}^{1}[(-1)^{n_\mathrm{c}-2}+(-1)^1]+\cdots+\mathrm{C}_{n_\mathrm{c}-1}^{\frac{n_\mathrm{c}}{2}}[(-1)^{\frac{n_\mathrm{c}}{2}-1}+(-1)^{\frac{n_\mathrm{c}}{2}}]=0\tag{4.12}$$

$$\begin{aligned}B1_{n_\mathrm{c}}&=\mathrm{C}_{n_\mathrm{c}-1}^{0}(-1)^0+\mathrm{C}_{n_\mathrm{c}-1}^{2}(-1)^2+\cdots+\mathrm{C}_{n_\mathrm{c}-1}^{n_\mathrm{c}-1}(-1)^{n_\mathrm{c}-1}+\mathrm{C}_{n_\mathrm{c}-1}^{1}(-1)^1+\mathrm{C}_{n_\mathrm{c}-1}^{3}(-1)^3+\cdots+\mathrm{C}_{n_\mathrm{c}-1}^{n_\mathrm{c}-2}(-1)^{n_\mathrm{c}-2}\\&=\mathrm{C}_{n_\mathrm{c}-1}^{0}+\mathrm{C}_{n_\mathrm{c}-1}^{2}+\cdots+\mathrm{C}_{n_\mathrm{c}-1}^{n_\mathrm{c}-1}-(\mathrm{C}_{n_\mathrm{c}-1}^{1}+\mathrm{C}_{n_\mathrm{c}-1}^{3}+\cdots+\mathrm{C}_{n_\mathrm{c}-1}^{n_\mathrm{c}-2})=0\end{aligned}\tag{4.13}$$

因此，$\mathrm{CVaR}_{\alpha_\mathrm{C}1}$ 的系数 $B1$ 可以简化为 $B1=p_1$，同理，可简化 $\mathrm{CVaR}_{\alpha_\mathrm{C}i}(i=1,2,\cdots,n_\mathrm{c})$ 的

系数为 p_i，则

$$R_{\mathrm{f}} \cdot \mathrm{CVaR}_{\alpha_{\mathrm{C}}}^{n_{\mathrm{c}}} = p_1 \cdot \mathrm{CVaR}_{\alpha_{\mathrm{C}}1} + p_2 \cdot \mathrm{CVaR}_{\alpha_{\mathrm{C}}2} + \cdots + p_{n_{\mathrm{c}}} \cdot \mathrm{CVaR}_{\alpha_{\mathrm{C}}n_{\mathrm{c}}}$$

或

$$\mathrm{CVaR}_{\alpha_{\mathrm{C}}}^{n_{\mathrm{c}}} = \frac{p_1 \cdot \mathrm{CVaR}_{\alpha_{\mathrm{C}}1} + p_2 \cdot \mathrm{CVaR}_{\alpha_{\mathrm{C}}2} + \cdots + p_{n_{\mathrm{c}}} \cdot \mathrm{CVaR}_{\alpha_{\mathrm{C}}n_{\mathrm{c}}}}{R_{\mathrm{f}}} \tag{4.14}$$

每年是否发生防洪损失是独立事件，而第 i 年的防洪损失的期望为 $p_i \mathrm{CVaR}_{\alpha_{\mathrm{C}}i}$ $[p_i \cdot \mathrm{CVaR}_{\alpha_{\mathrm{C}}i} + (1-p_i)\cdot 0]$。因此，式（4.14）的等号右边可以理解为每年防洪损失期望的累积值。

在一致性条件下，每年的来水过程超过同一量级的设计洪水的概率均相同，即 $p_1 = p_2 = \cdots = p_{n_{\mathrm{c}}} = p_{\mathrm{f}}$，基于每年条件风险价值的置信水平 $\alpha_{\mathrm{C}} i$ 和设计频率 p_i 的关系 $\alpha_{\mathrm{C}} i + p_i = 1$，水库每年的防洪损失函数的分布形式相同，即每年的防洪损失的条件风险价值相同 $(\mathrm{CVaR}_{\alpha_{\mathrm{C}}1} = \mathrm{CVaR}_{\alpha_{\mathrm{C}}2} = \cdots = \mathrm{CVaR}_{\alpha_{\mathrm{C}}n_{\mathrm{c}}} = \beta_{\alpha_{\mathrm{C}}})$，因此，式（4.14）可以简化为

$$\mathrm{CVaR}_{\alpha_{\mathrm{C}}}^{n_{\mathrm{c}}} = \frac{n_{\mathrm{c}} p_{\mathrm{f}}}{1-(1-p_{\mathrm{f}})^{n_{\mathrm{c}}}} \beta_{\alpha_{\mathrm{C}}} \tag{4.15}$$

其中，$1-(1-p_{\mathrm{f}})^{n_{\mathrm{c}}} = R_{\mathrm{f}}$。当工程生命周期 n_{c} 年等于重现期 T_{p} 时，$\mathrm{CVaR}_{\alpha_{\mathrm{C}}}^{n_{\mathrm{c}}}$ 可变换为关系式：

$$\mathrm{CVaR}_{\alpha_{\mathrm{C}}}^{n_{\mathrm{c}}} = \frac{1}{1-\left(1-\dfrac{1}{T_{\mathrm{p}}}\right)^{T_{\mathrm{p}}}} \beta_{\alpha_{\mathrm{C}}^*} \tag{4.16}$$

式中：$\alpha_{\mathrm{C}}^* = 1 - p_{\mathrm{f}}$；$\alpha_{\mathrm{C}} = 1 - \left[1-\left(1-\dfrac{1}{T_{\mathrm{p}}}\right)^{T_{\mathrm{p}}}\right]$。

4.2.3 适应性水库汛限水位优化模型

为了验证本章提出的这一基于条件风险价值的防洪损失评价方法的可靠性和可实现性，建立了三个对比方案：方案 A 为一致性条件下的基本方案；方案 B1 为非一致性条件下，以传统洪水风险率为约束条件的适应性水库汛限水位优化方案；方案 B2 为非一致性条件下，以 n_{c} 年的防洪损失值 $\mathrm{CVaR}_{\alpha_{\mathrm{C}}}^{n_{\mathrm{c}}}$ 和传统洪水风险率为约束条件的适应性水库汛限水位优化方案。

方案 A 即水库现状条件下的汛限水位方案，其汛期多年平均发电量及防洪损失值 $\mathrm{CVaR}_{\alpha_{\mathrm{C}}}^{n_{\mathrm{c}}}$ 作为方案 B1 和方案 B2 的对比值；基于水库常规发电调度规则，方案 B1 和方案 B2 确立了适应性水库汛限水位优化模型的目标函数，即水库汛期多年平均发电量最大：

$$\max \overline{E}(\mathrm{Zx}_1, \mathrm{Zx}_2, \cdots, \mathrm{Zx}_n) = \frac{1}{n}\sum_{i=1}^{n} E(\mathrm{Zx}_i) \tag{4.17}$$

式中：Zx_i 为优化模型的决策变量，代表水库在第 i 年的汛限水位；n 为水库实测径流资料的长度；$\overline{E}(\cdot)$ 为 n 年内水库汛期多年平均发电量；$E(\mathrm{Zx}_i)$ 为第 i 年的年发电量，且水库汛限水位值为 Zx_i。本章中，水库汛期多年平均发电量与汛限水位的关系是通过对水

库实测资料进行常规发电调度而来的。

适应性水库汛限水位优化模型的约束条件为式（4.18）～式（4.22）。方案 B1 将传统的累积洪水风险率作为约束条件，即约束条件为式（4.18）、式（4.20）～式（4.22）；方案 B2 将 n_c 年内的防洪损失条件风险价值 $\mathrm{CVaR}_{\alpha_C}^{n_c}$ 和累积洪水风险率作为约束条件，即约束条件为式（4.18）～式（4.22）。

（1）累积洪水风险率。

$$R_j^{\mathrm{ns}}(\mathrm{Zx}_1,\mathrm{Zx}_2,\cdots,\mathrm{Zx}_j)\leqslant R_j^{\mathrm{s}}(\mathrm{Zx}_1^*,\mathrm{Zx}_2^*,\cdots,\mathrm{Zx}_j^*) \tag{4.18}$$

式中：$R_j^{\mathrm{s}}(\cdot)$ 为一致性条件下第 j 年的累积洪水风险率，每年的汛限水位均选取水库的常规汛限水位，即 $\mathrm{Zx}_1^*=\mathrm{Zx}_2^*=\cdots=\mathrm{Zx}_j^*=\mathrm{Zx}_0$；$R_j^{\mathrm{ns}}(\cdot)$ 为非一致性条件下第 j 年的累积洪水风险率；Zx_j 为第 j 年的汛限水位（$j=1,2,\cdots,n_c$），即适应性水库汛限水位优化模型的决策变量。

（2）条件风险价值。

$$\mathrm{CVaR}_{\alpha_C}^{n_c}(\mathrm{Zx}_1,\mathrm{Zx}_2,\cdots,\mathrm{Zx}_{n_c})\leqslant \beta_{\alpha_C}^{n_c}(\mathrm{Zx}_1^*,\mathrm{Zx}_2^*,\cdots,\mathrm{Zx}_{n_c}^*) \tag{4.19}$$

式中：$\beta_{\alpha_C}^{n_c}(\cdot)$ 为 n_c 年内一致性条件下的防洪损失条件风险价值，每年的汛限水位均选取水库的常规汛限水位，即 $\mathrm{Zx}_1^*=\mathrm{Zx}_2^*=\cdots=\mathrm{Zx}_{n_c}^*=\mathrm{Zx}_0$；$\mathrm{CVaR}_{\alpha_C}^{n_c}(\cdot)$ 为 n_c 年内非一致性条件下的防洪损失条件风险价值；Zx_j 为第 j 年的汛限水位，即适应性水库汛限水位优化模型的决策变量。

（3）水量平衡方程。

$$V_{t+1}=V_t+(I_t-Q_t)\Delta t \tag{4.20}$$

式中：Δt 为计算单位时长；I_t 和 Q_t 分别为水库在 Δt 时段的入库流量和出库流量；V_t 为水库在 t 时刻的库容。

（4）水库库容约束。

$$V_{\min}\leqslant V_t\leqslant V_{\max} \tag{4.21}$$

式中：$V_{\min}$ 和 $V_{\max}$ 分别为水库在汛期的最小和最大库容。

（5）水库泄流能力约束。

$$Q_t\leqslant Q_{\max}(Z_t) \tag{4.22}$$

式中：$Q_{\max}(Z_t)$ 为水库水位为 Z_t 时的最大下泄流量。

4.3　研究区域与资料

选取三峡水利枢纽为研究对象，三峡水利枢纽位于湖北省宜昌市上游不远处的三斗坪镇。三峡水电站大坝高 185 m，蓄水高 175 m，安装有 32 台单机容量为 70×10^4 kW 的水电机组。三峡水库多年平均流量为 14 300 $\mathrm{m^3/s}$，多年平均径流量为 4 510 $\times10^8$ $\mathrm{m^3}$。三峡水库是三峡水电站建成后蓄水形成的人工湖泊，总面积为 1 084 $\mathrm{km^2}$，水库长度约为 600 km，水面平均宽度仅为 1.1 km，属河道型水库，水库范围涉及湖北省和重庆市的 19 个县市。

三峡水利枢纽是一个具有防洪、发电、航运等多项综合效益的大型水利水电工程。三峡水利枢纽建成后，荆江河段两岸地区的防洪标准可提高至 100 年一遇设计标准，从而达到减轻长江中下游洪水淹没损失和对武汉市的威胁的重要目标，并为岳阳市洞庭湖区的根本治理创造基本条件；为社会经济发达但电力能源不足的华东、华中地区提供可靠且实惠的电能；可显著改善长江宜昌至重庆河段 660 km 的航道，万吨级船队可直通重庆市，航道单向年通过能力可提高到 $5\ 000\times10^4$ t，运输成本可降低 35%～37%，同时，因三峡水库的调节作用，宜昌市下游枯水期最小流量可提高到 5 000 m^3/s 以上，将大大改善长江中下游枯水期的航运条件。

三峡水利枢纽的特征参数如表 4.2 所示。

表 4.2 三峡水利枢纽特征参数表

项目		特征值	备注
正常蓄水位		175 m	初期为 156 m
汛限水位		145 m	初期为 135 m
枯水期消落最低水位		155 m	初期为 140 m
总库容		$393\times10^8\ m^3$	正常蓄水位 175 m 以下
防洪库容		$221.5\times10^8\ m^3$	—
兴利调节库容		$165\times10^8\ m^3$	—
100 年一遇洪水	最高库水位	166.9 m	初期为 162.3 m
	最大下泄流量	56 700 m^3/s	初期为 56 700 m^3/s
1 000 年一遇设计洪水	最高库水位	175 m	初期为 170 m
	最大下泄流量	69 800 m^3/s	初期为 73 000 m^3/s
校核洪水（10 000 年一遇加 10%）	最高库水位	180.4 m	—
	最大下泄流量	102 500 m^3/s	—
水电站	装机容量	22 500 MW	单机容量为 700 MW：左岸 14 台、右岸 12 台、地下 6 台。2 台 50 MW 机组
	最大水头	113 m	初期为 94 m
	最小水头	71 m	初期为 61 m
	保证出力	4 900 MW	初期为 3 600 MW
	电站保证率	95%	初期为 97%
	多年平均发电量	$\geqslant900\times10^8$ kW·h	—
船闸	类型	双线连续梯级五级船闸	—
	过闸船队吨位	万吨级船队	—
	年单向通过能力	$5\ 000\times10^4$ t	—

由于三峡水库的调度方式本身较为复杂，本章为了侧重于考虑径流变化对水库汛限水位等防洪特征参数的影响，仅考虑三峡水库对荆江的补偿调度方式和沙市水位与泄量的关系，确立简化的三峡水库常规调度规则，具体如下。

（1）汛期遇 100 年一遇以下洪水，控制沙市水位不超过 44.5 m，即控制下泄流量不超过 53 900 m^3/s。

（2）遇超过 100 年乃至 1 000 年一遇洪水时，开始时仍控制下泄流量不超过 53 900 m^3/s；当坝前水位超过 1 000 年一遇洪水位 174.0 m 时，按规则（3）进行调度。

（3）当水库蓄洪超过 174.0 m 时，按全部泄流能力泄洪，但应控制泄量不大于最大入库流量，以免人为增大洪灾。

4.4 结果分析

4.4.1 原设计汛限水位方案

1. 汛期多年平均发电量

研究对象三峡水库的原设计汛限水位为 144.0 m，选取 1882～2010 年共计 129 年的径流资料，按照三峡水库汛期常规发电调度进行计算，可求得原设计汛限水位 144.0 m 对应的汛期多年平均发电量为 410.80×10^8 kW·h。

2. 一致性条件下的 $\mathrm{CVaR}_{\alpha_\mathrm{C}}$

建立三峡水库每年的防洪损失值 $\mathrm{CVaR}_{\alpha_\mathrm{C}}$ 的表达式，式中损失函数 $L(x,\theta_\mathrm{r})$ 的建立可以通过选取适当组数的设计频率和汛限水位完成，则各年防洪损失函数的表达式为

$$L_i(x,\theta_\mathrm{r}) = c_{防洪}\cdot w_{fi}(x,\theta_\mathrm{r}) \tag{4.23}$$

式中：$w_{fi}(\cdot)$ 为下游蓄滞洪区需要承担的多余洪量；$c_{防洪}$ 为防洪损失单价（元/ m^3），设各年的防洪损失单价为相同的常数 $c_{防洪}$。

水库汛限水位越大、入库来水量级越大，则可能发生的潜在防洪损失越大，这与常理认知相符合，说明了防洪损失评价指标 $\mathrm{CVaR}_{\alpha_\mathrm{C}}$ 构建的合理性。

以 2020～2039 年这一时间段为研究对象，这 20 年对应的累积洪水风险率为 2%，则在置信水平 α_C 为 98%的条件下，这 20 年对应的总的防洪损失条件风险价值（用 $\beta_{\alpha_\mathrm{C}}^{n_\mathrm{c}}$ 表示）等于 330.6 $c_{防洪}$ 亿元。

4.4.2 考虑洪水风险率的汛限水位优化方案

1. 非一致性条件下径流情景

对于三峡水库 1882～2010 年共计 129 年的径流资料，每连续 30 年的径流资料组成

一个长系列，并计算统计参数值（均值 E_X、变异系数 C_V 和偏态系数 C_S）。依次滑动平均计算各组统计参数值，最后进行线性拟合，推求并延长统计参数值与时间的关系。

如图 4.1 所示，在非一致性条件下，洪峰流量的均值随时间的变化呈递减的趋势；但是 C_V 和 C_S 随时间的变化不明显，在显著性水平为 5%的条件下，C_V 和 C_S 与时间的相关性系数分别为 0.000 2、0.000 7，则本章可认为 C_V 和 C_S 与时间不相关。类似地，最大 3 日洪量、最大 7 日洪量、最大 15 日洪量和最大 30 日洪量的统计参数也有同样的结论，而且统计参数值随时间变化的线性关系式如表 4.3 所示。表 4.3 中统计参数值与时间的变化关系式来源于对实测径流系列（1882～2010 年）的统计拟合，并用于预测三峡水库 2020～2039 年的统计参数值。虽然线性拟合关系是不准确的，但是可以为非一致性条件下适应性水库汛限水位优化问题提供一个非一致性条件下的径流情景，作为方案 B1 和方案 B2 中适应性水库汛限水位优化模型的输入，方案 B1 和方案 B2 的输入条件保持一致，从而可以有效比较防洪损失评价指标 CVaR_{α_C} 与传统洪水风险率的差异。

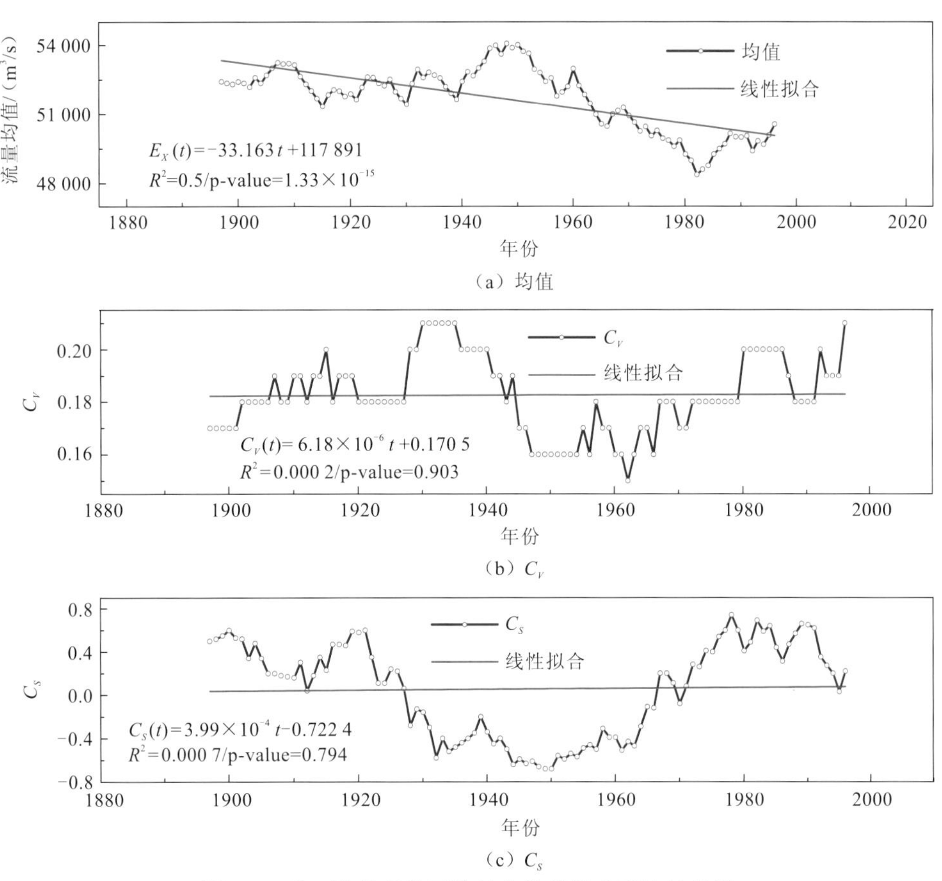

（a）均值

（b）C_V

（c）C_S

图 4.1　非一致性条件下统计参数值滑动平均的结果

p-value 为线性回归中斜率、截距的显著性

表 4.3 非一致性条件下统计参数值与时间的关系

统计时段	统计参数
洪峰流量/（m^3/s）	$E_X(t) = -33.163t + 117\ 891$，$C_V = 0.21$，$C_S/C_V = 4.0$
最大 3 日洪量/（$10^8\ m^3$）	$E_X(t) = -0.080t + 283.1$，$C_V = 0.21$，$C_S/C_V = 4.0$
最大 7 日洪量/（$10^8\ m^3$）	$E_X(t) = -0.211t + 695.1$，$C_V = 0.19$，$C_S/C_V = 3.5$
最大 15 日洪量/（$10^8\ m^3$）	$E_X(t) = -0.482t + 1\ 484.0$，$C_V = 0.19$，$C_S/C_V = 3.0$
最大 30 日洪量/（$10^8\ m^3$）	$E_X(t) = -0.905t + 2\ 745.3$，$C_V = 0.18$，$C_S/C_V = 3.0$

2. 方案 B1 汛限水位优化方案

非一致性条件下的防洪损失 CVaR_{α_C} 的构建形式相同，仅是径流情景的输入不同。图 4.2 为方案 B1 2020～2039 年共计 20 年的汛限水位优化结果，实心点代表的是非一致性条件下的汛限水位（相邻 5 年的汛限水位取为统一值），叉号点代表的是一致性条件下的汛限水位，虚线代表非一致性条件下的累积洪水风险率，实线代表一致性条件下的累积洪水风险率。由图 4.2 可知，当三峡水库的非一致性条件下的统计参数值呈递减趋势时，水库可在不增加累积洪水风险率的前提下，将汛限水位向上抬升一定幅度。方案 A 中，水库在 2020～2039 年的累积洪水风险率是 1.98%，而在方案 B1 中，水库在 2020～2039 年的累积洪水风险率为 1.94%。此外，按照方案 B1 中汛限水位的优化方案进行常规发电调度，水库的汛期多年平均发电量为 436.62×10^8 kW·h，相比于原汛限水位方案能提高 6.29%。方案 B1 中在置信水平为 98%的条件下，水库在 2020～2039 年共计 20 年的总的可能发生的防洪损失 $\text{CVaR}_{\alpha_C}^{n_c}$ 等于 331.3 $c_{防洪}$ 亿元。

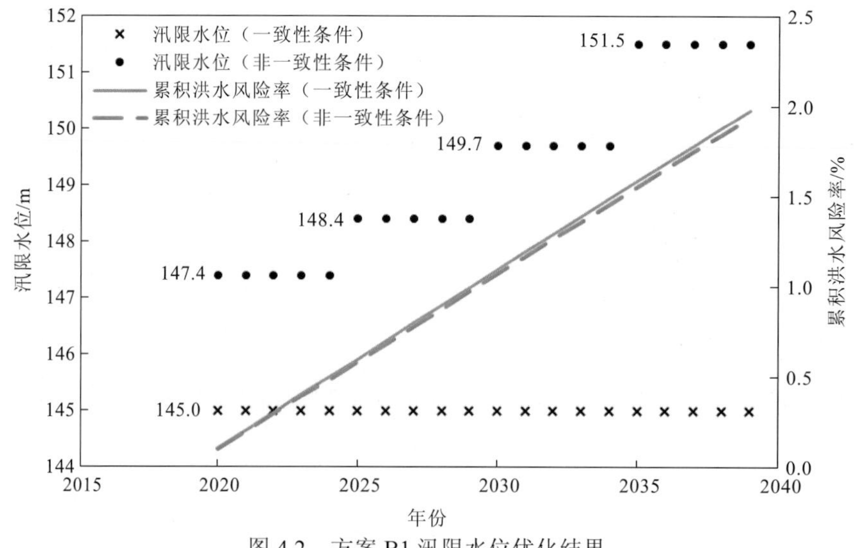

图 4.2 方案 B1 汛限水位优化结果

4.4.3　考虑条件风险价值和洪水风险率的汛限水位优化方案

相比于方案 B1，方案 B2 新增了防洪损失评价指标 $\mathrm{CVaR}_{\alpha_C}^{n_c}$ 作为适应性水库汛限水位优化模型的约束条件，但方案 B2 中的非一致性条件下的径流情景的输入与方案 B1 相同。因此，在方案 B2 中，汛限水位的优化不仅需要满足传统的洪水风险率的约束，还要满足基于条件风险价值的防洪损失评价指标的约束，而且，将方案 A 中的防洪损失条件风险价值 $\beta_{\alpha_C}^{n_c}$ 作为方案 B2 中防洪损失 $\mathrm{CVaR}_{\alpha_C}^{n_c}$ 的约束上限。

图 4.3 为方案 B2 的汛限水位优化结果，实心点代表的是非一致性条件下的汛限水位（相邻 5 年的汛限水位取为统一值），叉号点代表的是一致性条件下的汛限水位，虚线代表非一致性条件下的防洪损失 $\mathrm{CVaR}_{\alpha_C}^{n_c}$，实线代表一致性条件下的防洪损失条件风险价值 $\beta_{\alpha_C}^{n_c}$。由图 4.3 可知，当三峡水库的非一致性条件下的统计参数值呈递减趋势时，水库可在不超过一致性条件下的条件风险价值 $\beta_{\alpha_C}^{n_c}$ 的约束下，将汛限水位向上抬升一定幅度。按照方案 B2 中汛限水位的优化方案进行常规发电调度，水库的汛期多年平均发电量为 430.98×10^8 kW·h，相比于原汛限水位方案能提高 4.91%。为了非一致性条件和一致性条件下的防洪损失具有可比性，方案 A 和方案 B2 中的置信水平取相同值。对于 2020 年，n_c 取为 1，置信水平 $\alpha_C=1-R_{f1}=1-(1-p_1)=p_1$，则 $\mathrm{CVaR}_{\alpha_C}^{1}=p_1\cdot\mathrm{CVaR}_{\alpha_C 1}/R_{f1}$；对于 2021 年，$n_c$ 取为 2，$\alpha_C=1-R_{f2}=1-(1-p_1)(1-p_2)$，则 $\mathrm{CVaR}_{\alpha_C}^{2}=(p_1\cdot\mathrm{CVaR}_{\alpha_C 1}+p_2\cdot\mathrm{CVaR}_{\alpha_C 2})/R_{f2}$。在置信水平取 98%的条件下，水库在 2020～2039 年共计 20 年的总的可能发生的防洪损失 $\mathrm{CVaR}_{\alpha_C}^{n_c}$ 等于 330.5 $c_{防洪}$ 亿元。

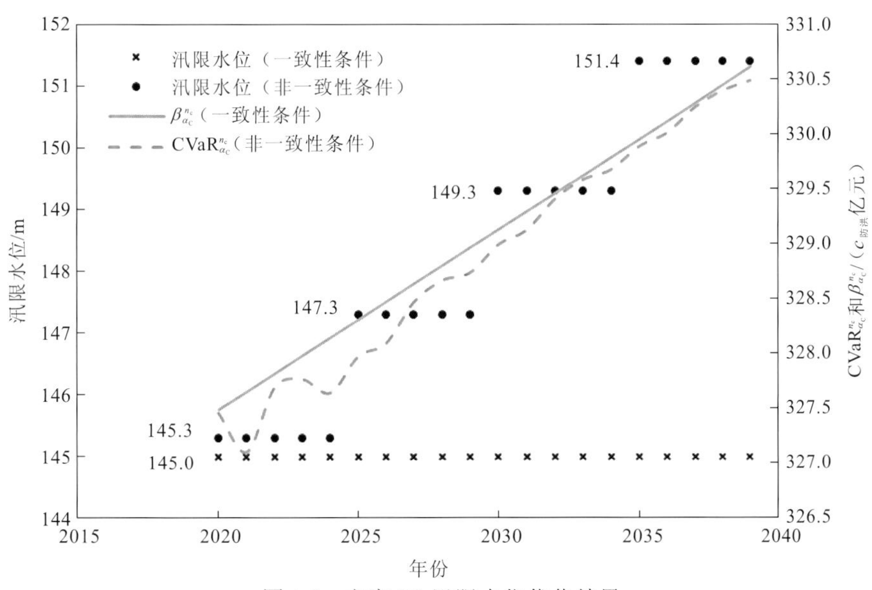

图 4.3　方案 B2 汛限水位优化结果

4.4.4 方案比较

方案 A 为一致性条件下的基本方案，汛限水位为三峡水库原汛限水位设计值 144.0 m，该方案中的洪水风险率与防洪损失 $\mathrm{CVaR}_{\alpha_\mathrm{C}}^{n_\mathrm{c}}$ 为方案 B1 和方案 B2 中的对比值；方案 B1 为非一致性条件下，以传统洪水风险率为约束条件的适应性水库汛限水位优化方案；方案 B2 为非一致性条件下，以 n_c 年的防洪损失值 $\mathrm{CVaR}_{\alpha_\mathrm{C}}^{n_\mathrm{c}}$ 和传统洪水风险率为约束条件的适应性水库汛限水位优化方案。将方案 B1 和方案 B2 与方案 A 对比可知，在非一致性条件下，水库的汛限水位存在一定的可调整空间。以三峡水库为例，非一致性条件下，三峡水库来水的统计参数值呈递减的趋势，则水库汛限水位存在一定的抬升空间，从而能提高汛期多年平均发电量。

表 4.4、图 4.4 和图 4.5 为三种方案下的结果对比。由表 4.4 可知，相比于方案 A，方案 B1 和方案 B2 中的汛限水位均有一定幅度的抬升，且方案 B2 中汛限水位的抬升幅度小于方案 B1。因此，在方案 B1 和方案 B2 中，汛期多年平均发电量分别为 436.62×10^8 kW·h 和 430.98×10^8 kW·h，相比于现状汛限水位方案，汛期多年平均发电量分别增加 6.29%和 4.91%。

表 4.4 三种方案的汛限水位优化结果及汛期多年平均发电量对比

年份	汛限水位/m			汛期多年平均发电量/（10^8 kW·h）		
	方案 A	方案 B1	方案 B2	方案 A	方案 B1	方案 B2
2020～2024	145.0	147.4	145.3	410.80	436.62（增幅为 6.29%）	430.98（增幅为 4.91%）
2025～2029	145.0	148.4	147.3			
2030～2034	145.0	149.7	149.3			
2035～2039	145.0	151.5	151.4			

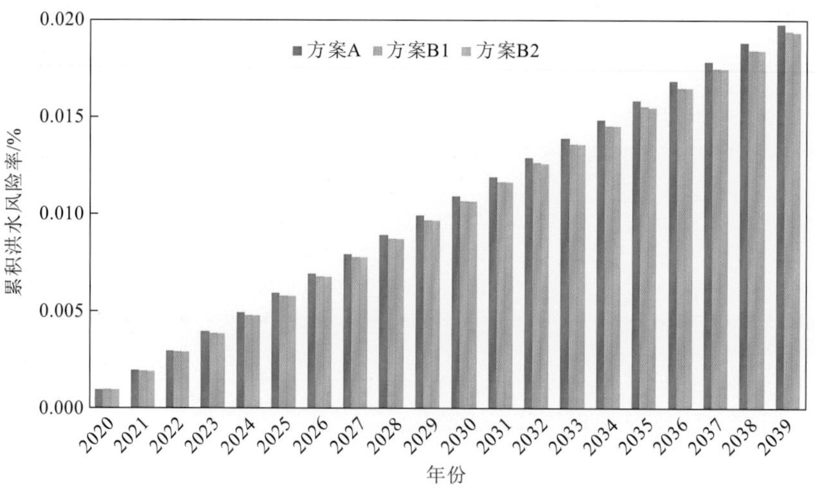

图 4.4 三种方案的累积洪水风险率对比

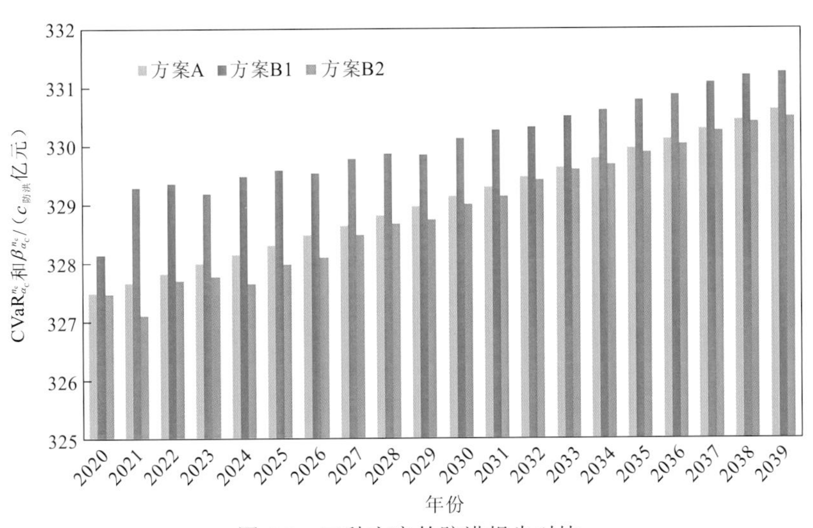

图 4.5　三种方案的防洪损失对比

图 4.4 为三种方案下累积洪水风险率的对比。方案 B1 和方案 B2 在 2020～2039 年的累积洪水风险率均不超过方案 A，且方案 B2 中的累积洪水风险率比方案 B1 要小。一致性条件下，设每年的洪水风险率为 0.1%，则水库 2020～2039 年共计 20 年的累积洪水风险率可计算为 1.98%，方案 B1 和方案 B2 在优化后的汛限水位方案下累积洪水风险率分别计算为 1.94%、1.939%。

图 4.5 为三种方案下防洪损失的对比。对比方案 A，方案 B1 的防洪损失 $\mathrm{CVaR}_{\alpha_C}^{n_c}$ 比方案 A 的条件风险价值 $\beta_{\alpha_C}^{n_c}$ 大，方案 B2 的防洪损失 $\mathrm{CVaR}_{\alpha_C}^{n_c}$ 比方案 A 的条件风险价值 $\beta_{\alpha_C}^{n_c}$ 小。一致性条件下，若取置信水平为 98%，则水库在 2020～2039 年共计 20 年的总的可能发生的防洪损失 $\beta_{\alpha_C}^{n_c}$ 等于 330.6 $c_{防洪}$ 亿元，而方案 B1 和方案 B2 中水库在 2020～2039 年共计 20 年的总的可能发生的防洪损失 $\mathrm{CVaR}_{\alpha_C}^{n_c}$ 分别等于 331.3 $c_{防洪}$ 亿元和 330.5 $c_{防洪}$ 亿元。

因此，方案 B1 中优化的汛限水位虽然比方案 B2 抬升幅度大，且汛期多年平均发电量增幅更大，但是方案 B1 不满足防洪损失评价指标 $\mathrm{CVaR}_{\alpha_C}^{n_c}$ 的约束。

4.5　本章小结

（1）本章引入了经济学中的条件风险价值理论描述可能发生的防洪损失，并且推导了 n_c 年内可能发生的防洪损失 $\mathrm{CVaR}_{\alpha_C}^{n_c}$。防洪损失 $\mathrm{CVaR}_{\alpha_C}^{n_c}$ 既可以反映潜在的防洪损失，又可以通过置信水平反映洪水风险率。例如，水库在 2020～2039 年共计 20 年的总的可能发生的防洪损失 $\mathrm{CVaR}_{\alpha_C}^{n_c}$ 为 330.6 $c_{防洪}$ 亿元，置信水平是 98%。

（2）通过方案 B1、方案 B2 与方案 A 的对比可知，非一致性条件下，应适当调整水库汛限水位以获取更大的发电效益或降低防洪风险；通过对比方案 B2 和方案 B1 可知，将 $\mathrm{CVaR}_{\alpha_C}^{n_c}$ 作为非一致性条件下适应性水库汛限水位优化模型的约束条件比传统洪水风险率的约束更为严格。

第 5 章

耦合水文预报误差的水库运行风险

5.1 引　　言

水库汛期运行水位动态控制研究属于实时调度运行层面的问题，其研究目的在于同时考虑预见期以内的降雨、洪水预报信息和水库当前的库容状态，在不降低水库系统防洪标准的前提下，以兴利效益最大化为目标函数，构建实时优化调度模型，用于指导未来调度时段内水库库容变化或出流决策[1-2]。但水文预报信息不确定性的客观存在会导致潜在风险事件的发生（如径流预报低估了实际的入库径流量），因此，水库汛期运行水位实时优化调度模型的构建必须考虑风险因素的识别、评估与分析[3-5]。目前，由于水库群系统中存在各水库之间有水文水力联系、不同水库的滞时情况有差异、不同水库的预见期长度和精度不匹配等问题，复杂水库群系统实时优化调度模型及其风险分析研究仍存在较大的探索空间。除此之外，已有研究在分析水库群系统汛期运行水位实时调度运行中的风险因素时仅考虑了预见期以内的不确定性。

针对单库系统，Liu 等[6]提出了一种两阶段水库实时调度风险定量计算方法，该方法将未来调度时期划分为预见期以内和预见期以外两个阶段，既考虑了预见期以内的水文预报不确定性，又考虑了预见期末水位过高所带来的潜在决策风险。而且，两阶段思想由于建立了预见期和整个未来调度时期之间的关联性，在实时调度范畴已得到不少应用[7-8]。本章对单水库的两阶段决策水库防洪风险调度模型进行了详细叙述，基于两阶段决策思想分别在调度期内和调度期末控制防洪风险率，由此给出了理论上不降低水库实时调度防洪标准的条件；将两阶段思想引入水库群系统的汛期运行水位实时调度及风险分析研究，且考虑了不同水库间预见期长度和精度不匹配的问题。

本章针对水库群汛期运行水位动态控制开展如下研究：①采用误报（发生大洪水未实施预泄）或空报（未发生大洪水而实施预泄）等的概率描述水文预报的误差；采用实测资料在起涨阶段进行预泄调度，推求预泄末水位的经验频率分布，建立了可考虑来水起涨不确定性的风险分析模型。②将整个汛期的调度时期根据预见期划分为预见期以内和预见期以外两个阶段，提出一种水库群两阶段风险率计算方法；将所提出的两阶段风险率作为防洪约束条件，构建以发电量最大为目标函数的水库群汛期运行水位实时优化调度模型；采用蒙特卡罗法验证两阶段风险率计算方法的准确性；将所提出的水库群汛期运行水位实时优化调度模型应用到汉江流域水库群系统中，求解得出水库群系统调度时期的动态最优决策过程，实现水库群汛期运行水位的动态控制。

5.2 两阶段决策水库防洪风险调度模型

水库防洪风险调度模型将调度过程分为调度时段内（预见期以内）和调度时段后（预见期以外）两部分，分别予以不同的风险标准进行控制，其整体结构框架如图 5.1 所示，主要由四个子模型构成。

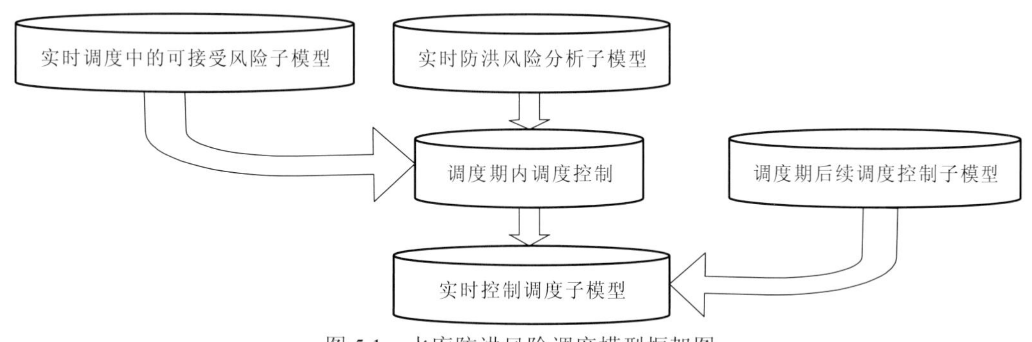

图 5.1　水库防洪风险调度模型框架图

（1）实时调度中的可接受风险子模型。在实时水库调度中，存在众多的不确定性，因此有必要采用风险调度的方法。在风险决策中，为了度量多大的冒险程度是值得的，出现了可接受风险的概念：可接受风险水平是社会公众根据主观意愿对风险水平的接受程度。在水库实时调度中，也存在一个可接受风险：经过决策，只要失事风险低于这一风险，决策可行，或者说该决策可以被整个社会群体所接受。值得指出的是，实时调度中的可接受风险，是相对于年可接受风险提出来的，是在调度期（几小时或几天）内的风险。

（2）实时防洪风险分析子模型。对调度过程中水文、水力及结构等的不确定性进行分析、评估，即对实时调度进行风险识别，并且量化失事的概率与损失。对于一场特定的实时调度过程，如果通过风险分析，能将其控制在可接受风险以内，那么这个调度决策是合理的、可以接受的。

（3）调度期后续调度控制子模型。水库调度中，调度期末水位是一个很重要的指标，它也是后续时段调度的起调水位。在调度中，若模型考虑随机因素，调度期末水位也是一个随机变量。调度期后续的来水情况信息是未知的，在这种情况下，防洪策略又回到了现行的水库汛限水位控制方法，即进行水位控制，每个起调水位对应着不同的防洪风险。因此，调度期以后的风险（主要受调度期末水位的影响）也应该控制在一个范围内，即通过调度期末水位，实现实时水库调度与传统的汛限水位（或分期汛限水位）之间的耦合。

（4）实时控制调度子模型。在水库实时调度中，为了在充分利用预报信息的同时进行风险防范，在传统的水库调度模型基础上加入两条机遇约束：①在利用预报等信息的基础上，控制调度期内的实时防洪风险在给定的范围内，即可接受风险以内；②确保调度期末水位在一定的范围内变动，以能够满足抵御后续洪水的要求。在这两者的约束下，达到兴利效益最大，就是本章所研究的水库防洪风险调度模型。

综上所述，在整个调度过程中，引入了实时调度中的可接受风险的概念，作为机遇约束；在调度期末，通过调度期末水位来耦合传统的汛限水位。整个调度过程是在不断地“预报—决策—实施”的前向卷动决策方法下运行的，在调度中仅以调度期末水位耦合（或衔接）传统的汛限水位，因此在调度过程中水库水位可能高于汛限水位，同样也可能低于汛限水位。

5.2.1 实时调度中的可接受风险子模型

对于可接受风险的分析，需要考虑失事概率与后果，这种方法存在两方面的困难：①难以得到具体的流域上、下游的经济情况，以及它们的淹没风险；②对于生命的重视程度，很难用经济的指标来衡量。这里仅考虑风险率指标，即失事的概率。设通过水库风险调度，可以实现水库的防洪风险仍然等同于（甚至低于）原来的防洪设计标准（重现期为 T_p 年），即在不降低水库防洪标准的前提下，达到充分发挥水库兴利效益的目的。

可接受风险越小，表明对风险决策的要求越高，控制的失事概率应该越小，这样需要估算可接受风险的下限值。设防洪标准为 T_p 年一遇，相应的防洪任务是确保下游行洪流量不超过 O_c 和库水位不超过 Z_c，则破坏事件是指下游行洪流量超过 O_c 或库水位超过 Z_c，在假定每年汛期长度为 m_x 天，洪水只在汛期内发生，且每天的失事风险相等的条件下，根据不同时间长度的风险变换原则，对于时段长为 n_x 天的调度过程，有较保守的可接受风险 P_a 的估计：

$$P_a \geqslant \frac{n_x}{m_x T_p} \tag{5.1}$$

如果对于任意一个时段长为 n_x 天的调度过程，水库发生破坏的概率不高于这一概率 P_a，则可以从统计意义上保证水库的重现期至少为 T_p 年，即没有降低水库的防洪标准。

5.2.2 预见期以内的实时防洪风险分析子模型

1. 洪水预报误差的分布规律

1）洪峰和洪量预报误差的分布规律

洪峰和洪量的预报误差是影响水库调洪演算的最主要误差，防洪风险分析时常考虑这两类误差对调洪结果的影响。洪水预报误差的不确定性分析通常有两种方法：一是根据实测资料的预报误差估计其分布形式及相应的参数；二是在没有预报误差资料的情况下，一般假定其服从均值为 0 的正态分布，然后根据预报方案的等级确定其方差。

2）基于实测资料的洪水预报误差方案

对已有的预报误差资料进行统计计算，结果表明预报误差不会无限制地增大，在一定范围内的误差发生的频率比较大，而其他区域内的误差发生的频率较小。根据大量统计计算和物理成因分析，预报误差的概率分布一般为两端有限的偏态分布，且误差值与预报值的变幅之间呈正相关的变化趋势，即随预报值的增大，误差值也呈增大的趋势。预报误差一般呈对数正态分布或 P-III 型分布；更简单的情况是，将其作为正态分布来考虑。通常，水文预报的保证率要求不是太高，对于不太高的保证率要求，用正态分布与偏态分布差别不大。因此，可以将正态分布作为水文预报误差分析的基础。

3）基于规范的洪水预报误差方案

按照《水文情报预报规范》（SL 250—2000），预报误差的评定标准有确定性系数和许可误差等。其中，洪峰、洪量的许可误差取实测值的 20%，许可误差合格率是计算值与实测值之差不超过许可误差的次数占全部次数的百分率，按照其合格率可将预报方案划分为三个等级：甲等（85%～100%）、乙等（70%～85%）和丙等（60%～70%）。如果预报方案经过很多场次洪水的检验，其许可误差合格率达到甲等，那么从统计意义上可以认为，预报方案有 85%的概率（置信水平为 α_C）可以将预报误差控制在许可误差 $\varDelta$ 之内。若 $\xi \sim N(0,\sigma^2)$，则存在

$$P\{-\varDelta \leqslant \xi \leqslant \varDelta\} = \alpha_C \tag{5.2}$$

可以得到：

$$\varDelta = \varPhi'\left(\frac{1+\alpha_C}{2}\right)\sigma \tag{5.3}$$

式中：$\varPhi'\left(\frac{1+\alpha_C}{2}\right)$为在标准正态分布中对应于概率$\frac{1+\alpha_C}{2}$的分位数。

对于洪峰和洪量的相对预报误差，$\varDelta=0.20$，$\alpha_C=0.85$ 和 0.70 分别对应着甲等和乙等预报方案的合格率，根据式（5.3）可以求得在甲等和乙等方案下，洪峰和洪量预报误差的标准差 σ 分别等于 0.139 和 0.193。

上面两种方法都可以得到洪峰、洪量预报误差的分布规律，根据预报误差的分布形式，可以随机模拟预报误差值。对于洪峰而言，可以直接在原预报过程洪峰的基础上加上预报误差项，只改变洪峰值的大小可能会引起洪水过程的陡涨陡落，与实际的洪水过程不符，为此，可以考虑将与洪峰时刻相邻时间段的流量叠加上各自的预报误差项。假定相邻时间段流量的相对误差等于洪峰的相对误差，这样便将洪峰的预报误差转化为带有误差项的入库洪水过程，如图 5.2 所示。

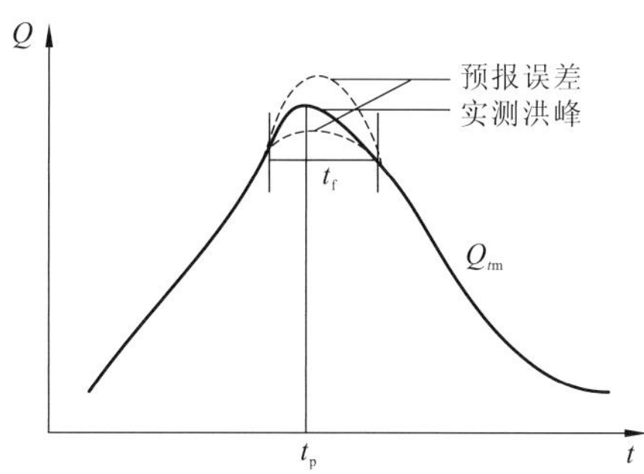

图 5.2　洪峰预报误差的示意图

包含误差项的时段长可以根据实测预报误差资料统计得到，在没有实测资料的情况下，可近似取 1 个预见期，以极大程度地减少洪水过程的陡涨陡落，则带有洪峰预报误差项的入库洪水过程为

$$\hat{Q}(t) = \begin{cases} Q(t) & (t < t_p - t_f/2, t > t_p + t_f/2) \\ Q(t)(1+\varepsilon_p) & (t_p - t_f/2 \leqslant t \leqslant t_p + t_f/2) \end{cases} \tag{5.4}$$

式中：t_f 为洪水预报的预见期；t_p 为洪峰出现时刻；ε_p 为随机模拟的洪峰相对误差。

考虑洪量预报误差的入库洪水过程可由同倍比法直接放大，即

$$\hat{Q}(t) = Q(t)(1+\varepsilon_\mathrm{v}) \tag{5.5}$$

式中：ε_v 为随机模拟的洪量相对误差。

4）洪峰和洪量预报误差的联合分布规律

洪量的预报误差是洪水过程各个时刻流量预报误差的累积，洪峰的预报精度由于受影响的因素众多，一般低于其他时刻的预报精度，即洪峰的预报误差要大于其他时刻的预报误差，洪量的预报误差有相当一部分是洪峰的预报误差引起的。因此，洪量和洪峰的预报误差存在一定程度的相关性，当洪峰出现某一频率的预报误差时，洪量的预报误差不再服从独立分布，而是依洪峰的预报误差大小而定。进行水库防洪调度的风险分析时，需要综合考虑洪峰和洪量预报误差的影响，这就需要构建洪峰和洪量预报误差的联合分布，对洪峰和洪量的预报误差进行联合随机模拟。

洪峰和洪量相对预报误差 ε_p 和 ε_v 的联合分布，可以采用 Copula 函数构造，建模步骤不再赘述。通过联合分布的随机抽样方法可以对存在相关性的 ε_p 和 ε_v 成对地进行取样，从而达到随机模拟洪峰和洪量预报误差的目的。联合随机抽样方法的具体步骤如下。

（1）由 Copula 函数构造洪峰和洪量相对预报误差 ε_p 和 ε_v 的联合分布 $C(U,V)$，其中 $U=F_\mathrm{p}(\varepsilon_\mathrm{p})$，$V=F_\mathrm{v}(\varepsilon_\mathrm{v})$，则当 $U=u$ 时，变量 V 的条件分布为

$$S_u(v\,|\,U=u) = P\{V \leqslant v\,|\,U=u\} = \frac{\partial C(u,v)}{\partial u} \tag{5.6}$$

（2）产生服从[0, 1]上均匀分布的两个独立的随机数 r_1 和 r_2。

（3）令 r_1 为洪峰预报误差 ε_p 发生的累积概率 $F_\mathrm{p}(\varepsilon_\mathrm{p})$，即 $u=F_\mathrm{p}(\varepsilon_\mathrm{p})=r_1$，根据 $\varepsilon_\mathrm{p}=F_\mathrm{p}^{-1}(u)$ 得到 ε_p。

（4）计算 $v=S_u^{-1}(r_2|\,U=u)$，再由 $\varepsilon_\mathrm{v}=F_\mathrm{v}^{-1}(v)$ 得到 ε_v。

（5）由步骤（2）～（4）即可抽取一对洪峰和洪量相对预报误差 ε_p 和 ε_v 的组合 $(\varepsilon_\mathrm{p},\varepsilon_\mathrm{v})$，重复步骤（2）～（4）共 n_Copula 次，可以模拟出 n_Copula 对 ε_p 和 ε_v。

根据随机模拟的洪峰和洪量的相对预报误差 ε_p 和 ε_v，参考设计洪水的同频率放大法，对洪峰及其相邻时段流量仍然直接叠加各自的预报误差项，其他时段的放大倍比需要扣除掉洪峰及其相邻时段流量预报误差的影响，则综合考虑洪峰和洪量预报误差项的入库洪水过程为

$$\hat{Q}(t) = \begin{cases} Q(t)\dfrac{\displaystyle\sum_{t=1}^{n_\mathrm{Copula}} Q(t)(1+\varepsilon_\mathrm{v}) - \sum_{t=t_\mathrm{p}-t_\mathrm{f}/2}^{t_\mathrm{p}+t_\mathrm{f}/2} Q(t)(1+\varepsilon_\mathrm{p})}{\displaystyle\sum_{t=1}^{n_\mathrm{Copula}} Q(t) - \sum_{t=t_\mathrm{p}-t_\mathrm{f}/2}^{t_\mathrm{p}+t_\mathrm{f}/2} Q(t)} & (t<t_\mathrm{p}-t_\mathrm{f}/2,\, t>t_\mathrm{p}+t_\mathrm{f}/2) \\ Q(t)(1+\varepsilon_\mathrm{p}) & (t_\mathrm{p}-t_\mathrm{f}/2 \leqslant t \leqslant t_\mathrm{p}+t_\mathrm{f}/2) \end{cases} \tag{5.7}$$

式中：ε_p 和 ε_v 分别为随机模拟的洪峰和洪量的相对误差。

5）洪水过程预报误差的分布规律

确定性系数是洪水过程预报误差的集中反映，它的大小反映了洪水过程的离散程度，如何由确定性系数来反推洪水过程的预报误差，是一个值得探讨的问题。本节做如下处理，首先假定洪水过程每个时刻流量的相对预报误差都服从均值为 0、标准差为 σ 的正态分布，即 $Y_t=(Q_t'-Q_{tm})/Q_{tm}\sim N(0,\sigma^2)$，其中 Q_{tm}、Q_t' 分别为洪水流量的实测值和预报值。已知确定性系数：

$$R^2=1-\frac{\sum_{t=1}^{n_{\text{Copula}}}(Q_t'-Q_{tm})^2}{\sum_{t=1}^{n_{\text{Copula}}}(Q_{tm}-\bar{Q})^2} \tag{5.8}$$

式中：$\bar{Q}$ 为 Q_{tm} 的均值。

因此，

$$\sum_{t=1}^{n_{\text{Copula}}}(Q_t'-Q_{tm})^2=(1-R^2)\sum_{t=1}^{n_{\text{Copula}}}(Q_{tm}-\bar{Q})^2 \tag{5.9}$$

又 $Y_t=\dfrac{Q_t'-Q_{tm}}{Q_{tm}}$，则

$$\sum_{t=1}^{n_{\text{Copula}}}Y_t^2Q_{tm}^2=(1-R^2)\sum_{t=1}^{n_{\text{Copula}}}(Q_{tm}-\bar{Q})^2 \tag{5.10}$$

式（5.10）两边同时取期望，得

$$\sum_{t=1}^{n_{\text{Copula}}}Q_{tm}^2E(Y_t^2)=E(1-R^2)\sum_{t=1}^{n_{\text{Copula}}}(Q_{tm}-\bar{Q})^2 \tag{5.11}$$

因为 $Y_t\sim N(0,\sigma^2)$，所以 $E(Y_t^2)=D(Y_t)+[E(Y_t)]^2=\sigma^2$，于是有

$$\sigma^2\sum_{t=1}^{n_{\text{Copula}}}Q_{tm}^2=(1-R^2)\sum_{t=1}^{n_{\text{Copula}}}(Q_{tm}-\bar{Q})^2 \tag{5.12}$$

则洪水过程相对预报误差的标准差为

$$\sigma=\sqrt{(1-R^2)\sum_{t=1}^{n_{\text{Copula}}}(Q_{tm}-\bar{Q})^2\Big/\sum_{t=1}^{n_{\text{Copula}}}Q_{tm}^2} \tag{5.13}$$

因此，只要知道洪水预报方案的确定性系数，就可以得到入库洪水过程在每个时刻的离散程度。由于洪水过程的相对预报误差 $Y_t\sim N(0,\sigma^2)$，则入库洪水过程 Q_{tm} 在任一时刻都服从正态分布，均值 $\mu_Q(t)$ 为预报给出的洪水过程线 Q_t'，标准差 $\sigma_Q(t)=\sigma\mu_Q(t)$，即 $Q_{tm}\sim N(\mu_Q(t),\sigma_Q^2(t))$。由于各个时刻的流量值不是相互独立的，相邻时刻的流量存在较强的自相关性，无法直接对每个时刻的流量值进行随机模拟，可以采用水库调洪演算的随机微分方程，将洪水过程的预报误差转化为库容或库水位过程的随机性。

2. 防洪预报调度风险的计算方法

1）防洪预报调度风险的定义

目前，风险还没有一个统一的定义，在风险分析中，通常是对所研究的特定风险事件（或破坏事件）定义风险，并提出相应的风险定量表示方法。在水库防洪风险分析中，通常的风险事件有坝前最高水位超过坝顶高程、校核水位，最大下泄流量超过下游安全泄量等。坝顶高程、校核水位、安全泄量为防护目标，也可以称为风险控制指标。这些防护目标被破坏的概率就是防洪调度的风险，因此有如下定义。

对于某一洪水，其频率为 $P(A)$，相应频率洪水的防护目标被破坏的随机事件为 B，其发生的概率为 $P(B)$，则洪水防护目标被破坏的概率 $P_s=P(AB)$，由概率的乘法公式可得

$$P_s = P(AB) = P(A)P(B \mid A) \tag{5.14}$$

本节将校核水位和坝顶高程作为水库安全的特征水位，超过校核水位的风险率称为极限风险率，超过坝顶高程的风险率称为漫坝风险率。考虑洪峰、洪量和洪水过程的预报误差，分析汛限水位调整的极限风险率和漫坝风险率，作为水库安全评价的风险指标。

2）水库调洪演算的随机微分方程方法

传统水库调洪演算的计算原理基于水量平衡方程的常微分方程：

$$\begin{cases} \mathrm{d}V(t)=[\mu_Q(t)-\mu_q(V,t)]\mathrm{d}t \\ V(t_0)=V_0 \end{cases} \tag{5.15}$$

式中：$V(t)$ 为 t 时刻水库的蓄水量；$\mu_Q(t)$ 和 $\mu_q(V,t)$ 分别为 $\mathrm{d}t$ 时段内的平均入库和出库流量；t_0 为水库起调时刻；V_0 为起调时刻水库蓄水量。

由水库调洪规则和式（5.15）就可以确定水库各个时刻的下泄流量和蓄水量，而实际上，在调洪过程中水库蓄水量 $V(t)$ 受多种随机因素的影响，导致 $V(t)$ 是一个平稳的独立增量过程，并且是符合 Wiener 过程定义的随机过程。根据 Wiener 过程的定义，任意两个不同的时间间隔 Δt 内，$V(t)$ 的增量 $\Delta V(t)$ 是独立的，即 $V(t)$ 遵循马尔可夫过程；并且 $\Delta V(t)$ 服从均值为 $[\mu_Q(t)-\mu_q(V,t)]\Delta t$、方差为 $\sigma_V^2(t)\Delta t$ 的正态分布，其中 $\sigma_V^2(t)$ 称为 t 时刻的方差率。由此可以得到水库调洪演算的随机微分方程：

$$\begin{cases} \mathrm{d}V(t)=[\mu_Q(t)-\mu_q(V,t)]\mathrm{d}t+\sigma_V(t)\mathrm{d}B(t) \\ V(t_0)=V_0 \end{cases} \tag{5.16}$$

式中：$B(t)$为标准 Wiener 过程。

从形式上看，式（5.16）仅比普通的确定性微分方程增加了一项 $\mathrm{d}B(t)$，但增加了这一项则表示引入了随机因素，于是 $V(t)$不再是普通的确定性函数，而是随机过程，这样随机过程就引入了调洪过程分析。水库蓄水量过程的离散程度取决于方差率 $\sigma_V^2(t)$，当仅考虑入库洪水的不确定性时，其大小仅与入库洪水过程的方差 $\sigma_Q^2(t)$ 有关，对式（5.15）两边同时取方差，得 $\sigma_V^2(t)\mathrm{d}t=\sigma_Q^2(t)(\mathrm{d}t)^2$，从而可以得到：

$$\sigma_V(t)=\sigma_Q(t)\sqrt{\mathrm{d}t} \tag{5.17}$$

式（5.16）属于典型的 Ito 型随机微分方程，除了采用 Fokker-Planck 方程进行求解外，还可以采用 Euler 法和 Milstein 法进行数值求解，Euler 法的迭代公式为

$$V(j,k_{\mathrm{p}})=V(j-1,k_{\mathrm{p}})+[I(j-1)-O(j-1)](t_j-t_{j-1})+\sigma_V(j-1)[B(j)-B(j-1)] \quad (5.18)$$

式中：$j=1,2,\cdots,M,k_{\mathrm{p}}=1,2,\cdots,K$，分别为时间节点和轨道，$M$ 是时间节点的个数，K 是轨道数。由水位库容关系曲线可进一步得出第 k_{p} 条轨道上，不同时间节点的库水位值 $H(1,k_{\mathrm{p}})$，$H(2,k_{\mathrm{p}})$，…，$H(M,k_{\mathrm{p}})$，进而可以统计库水位超过校核水位和坝顶高程的概率，求得相应的极限风险率和漫坝风险率。

3）正态入库径流过程的水库防洪风险率计算方法

如图 5.3 所示，对各时段的概率分布（边缘分布）采用正态分布，而对各时段的相关性采用马尔可夫链来描述径流。在水文中，一般假定实测流量过程为马尔可夫过程，同时可以假定残差也服从正态分布（反过来，如果每时刻流量服从偏态分布，则残差必将是偏态分布）。可以证明，如果每时刻流量都服从正态分布，同时流量过程是马尔可夫过程，其残差 ε_k 也服从正态分布且与 Q_k 独立，则整个流量过程服从多元正态分布。

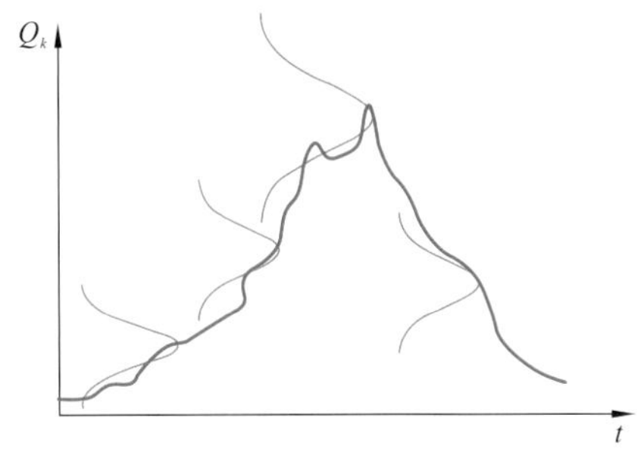

图 5.3　预报径流过程描述示意图

需要指出的是，边缘分布为正态分布，但其联合分布不一定是多元正态分布，因此，没有变量之间的相关关系，无法得知其联合分布。

特别地，对于一阶马尔可夫过程，有

$$Q_{k+1}=a_1Q_k+b_1+\varepsilon_k \quad (k=1,2,\cdots,n_{\mathrm{x}}) \quad (5.19)$$

式中：$Q_k\sim N(\hat{Q}_k,\sigma_k^2)$；$a_1$ 和 b_1 为自回归系数。

ρ_{ij} 为 Q_i、Q_j 之间的相关系数，存在：

$$\rho_{ji}=\rho_{ij}=\frac{a_1^{j-i}\sigma_i}{\sigma_j} \quad (j>i) \quad (5.20)$$

在实际应用中，不同时期（如涨水段和退水段）的自回归系数 a_1 可能差别较大，这里利用可变遗忘因子递推最小二乘法在调度过程中不断地跟踪、修正 a_1 值。然后，进一步估计出相关系数，最后可得到各时段入库流量 $Q_1,Q_2,\cdots,Q_{n_{\mathrm{x}}}$，其服从多元正态分布 $N(\boldsymbol{\mu},\boldsymbol{\Sigma})$，其中：

$$\boldsymbol{\mu}=[\hat{Q}_1,\hat{Q}_2,\cdots,\hat{Q}_{n_{\mathrm{x}}}]^{\mathrm{T}} \quad (5.21)$$

$$\boldsymbol{\Sigma}=\begin{pmatrix}\sigma_1^2 & \rho_{12}\sigma_1\sigma_2 & \cdots & \rho_{1n_x}\sigma_1\sigma_{n_x}\\ \rho_{21}\sigma_2\sigma_1 & \sigma_2^2 & \cdots & \rho_{2n_x}\sigma_2\sigma_{n_x}\\ \vdots & \vdots & & \vdots\\ \rho_{n_x1}\sigma_{n_x}\sigma_1 & \rho_{n_x2}\sigma_{n_x}\sigma_2 & \cdots & \sigma_{n_x}^2\end{pmatrix} \tag{5.22}$$

$$\rho_{ij}=\rho_{ji} \tag{5.23}$$

这样，就可以利用多元正态分布的一些性质来推求防洪风险率。考虑水库调洪演算公式：

$$V_{i+1}=V_i+(Q_i-O_i)\Delta t \quad (i=1,2,\cdots,n_x) \tag{5.24}$$

式中：Q_i、O_i 分别为水库 i 时段的入库流量和出库流量；V_i 为水库 i 时段的库容；Δt 为时段长。

在实时调度中，由于面临时段入库流量未知，每次调度都会有一些误差，而整个调度过程是在不断地“预报—决策—实施”的前向卷动决策方法下运行的，决策也不断地修正了预报误差。在这里，认为每次的调度误差很小，不考虑这种修正过程。假定出库流量 O_i 为决策变量，在此次调度中不予以修正（调整），因而可以视为常数，有

$$V_{i+1}=V_1+\left(\sum_{j=1}^{i}Q_j-\sum_{j=1}^{i}O_j\right)\Delta t \quad (i=1,2,\cdots,n_x) \tag{5.25}$$

对于调度中的风险，有水文风险、水力风险、结构风险等，预报误差是水库实时调度中的主要不确定性来源。这里仅考虑由水文预报的不确定性所带来的风险。由于出库流量为常数，在仅考虑水文预报误差的情况下，设第 i 时段末的水库库容 V_{i+1} 的分布函数为 $f_{i+1}(V_{i+1})$，则它也服从正态分布 $N(\hat{V}_{i+1},\omega_{i+1}^2)$，其中：

$$\hat{V}_{i+1}=V_1+\left(\sum_{j=1}^{i}\hat{Q}_j-\sum_{j=1}^{i}O_j\right)\Delta t \quad (i=1,2,\cdots,n_x) \tag{5.26}$$

$$\omega_{i+1}^2=\left(\sum_{j=1}^{i}\sigma_j^2+\sum_{j=1}^{i}\sum_{k=1,k\neq j}^{i}\rho_{jk}\sigma_j\sigma_k\right)\Delta t^2 \quad (i=1,2,\cdots,n_x) \tag{5.27}$$

由于 V_2，V_3，…，V_{n_x+1} 为服从多元正态分布的 Q_1，Q_2，…，Q_{n_x} 的线性组合，该序列也服从多元正态分布，其中协方差为

$$\mathrm{Cov}(V_j,V_i)=\mathrm{Cov}(V_i,V_j)=\left(\sum_{k=1}^{i}\sigma_k^2+\sum_{k=1}^{i}\sum_{l=1,k\neq l}^{j}\rho_{kl}\sigma_k\sigma_l\right)\Delta t^2 \quad (i<j) \tag{5.28}$$

这样库容序列的联合概率密度函数 $g(V_2,V_3,\cdots,V_{n_x+1})$ 可以求得。整个调度过程的防洪风险率 R_f 定义为，超过库容 V_c（对应于临界水位 Z_c）的概率，即

$$R_f=1-\int_{-\infty}^{V_c}\int_{-\infty}^{V_c}\cdots\int_{-\infty}^{V_c}g(V_2,V_3,\cdots,V_{n_x+1})\mathrm{d}V_2\mathrm{d}V_3\cdots\mathrm{d}V_{n_x+1} \tag{5.29}$$

这涉及多元正态分布的数值积分问题。采用这种估算方法进行防洪风险估计，由于所有的决策是一次性完成的，没有考虑实际中不断修正的过程，实际上高估了水库的实时调度风险，这也为水库调度预留了一定的余地。

3. 实时防洪风险控制

为了对水库调度的防洪风险进行控制，如果库水位超过临界水位 Z_c 对应的可接受风险为 P_a，可控制使得

$$R_f \leqslant \frac{n_x}{m_x T_p} \leqslant P_a \tag{5.30}$$

值得注意的是，这一条件未必都能满足，因为对于即将面临的一场极值洪水，水库的泄洪受物理设备或下游安全行洪能力的制约，风险率会远远高于这一可接受风险。这一点也说明，水库防洪风险调度模型对比较有把握的洪水进行控制时，会适当提高水位运行，达到增加兴利效益的目的；而对于较大的洪水，则采用预泄方式。

5.2.3　预见期以外的调度期后续调度控制子模型

在目前的工程实际中，防洪的策略是通过保持水库水位在汛限水位以下运行来达到防洪的目的，这种策略通常没有利用气象与洪水预报信息。可以认为，在洪水预报的预见期以外，由于没有预报信息，采用传统汛限水位策略来控制调度期末水位是比较合适的方法。

假定调度期末水位 Z_{n_x+1} 是后续洪水的起调水位，设对应的库容为 V_{n_x+1}，其概率密度函数为 $f_{n_x+1}(V_{n_x+1})$，对应 V_{n_x+1} 的汛限水位的风险率（年概率）为 $h(V_{n_x+1})$，则对失事概率求期望，水库调度后续时段的风险为

$$R_r = \int f_{n_x+1}(V_{n_x+1}) h(V_{n_x+1}) \mathrm{d}V_{n_x+1} \tag{5.31}$$

对于风险率 $h(V_{n_x+1})$ 的估计，可以采用原汛限水位的设计风险，即以不同的汛限水位操作运行，得到的水库防洪风险。对于式（5.31）这一风险率，仍然取水库的防洪标准，即控制

$$R_r \leqslant \frac{1}{T_p} \tag{5.32}$$

5.2.4　实时控制调度子模型

优化方法在水库调度中得到了很多应用，这里也采用优化调度方式挖掘水库兴利效益，可建立实时控制调度子模型的目标函数（单目标或多目标）：

$$\max \sum_{i=1}^{n_x} E[B_i(V_1, O_1, Q_1, \cdots, O_i, Q_i)] + E[F_{n_x+1}(V_{n_x+1})] \tag{5.33}$$

式中：B_i 为 i 时段的收益；F_{n_x+1} 为从 n_x+1 时段到汛末（水库蓄满）的余留效益，它是调度期末水位的函数，邱林和陈守煜[8]通过对长期优化调度最优水位的插值得到调度期末水位，以此保证实时调度能权衡长期与短期的效益。调度期末水位是随机变量，对于每一个可能的水位，对应有一个余留效益，可以通过优化或者模拟得到，理论上来讲，模

拟或者优化的准则同样是一个实时优化控制问题，所以需要逆推（或顺推），为简单起见，这里采用原设计的调度规则进行模拟估算。

约束条件为式（5.24）、式（5.30）、式（5.32），以及

$$O_{\min} \leqslant O_i \leqslant O_c \tag{5.34}$$

式中：O_i 为第 i 时段的出库流量；$O_{\min}$ 为使得水电站满足最小保证出力、航运等要求的最小出库流量。值得指出的是，如果水库水位已经达到临界水位 Z_c，则以确保大坝安全为主，即式（5.34）不再满足。

由此建立了水库防洪风险调度模型。在满足各约束条件的情况下，可根据发电期望效益极大化原则得到下一时刻的水库水位 Z_2（对应库容为 V_2）。采用这个水位，通过预见期以内调度防洪风险，能确保水库防洪标准不会降低，同时能在最不利的情况下，在 n_x+1 时刻将水库水位降到传统的汛限水位以下。因此，其符合预泄能力约束法：有多大泄流能力就将汛限水位上浮多少，且留有一定余地。

5.2.5 水库调洪演算的随机微分方程方法的隔河岩水库应用

以清江隔河岩水库为例，研究洪水预报调度方式下汛限水位调整的风险率。隔河岩水库主汛期现行的汛限水位方案为，6 月 21 日～7 月 31 日为主汛期，汛限水位为 192.2 m。调度规则按两级控泄，库水位在 200.0 m 防洪高水位以下时，控制出库流量小于或者等于 11 000 m^3/s；库水位介于 200.0 m 与最高控泄水位 203.0 m 之间时，控制出库流量小于或者等于 13 000 m^3/s。隔河岩水库按 1 000 年一遇洪水设计，5 000 年一遇洪水校核，校核洪水位为 204.54 m，坝顶高程为 206 m。按同频率放大法放大主汛期 1997 年典型洪水过程，得到 0.02%频率的设计洪水过程线，作为无预报误差时的预报入库洪水过程。

参考技术报告《隔河岩水库汛限水位设计与运用》，隔河岩水库预报方案在率定期的确定性系数 $R^2 = 95.25\%$，在检验期 $R^2 = 92.23\%$。根据 5.2.2 小节推求的洪水过程预报误差与确定性系数的关系，按检验期的确定性系数计算洪水过程相对预报误差的标准差，得 $\sigma = 0.190$，进而得出洪水过程各个时刻的方差 $\sigma_Q^2(t)$，然后由式（5.17）求出水库调洪演算随机微分方程的方差率 $\sigma_V^2(t)$。

采用 Euler 迭代公式求随机微分方程的数值解，得出各汛限水位方案下库水位过程在每个时间节点的分布情况。采用随机微分方程进行调洪演算时，库水位过程不再是一个确定值，而是在均值附近上下波动，且受调度规则的影响，各时刻的水库水位也不一定服从正态分布，如图 5.4 所示，图中的箱子代表库水位在该时间节点的 75%和 25%分位数，表示库水位过程在该时间节点的离散程度。根据可能出现的最大、最小值，统计调洪最高水位超过校核水位和坝顶高程的概率，得到相应的极限风险率和漫坝风险率，见表 5.1。随着汛限水位的抬高，极限风险率呈增加趋势，且在 196.0 m 时增加明显，漫坝风险率则都小于 0.1×10^{-5}。因此，汛限水位可以调整为 194.5 m，极限风险率仅较原汛限水位方案增加 0.2×10^{-5}。

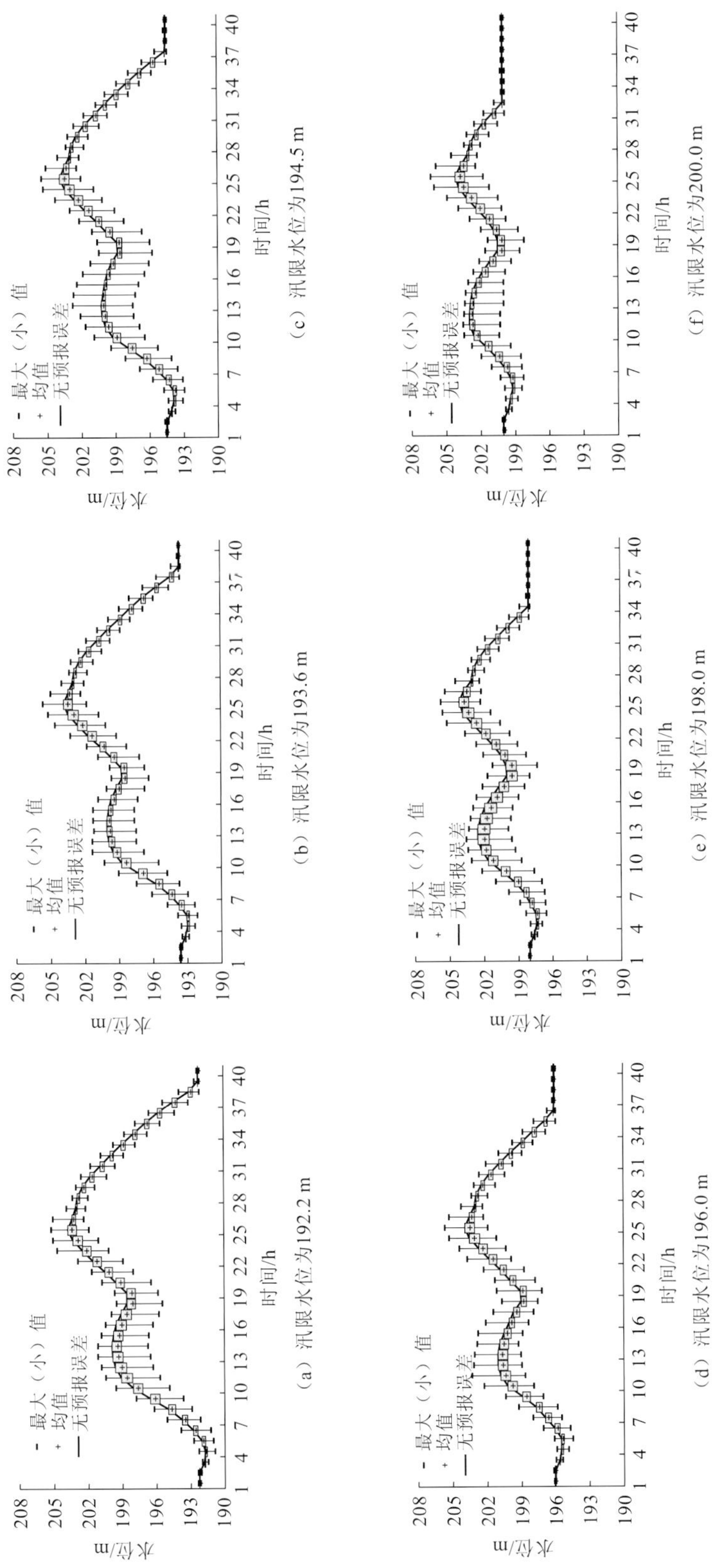

图 5.4　实测预报误差下各汛限水位方案库水位过程的统计箱图

表 5.1　洪水过程预报误差（实测）的风险分析结果

汛限水位/m	极限风险率/10^{-5}	漫坝风险率/10^{-5}
192.2	0.8	<0.1
193.6	1.2	<0.1
194.5	1.0	<0.1
196.0	1.5	<0.1
198.0	2.5	<0.1
200.0	3.3	<0.1

按照洪水预报规范确定洪峰和洪量的预报误差时，其相对误差都服从均值为 0、标准差为 σ 的正态分布。根据 5.2.2 小节的描述，甲等和乙等方案下，σ 分别等于 0.139 和 0.193，按照洪峰和洪量预报误差的处理方法，分别将洪峰和洪量的预报误差转化为带有相应预报误差项的入库洪水过程，共有 4 种情况，如表 5.2 所示。

表 5.2　洪峰和洪量预报误差（规范）风险分析结果

汛限水位/m	预报误差类型							
	甲等+洪峰		乙等+洪峰		甲等+洪量		乙等+洪量	
	极限风险率/10^{-5}	漫坝风险率/10^{-5}	极限风险率/10^{-5}	漫坝风险率/10^{-5}	极限风险率/10^{-5}	漫坝风险率/10^{-5}	极限风险率/10^{-5}	漫坝风险率/10^{-5}
192.2	5.5	0.6	8.4	2.4	5.6	1.8	7.0	3.4
193.6	6.2	0.8	9.0	2.7	5.5	2.3	6.8	3.7
194.5	6.3	0.8	9.2	2.6	5.3	2.1	6.4	3.7
196.0	6.4	0.7	9.2	2.7	6.2	2.4	7.2	3.9
198.0	7.1	1.0	9.8	2.9	7.1	2.2	7.9	3.8
200.0	9.8	1.7	12.1	4.0	7.4	2.4	8.1	4.0

随机模拟上述组合各 2 000 次，调洪演算相应的入库洪水，得到调洪最高水位和最大下泄流量，统计极限风险率和漫坝风险率，结果列于表 5.2 中。随着预报精度的降低，极限风险率和漫坝风险率会有较大幅度的增加，因此，尽管乙等预报精度方案可以用于实时调度中，但水库的安全将可能受到更大的挑战，这也说明了洪水预报精度在水库防洪调度中的重要性。相比于原汛限水位方案，两种预报精度下，194.5 m 方案的极限风险率和漫坝风险率没有明显增加。

按照洪水预报规范的规定，甲等预报精度对应的确定性系数为 0.90～1.0，乙等预报精度的确定性系数为 0.70～0.90，分别取 $R^2 = 0.90$ 和 $R^2 = 0.70$ 代表甲等与乙等洪水预报精度。根据 5.2.2 小节推导的洪水过程的预报误差与确定性系数的关系，按式（5.13）计算甲等和乙等预报精度方案校核洪水过程相对预报误差的标准差，得 σ 分别等于 0.215 和 0.373，进而由入库洪水过程得出各个时刻的方差 $\sigma_Q^2(t)$，然后根据式（5.17）求出水库调洪演算随机微分方程的方差率 $\sigma_V^2(t)$。

采用 Euler 迭代公式求随机微分方程的数值解，得出库水位过程在每个时刻的分布情况，本节仅给出了甲等预报精度下各汛限水位方案库水位过程的统计箱图，见图 5.5。

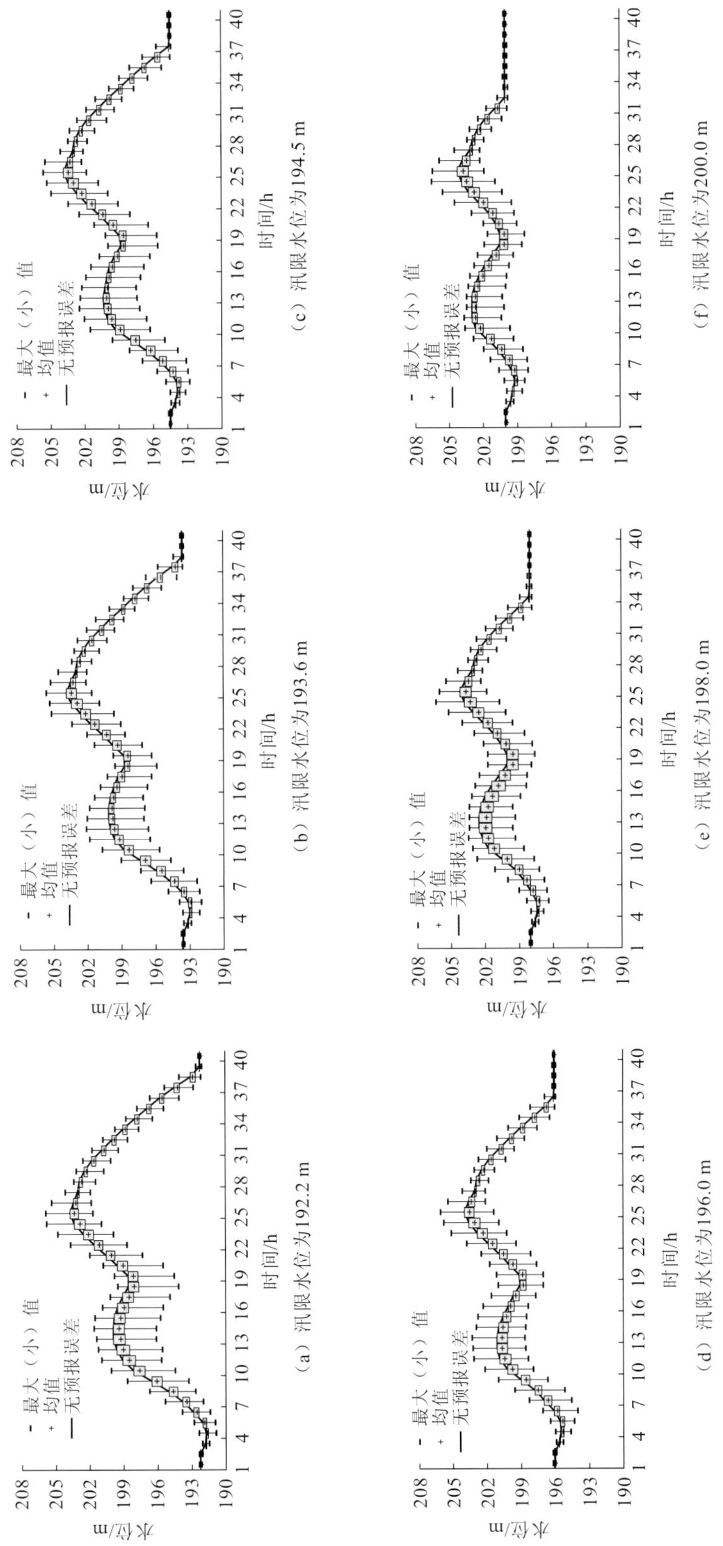

图 5.5　甲等预报精度下各汛限水位方案库水位过程的统计箱图

可以看出，调洪最高水位近似服从正态分布。统计两种预报精度下汛限水位调整的极限风险率和漫坝风险率，结果列于表 5.3 中。同样，预报精度对水库安全的影响要大于汛限水位调整的影响；两种预报精度下，汛限水位为 194.5 m 方案的极限风险率和漫坝风险率较原汛限水位方案没有明显变化，因此，该方案可行。

表 5.3　洪水过程预报误差（规范）的风险分析结果

汛限水位/m	甲等		乙等	
	极限风险率/10^{-5}	漫坝风险率/10^{-5}	极限风险率/10^{-5}	漫坝风险率/10^{-5}
192.2	1.3	<0.1	4.8	0.5
193.6	1.8	<0.1	5.1	0.6
194.5	1.5	<0.1	5.5	0.6
196.0	2.2	<0.1	6.3	0.8
198.0	3.3	<0.1	7.2	1.0
200.0	4.1	0.1	7.2	1.1

本节根据洪水预报误差的两种处理方式（即基于实测资料和基于洪水预报规范），通过随机模拟法和水库调洪演算的随机微分方程，分析了隔河岩水库汛限水位调整的风险，重点分析了考虑预报误差后汛限水位调整为 194.5 m 方案的合理性，现将结果汇总于表 5.4 中。考虑预报误差的影响，两种汛限水位方案的风险率都有不同程度的增加，且随着预报精度的降低，这种增加变得明显，体现了洪水预报精度在水库防洪调度中的重要性。无论采用哪种处理方式，调整后汛限水位方案的极限风险率和漫坝风险率较原方案都没有明显增加，说明拟定的汛限水位方案是合理的。

表 5.4　洪水预报误差的风险分析结果汇总

预报误差处理方法		预报误差类型	汛限水位为 192.2 m		汛限水位为 194.5 m	
			极限风险率/10^{-5}	漫坝风险率/10^{-5}	极限风险率/10^{-5}	漫坝风险率/10^{-5}
基于实测资料		洪峰	5.4	0.1	6.0	0.2
		洪量	2.8	0.2	2.8	0.4
		洪峰+洪量	5.6	0.5	6.2	0.8
		洪水过程	0.8	0.0	1.0	0.0
基于洪水预报规范	甲等	洪峰	5.5	0.6	6.3	0.8
		洪量	5.6	1.8	5.3	2.1
		洪水过程	1.3	0.0	1.5	0.0
	乙等	洪峰	8.4	2.4	9.2	2.6
		洪量	7.0	3.4	6.4	3.7
		洪水过程	4.8	0.5	5.5	0.6

对极限风险率而言，洪峰预报误差的影响最大，对汛限水位为 194.5 m 的方案来说，基于实测资料的极限风险率为 6.0×10^{-5}，甲等和乙等预报精度的极限风险率分别为 6.3×10^{-5} 和 9.2×10^{-5}；其次是洪量的预报误差，极限风险率分别为 2.8×10^{-5}、5.3×10^{-5} 和 6.4×10^{-5}；最后是洪水过程的预报误差，极限风险率分别为 1.0×10^{-5}、1.5×10^{-5} 和 5.5×10^{-5}。而对于漫坝风险率，则是洪量预报误差的影响最大，漫坝风险率分别为 0.4×10^{-5}、2.1×10^{-5} 和 3.7×10^{-5}；其次是洪峰的预报误差，漫坝风险率分别为 0.2×10^{-5}、0.8×10^{-5} 和 2.6×10^{-5}；最后是洪水过程的预报误差，漫坝风险率在乙等预报精度下为 0.6×10^{-5}。基于预报规范确定预报误差分布规律时，由于缺乏洪峰和洪量预报误差的相关性资料，无法求得两者的联合分布，不能综合考虑两者对防洪风险的影响。基于实测资料综合考虑洪峰和洪量预报误差的影响，其极限风险率与仅考虑洪峰预报误差时接近，而漫坝风险率较单独考虑洪峰和洪量预报误差时有较大程度增加。这些现象表明，对隔河岩水库这些调节能力较大的水库而言，对水库安全起决定性作用的是洪量，尽管洪峰也会对防洪安全产生一定威胁，但通过水库的调蓄作用，这种威胁会大大降低。

5.2.6　两阶段决策三峡水库应用

1. 三峡水库围堰发电期

三峡水库在 2003～2006 年为围堰发电期，此时水库水位最低为 133.0 m，保堰水位（100 年一遇）为 139.8 m，下游安全行洪流量为 56 700 m^3/s，汛期一般控制水位在 134.9～135.4 m 运行。水库每年都会增加一定的发电机组，其中 2006 年共装机 14 台，洪水调度采用预泄和超蓄调度方式，超蓄水位最高控制为 138.0 m。在汛期，三峡水库的防洪、兴利效益矛盾必将异常突出，而汛限水位是协调这一矛盾的焦点。如何在充分保证防洪安全的基础上，增大水库的发电、航运效益，是一个值得研究的课题。这里以三峡水库 2006 年的汛期调度为例，探讨其防洪风险调度。

对于三峡水库围堰发电期的调度，可分为正常调度方式和非正常调度方式：①当沙市水位不超过规划防御水位 45.0 m（对应的流量为 56 700 m^3/s）时，采用正常调度方式。该方式下，原则上维持水位在 135.0 m 运行，并允许水位在 134.9～135.4 m 波动。②当沙市水位超过规划防御水位 45.0 m 时，采用非正常调度方式，即根据实际需要，适当利用超蓄库容起到滞洪调峰作用。2003 年和 2004 年汛期，三峡水库只能实行预泄方式，预泄最低水位为 133.0 m；2005 年和 2006 年可实行预泄及超蓄方式，2005 年的超蓄水位为 137.0 m，2006 年为 138.0 m。

2. 实时调度防洪风险率分析

由于没有历史预报流量资料，设相对误差服从正态分布，并且均值为 0，由流量预报误差统计表，利用式（5.12）或式（5.13）估计各个时段的预报相对误差的方差值，得到的结果如表 5.5 所示，从结果来看，两种方法估计出来的方差相差不大，这里取它们的均值。

表 5.5　宜昌站流量的预报相对误差的方差估计表

预报长度	1 d	2 d	3 d
平均相对误差/%	4.3	5.8	8.1
由平均相对误差估计方差	0.053 9	0.072 7	0.101 5
保证率为 90%的相对误差/%	9.6	13.7	18.5
由保证率估计方差	0.058 4	0.083 3	0.112 5

利用可变遗忘因子递推最小二乘法在调度过程中不断地修正自回归系数 a_1 的值，图 5.6 展示了 1998 年汛期自回归系数 a_1 的变化。可以看出，如果流量过程为涨水过程，一般 a_1 大于 1；而如果流量过程为退水过程，那么 a_1 小于 1。同样，涨幅越大，自回归系数 a_1 变化越大。

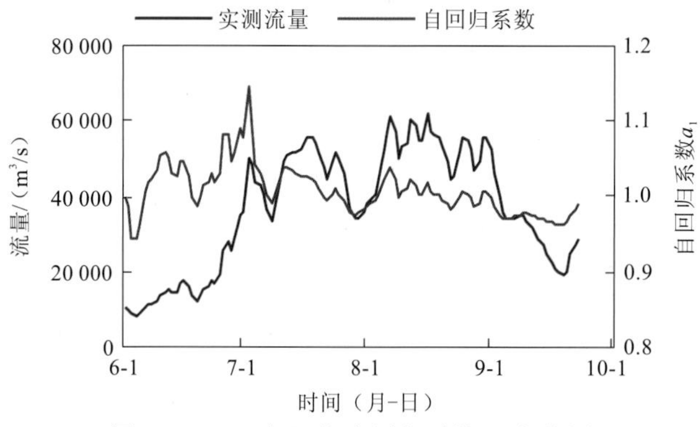

图 5.6　1998 年汛期自回归系数 a_1 变化图

采用调度规则进行水库调节计算，然后可以通过式（5.23）～式（5.29）估计实时调度的防洪风险率。得到的 1998 年汛期实时调度防洪风险率如图 5.7 所示，由图 5.7 可知：①前汛期和后汛期来水较小，防洪风险率趋于 0；②洪峰越大，防洪风险率越大；③虽然在确定性水库调洪中，最高洪水位为 135.2 m，但最大防洪风险率仍高达 0.221，说明预报不确定性可能对水库安全造成较大的影响。究其原因，是因为围堰发电期的三峡水库库容相当有限，径流调节系数较小，预报精度对于水库防洪非常重要。

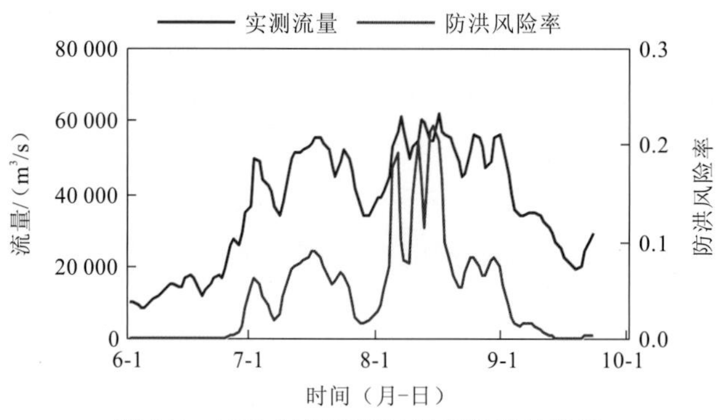

图 5.7　1998 年汛期实时调度防洪风险率

由于三峡水库在围堰发电期没有设置防洪高水位，为了安全起见，这里采用最高超蓄水位（138.0 m）代替，设对应的防洪标准为 100 年一遇，同时将下游安全行洪流量作为下泄流量建立水库防洪风险调度模型。

3. 三峡水库汛限水位动态控制域

在水库风险调度过程中，假定任意时段可接受的风险相等，调度只能从统计意义上确保水库防洪标准不降低。然而，对于某一特定设计洪水，却有可能不能保证水库达到原设计防洪标准，为了安全起见，有必要采用汛限水位动态控制域的概念。汛限水位动态控制域的确定主要是调度规划设计阶段的任务。为了防止出现“保证下游防洪安全而减少下泄流量，导致汛限水位过于降低”和“增加兴利蓄水而过于抬高汛限水位”的现象，有必要研究设计允许的动态控制的汛限水位的范围（即汛限水位动态控制域），并将其作为实时调度阶段的汛限水位动态控制的约束。上述两种现象都有增加水库的防洪风险和减少兴利效益的可能，因此安全、经济、合理地确定一个汛限水位动态控制域具有重要的理论和实际意义。

改进预泄能力约束法是常用的利用预报信息的动态控制域的确定方法，其简单可行，但在有效预泄时间的取值上，存在较大的主观性；实际洪水过程一般随着降雨过程变化、发展，实际中预见洪峰出现，必须一直等到洪峰出现以前降雨停止的时间，才能较为准确地得知洪水的大小与量级；同时，对于预泄流量，一般取最大安全流量，这样弃水量可能较大，因而在实际操作中，在预报不够确切的情况下，一般不会采用这个极限流量下泄。规划设计的动态控制域是在采用最大安全流量下泄的情况下得到的，而实际操作中在洪水的初期一般不会按照这个流量下泄，这就给防洪安全带来了隐患。

根据水库防洪风险调度模型，汛限水位动态控制域可以定义为，使用水库防洪风险调度规则，水库可以在洪水到来前降低至汛限水位，或者与原设计汛限水位相比，其水库水位及下泄流量均不比原设计恶劣的最高水位，数学描述如下。

目标函数：

$$\max\ Zx_i \quad (i=1,2,\cdots,m_r) \tag{5.35}$$

约束条件：

$$R_{fi} \leqslant R_{f0i} \quad (i=1,2,\cdots,n_r) \tag{5.36}$$

式中：m_r 为洪水起涨以前（可采用超过下游安全流量的入库时间点）的时段；n_r 为整个调度时段长度；R_{fi} 为采用防洪风险调度模型调度的风险指标（这里采用确定性的水库最高水位及最大下泄流量）；R_{f0i} 为原设计汛限水位下调度的风险指标。

因此，汛限水位动态控制域可通过调度各设计洪水来确定，如果水库最高水位及最大下泄流量等风险指标均不大于原设计汛限水位方案，则在洪水起涨以前的调度过程的上限水位值可以认为是汛限水位动态控制域。

采用上述防洪风险调度模型，设定不同的最高汛限水位值，对各典型设计洪水及保堰洪水进行调度，并与原设计汛限水位调度结果进行比较，得到的计算结果如表 5.6 所示，可以看出，汛限水位动态控制域可选为 137.0 m，这样在各典型年均可比原设计汛限水位方案安全。因此，在此域以内进行动态控制，可确保调度设计洪水时，较原设计方案不会增加防洪风险。这样，调度不仅仅从统计意义上不会降低防洪标准，而且对各特定设计洪水也不会降低标准。

表 5.6　水库汛限水位动态控制域结果比较表

标准	典型年	控制域/m	最大下泄流量/（m^3/s）		水库最高水位/m	
			原设计	风险调度	原设计	风险调度
设计洪水（5%）	1954	137.40	63 053	58 900	138.00	138.00
	1981	137.26	68 994	68 994	138.00	138.00
	1982	137.51	69 200	67 294	138.00	138.00
	1998	137.39	66 979	66 979	138.00	138.00
保堰洪水（1%）	1954	137.10	72 375	72 375	138.00	138.00
	1981	137.02	83 160	83 160	138.15	138.15
	1982	137.15	83 160	82 044	138.10	138.00
	1998	137.15	83 160	78 938	138.51	138.00

4. 三峡水库汛限水位动态控制

采用实时防洪风险调度模型，在汛限水位动态控制域内进行风险调度，即水库汛限水位动态控制。用实测值代替预报均值，加入预报误差，选用 1882～2001 年共 120 年宜昌站汛期日流量资料进行模拟调度分析，表 5.7 摘录了 1998 年汛期汛限水位动态控制的部分结果，最后可以得出以下几点结论。

（1）在来水较小的情况下，结合预见期长度为 3 d 的水文预报，完全可以将水位动态地抬高到 135.0 m 以上运行。但是受汛限水位动态控制域、防洪风险率及调度期末水位的约束，并不是将水位抬高到最高水位运行，而是留有一定的余地。当面临较大的洪水时，会进行一定的预泄（如 7 月 2 日左右），预泄流量也并不是直接采用下游安全行洪流量，而是根据可能出现的防洪风险来进行调节。

（2）当预报洪峰来临时（7 月 2 日），水库低水位运行，以预留较大的库容来防洪；在洪水末期（7 月 4 日），水库利用退水部分适当抬高水位来增大发电效益，即调度善于抓“汛尾巴”。同时，由防洪风险率一栏可知，每次调度都能将防洪风险控制在可接受水平以内（这里可接受风险率为 2.46×10^{-4}）。

（3）采用动态控制方式运行，1998 年汛期累积发电量为 214.21×10^{8} kW·h，而对应的原设计调度方式为 205.38×10^{8} kW·h，发电量增加了 4.3%。

表 5.7　1998 年汛期汛限水位动态控制结果摘录表

时间（月-日）	入库流量 /（m^3/s）	出库流量 /（m^3/s）	水库水位 /m	水库库容 /（10^8 m^3）	出力 /（10^4 kW）	防洪风险率
…	…	…	…	…	…	…
6-28	25 200	24 692	135.90	132.755	815.203	2.45×10^{-4}
6-29	28 500	29 198	137.00	133.194	800.689	1.39×10^{-4}
6-30	34 500	36 736	136.87	132.591	768.364	2.46×10^{-4}
7-1	35 900	46 785	136.45	130.659	705.865	2.46×10^{-4}
7-2	49 600	46 725	134.34	121.254	693.733	1.71×10^{-4}
7-3	48 600	45 439	134.94	123.738	709.474	2.45×10^{-4}
7-4	43 400	40 206	135.54	125.469	740.939	2.45×10^{-4}
7-5	42 400	41 449	136.14	129.229	742.877	8.20×10^{-5}
7-6	40 500	40 098	136.32	130.050	750.507	2.45×10^{-4}
7-7	36 700	35 896	136.39	130.398	768.085	8.20×10^{-5}
…	…	…	…	…	…	…
合计					80 329.31	

采用动态控制方式模拟 1882～2001 年资料，三峡水库汛期平均发电量为 225.083 $\times10^8$kW·h，而对应的原设计调度方式为 217.501$\times10^8$kW·h，发电量增加了 3.49%。荆江大堤风险率（下泄流量超过荆江河道安全行洪流量的频率）由原设计的 0.154%减小到 0.084%。可见，通过水库汛限水位实时动态控制，不仅可以降低洪灾风险，而且可以显著增加经济效益。

5.3　基于两阶段的水库群防洪风险计算方法

本节拟提出可应用于水库群系统的两阶段洪水风险识别方法，但水库群各水库的水文预报信息精度不同、预见期长短不匹配、水库间河道洪水演进存在滞时、水库调节性能和水面线特性等存在差异，会导致水库群预报调度信息的综合利用有一定的难度。图 5.8 给出了基于两阶段风险分析的水库群汛期运行水位动态控制的技术路线图。图 5.9 为两水库组成的梯级水库群系统，两水库的预见期长短不匹配，因此，在这种情境下如何应用基于两阶段的洪水风险识别方法是本节所关注的关键问题。

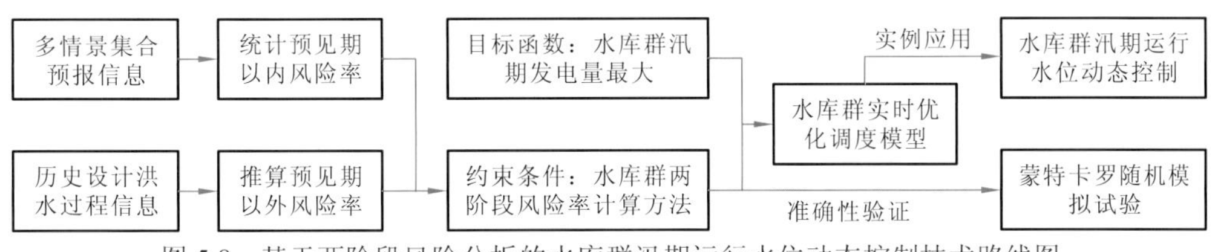

图 5.8　基于两阶段风险分析的水库群汛期运行水位动态控制技术路线图

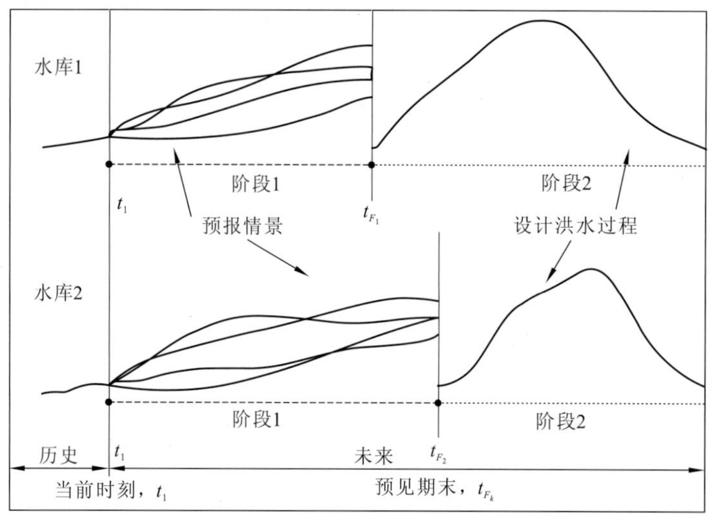

图 5.9　基于两阶段的两水库洪水风险识别示意图

预见期以内（阶段 1）的防洪风险可通过统计若干组径流预报过程中水库发生洪水风险的次数所占的比例来计算[9-10]，预见期以外（阶段 2）的防洪风险则通过对水库设计洪水进行调洪演算来推求[11-12]，而水库总防洪风险则由这两阶段的风险组成。该研究思路的创新点在于不仅考虑了预见期以内的防洪风险，而且考虑了预见期以外的防洪风险。需要说明的是，针对水库群系统中各水库预见期长度不匹配的问题，已有研究[13]中采用的做法是“取短”，即依据预见期长度最短的水库，截取使用其他水库的部分预报信息，以使各水库实际利用的预报信息长度一致，但该研究思路中存在部分水库的预报信息未能得到完全利用的局限性。本节所提出的水库群两阶段风险率计算方法根据存在水力联系的相邻水库之间预见期长度的差异，选择相应的不同起始时刻的典型设计洪水过程，也就是相邻水库设计洪水过程开始的时间间隔应与预见期长度的差异相匹配，从而实现各水库不同预见期长度信息的充分利用。

5.3.1　预见期以内防洪风险

若水库出库流量超过下游允许泄量这一阈值，或者水库上游水位超过水位阈值，则可将此事件定义为水库防洪有风险。因此，定义预见期以内水库防洪风险率有两种方式，将下游允许泄量作为判别条件或将水库上游水位阈值作为判别条件。基于若干组径流预报情景，预见期以内的水库群防洪风险计算如式（5.37）所示。

$$
\begin{aligned}
R_{\mathrm{S1}} &= P\left\{\bigcup_{k=1}^{n_1}(r^k > \mathrm{threshold}_k)\right\} \\
&= P\left\{\bigcup_{k=1}^{n_1}\left[\frac{\sum_{i_k=1}^{M_k}\#(r_{i_k,t}^k > \mathrm{threshold}_k, \forall t = t_1, t_2, \cdots, t_{F_k})}{M_k}\right]\right\}
\end{aligned}
\tag{5.37}
$$

$$\#(r_{i_k,t}^k > \text{threshold}_k, \forall t = t_1, t_2, \cdots, t_{F_k}) = \begin{cases} 1, & r_{i_k,t}^k > \text{threshold}_k, \forall t = t_1, t_2, \cdots, t_{F_k} \\ 0, & \text{其他} \end{cases} \tag{5.38}$$

式中：n_1 为水库群系统中水库个数；M_k 为第 k 个水库径流预报过程的情景个数（$k=1,2,\cdots,n_1$）；threshold_k 为第 k 个水库风险事件发生与否的判断阈值（即水库下游允许泄量 Q_{ck} 或水库上游水位阈值 Z_{ck}）；t_{F_k} 为水库预见期长度。$\#(r_{i_k,t}^k > \text{threshold}_k, \forall t = t_1, t_2, \cdots, t_{F_k})$ 为第 i_k 个情景的二项式分布[式（5.38）]，即如果第 k 个水库的第 i_k 个径流预报情景存在任意时刻的 $r_{i_k,t}^k$（水库下游泄量 $Q_{i_k,t}^k$ 或水库上游水位 $Z_{i_k,t}^k$）超过相应的阈值，该式的值取为 1，否则该式的值取为 0（即使同一情景内洪水风险事件发生次数多于 1 次，该式的值仍取为 1）。$\sum_{i_k=1}^{M_k} \#(r_{i_k,t}^k > \text{threshold}_k, \forall t = t_1, t_2, \cdots, t_{F_k})$ 用来统计发生 $r_{i_k,t}^k$ 超过阈值 threshold_k 的情景数。

5.3.2　预见期以外防洪风险

阶段 2 为预见期以外的未来调度时段，该阶段的水库防洪风险虽然难以估计，但仍应考虑在水库总防洪风险计算之内。本节采用对设计洪水进行调洪演算的方法来计算预见期以外的水库群防洪风险，如图 5.9 所示。假设第 k 个水库在预见期末 t_{F_k} 时刻的水库水位 $Z_{i_k,t_{F_k}}^k$ 与预见期以外调度时段内即将发生的洪水事件独立。预见期以外的水库群防洪风险率如式（5.39）所示：

$$\begin{aligned} R_{\text{S2}} &= \sum_{i_{n_1}=1}^{M_{n_1}} \sum_{i_{n_1-1}=1}^{M_{n_1-1}} \cdots \sum_{i_1=1}^{M_1} R(Z_{i_1,t_{F_1}}^1, Z_{i_2,t_{F_2}}^2, \cdots, Z_{i_{n_1},t_{F_{n_1}}}^{n_1}) P(Z_{i_1,t_{F_1}}^1, Z_{i_2,t_{F_2}}^2, \cdots, Z_{i_{n_1},t_{F_{n_1}}}^{n_1}) \\ &= \frac{\sum_{i_{n_1}=1}^{M_{n_1}} \sum_{i_{n_1-1}=1}^{M_{n_1-1}} \cdots \sum_{i_1=1}^{M_1} R(Z_{i_1,t_{F_1}}^1, Z_{i_2,t_{F_2}}^2, \cdots, Z_{i_{n_1},t_{F_{n_1}}}^{n_1})}{\prod_{k=1}^{n_1} M_k} \end{aligned} \tag{5.39}$$

式中：$Z_{i_k,t_{F_k}}^k$ 为第 k 个水库在第 i_k 个径流预报情景的预见期末 t_{F_k} 时刻的水库水位；$P(Z_{i_1,t_{F_1}}^1, Z_{i_2,t_{F_2}}^2, \cdots, Z_{i_{n_1},t_{F_{n_1}}}^{n_1})$ 为系统中各水库预见期末水位组合为 $Z_{i_1,t_{F_1}}^1, Z_{i_2,t_{F_2}}^2, \cdots, Z_{i_{n_1},t_{F_{n_1}}}^{n_1}$ 的概率，且 $P(Z_{i_1,t_{F_1}}^1, Z_{i_2,t_{F_2}}^2, \cdots, Z_{i_{n_1},t_{F_{n_1}}}^{n_1})$ 的取值通常可取为等概率 $1\Big/\prod_{k=1}^{n_1} M_k$，即将各水库预见期末水位组合情景均视为等概率事件；$R(Z_{i_1,t_{F_1}}^1, Z_{i_2,t_{F_2}}^2, \cdots, Z_{i_{n_1},t_{F_{n_1}}}^{n_1})$ 为以水库水位组合 $Z_{i_1,t_{F_1}}^1, Z_{i_2,t_{F_2}}^2, \cdots, Z_{i_{n_1},t_{F_{n_1}}}^{n_1}$ 起调、水库群恰好发生防洪风险事件的洪水概率，可通过水库调洪演算获得。

5.3.3　水库群总防洪风险

水库群总防洪风险率为预见期以内和预见期以外两阶段防洪风险率的集合，则水库群总防洪风险率如式（5.40）所示。

$$
\begin{aligned}
R_{\mathrm{TS}} &= R_{\mathrm{S1}} + P(R_{\mathrm{S2}} \mid \overline{R}_{\mathrm{S1}}) \\
&= P\left\{ \bigcup_{k=1}^{n_1} \left[\frac{\sum_{i_k=1, i_k \in T_k}^{M_k} \#(r_{i_k,t}^k > \mathrm{threshold}_k, \forall t = t_1, t_2, \cdots, t_{F_k})}{M_k} \right] \right\} \\
&+ \frac{\sum_{i_{n_1}=1, i_{n_1} \notin T_{n_1}}^{M_{n_1}} \sum_{i_{n_1-1}=1, i_{n_1-1} \notin T_{n_1-1}}^{M_{n_1-1}} \cdots \sum_{i_1=1, i_1 \notin T_1}^{M_1} R(Z_{i_1,t_{F_1}}^1, Z_{i_2,t_{F_2}}^2, \cdots, Z_{i_{n_1},t_{F_{n_1}}}^{n_1})}{\prod_{k=1}^{n_1} M_k}
\end{aligned}
\tag{5.40}
$$

式中：T_k 为第 k 个水库在预见期以内发生防洪风险事件（即水库下游泄量 $Q_{i_k,t}^k$ 或者水库上游水位 $Z_{i_k,t}^k$ 超过相应的阈值）的径流预报情景集合。

需要说明的是，上述所提出的水库群两阶段防洪风险率是年尺度内防洪风险事件的概率，且与水库自身的防洪标准有关（如预见期以外的水库防洪风险计算）。因此，将上述水库群总防洪风险率的计算方法应用于水库调度过程中应以水库群自身的防洪标准为水库群防洪风险率的约束上限值。

5.3.4 基于蒙特卡罗法验证两阶段风险率计算方法

蒙特卡罗法简单、易操作，被广泛用于在数值实验中生成大量的随机输入样本数据[13]。本小节基于蒙特卡罗法提出验证水库群两阶段风险率计算方法可行性的研究思路，如图 5.10 所示。思路框图具体可分为以下两个步骤：①水库群系统随机入库径流情景的产生；②与传统风险率方法对比验证水库群两阶段风险率计算方法的可行性。

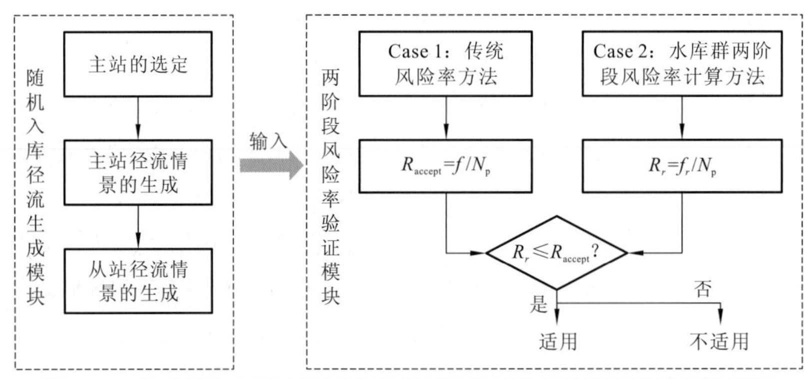

图 5.10　基于蒙特卡罗法验证水库群两阶段风险率计算方法的思路框图

1. 随机入库径流情景的产生

针对水库群系统，采用一种多站径流随机模拟的方法产生各水库的入库径流情景[14-16]，开展思路如下。

（1）主站的选定。对于需要开展多站径流随机模拟的系统，主站是需要首先确定的，而主站一般应选取水库群系统中具有较大流域控制面积的站点，通常是水库群系统下游的主要防洪控制站点[17]；水库群系统中除主站以外的站点统称为从站。

（2）主站径流情景的生成。具体的步骤为：首先根据主站的频率分布特征参数，随机生成 N_{p} 组洪峰或者洪量设计值；然后从主站的历史径流中随机抽取相应的 N_{p} 组典型洪水过程，根据给定的 N_{p} 组洪峰或洪量设计值生成设计洪水过程情景，作为主站的 N_{p} 组径流情景。

主站的 N_{p} 组径流情景的生成方法与推求设计洪水过程的思路相似，本小节采用常用的同倍比放大方法。主站在第 j 个情景中的放大倍比系数 $K_{\mathrm{main},j}$ 为

$$K_{\mathrm{main},j}=\frac{W_j^{\mathrm{D}}}{W_j^{\mathrm{O}}} \tag{5.41}$$

式中：W_j^{D} 为第 j 个情景最大 x 日设计洪量值；W_j^{O} 为第 j 个情景最大 x 日典型洪量值。x 选取为 1、3、5、7 等。

（3）从站径流情景的生成。为考虑水库群系统中各水库入库径流之间的遭遇关系，从站选取的径流情景相应于主站抽取的 N_{p} 组典型洪水过程，如主站若抽取出 1978 年洪水过程，则从站也相应挑选 1978 年的径流资料作为径流输入情景，然后采用相同的方法推求设计洪水径流情景过程。

2. 水库群两阶段风险率的验证思路

设置两个对比方案用于验证上述提出的水库群两阶段风险率计算方法。

（1）Case 1：传统风险率方法。径流情景为 N_{p} 组，常规调度过程中水库发生防洪风险失事的次数为 f。因此，传统风险率方法计算的洪水风险率为 f/N_{p}。需要说明的是，该风险率应该与水库群系统的防洪标准相匹配，记为 $R_{\mathrm{accept}}=f/N_{\mathrm{p}}\times 100\%$。

（2）Case 2：水库群两阶段风险率计算方法。根据式（5.37）～式（5.40）可计算基于两阶段的水库群洪水风险率，若将根据两阶段洪水风险率约束开展的调度过程（如以两阶段洪水风险率为约束推求水库调度决策）中水库因防洪风险失事的次数记为 f_r，则水库群调度实际洪水风险率为 $R_r=f_r/N_{\mathrm{p}}\times 100\%$。

（3）若 $R_r\leqslant R_{\mathrm{accept}}$，则所提出的水库群两阶段洪水风险率计算方法是适用的，因为依据水库群两阶段洪水风险率约束所做出的调度决策没有增加水库群系统的风险，换言之，基于两阶段的水库群洪水风险率计算方法没有低估风险。

3. 验证结果

在安康-丹江口两库系统中，选取流域下游控制站皇庄站为主站，安康水库和丹江口水库则分别命名为从站 1 和从站 2。随机模拟的径流情景数设置为 $N_{\mathrm{p}}=10\,000$，从皇庄站的频率曲线中随机抽取典型年洪水过程，选取最大 7 日洪量值推求放大倍比系数。然后，以皇庄站最大 7 日洪量为放大倍比系数的基准，用流域面积比确定从站安康水库、

丹江口水库及丹江口水库-皇庄站区间径流的放大倍比系数，推求水库群系统各从站的设计洪水过程。表 5.8 为径流情景随机模拟的统计参数和相对误差结果。

$$K_j = K_{\mathrm{HZ}} \cdot \frac{A_j}{A_{\mathrm{HZ}}} \tag{5.42}$$

式中：K_{HZ} 为皇庄站最大 7 日洪量值放大倍比系数；A_{HZ} 为皇庄站对应的流域控制面积；A_j 为从站 j 对应的流域控制面积；K_j 为从站 j 对应的放大倍比系数。

表 5.8　径流情景随机模拟的统计参数和相对误差

站点	统计参数	实测系列	模拟系列	相对误差/%
皇庄站（主站）	Ex/（10^8 m^3）	60.4	56.0	−7.28
	C_V	0.600	0.595	−0.83
	C_S	1.200	1.186	−1.17
安康水库	Ex/（10^8 m^3）	16.0	14.8	−7.50
	C_V	0.770	0.760	−1.30
	C_S	1.848	1.580	−14.50
丹江口水库	Ex/（10^8 m^3）	37.5	33.6	−10.40
	C_V	0.720	0.643	−10.69
	C_S	1.440	1.460	1.39
丹江口水库-皇庄站区间径流	Ex/（10^8 m^3）	13.0	11.1	−14.62
	C_V	0.980	0.969	−1.12
	C_S	1.960	2.050	4.59

在传统风险率方法（Case 1）中，R_{accept} 经统计为 $f / N_{\mathrm{p}} = 100/10\,000 = 1\%$（本节中依据安康-丹江口两库系统防洪标准选取的可接受洪水风险为 1%)；而基于两阶段风险率计算方法（Case 2）可计算得到 $R_r = f_r / N_{\mathrm{p}} = 97/10\,000 = 0.97\%$。因此，$R_r \leqslant R_{\mathrm{accept}}$，说明将水库群两阶段风险率计算方法作为约束条件所做出的调度决策并没有增加洪水风险，换言之，所提出的基于两阶段的洪水风险率计算方法没有低估风险。

5.3.5　研究实例——安康-丹江口两库系统

1. 预见期以内径流情景的产生

由于径流资料长度有限、预报模型存在结构误差、参数不确定性等因素，径流情景预报均存在一定的不确定性，而本章的侧重点在于水库群两阶段风险率思想的提出。因此，预见期以内的径流情景直接采用一种简单的径流情景生成方法来产生，具体思路如下[7]：①假设入库径流的预报相对误差为ε，且ε服从正态分布，通常该分布中的均值取为 0，预报情景相对误差主要取决于方差；②在水库群系统的长系列径流资料中随机抽取水库的入库实测径流过程，并以此为基准，记实测径流量为Q_{ob}；③预报径流情景则可以通过在实测历史径流过程叠加预报相对误差来生成，即$Q_f' = Q_{ob} \times (1+\varepsilon)$。

以安康-丹江口两库系统为例，安康水库的 6 h 入库预报相对误差为$\sigma_{AK}^2=0.038$[18]，丹江口水库的 12 h 入库预报相对误差为$\sigma_{DJK}^2=0.021$[19]。

2. 预见期以外风险率的计算

针对安康-丹江口两库系统，预见期以外的风险率计算式[式（5.39）]可简化为

$$R_{S2} = \sum_{i_2=1}^{M_2}\sum_{i_1=1}^{M_1} R(Z_{i_1,t_{F_1}}^1, Z_{i_2,t_{F_2}}^2) P(Z_{i_1,t_{F_1}}^1, Z_{i_2,t_{F_2}}^2) = \frac{\sum_{i_2=1}^{M_2}\sum_{i_1=1}^{M_1} R(Z_{i_1,t_{F_1}}^1, Z_{i_2,t_{F_2}}^2)}{M_1 \times M_2} \tag{5.43}$$

式中：M_1为安康水库的径流情景数；M_2为丹江口水库的径流情景数（本节中设置$M_1 = M_2 = 100$，即水库群系统的总情景数为 10 000）；$Z_{i_1,t_{F_1}}^1$和$Z_{i_2,t_{F_2}}^2$分别为安康水库、丹江口水库在预见期末的水库水位。$R(Z_{i_1,t_{F_1}}^1, Z_{i_2,t_{F_2}}^2)$可通过对水库群系统设计洪水进行调洪演算推求得到。

如图 5.11 所示，为了降低实时防洪调度模型的计算量，R_{S2}与安康水库、丹江口水库预见期末水位组合$(Z_{i_1,t_{F_1}}^1, Z_{i_2,t_{F_2}}^2)$的关系是预先计算储存的；安康水库预见期末水位值的变幅范围为 305.0～330.0 m，而丹江口水库预见期末水位值的变幅范围为 155.0～170.0 m。

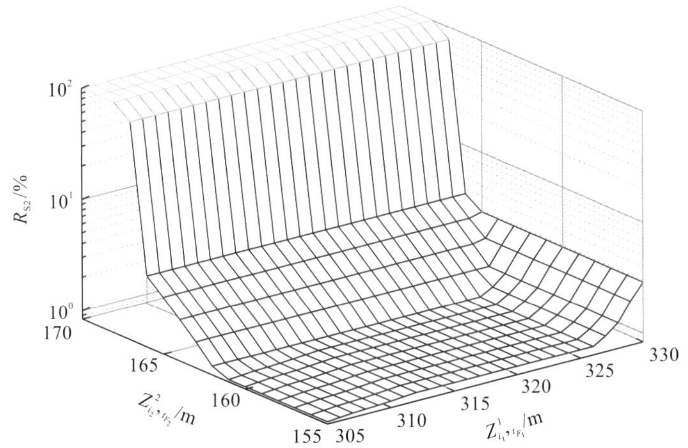

图 5.11　水库群系统预见期以外风险率与预见期末水库水位的关系

实时优化调度方案中各水库的决策表现呈现出如下规律：当来水量较小时，各水库通过给出增大出流的调度决策来增加发电量（如 6 月 21 日～7 月 16 日或 7 月 31 日～8 月 20 日）；而当来水量较大时，各水库通过增加水库发电水头（水库水位）的调度决策来增加发电量（如 7 月 16～31 日）。

5.4 本章小结

本章针对水库群汛期运行水位动态风险控制问题进行探究。首先，将未来的汛期调度时段以预见期末为节点划分为预见期以内和预见期以外两个阶段，分别叙述了单水库与水库群两阶段风险率计算方法。

对于单水库两阶段风险率计算，基于洪水预报调度方式，对汛限水位调整影响较大的预报误差风险因子，采用随机模拟和随机微分方程的方法，分析了水库汛限水位调整的风险，研究了汛限水位调整与水库安全风险的关系，以三峡水库为例开展实例研究，应用所构建的水库汛期运行水位实时优化调度模型求解水库群系统调度时期的动态最优决策过程，实现了水库汛期运行水位的动态控制。

对于水库群两阶段风险率计算，首先，构建以发电量最大为目标函数，将识别的两阶段风险率作为防洪约束条件的水库群实时优化调度模型。然后，通过蒙特卡罗法验证了所提出的水库群两阶段风险率计算方法的准确性。最后，以安康-丹江口两库系统为例开展实例研究，应用所构建的水库群汛期运行水位实时优化调度模型求解水库群系统调度时期的动态最优决策过程，实现了水库群汛期运行水位的动态控制。研究结论如下。

（1）对于洪水预报调度方式，洪水预报误差是洪水预报调度方式的主要风险因素，按其包含的要素又可分为洪峰、洪量和洪水过程的预报误差，分析了各预报要素风险分析的处理方法，重点探讨了洪峰和洪量预报误差的联合随机模拟方法，即采用 Copula 函数构造两者的联合分布，描述其内在关联性。确定性系数是洪水过程预报误差的综合反映，在假定洪水过程的相对预报误差在各时刻都服从正态分布的基础上，推导了洪水过程相对误差与预报方案确定性系数的关系，采用水库调洪演算的随机微分方程，将洪水过程的预报误差转换为库容或库水位过程的不确定性。

（2）对三峡水库围堰期进行汛限水位动态控制，在来水较小的情况下，结合预见期长度为 3 d 的水文预报，完全可以将水库动态地抬高到 135.0 m 以上。采用动态控制方式模拟 1882～2001 年资料，三峡水库汛期平均发电量为 225.083×10^8 kW·h，而对应的原设计调度方式为 217.501×10^8 kW·h，发电量增加了 3.49%。荆江大堤风险率（下泄流量超过荆江河道安全行洪流量的频率）由原设计的 0.154%减小到 0.084%。可见，通过水库汛限水位实时动态控制，不仅可以降低洪灾风险，而且可以显著增加经济效益。

（3）水库群两阶段风险率计算方法将未来调度期划分为预见期以内和预见期以外，预见期以内的风险率计算是统计多组预报径流情景在预见期以内的失事概率，预见期以外的风险率利用历史设计洪水信息进行调洪演算来推求。因此，水库群两阶段风险率计算方法既评估了预见期以内径流预报不确定性所引起的风险，又考虑了预见期末水位过高难以应对后续洪水的潜在风险。

（4）采用蒙特卡罗法，验证了所提出的水库群两阶段风险率计算方法的准确性。

（5）结合安康-丹江口两库系统的应用结果，根据所构建的基于两阶段风险分析的实时优化调度模型，可求解得出水库群系统库容动态最优决策过程，且该优化调度模型可在不增加汛期防洪风险的基础上提高水库群系统的发电效益。以安康-丹江口两库系统2010 年夏汛期实测径流为例，在不降低防洪标准的前提下，该模型可提高两库系统发电量 2.26×10^{8} kW·h。

参 考 文 献

[1] DIAO Y, WANG B. Scheme optimum selection for dynamic control of reservoir limited water level[J]. Science China technological sciences, 2011, 54(10): 2605-2610.

[2] MESBAH S M, KERACHIAN R, NIKOO M R. Developing real time operating rules for trading discharge permits in rivers: Application of Bayesian networks[J]. Environmental modelling & software, 2009, 24(2): 238-246.

[3] BECKER L, YEH W W. Optimization of real time operation of a multiple-reservoir system[J]. Water resources research, 1974, 10(6): 1107-1112.

[4] YAZDI J, TORSHIZI A D, ZAHRAIE B. Risk based optimal design of detention dams considering uncertain inflows[J]. Stochastic environmental research and risk assessment, 2016, 30(5): 1457-1471.

[5] ZHU F, ZHONG P, SUN Y, et al. Real-time optimal flood control decision making and risk propagation under multiple uncertainties[J]. Water resources research, 2017, 53(12): 10635-10654.

[6] LIU P, LIN K, WEI X. A two-stage method of quantitative flood risk analysis for reservoir real-time operation using ensemble-based hydrologic forecasts[J]. Stochastic environmental research and risk assessment, 2015, 29(3): 803-813.

[7] LI H, LIU P, GUO S, et al. Hybrid two-stage stochastic methods using scenario-based forecasts for reservoir refill operations[J]. Journal of water resources planning and management, 2018, 144(12): 1-11.

[8] 邱林, 陈守煜. 水电站水库实时优化调度模型及其应用[J]. 水利学报, 1997(3): 74-77.

[9] BOURDIN D R, NIPEN T N, STULL R B. Reliable probabilistic forecasts from an ensemble reservoir inflow forecasting system[J]. Water resources research, 2014, 50(4): 3108-3130.

[10] WANG F, WANG L, ZHOU H, et al. Ensemble hydrological prediction-based real-time optimization of a multiobjective reservoir during flood season in a semiarid basin with global numerical weather predictions[J]. Water resources research, 2012, 48(7): 1-21.

[11] DENG C, LIU P, LIU Y, et al. Integrated hydrologic and reservoir routing model for real-time water level forecasts[J]. Journal of hydrologic engineering, 2015, 20(9): 1-8.

[12] LIU P, LI L, CHEN G, et al. Parameter uncertainty analysis of reservoir operating rules based on implicit stochastic optimization[J]. Journal of hydrology, 2014, 514: 102-113.

[13] CHEN J, ZHONG P, AN R, et al. Risk analysis for real-time flood control operation of a multi-reservoir system using a dynamic Bayesian network[J]. Environmental modelling & software, 2019, 111: 409-420.

[14] CHEN L, SINGH V P, GUO S, et al. Copula-based method for multisite monthly and daily streamflow simulation[J]. Journal of hydrology, 2015, 528: 369-384.

[15] KUMAR D N, LALL U, PETERSEN M R. Multisite disaggregation of monthly to daily streamflow[J]. Water resources research, 2000, 36(7): 1823-1833.

[16] MEJIA J M, ROUSSELLE J. Disaggregation models in hydrology revisited[J]. Water resources research, 1976, 12(2): 185-186.

[17] WANG W, DING J. A multivariate non-parametric model for synthetic generation of daily streamflow[J]. Hydrological processes, 2007, 21(13): 1764-1771.

[18] 刘招，黄强，于兴杰，等. 基于 6 h 预报径流深的安康水库防洪预报调度方案研究[J]. 水力发电学报, 2011, 30(2): 4-10.

[19] 段唯鑫，郭生练，张俊，等. 丹江口水库汛期水位动态控制方案研究[J]. 人民长江，2018，49(1): 7-12.

第 6 章

基于统计过程控制的水库调度失效预警模型

6.1 引　　言

现实之中气候变化和人类活动对水资源系统循环的影响往往是一个缓慢演进的过程，水文要素的变化也遵循着这个规律。同时，传统的调度规则在编制时也考虑到了入库径流的不确定性，对于径流序列特性的改变具有一定的适应能力；另外，若是直接改变现行的调度规则，所需投入的成本过高，也不是十分妥当的处理方式。因此，对水库调度规则在变化环境下的适应性进行评价显得尤为重要，其既有助于评估气候变化对水库调度规则的影响，又可以为适应性调度提供依据。

本章介绍了变化环境对水文水资源系统的影响，总结了水库调度的主要方法、气候变化情景下水文水资源系统的重点研究领域和研究方法，回顾了国内外相关研究进展。在目前气候变化情景下水库调度的规则评价和影响中，对现行调度规则在未来气候模式下的适应性和调度规则的改变节点的探讨不足，对此进行了深入研究。利用全球气候模式和统计降尺度模型生成控制区域气候因子，并与流域水文模型耦合，生成控制区域特定未来气候情景下的径流过程，并与控制区域实测入库径流结合，作为水库调度模型的输入，生成历史和未来情景下的调度结果。引入工业领域生产过程中的统计控制技术，建立水库调度的统计过程控制模型；从调度结果中提取发电耗水率作为水库调度规则的适应性评价指标，将历史情景视为控制图的第一阶段，将未来情景视为控制图的第二阶段。建立历史情景下发电耗水率的统计过程控制图，并将满足稳态条件的控制限延长，监控、分析未来情景下的调度指标，进而评价调度规则的适应性。

6.2 水库调度模型

6.2.1 常规调度

简化运行策略是一种简单、实用的模拟调度方法，以当前时段的蓄水状态和面临时段入库流量为决策变量制订调度方案，具有直观并且能够灵活处理复杂来水的优点，广泛应用于调节水库的调度和规划。本章将这种简化运行策略作为常规调度规则，调度过程如图 6.1 所示。

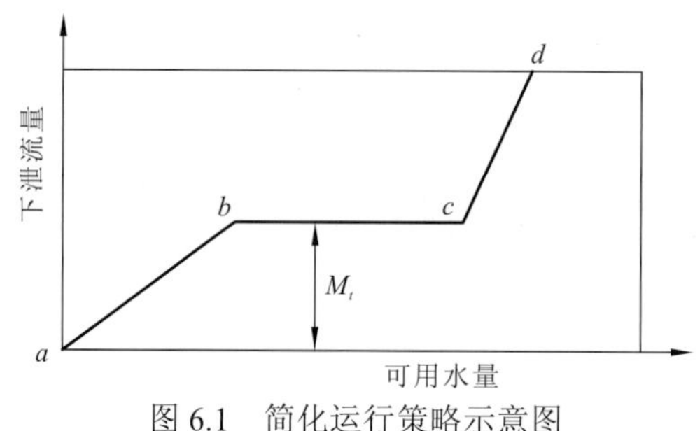

图 6.1　简化运行策略示意图

设 S_t 为时段 t 水库的初蓄水量，I_t 为时段 t 的入库流量，即 S_t+I_t 为时段 t 的可用水量；M_t 为 t 时段保证出力对应的下泄流量。简化运行策略调度规则主要分为三个调度阶段：限制供水段、正常供水段和加大供水段，分段依据及具体调度规则如下。

（1）限制供水段（ab），当保证出力对应的下泄流量大于可用水量，即 $S_t+I_t<M_t$ 时，实际下泄流量即可用水量；

（2）正常供水段（bc），当保证出力对应的下泄流量小于可用水量但水库未蓄满，即 $M_t<S_t+I_t\leqslant M_t+V_{兴}$（$V_{兴}$ 为兴利库容）时，实际下泄流量等于保证出力对应的下泄流量；

（3）加大供水段（cd），当保证出力对应的下泄流量小于可用水量且水库已蓄满，即 $S_t+I_t>M_t+V_{兴}$ 时，实际下泄流量为水库可用水量与兴利库容之差，以水库最大泄流能力为限。

6.2.2　隐随机优化调度

隐随机优化调度的基本思想是从确定性优化调度模型出发，以确定性优化调度结果为统计分析的样本，选取适当的调度决策变量和相关因子，从中提取出指导水电站运行的调度规则。因此，隐随机优化调度规则的编制包括两个方面：确定性优化调度模型的求解和隐随机优化调度规则的提取。

1. 确定性优化调度模型求解

水电站确定性优化调度模型的建立主要涉及两方面：一是根据水电站相关优化准则确定优化数学模型的目标函数；二是依据水电站的特性参数等其他相关控制要素确立约束条件。求解确定性优化调度模型的方法有很多种，如动态规划法、线性规划法、智能算法等，其中动态规划法因其求解精度高、计算过程简单，在确定性优化调度模型的求解中应用较多，尤其是单一水库的确定性优化调度求解。

1）目标函数

对于单一水电站中长期发电调度的确定性优化问题，根据具体运行要求，可以采用不同的目标函数。常用的目标函数包括：水电站在调度期内的总发电量最大；水电站在调度期内最小出力最大；水电站在调度期内的总发电效益最大；等等。本章将调度期内总发电量最大作为目标函数，函数表达式如下：

$$\max\{E(T)\}=\max\sum_{t=1}^{T}(N_t\Delta t) \tag{6.1}$$

式中：$E(T)$ 为调度期内发电量；t 为时段变量，$t=1,2,\cdots,T$；Δt 为时段长；N_t 为水电站时段 t 的出力。

2）约束条件

水电站中长期发电调度的优化数学模型主要包括以下约束条件。

（1）水量平衡约束。

$$V_{t+1}=V_t+(I_t-Q_t)\Delta t \tag{6.2}$$

式中：V_t、V_{t+1} 分别为水库 t 时段初、末状态蓄水量；I_t 为水库 t 时段的入库流量；Q_t 为水库 t 时段的出库流量。

（2）库水位约束。

$$Z_{\min}<Z_t<Z_{\max} \tag{6.3}$$

式中：Z_t 为水库 t 时段的库水位；$Z_{\min}$ 为水库 t 时段允许消落到的最低水位；$Z_{\max}$ 为水库 t 时段允许蓄到的最高水位。

（3）水库下泄流量约束。

$$Q_{\min}<Q_t<Q_{\max} \tag{6.4}$$

式中：$Q_{\min}$ 为水库最小下泄流量，通常根据下游灌溉、航运、生态环境等综合利用要求确定；$Q_{\max}$ 为水库最大下泄流量，通常根据水电站的过水能力和泄流能力确定。

（4）水电站出力约束。

$$N_{\min}<N_t<N_{\max} \tag{6.5}$$

式中：N_t 为 t 时段水电站的出力；$N_{\min}$ 为水电站的最小出力；$N_{\max}$ 为水电站的最大出力。

（5）水电站保证出力约束。

$$N_t'=N_t-\sigma_0 A(\mathrm{NF}-N_t) \tag{6.6}$$

式中：N_t' 为惩罚出力；NF 为水电站的保证出力；A 为大于 0 的惩罚系数；σ_0 为 0～1 内的变量，当 $\mathrm{NF}\leqslant N_t$ 时，σ_0 为 0，否则为 1。

3）模型求解

本章采用动态规划法求解上述确定性优化调度模型，建立逆序递推方程，而后正序寻优，求得水电站最优调度序列，递推方程的建立步骤如下。

（1）阶段变量，将计算时段 t 作为阶段变量。

（2）状态变量，将库水位作为状态变量，$t=1,2,\cdots,T$。计算中，对库水位进行离散。

（3）决策变量，将下泄流量作为决策变量。

（4）状态转移方程，将水量平衡方程式（6.2）作为状态转移方程。

（5）边界条件，将调度期始、末的水位定为正常蓄水位和死水位之和的一半。

（6）递推计算方程，以逆序递推、正序寻优求解确定性优化调度模型，递推方程为

$$f(j,n_{\text{per}},m_{\text{y}})=\max\{f(j,k_{\text{state}},n_{\text{per}})+f(k_{\text{state}},n_{\text{per}},m_{\text{y}})\} \tag{6.7}$$

式中：$f(j,n_{\text{per}},m_{\text{y}})$ 为水库从阶段 t 的第 j 状态出发，未来调度期均使用最优策略经 n_{per} 年运行所得效益，j 为时段的状态点，k_{state} 为时段末的状态点，n_{per} 为时段数，m_{y} 为年份。

2. 调度规则推求

在对确定性优化调度结果的样本进行统计分析时，调度决策变量和相关因子的选择对于调度规则的构建意义十分重大，选择合适的调度决策变量和相关因子能够增加优化调度规则在指导水电站实际运行调度时的可操作性。在决策变量的选择上，通常考虑便

于实际操作的决策变量，如水库下泄流量、水库末水位、水电站出力等；在输入变量的选择上，通常考虑物理意义明确的输入变量，如入库流量、库水位等。

拟合调度函数的可用方法包括多元线性回归法、智能算法（神经网络法、GA、蚁群算法等）、贝叶斯网络法、模糊集理论法等。其中，多元线性回归法因其简单直观、求解快速、理论体系成熟等优点，被广泛应用于水电站隐随机优化调度规则的提取，指导水电站的运行调度，其基本表达式为

$$y = \beta_0 + \beta_1 x_1 + \beta_2 x_2 + \cdots + \beta_k x_k \tag{6.8}$$

式中：y 为调度规则的决策变量；$x_1, x_2, \cdots, x_k$ 为输入变量；β_0，β_1，β_2，$\cdots$，β_k 为相关因子的系数。

多元线性回归法假设决策变量与输入变量为线性关系，预设决策变量、输入变量和表达式的形式，具体计算通常采用基于总平方和最小的最小二乘法，采用的回归变量为全体输入变量，确定的是表达式中的相关系数。

本章采用多元线性回归法提取隐随机优化调度规则，将下泄流量和可用水量（水库时段初水量与面临时段入库流量之和）作为多元线性回归中的调度决策变量与输入变量，建立水库下泄流量和可用水量之间的二元线性回归关系拟合调度函数，其基本形式如下：

$$O_t = a_i \left(\frac{V_t}{\Delta t} + I_t \right) + b_i \tag{6.9}$$

式中：O_t 为水库时段 t 的下泄流量；a_i、b_i 为相关系数，$i = 1, 2, \cdots, 36$；V_t 为 t 时段库容；I_t 为 t 时段的入库流量；$V_t / \Delta t + I_t$ 为水库时段 t 的可用水量。

6.3 评价指标

在水库调度中，需要选取能够反映调度结果的评价指标。目前，调度规则的评价指标有很多，如保证率、发电量、水能利用率等，这些评价指标都能在一定程度上反映调度规则的效果，但多集中于评价某一项，不够全面。对于变化环境水库调度规则的适应性评价，应当选取能够综合反映调度规则和来水状况的评价指标，因此本章采用的主要评价指标为发电耗水率 μ_{f}。发电耗水率指单位发电量所需要消耗的水量，表达式如下：

$$\mu_{\mathrm{f}} = \frac{W}{E_{\mathrm{g}}} = \frac{QT_{\mathrm{g}}}{N_{\mathrm{g}} T_{\mathrm{g}}} \tag{6.10}$$

式中：W 为发电所耗水量，m^3；E_{g} 为发电量，$\mathrm{kW \cdot h}$；Q 为发电流量，m^3/s；N_{g} 为水轮机出力，kW；T_{g} 为时段长。

从水电站的水能特性公式和发电耗水量的概念可以看出，发电耗水率主要取决于发电水头和机组的效率，而发电水头和机组效率又受到入库流量、水库运行水位等因素的影响。可以说，发电耗水率能够充分反映来水和调度规则对水库运行调度的影响，因此可作为水库调度的特性值，用来评价调度规则。

6.4 统计过程控制模型

统计过程控制是指运用数理分析等统计技术，对产品的生产和输出过程进行控制，以期达到保证和改进产品质量的目的。最早提出统计过程控制的是美国贝尔实验室的休哈特博士，于 1924 年提出[1]，其之后广泛应用于质量控制领域。随着统计过程理论技术的成熟、控制图的日渐完善，统计过程控制手段也开始被引入其他领域[2-3]，其中就包括水文领域。Villeta 等[4]将统计过程控制图应用于西班牙北部区域，评估了气候变化对极端水文事件的影响，分析了 12 个地区日最高气温和日最低气温的演变趋势。García-Díaz[5]将统计过程控制图应用于地下水污染的监控，将控制图作为地下水硝酸盐污染的监控工具，实时监测污染状况。Smeti 等[6]利用自相关控制图监控经过处理的污水中的有害物质。

6.4.1 统计过程控制基本概念

1. 波动

在工业生产过程中，影响产品加工质量的因素一般可以概括为偶然因素和异常因素两类。偶然因素所引起的产品质量波动称为偶然波动，偶然波动是生产过程中客观存在、不可避免的，对产品质量影响较小，但难以控制，如温度的变化、机器的振动等，偶然因素所引起的产品质量的波动会遵循一定的统计规律，使产品质量形成某种典型的随机分布；异常因素所引起的波动称为异常波动，异常波动时有时无，但可以控制，同时，异常因素通常会导致产品质量特性值出现明显增大（或减小），或者呈现倾向性、趋势性的变化（增大、减小），如零件的损耗、机床的损坏等，异常波动的存在会使产品质量偏离原来的典型分布。

2. 统计控制状态

在工业生产中，当引起波动的因素只包括偶然因素时，称这种生产状态为统计控制状态，又称稳态。生产过程处于统计控制状态时，产品质量特性服从典型分布，产品质量可以预测；但是当生产过程中存在异常波动时，稳态受到破坏，产品特性值出现异常，生产状态不处于统计控制状态。在实际的生产活动中，管理者更希望过程处于稳态，这样产品质量能够得到有效保证。

6.4.2 控制图理论

控制图是统计过程控制技术的基本工具，是为监控过程、控制和减少过程中的异常波动，将样本统计量序列以特定的顺序（时间顺序或样本采集顺序）描点绘出的图[7]。控制图作为控制领域数据可视化的一种工具，在生产过程的质量监控上具有简单直观、快速有效的优点。生产过程中由于异常因素的存在，质量特性的分布会偏离原来的典型分布，根据控制图上的点迹和相应的判别准则，控制图能够快速检测出异常，便于管理者做出处理。

1. 基本假设

控制图的应用要求统计样本序列满足正态、独立、同分布的条件。当生产过程处于稳态时，产品质量特性值 X 通常服从正态分布 $N(\mu_{\mathrm{q}},\sigma_{\mathrm{q}}^2)$，$P\{3\sigma_{\mathrm{q}} < X < 3\sigma_{\mathrm{q}}\} = 0.997\,3$，即在生产过程中，产品的质量特性值小于 $\mu_{\mathrm{q}} + 3\sigma_{\mathrm{q}}$ 且大于 $\mu_{\mathrm{q}} - 3\sigma_{\mathrm{q}}$ 的发生概率为 0.997 3，而出现大于 $\mu_{\mathrm{q}} + 3\sigma_{\mathrm{q}}$ 或小于 $\mu_{\mathrm{q}} - 3\sigma_{\mathrm{q}}$ 的概率仅为 0.27%。这是一个小概率事件，在实际生产中，小概率事件是不会发生的，一旦发生，表明质量特性值原来的典型分布受到了异常因素的干扰，过程处于失控状态。控制图的产生正是基于此，并且控制图异常的判别准则也是由此产生的。

2. $3\sigma_{\mathrm{q}}$ 准则

在使用控制图来检测工序运行状态时，因控制限大小的设置差异，通常会出现两种类型的错误：第 I 类错误是由于控制限设置过窄，合格产品有可能会被误判，将其发生概率记为 α_{I}；第 II 类错误是由于控制限设置过宽，异常的生产状态可能会被漏判，将其发生概率记为 β_{II}。显然，α_{I}、β_{II} 互相影响，若将控制限扩大，能够有效减少第 I 类错误的发生概率，但会增大第 II 类错误的发生概率；将控制限缩小，能够有效减少第 II 类错误的发生概率，但会增大第 I 类错误的发生概率。而基于经济平衡点原理，两类错误在控制限定为 $3\sigma_{\mathrm{q}}$ 时造成的总损失最小，因此三条主要控制限的确定遵照 $3\sigma_{\mathrm{q}}$ 准则，表达式如下：

$$\begin{cases} \mathrm{UCL} = \mu_{\mathrm{q}} + 3\sigma_{\mathrm{q}} \\ \mathrm{CL} = \mu_{\mathrm{q}} \\ \mathrm{LCL} = \mu_{\mathrm{q}} - 3\sigma_{\mathrm{q}} \end{cases} \tag{6.11}$$

式中：UCL 为上控制限；CL 为中心控制限；LCL 为下控制限；μ_{q} 为质量特性值分布的均值；σ_{q} 为质量特性值分布的标准差。

3. 控制图的两个阶段

在应用控制图时，一般分为两个阶段。第一阶段，建立控制图。利用历史生产状况下的质量特性指标建立实验性控制图，根据控制图第一阶段的判稳准则，分析质量特性指标是否处于统计控制状态，将处于统计控制状态序列的控制图应用于第二阶段，不满足条件的舍去。第二阶段，监控分析。将第一阶段确定的控制限延长，将未来的质量特性指标描点绘制于控制图，依据相应的判异准则进行监控分析。显然，应用控制图进行质量控制的前提是，存在处于统计控制状态的样本统计序列，以建立合理的控制限。

6.4.3 常规控制图

常规控制图是最常见的质量控制图，根据数据类型的不同，其可分为计量数据类和计数数据类。计量数据类中，均值-标准差控制图是质量监控中比较常用的控制图类型。典型的均值-标准差控制图，横坐标为时间，纵坐标为能够代表产品质量的质量特性值，主要包括三条控制线：上控制限 UCL、中心控制限 CL、下控制限 LCL，常规控制图的控制限的确定遵循 $3\sigma_q$ 准则。为方便使用判别准则更准确地监控生产状态，通常将控制图的上、下控制限之间划分为 6 个距离相等的区域，各个区域的间隔距离为 σ_q，将它们分别标为 A、B、C、C、B、A，如图 6.2 所示。

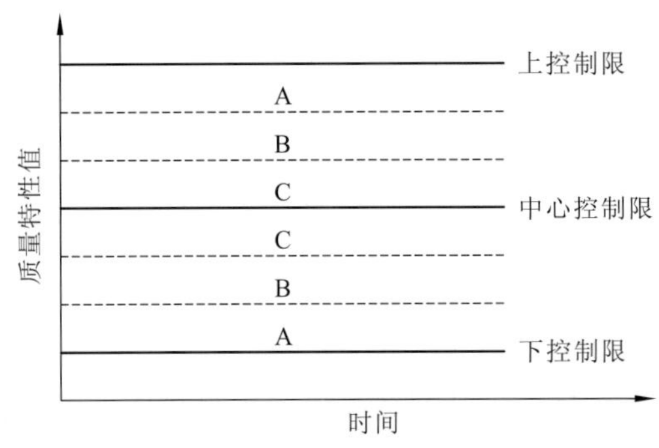

图 6.2　常规控制图

常规控制图的使用前提是样本序列满足独立性、正态分布的假设，但实际生产往往十分复杂，难以满足理论条件。若直接将样本序列应用于控制图的绘制，忽视数据假设的基本前提，会使控制图在应用时出现大量漏发警报或虚假报警的现象。因此，对于不满足数据假设前提的样本序列，通常的处理方法有如下四种。

（1）将样本序列进行数学变换，使之服从或近似服从正态分布；

（2）选择大样本数据中近似服从正态分布的样本，对样本的特性值进行统计过程控制；

（3）对于非正态分布序列，针对数据的内在特征设计相应的控制图；

（4）对于特定的属性，采用特殊控制图进行质量控制。

对于本章中不满足正态分布的样本序列，采取的方法是赋权方差法，对控制限进行再计算，将常规的均值-标准差控制图转换为赋权方差均值-标准差控制图。赋权方差法是将偏态分布的序列按照升序或降序排列，以均值为分割线，将原序列分成两个部分，每个部分近似视作正态分布的一半，按不同的方差分别计算控制限，如图 6.3 所示。

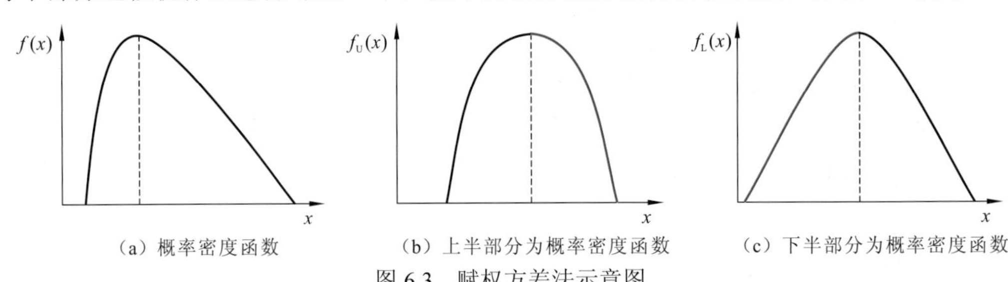

图 6.3　赋权方差法示意图

假设 σ_{q} 为原偏态分布的方差，σ_{U}、σ_{L} 分别为由原偏态分布从中间分割而成的两个正态分布的方差，关系如下：

$$\sigma_{\mathrm{q}} = \sigma_{\mathrm{U}} + \sigma_{\mathrm{L}} \tag{6.12}$$

此时，新建立序列的方差分别为 $2\sigma_{\mathrm{U}}^2$、$2\sigma_{\mathrm{L}}^2$，且有

$$\begin{cases} \sigma_{\mathrm{L}}^2 = (1-P_X)\sigma_{\mathrm{q}}^2 \\ \sigma_{\mathrm{U}}^2 = P_X\sigma_{\mathrm{q}}^2 \end{cases} \tag{6.13}$$

式中：$P_X = P\{X \leqslant \mu_{\mathrm{q}}\}$，$\mu_{\mathrm{q}}$ 为原序列的均值。

通过赋权方差法所建立的新控制限表达式为

$$\begin{cases} \mathrm{UCL} = \mu_{\mathrm{q}} + 3\sigma_{\mathrm{q}}\sqrt{2P_X} \\ \mathrm{CL} = \mu_{\mathrm{q}} \\ \mathrm{LCL} = \mu_{\mathrm{q}} - 3\sigma_{\mathrm{q}}\sqrt{2(1-P_X)} \end{cases} \tag{6.14}$$

6.4.4　自相关控制图

常规控制图要求样本序列满足独立分布的条件，而实际生产过程中的质量特性值常表现出自相关性现象，若继续使用常规控制图势必导致监控效果不佳，无法有效识别异常波动，对生产活动造成负面影响。为了有效地监控自相关过程，Alwan 和 Roberts[8]首次提出利用时间序列拟合观测值，用观测值拟合自回归模型生成残差序列，将残差序列作为特性值建立自相关控制图，这样能有效剔除数据的相关性，满足独立性假设，自相关控制图的主要设计流程如下。

1）序列的平稳性检验

若时间序列 $\{X_t\}$ 满足：

（1）$\mu_t = E(X_t) = \mu_{\mathrm{q}}$；

（2）$\gamma(t,t-k) = E(X_t - \mu_{\mathrm{q}})(X_{t-k} - \mu_{\mathrm{q}}) = \gamma_k$，

即时间序列过程的均值和方差都是与时间 t 无关的常数，则称 $\{X_t\}$ 为平稳时间序列。

2）自相关函数与偏自相关函数

对过程的平稳性判断，主要使用自相关函数和偏自相关函数。自相关函数 ρ_k 的表达式如下：

$$\rho_k = \frac{\gamma_k}{\gamma_0} = \frac{\mathrm{Cov}(z_t, z_{t+k})}{\mathrm{Cov}(z_t, z_t)} = \frac{E[(z_t - \mu_{\mathrm{q}})(z_{t+k} - \mu_{\mathrm{q}})]}{\sigma_z^2} \tag{6.15}$$

式中：μ_{q} 为过程均值；σ_z^2 为过程方差；z_t 为观测值序列；γ_0 为滞后 0 阶的协方差；γ_k 为滞后 k 阶的协方差。

偏自相关函数 ϕ_{kk} 是通过自相关函数来定义的，表达式如下：

$$\begin{bmatrix} 1 & \rho_1 & \rho_2 & \cdots & \rho_{k-1} \\ \rho_1 & \rho_2 & \rho_1 & \cdots & \rho_{k-2} \\ \vdots & \vdots & \vdots & & \vdots \\ \rho_{k-1} & \rho_{k-2} & \rho_{k-3} & \cdots & 1 \end{bmatrix} \begin{bmatrix} \phi_{k1} \\ \phi_{k2} \\ \vdots \\ \phi_{kk} \end{bmatrix} = \begin{bmatrix} \rho_1 \\ \rho_2 \\ \vdots \\ \rho_k \end{bmatrix} \tag{6.16}$$

式中：ρ_k 为稳态下的自相关函数。

3）模型识别

对于平稳的时间序列，通常使用自相关函数和偏自相关函数来确定时间序列模型 AR(p_A)、MA(q_M)、ARMA(p_A, q_M)的类型与阶数。一般地，若自相关函数拖尾变弱，偏自相关函数呈现 p_A 阶后截尾，则使用 AR(p_A)模型对观测值序列进行拟合；若自相关函数呈现 q_M 阶后截尾，偏自相关函数拖尾变弱，则使用 MA(q_M)模型对观测值序列进行拟合；若自相关函数和偏自相关函数都表现为拖尾变弱，单一的 AR(p_A)和 MA(q_M)模型已经不能满足要求，应使用 ARMA(p_A, q_M)模型对序列的观测值进行拟合。

对于非平稳的时间序列，常用的方法是采用差分处理将不平稳序列转化为平稳序列，然后根据上述平稳序列的方法确定拟合模型的类型和阶数，最后得到的模型为 ARMA(p_A, d, q_M)，d 为差分次数。

4）自相关控制图的绘制

用观测值拟合时间序列模型，以实测值和拟合值的差值序列建立控制图，这样得到的残差序列保证了数据的独立同分布，可以对生产过程进行有效的质量监控。以应用最为广泛的一阶自回归模型 AR(1)模型为例：

$$X_t - \mu_q = \phi(X_{t-1} - \mu_q) + \varepsilon_t \tag{6.17}$$

式中：X_t 为实测值序列；μ_q 为稳态过程下的均值；ϕ 为自相关系数 $(-1<\phi<1)$；ε_t 为误差，独立同分布且 $\varepsilon_t \sim N(0,\sigma_t^2)$。

过程的残差 $R_{e,t}$ 为

$$R_{e,t} = X_t - X_{t|t-1,t-2,\cdots,1} \tag{6.18}$$

式中：$X_{t|t-1,t-2,\cdots,1}$ 为 X_t 的预测值，

$$X_{t|t-1,t-2,\cdots,1} = E(X_t \mid X_{t-1}, X_{t-2}, \cdots, X_1) = \hat{\mu} + \hat{\phi}(X_{t-1} - \hat{\mu}) \tag{6.19}$$

其中：$\hat{\mu}$、$\hat{\phi}$ 为 μ_q 和 ϕ 的预测值。

实际的生产过程中，$\hat{\mu}$ 和 $\hat{\phi}$ 可以通过稳态过程下的观测值估算。当参数估算准确，$\mu_q = \hat{\mu}$，$\phi = \hat{\phi}$ 时，过程的残差 $R_{e,t}$ 为

$$R_{e,t} = X_t - X_{t|t-1,t-2,\cdots,1} = \varepsilon_t \tag{6.20}$$

受系统因素的影响，过程均值在 T 时刻由 μ_q 变为 $\mu_q + \delta\sigma_x$，根据式（6.20）可知，残差序列将变为

$$R_{e,t} = \begin{cases} \varepsilon_t & (t<T) \\ \varepsilon_t + \delta\sigma_x & (t=T) \\ \varepsilon_t + (1-\phi)\delta\sigma_x & (t>T) \end{cases} \tag{6.21}$$

由此可以看出，通过观测值和自回归模型耦合得出的残差序列能够有效地识别原观测值的变化，并且满足正态分布和独立性条件，符合控制图建立的条件，因此可根据残差序列建立自相关控制图，控制限的确定方法与常规控制图类似，如下：

$$\begin{cases} \mathrm{UCL} = K_R \sigma_\varepsilon \\ \mathrm{CL} = 0 \\ \mathrm{LCL} = -K_R \sigma_\varepsilon \end{cases} \tag{6.22}$$

式中：K_R 为控制限系数，一般取 3；σ_ε 为残差序列的标准差。

自相关控制图的设计流程如图 6.4 所示，主要步骤如下。

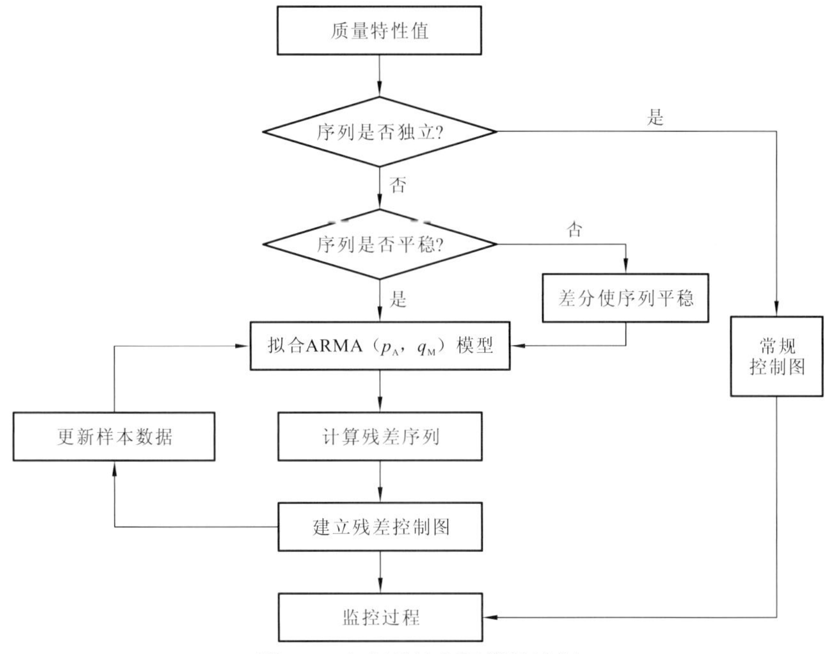

图 6.4　自相关控制图设计流程

（1）确定主要质量特性值，并观测记录。

（2）分析观测值序列是否具有相关性，若存在，则进行下一步；否则，采用常规控制图进行监控。

（3）根据自相关函数和偏自相关函数确定需要选取的时间序列模型的类型和阶数。

（4）计算残差控制图的主要控制限，绘制自相关控制图。

（5）由 $t-1$ 时刻 $\mathrm{ARMA}(p_\mathrm{A}, d, q_\mathrm{M})$ 的观测值和估计值计算 t 时刻的观测值与估算值。

（6）根据 t 时刻的观测值和估算值，得到 t 时刻的残差值，并绘制控制图。

（7）根据实际生产需要，以一定的时间间隔对样本数据进行更新，返回第（3）步，对模型进行重新拟合。

6.4.5　控制图的判别准则

根据控制图的两个阶段，控制图的判别准则也相应地包括判稳准则和判异准则。其中，判稳准则主要在第一阶段形成控制图时对数据是否处于统计控制状态进行判断；判异准则用于第二阶段，对未来序列的生产过程进行监控，判别是否出现异常波动、过程是否发生改变。

1. 判稳准则

前 3 条满足之一且无后 7 条中任意一条，即可认为过程处于稳态。若出现后 7 条中任意情况之一，即可认为过程不处于稳态。

（1）连续 25 个观测值的点迹均处于控制限内；
（2）连续 35 个观测值的点迹至多有 1 个处于控制限之外；
（3）连续 100 个观测值的点迹至多有 2 个处于控制限之外；
（4）连续 9 个观测值的点迹位于中心线的同一侧；
（5）连续 6 个点呈现上升或下降的趋势；
（6）连续 14 个相邻观测值的点迹交错升降；
（7）连续 3 个观测值的点迹有 2 个位于中心线同侧 B 区之外；
（8）连续 5 个观测值的点迹有 4 个位于中心线同侧 C 区之外；
（9）连续 15 个观测值的点迹分布在中心线两侧的 C 区；
（10）连续 8 个观测值的点迹位于中心线两侧，但无一在 C 区。

2. 判异准则

在监控阶段，出现以下任一情况即可认为过程中出现了异常波动，过程的统计控制状态发生改变。

（1）点迹落在控制限之外；
（2）连续 9 个观测值的点迹位于中心线的同一侧；
（3）连续 6 个点呈现上升或下降的趋势；
（4）连续 14 个相邻观测值的点迹交错升降；
（5）连续 3 个观测值的点迹有 2 个位于中心线同侧 B 区之外；
（6）连续 5 个观测值的点迹有 4 个位于中心线同侧 C 区之外；
（7）连续 15 个观测值的点迹分布在中心线两侧的 C 区；
（8）连续 8 个观测值的点迹位于中心线两侧，但无一在 C 区。

6.5 调度规则适应性评价

调度规则的适应性评价主要有两部分：一是评价指标的检验，包括相关性检验和正态分布检验，以确定控制图的类型和控制限的计算方法；二是利用控制图两阶段分析思想进行调度规则的评价。

6.5.1　评价指标检验

由 6.4.2 小节可知，统计过程控制技术的监控对象为产品的质量特性值，需要选取能充分反映产品在生产过程中的主要质量特性的评价指标。本节中，选取发电耗水率作为调度规则的评价指标。根据控制图的基本假设，样本统计量需服从正态分布和独立性要求，因此需要先对调度特性指标进行正态分布检验和相关性检验，同时根据正态分布检验和相关性检验的结果确定控制图类型与控制限。

1. 正态分布检验

对于序列的正态分布检验方法有很多，如 S-W 检验法、偏度-峰度系数法、D 检验法等。其中，对于小样本序列（$8 \leqslant n \leqslant 50$）的正态分布检验，S-W 检验法是目前检验效果最好的。S-W 检验法主要利用顺序统计量 W_{s} 检验序列的正态性，原假设（H_0）认为序列总体服从正态分布。检验过程是将待检测的样本值升序排列，计算顺序统计量 W_{s}，见式（6.23）。根据序列计算顺序统计量 W_{s}，比较 W_{s} 与检验临界值的大小，满足条件则接受原假设 H_0，认为序列服从正态分布，否则拒绝原假设，认为序列不服从正态分布。

$$W_{\mathrm{s}} = \frac{\left[\sum_{i=1}^{\left[\frac{n}{2}\right]} a_{Wi}(W_{\mathrm{s}})(x_{n-i+1} - x_i)\right]}{\sum_{i=1}^{n}(x_i - \overline{x})} \tag{6.23}$$

式中：$\overline{x}$ 为序列的均值；a_{Wi} 为样本数 n 所对应的检验系数；$[n/2]$ 为 $n/2$ 取整。给定显著性水平 α'（通常为 0.05），若 p-value $> \alpha'$，表示原假设成立，序列满足正态分布；若 p-value $< \alpha'$，拒绝原假设，序列不满正态分布。

2. 相关性检验

根据样本数据的独立性要求，针对样本序列的相关性的检验有多种方法：相关计量软件，如用 E-Views 检查残差的分布；杜宾-沃森检验；Q 统计量检验；等等。本章中的调度指标为一般时间序列，而对于时间序列的自相关性检验，Q 统计量检验具有简单、直接的优点，故本章采用 Q 统计量检验对调度指标进行相关分析。

Q 统计量检验的原假设为序列不存在 p_{A} 阶自相关性。检验结果中，假如各阶 Q 统计量皆小于预先设定的显著性水平，可以认为原假设成立，序列无自相关性，各阶的自相关系数和偏自相关系数都接近于 0；假如出现某一滞后阶数 p_{A} 的 Q 统计量大于预先设定的显著性水平，可以认为原假设不成立，序列具有自相关性。Q 统计量为

$$Q_{\mathrm{LB}} = T_\theta (T_\theta + 2) \sum_{j=1}^{p_{\mathrm{A}}} \frac{\rho_j^2}{T_\theta - j} \tag{6.24}$$

式中；ρ_j 为残差序列 j 阶自相关系数；T_θ为序列的个数；p_A 为原假设的滞后阶数。

根据调度特性指标是否存在相关性，分别建立自相关控制图和常规控制图。在常规控制图中，若调度指标满足正态分布，采用 $3\sigma_q$ 准则确定控制限；若不满足，采用赋权方差法确立控制限。自相关控制图一律采用 $3\sigma_q$ 准则确定控制限。

6.5.2 常规调度指标分析

本章所采用的调度模型为常规调度模型和隐随机优化调度模型，将其作为评价对象，分析隔河岩水库现行调度规则在变化环境下的适应性。常规调度模型以简化运行策略为调度规则，以旬为计算时段；隐随机优化调度模型以发电量最大为目标函数，以旬为计算时段，采用动态规划法求解确定性优化调度模型，寻找历史径流中的最优调度轨迹，分别将下泄流量和可用水量（水库时段初蓄水量与面临时段入库流量之和）作为线性回归中的调度决策变量和输入变量，建立水库下泄流量和可用水量之间的二元线性回归关系来拟合调度函数。将隔河岩水库 1961～2005 年的实测径流数据作为历史计算时段的输入，将 RCP4.5 典型排放情景下 2006～2035 年日径流过程作为未来计算时段的输入，耦合调度模型提取调度结果。所使用的机组特性曲线包括：隔河岩水库水位库容曲线、水电站下泄流量曲线、水电站机组出力曲线。

在常规调度中，虽以旬为计算单位，但同月各旬之间的调度规则并无显著差异。因此，常规调度指标考虑以月为单位，从常规调度结果之中提取，并对各个月份的调度指标进行检验。

1）常规调度指标的相关性检验

对常规调度指标的相关性检验采用的方法为 Q 统计量检验，给定显著性水平 $\alpha'=0.05$，具体检验结果见表 6.1。常规调度指标相关性检验结果表明：各个月份的调度指标均不存在相关性，满足统计过程分析中特性指标独立性的要求。

表 6.1 历史情景下常规调度指标的相关性检验

项目	发电耗水率											
	1 月	2 月	3 月	4 月	5 月	6 月	7 月	8 月	9 月	10 月	11 月	12 月
Q_{LB}	1.09	0.87	0.05	0.09	2.85	0.65	1.1	0.5	0.11	0.37	1.54	1.06
p-value	0.30	0.35	0.82	0.76	0.60	0.44	0.28	0.48	0.74	0.55	0.21	0.30

2）常规调度指标的正态分布检验

对常规调度指标的正态分布检验采用的方法为 S-W 检验法，给定显著性水平 $\alpha'=0.05$，检验结果如表 6.2 所示。

表 6.2　历史情景下常规调度指标的正态分布检验

项目	发电耗水率											
	1 月	2 月	3 月	4 月	5 月	6 月	7 月	8 月	9 月	10 月	11 月	12 月
W_s	0.84	0.84	0.91	0.90	0.68	0.85	0.93	0.86	0.87	0.69	0.73	0.80
p-value	<<0	<<0	0.002	<<0	<<0	<<0	0.007	<<0	<<0	<<0	<<0	<<0

检验结果表明：历史情景下各个月的常规调度指标均有 p-value<0.05，即各月调度指标均呈偏态分布。

根据历史情景下常规调度特性指标的相关性检验和正态分布检验结果可知，常规调度结果满足独立性条件，但不满足正态分布的要求，因此，常规调度指标采取常规控制图进行监控分析，控制限的确定采用赋权方差法。

6.5.3　常规调度规则适应性分析

1. 历史情景调度指标统计过程分析

在历史情景常规调度结果中，提取各个月份的发电耗水率作为特性值建立常规控制图，控制限的计算方法如 6.4.3 小节所述，利用赋权方差法对各个月份的调度指标建立实验性控制图（控制图第一阶段），图 6.5（a）～（d）为选取的几个典型月份的结果。

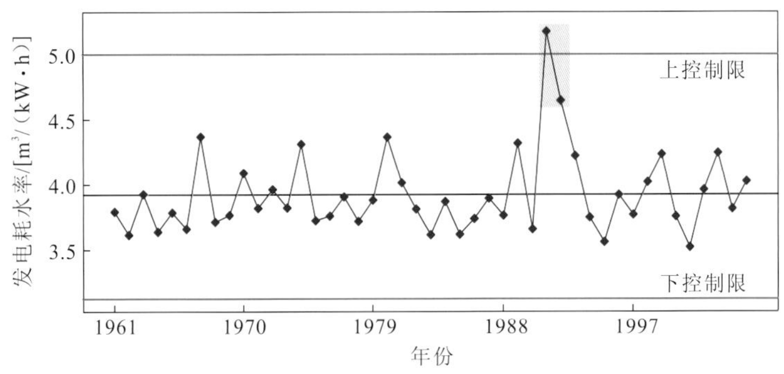

（a）历史情景下2月调度指标常规控制图

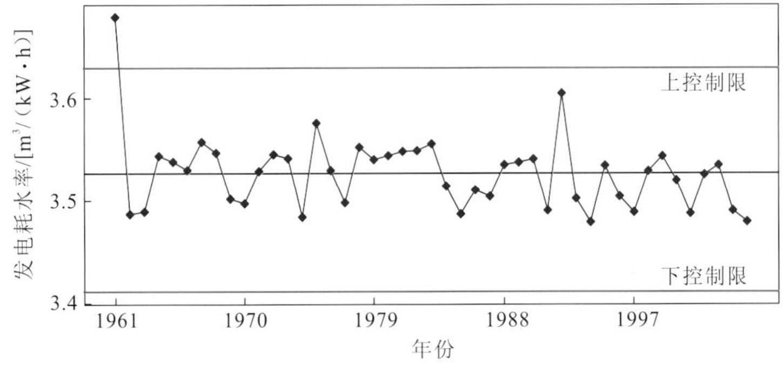

（b）历史情景下6月调度指标常规控制图

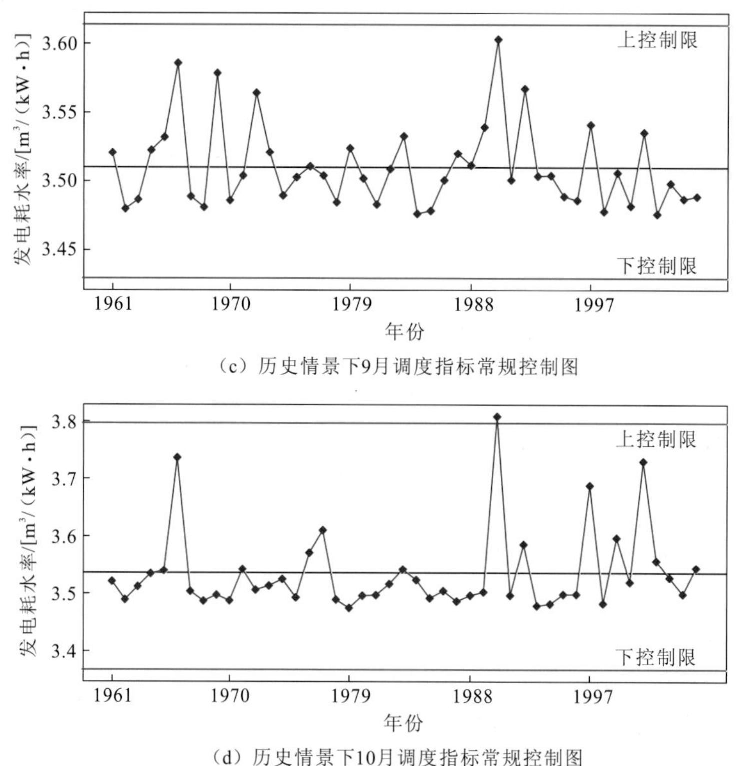

（c）历史情景下9月调度指标常规控制图

（d）历史情景下10月调度指标常规控制图

图 6.5　历史情景下调度指标常规控制图

根据控制图第一阶段的判稳准则，检验各个月调度指标的统计过程状态，主要结论如下。

（1）根据判稳准则，在历史情景下调度指标所建立的实验性控制图中，2 月调度指标序列出现异常[判稳准则（7），图 6.5（a）中标灰色区域]，即 2 月的调度指标序列不处于统计受控状态，调度过程存在异常波动，不满足控制图的建立条件，无法对未来情景下 2 月调度指标序列的适应性进行监控分析，舍去。

（2）除 2 月外其余月份的调度指标序列皆无异常情况出现，剩下的 11 个月份在历史情景下的调度指标序列皆受统计过程控制，只存在偶然波动，序列处于稳态，可以对序列建立常规控制图，延长控制限，对未来情景下的调度指标进行监控和分析。

（3）根据控制图点迹运行状况可知，以发电耗水率为特性指标，耦合水库常规调度规则和统计过程控制技术，进而对调度结果做出监测和评估的方法切实可行。

基于控制图的检验结果，历史情景下除 2 月外，各月调度指标满足统计过程控制技术的要求，可以将控制限延长，监控未来情景下调度指标的控制状态。

2. 未来情景下常规调度规则适应性分析

将历史情景下的满足统计过程控制要求的控制限延长，将未来情景下的相应月份的调度指标绘制于对应的控制图上，图 6.6（a）～（e）为选取的几个主要月份的结果。

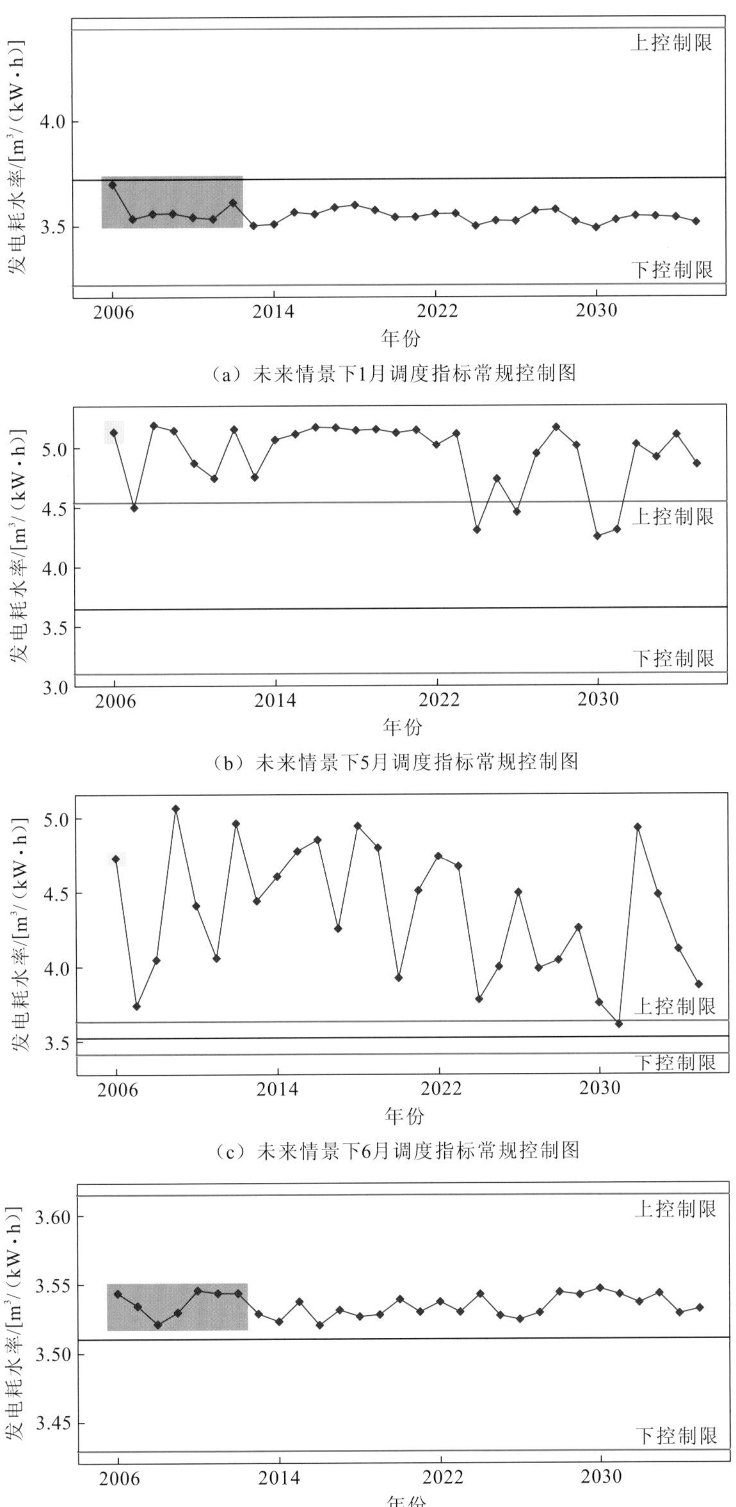

（a）未来情景下1月调度指标常规控制图

（b）未来情景下5月调度指标常规控制图

（c）未来情景下6月调度指标常规控制图

（d）未来情景下9月调度指标常规控制图

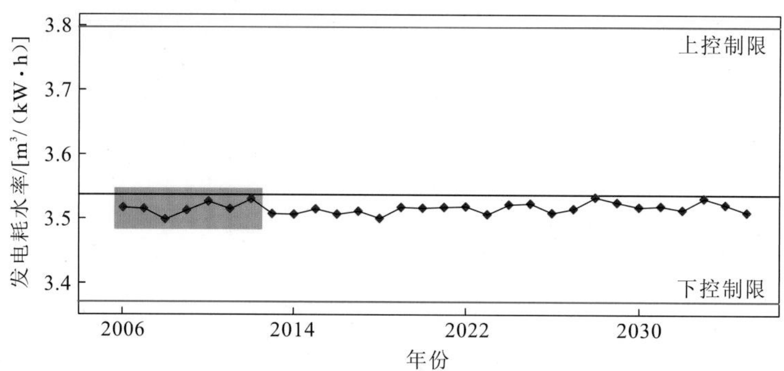

（e）未来情景下10月调度指标常规控制图

图 6.6 未来情景下调度指标的常规控制图

根据控制图的判异准则，对未来情景下调度指标的统计控制状态进行检验，各月检验结果如表 6.3 所示，主要结论如下。

表 6.3 未来情景下常规调度指标的异常类型

月份	判异准则	起始年份
1	（2）	2006
2	—	—
3	（2）	2016
4	（2）	2006
5	（1）	2006
6	（1）	2006
7	（1）	2006
8	（2）	2006
9	（2）	2006
10	（2）	2006
11	（2）	2006
12	（2）	2006

（1）除 3 月异常起始年份为 2016 年外，其余月份的异常起始年份都为 2006 年，即调度起始阶段；在异常状态中，5～7 月呈现为点迹超出控制限，其余各个月份的异常状态都呈现为链状分布（多个点位于控制限同侧）。

（2）对于符合判异准则（2）的各个月份，调度指标年际变幅小；对于符合判异准则（1）的月份，调度指标年际变幅大，且以 6 月、7 月为最大。

（3）在符合判异准则（2）的各个月份中，3 月、4 月、8 月、9 月的调度指标表现为长期高于中心控制限，1 月、10 月、11 月、12 月的调度指标表现为长期低于中心控制限。

（4）未来情景下，调度指标年内呈现出先升后降的趋势。

6.5.4 隐随机优化调度规则

根据动态规划法，得出隔河岩水库的最优运行轨迹。以旬为计算时段，统计水库各旬最优运行轨迹的 55 组数据，按照多元线性回归法，提取调度函数。在拟合调度函数时，将下泄流量作为决策变量，将面临时段的可用水量作为输入变量，得到的隔河岩水库各旬调度函数如表 6.4 所示。

表 6.4 隔河岩水库隐随机优化调度函数拟合结果表

月份	旬	a_1	b_1
1	上	1	−2 246.7
	中	1	−2 246.7
	下	1	−2 246.7
2	上	1	−2 246.7
	中	1	−2 246.7
	下	1	−2 246.7
3	上	0.836 5	−1 831
	中	0.947 9	−2 103.8
	下	0.808 5	−1 739.7
4	上	0.732 9	−1 514.7
	中	0.636 8	−1 244
	下	0.370 8	−470.45
5	上	0.660 6	−1 174.6
	中	0.549 9	−782.8
	下	0.893 9	−1 418
6	上	0.870 7	−1 365
	中	0.804 4	−1 173.2
	下	0.708 3	−1 106.4
7	上	0.972 8	−1 633.2
	中	0.995 2	−1 701.9
	下	0.654 5	−1 236
8	上	0.756	−1 480
	中	0.848 1	−1 753.8
	下	0.849 5	−1 776.5

续表

月份	旬	a_1	b_1
9	上	0.761 7	−1 556.8
	中	0.941 6	−2 041.9
	下	0.917	−1 977.5
10	上	0.890 1	−1 901.8
	中	0.925 3	−2 005.1
	下	0.977 3	−2 173.5
11	上	0.955 6	−2 122.7
	中	1	−2 246.7
	下	1	−2 246.7
12	上	0.996 4	−2 236.6
	中	0.995 6	−2 246.7
	下	1	−2 246.7

注：a_1、b_1为回归系数。

6.5.5 隐随机优化调度指标分析

1. 隐随机优化调度指标的相关性检验

将RCP4.5典型排放情景下2006～2035年的径流资料，以旬为单位，作为隐随机优化调度模型的输入计算调度结果。在调度结果中，分别计算历史和未来情景下的调度指标，得到隐随机优化调度下两种情景各36组旬调度指标。对历史情景下的调度指标进行相关性分析，所采用的方法仍为Q统计量检验，结果见表6.5。

表6.5 历史情景下隐随机优化调度指标相关性检验结果

月份	旬	Q_{LB}	p-value	月份	旬	Q_{LB}	p-value
1	上	2.608	0.106 3	4	上	0.182 9	0.668 9
	中	3.854 8	0.049 6		中	0.451 7	0.501 5
	下	4.027 1	0.044 8		下	1.402 6	0.236 3
2	上	0.294 9	0.587 1	5	上	0.027 8	0.867 7
	中	1.995 6	0.157 8		中	0.248 1	0.618 4
	下	0.161 2	0.688 1		下	0.174 6	0.676 1
3	上	0.004 9	0.944 6	6	上	2.031 9	0.154
	中	0.330 7	0.565 3		中	1.282 9	0.257 4
	下	0.002 0	0.964 1		下	2.280 7	0.131

续表

月份	旬	Q_{LB}	p-value	月份	旬	Q_{LB}	p-value
7	上	1.607 5	0.204 8	10	上	0.864 7	0.352 4
	中	1.808 2	0.178 7		中	0.860 4	0.353 6
	下	0.318 7	0.572 4		下	0.109 3	0.741
8	上	1.307 2	0.308 5	11	上	0.047 3	0.827 9
	中	0.055 4	0.814		中	0.699 3	0.403
	下	1.302 3	0.253 8		下	0.036 7	0.848
9	上	0.014 5	0.904 1	12	上	0.252 1	0.615 7
	中	0.152 3	0.696 4		中	1.205 1	0.272 3
	下	0.842 1	0.358 8		下	0.402 7	0.516 6

相关性检验结果表明：历史情景下除 1 月中旬、下旬（2 旬、3 旬）调度指标检验结果 p-value<0.05（即调度指标存在相关性）外，其余各旬调度指标均不存在相关性。

2. 隐随机优化调度指标正态分布检验

对于历史情景下隐随机优化调度指标的正态分布检验，由于调度指标序列为小样本序列（$8 \leqslant n \leqslant 50$），故检验仍采用 S-W 检验法，结果见表 6.6。

表 6.6　历史情景下隐随机优化调度指标正态分布检验结果

月份	旬	W_s	p-value	月份	旬	W_s	p-value
1	上	0.893	0.000 6	6	上	0.971	0.306
	中	0.865	<<0		中	0.904	0.001
	下	0.966	0.199		下	0.801	<<0
2	上	0.907	0.002 1	7	上	0.962	0.146
	中	0.943	0.027		中	0.925	0.006
	下	0.896	0.000 7		下	0.709	<<0
3	上	0.976	0.451	8	上	0.875	0.000 2
	中	0.962	0.144		中	0.768	<<0
	下	0.978	0.531		下	0.952	0.059
4	上	0.867	<<0	9	上	0.901	0.000 9
	中	0.917	0.003		中	0.978	0.603
	下	0.971	0.316		下	0.972	0.351
5	上	0.951	0.054	10	上	0.923	0.005
	中	0.951	0.053		中	0.957	0.090
	下	0.920	0.004		下	0.938	0.018

续表

月份	旬	W_s	p-value	月份	旬	W_s	p-value
11	上	0.952	0.063	12	上	0.890	0.000 9
	中	0.964	0.180		中	0.867	0.000 1
	下	0.859	<<0		下	0.888	0.000 4

注：标红数据指调度指标序列是正态分布，未标红数据指调度指标序列是偏态分布。

正态分布检验结果表明：历史情景下隐随机优化调度指标中，3 旬、7 旬、8 旬、9 旬、12 旬、13 旬、14 旬、16 旬、19 旬、26 旬、27 旬、29 旬、31 旬、32 旬为正态分布，剩余旬的调度指标为偏态分布。

根据历史情景下隐随机优化调度指标相关性检验和正态分布检验的结果，对控制图的类型和控制限的确定方法做如下处理。

（1）1 月中旬、下旬（2 旬、3 旬）建立自相关控制图，其中，1 月中旬自相关控制图的控制限采用赋权方差法确定，1 月下旬自相关控制图的控制限采用 $3\sigma_q$ 准则确定。

（2）其余各旬建立常规控制图，其中 7 旬、8 旬、9 旬、12 旬、13 旬、14 旬、16 旬、19 旬、26 旬、27 旬、29 旬、31 旬、32 旬常规控制图的控制限采用 $3\sigma_q$ 准则确定，剩余偏态分布调度指标控制图的控制限采用赋权方差法确定。

6.5.6 隐随机优化调度规则适应性分析

1. 历史情景调度指标统计过程分析

根据历史情景下隐随机优化调度指标的相关性检验和正态分布检验结果，对历史情景下的各旬调度按照检验结果分别建立常规控制图和自相关控制图。

1）常规控制图

对于历史情景下隐随机优化调度指标无相关性的旬，以各旬发电耗水率为特性指标，按照 $3\sigma_q$ 准则确定控制限，建立常规控制图，具体结果如图 6.7（a）～（e）所示。

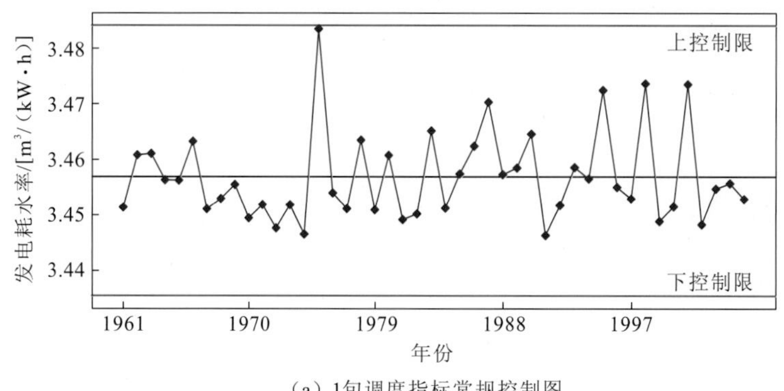

（a）1旬调度指标常规控制图

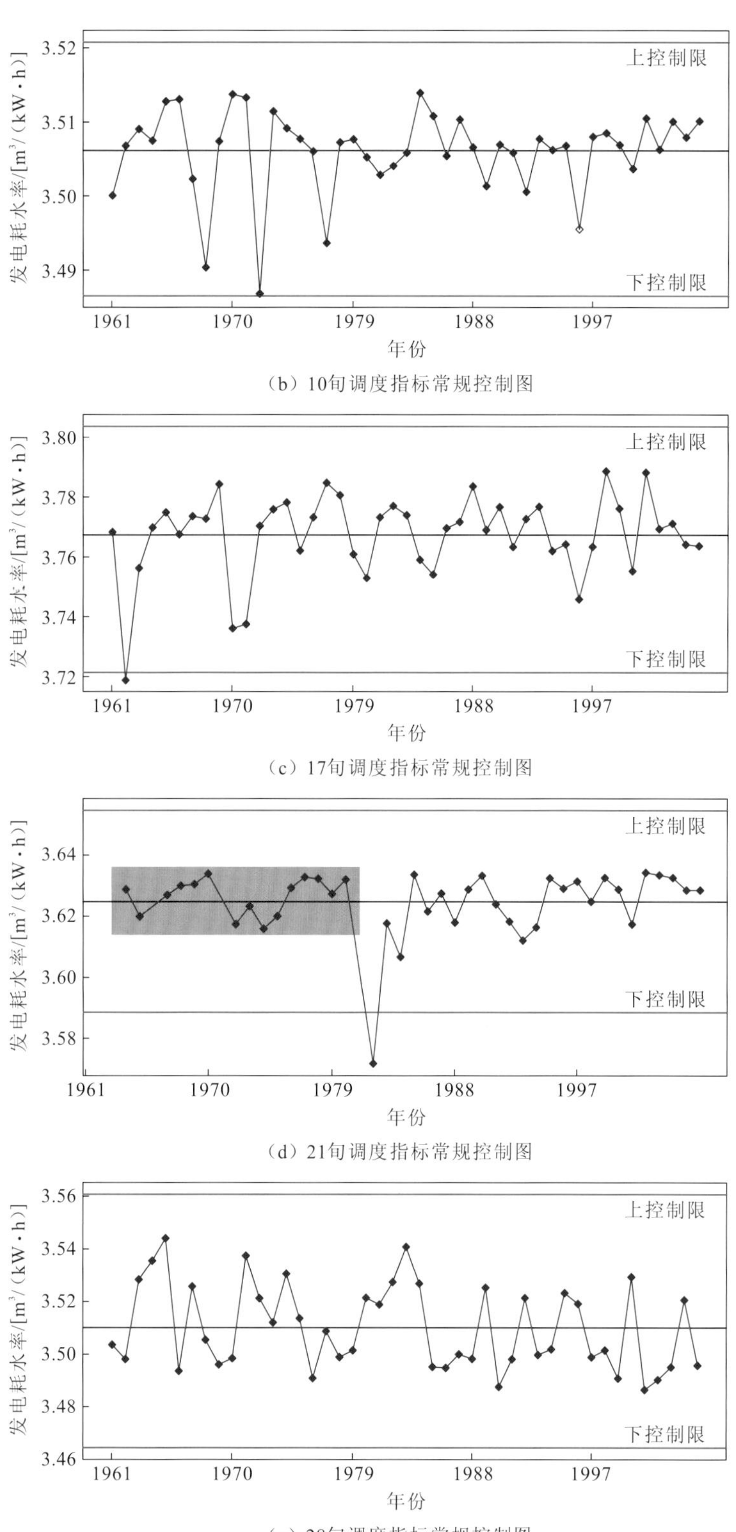

（b）10旬调度指标常规控制图

（c）17旬调度指标常规控制图

（d）21旬调度指标常规控制图

（e）28旬调度指标常规控制图

图 6.7　历史情景下隐随机优化调度指标常规控制图

2）自相关控制图

对于历史情景下隐随机优化调度指标存在相关性的旬，即 2 旬、3 旬，建立自相关控制图。自相关控制图的建立流程如 6.4.4 小节所述。

（1）参数确定。

绘制 2 旬、3 旬调度指标自相关控制图和偏自相关控制图，见图 6.8 和图 6.9。根据自相关控制图和偏自相关控制图滞后阶数确定 AR(p_A)模型的阶数。

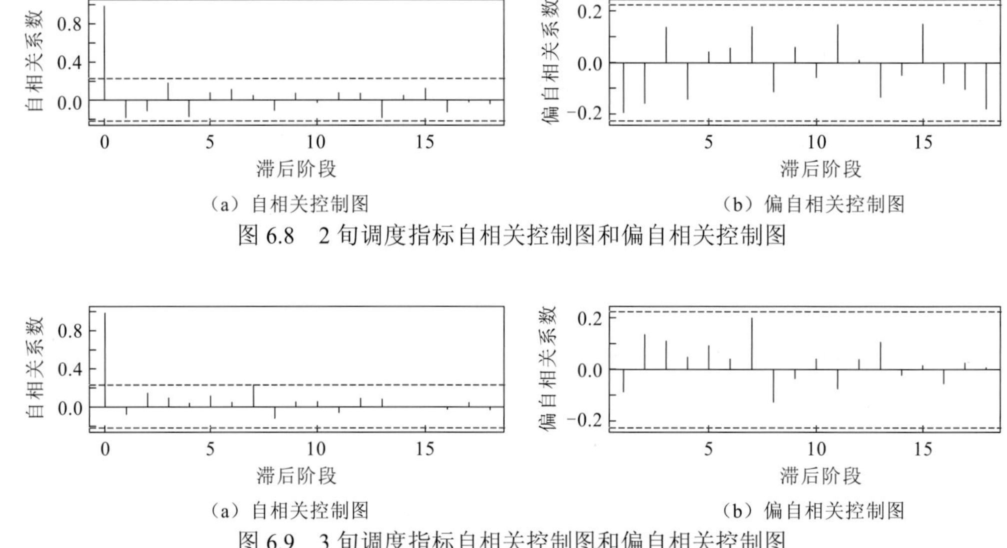

（a）自相关控制图　（b）偏自相关控制图

图 6.8　2 旬调度指标自相关控制图和偏自相关控制图

（a）自相关控制图　（b）偏自相关控制图

图 6.9　3 旬调度指标自相关控制图和偏自相关控制图

由自相关控制图和偏自相关控制图可知，2 旬、3 旬调度指标均为平稳序列，无须进行差分处理可直接拟合 AR(p_A)模型。

（2）模型识别。

根据 6.4.4 小节的方法用 2 旬、3 旬调度指标拟合 AR(p_A)模型，确定模型的类型和阶数，分别得到 2 旬、3 旬调度指标的回归方程，具体如下。

2 旬调度指标的回归方程：

$$X_t = X_{t-1} + \varepsilon_t - 1.050\,6\varepsilon_{t-1}$$

3 旬调度指标的回归方程：

$$X_t = X_{t-1} + \varepsilon_t - 0.196\,5\varepsilon_{t-1}$$

（3）模型检验。

残差的正态分布检验和相关性检验所采用的方法与调度指标的检验方法相同，分别使用 S-W 检验法和 Q 统计量检验，检验结果见表 6.7。

表 6.7　残差的正态分布检验和相关性检验

旬	相关性检验		正态分布检验	
	Q_{LB}	p-value	W_s	p-value
2	0.534	0.552	0.982	0.731
3	0.997	0.318	0.981	0.668

由表 6.7 中检验结果可知：调度指标耦合 AR(p_A)模型所得出的残差序列满足正态分布和独立性条件，残差序列均达到白噪声状态，模型拟合良好，符合控制图的建立要求。

（4）建立自相关控制图。

对于历史情景下隐随机优化调度规则的自相关控制图，确定控制限所采用的特性指标为调度指标，与 AR(p_A)模型耦合得出残差序列中的历史情景部分，即 1961～2005 年的残差序列，以此建立自相关控制图，具体见图 6.10（a）、（b）。

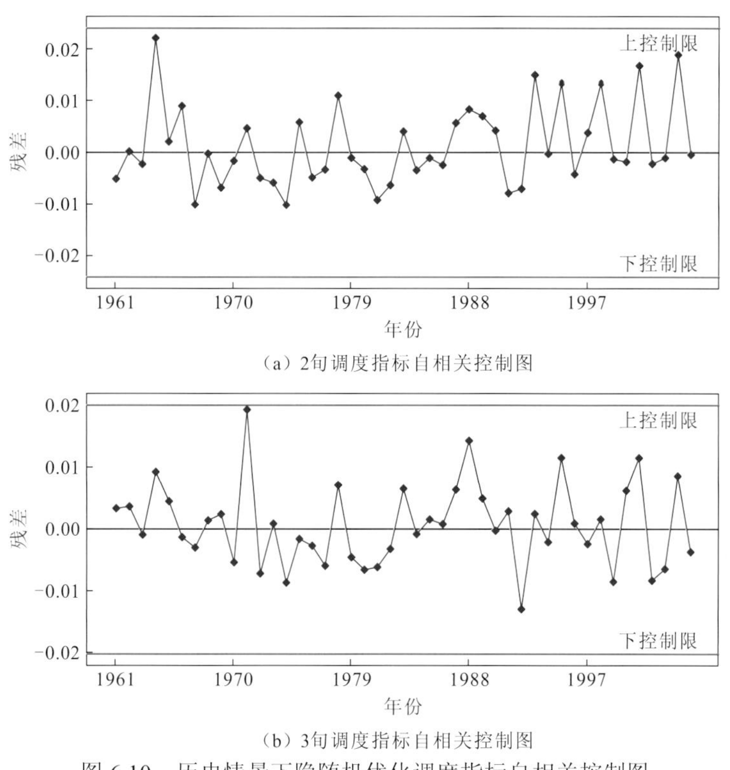

（a）2旬调度指标自相关控制图

（b）3旬调度指标自相关控制图

图 6.10　历史情景下隐随机优化调度指标自相关控制图

根据控制图的判稳准则，对历史情景下常规控制图和自相关控制图（图 6.10）与各旬调度指标进行统计过程分析，检验各个旬调度指标的统计过程状态，主要结论如下。

（1）根据控制图判稳准则，历史情景下的 21 旬、23 旬调度指标出现异常[准则（9）]，即 21 旬、23 旬的调度指标未处于统计控制状态，调度指标在历史阶段存在异常波动，不满足控制图的建立条件，无法对未来情景下 21 旬、23 旬调度指标的适应性进行监控分析，舍去。

（2）其余各个旬的调度指标皆无异常情况出现，在历史情景下调度指标序列皆受统计过程控制，只存在偶然波动，序列处于稳态，可以对序列建立常规控制图，并延长控制限，对未来情景下的调度指标进行监控和分析。

（3）根据历史情景下常规控制图和自相关控制图的运行状况，将发电耗水率作为特性指标，耦合水库隐随机优化调度规则和统计过程控制技术，进而对调度结果做出监测和评估的方法切实可行。

2. 未来情景下隐随机优化调度规则适应性分析

常规控制图中，将历史情景下的满足统计过程控制的控制限延长，将未来情景下的对应旬的调度指标绘制于第一阶段在历史情景下建立的控制图上，具体见图 6.11（a）～（d）。自相关控制图中，将调度指标拟合 AR(p_A)模型所得残差序列中未来情景下的部分作为特性值，绘制于第一阶段建立的控制图上，控制限保持不变，具体见图 6.11（e）、（f）。

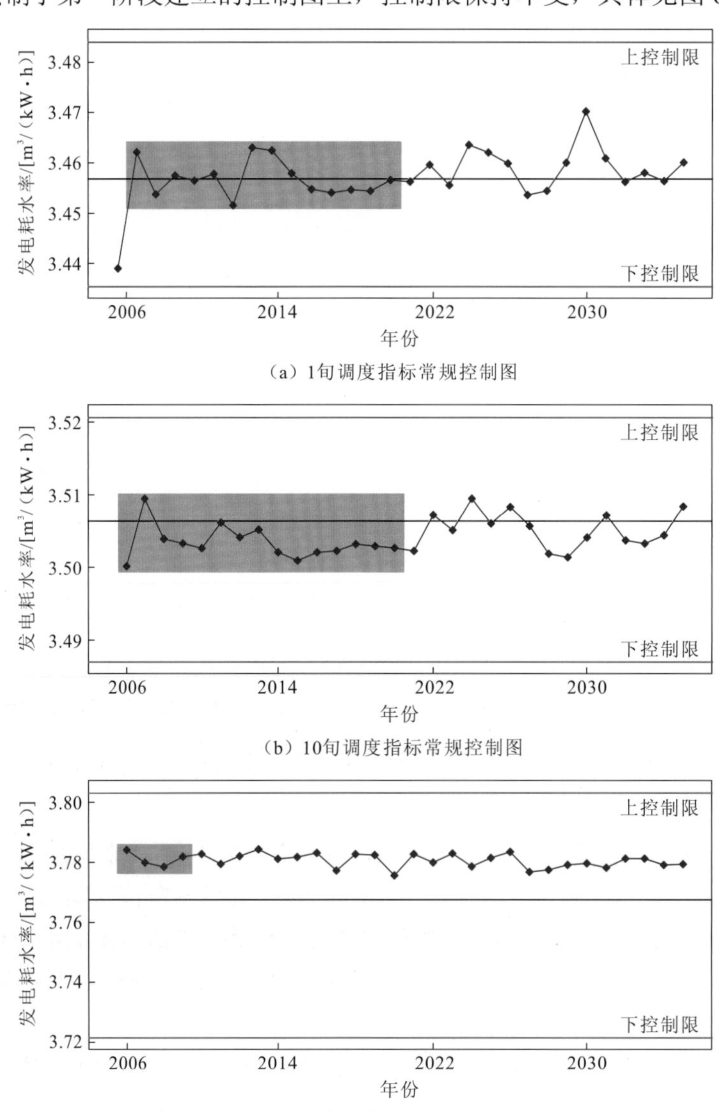

（a）1旬调度指标常规控制图

（b）10旬调度指标常规控制图

（c）17旬调度指标常规控制图

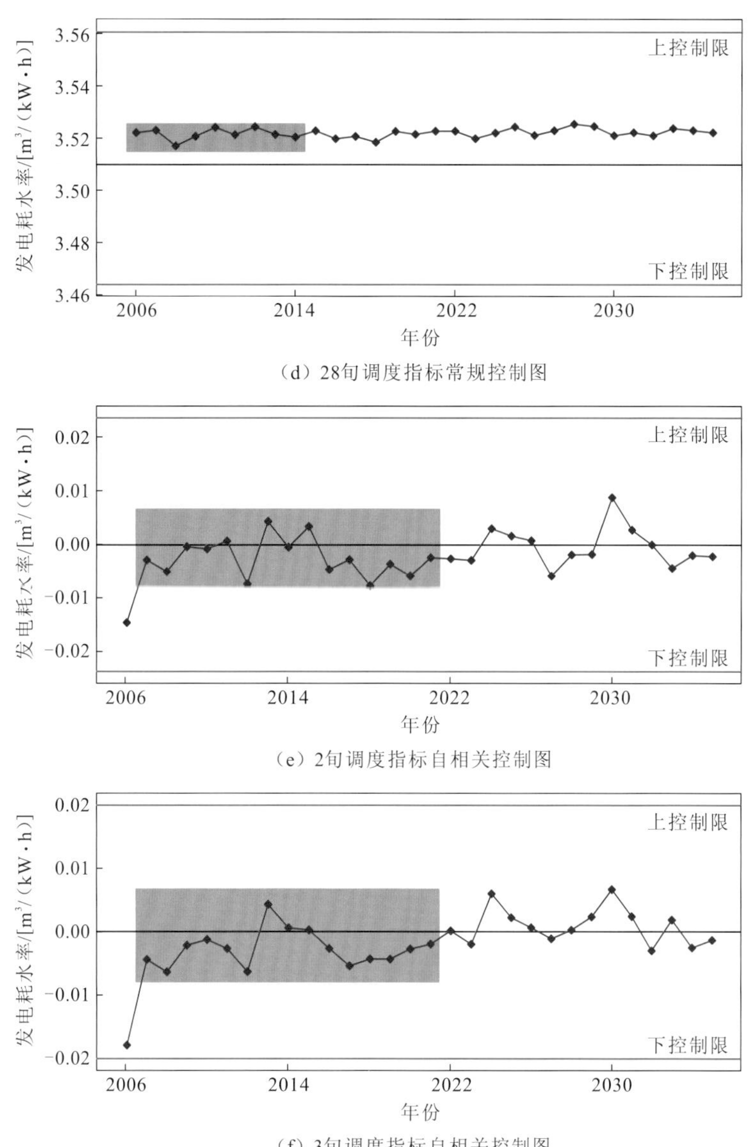

（d）28旬调度指标常规控制图

（e）2旬调度指标自相关控制图

（f）3旬调度指标自相关控制图

图 6.11　未来情景下隐随机优化调度指标常规控制图、自相关控制图

根据控制图的判异准则，对未来情景下常规控制图和自相关控制图进行统计过程分析，主要结论如下。

（1）根据控制图的判异准则，未来情景下调度指标的统计控制状态见表 6.8。

（2）在出现异常情况的各个旬中，异常出现的时间全为调度的起始阶段（除 3 旬、35 旬、36 旬），且异常情形多为链状（多个点出现分布相同的状况）。

（3）调度指标年际分布变化不大，最大值、最小值之差较小，同时相较于常规调度规则，变幅显著降低。

（4）在出现判异准则（2）的各个旬中，调度指标表现显著低于控制限并长期处于控制限之下的共有 10 个旬，分别是 4 旬、5 旬、6 旬、7 旬、8 旬、9 旬、22 旬、23 旬、

24 旬、25 旬；调度指标表现显著高于控制限并长期处于控制限之上的共有 14 个旬，分别是 11 旬、12 旬、13 旬、14 旬、15 旬、17 旬、27 旬、28 旬、29 旬、30 旬、31 旬、32 旬、33 旬、34 旬。

（5）未来情景下，调度指标年内大致呈现由减小到增加，再由增加到减小的变化趋势。

表 6.8　未来情景下隐随机优化调度指标异常类型

旬	判异准则	起始年份	旬	判异准则	起始年份
1	（7）	2007	18	（2）	2006
2	（7）	2006	19	（2）	2006
3	（2）	2014	20	（7）	2006
4	（2）	2006	22	（2）	2006
5	（2）、（6）	2006	24	（2）	2006
6	（2）、（6）	2006	25	（2）	2006
7	（2）、（6）	2006	26	（2）	2006
8	（2）、（6）	2006	27	（2）	2006
9	（2）、（5）、（6）	2006	28	（2）	2006
10	（7）	2006	29	（2）	2006
11	（2）、（6）	2006	30	（2）	2006
12	（2）、（5）	2006	31	（2）	2006
13	（2）、（6）	2006	32	（2）	2006
14	（2）、（5）	2006	33	（2）	2006
15	（2）、（6）	2006	34	（2）	2006
16	（2）	2006	35	（2）	2019
17	（2）	2006	36	（2）	2018

6.6 本章小结

本章构建变化环境下基于统计过程控制的水库调度适应性评价模型，将常规调度（简化运行策略）和隐随机优化调度作为水库调度模型，并以此为主要评价对象；引入工业领域统计过程控制技术，介绍了统计过程控制的主要原理和技术手段——统计过程控制图（常规控制图和自相关控制图），并以发电耗水率为调度规则的媒介实现水库调度模型和统计过程控制技术的结合；利用控制图两阶段思想，建立基于统计过程控制的水库调度评价模型，主要结论如下。

（1）气候变化情景下，常规调度规则和隐随机优化调度规则均呈现出不适应性。与历史情景相比，未来情景下调度指标的统计过程均发生改变，而且除个别月（旬）特殊外，这种统计过程的改变都发生于调度起始阶段。可以认为，由于未来情景下的径流特性改变，无论是常规调度还是隐随机优化调度，对水资源均无法起到良好的再分配作用。

（2）未来情景下，在常规调度和隐随机优化调度中，均存在异常发生在调度中期的月（旬）的现象，说明调度规则对于变化环境下的径流序列具有一定的适应能力，但适应能力有限。同时，横向比较隐随机优化调度规则和常规调度规则的调度指标可以发现，未来情景下隐随机优化调度指标明显小于常规调度指标，而且隐随机优化调度指标异常情况中没有表现出点迹超出控制限的现象，常规调度则多次（5～7 月）出现调度指标明显超出控制限的情况，从调度指标的物理意义，即调度指标越小，水能利用率越高，调度指标越大，水能利用效率越低来看，隐随机优化调度规则对于未来情景的适应性要高于常规调度规则；另外，不同的调度规则对于气候变化情景的适应性不同，不能一概而论。

（3）从调度指标的年内变化来看，不同于历史情景下的随机分布，未来情景下常规调度和隐随机优化调度的特性指标均存在长期高于控制限和长期低于控制限的月（旬），即年内的调度中既存在水能利用率高的月（旬），又存在水能利用率低的月（旬）。因此，在变化环境下建立适应性管理策略时，也应考虑径流在年内分配的变化，如汛期和非汛期、蓄水期和消落期都应单独考虑，不能一概而论。从调度指标的年际变化来看，未来情景下常规调度和隐随机优化调度的调度指标的年际变化都较小，建立适应性管理策略时也应结合径流的年际变化特点。

（4）结合未来情景下径流和调度指标的变化特征，隐随机优化调度特性指标基本与径流保持同期变化，即径流的增加或减少基本会导致调度指标的增加或减少；常规调度指标的变化特征也基本保持这个规律。因此，在建立适应性管理策略时，可考虑依据径流的增减做出相应的决策。

（5）从控制图的监控状况来看，将发电耗水率作为调度特性指标建立的基于统计过程控制的水库调度评价模型，对调度结果的监控效果良好，对调度中的异常能够迅速诊断，可以考虑将控制图引入水库进行运行监控，作为水库的常规管理工具和手段。

参 考 文 献

[1] SHEWHART W A. Economic quality control of manufactured product[J]. Bell system technical journal, 1930, 9(2): 364-389.

[2] XIANG F, WANG R F, DONG Z Y. Application of a Shewhart control chart to monitor clean ash during coal preparation[J]. International journal of mineral processing, 2017, 158: 45-54.

[3] VRIES A D, RENEAU J K. Application of statistical process control charts to monitor changes in animal production systems[J]. Journal of animal science, 2010, 88(13): 11-24.

[4] VILLETA M, VALENCIA J L, SAÁ A, et al. Evaluation of extreme temperature events in northern Spain based on process control charts[J]. Theoretical & applied climatology, 2018, 131(3/4): 1323-1335.

[5] GARCÍA-DÍAZ J C. Monitoring and forecasting nitrate concentration in the groundwater using statistical process control and time series analysis: A case study[J]. Stochastic environmental research & risk assessment, 2011, 25(3): 331-339.

[6] SMETI E M, KORONAKIS D E, GOLFINOPOULOS S K. Control charts for the toxicity of finished water-modeling the structure of toxicity[J]. Water research, 2007, 41(12): 2679-2689.

[7] 陈振. 基于控制图理论的轨道几何状态数据分析方法研究[D]. 北京: 北京交通大学, 2018.

[8] ALWAN L C, ROBERTS H V. Time-series modeling for statistical process control[J]. Journal of business & economic statistics, 1988, 6(1): 87-95.

第7章

兼顾历史和未来径流的水库调度

7.1 引　言

目前，国内外专家学者已针对气候变化条件下的水资源适应性管理开展了较为广泛的研究。Eum 和 Simonovic[1]提出了多目标水库适应性优化调度方法，并对比了水库规模对气候变化的敏感程度。Georgakakos 等[2]针对美国南加州水资源系统，构建了水资源管理适应性决策模型，评估和比较了传统管理策略及适应性管理策略应对气候变化的能力。Zhou 和 Guo[3]基于综合自适应优化模型提取了考虑气候变化下的面向生态的多目标水库调度规则。Ahmadi 等[4]以 Karoon-4 水库为例，利用元启发式多目标优化算法制订针对气候变化情景的水库动态优化调度策略。Zhang 等[5]以水分生产函数为优化目标，利用动态规划法提取了特定气候变化情景下的灌溉水库适应性调度规则。

大多数的水库适应性调度研究遵循一个相似的框架：①在特定的气候排放情景（如 RCP4.5、RCP7.5）下，利用大气环流模型（general circulation models，GCMs）和降尺度技术预测研究流域未来的气温、降水变化；②利用水文模型，基于降水、蒸发和径流三者的关系，预测未来径流序列；③建立水库调度优化模型，利用未来气候变化的径流序列提取适应性调度规则；④将基于历史径流序列的调度规则和适应性调度规则在未来时期进行模拟，比较效益等目标，对两者进行衡量和评价。尽管诸多研究实例证明了上述研究流程的可行性和价值，但是，由于 GCMs 和水文模型本身存在着由模型结构与初始解集等引起的不确定性，未来气候变化难以实现准确预测[6-7]。换言之，历史条件的再现也可以视为未来气候变化潜在发生的一种可能性。

因此，在适应性调度规则研究中，不仅要考虑不同的近期未来非一致性情景，而且应包含历史一致性条件，使得适应性调度规则更为稳健，既适用于当前气候，又能应对未来多种可能的气候变化，即兼顾历史、未来两个时期的效益。

这一问题与水文模型中的一个问题类似。Fowler 等[8]指出，很多概念性水文模型均存在率定期表现好但在更为干旱的检验期表现差的问题，为了改善模型性能、提高通用性，他们建议同时优化两段水文序列的评价指标。本章关注的适应性调度问题本质上与之相同，即以历史资料为率定的历史调度规则（historical operating rules，HOR）和以未来预测资料为率定的未来预测调度规则（future projection operating rules，FPOR）均存在对率定资料表现性能好而相互检验时表现差的问题。因此，为了获得一个能够兼顾历史、未来两个时期效益的适应性调度规则，故将历史径流与未来径流同时选作水库调度模型的优化序列，提取兼顾历史与未来的调度规则（historical and future operating rules，HAFOR）。这一新的调度规则无论是在历史一致性条件下还是在未来变化条件下，都表现良好。问题相似性比较如图 7.1 所示。

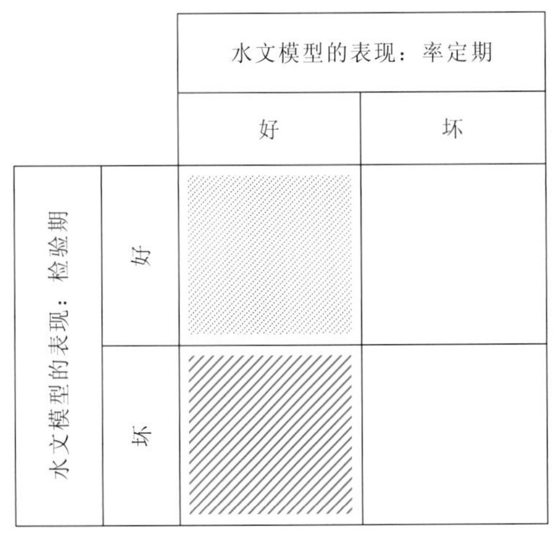

（a）Fowler等[8]提出的水文模型的率定和检验问题

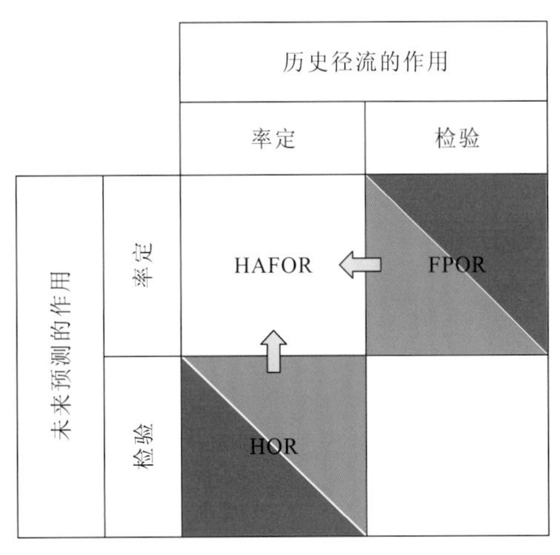

（b）提出的HOR和FPOR在率定与检验径流序列中的表现（红色表示效果差，绿色表示效果好）

图 7.1　比较水文模型和水库适应性调度中的问题相似性

7.2　研究方法

将历史径流情景和未来径流情景作为率定资料，以历史和未来时期的效益与稳健性指标最大化为目标，构建水库多目标优化调度模型，基于权重法将多目标转化为单目标问题进行求解。利用模拟优化（simulation-based optimization，SBO）方法[9-10]提取 HAFOR。具体的技术路线如图 7.2 所示。

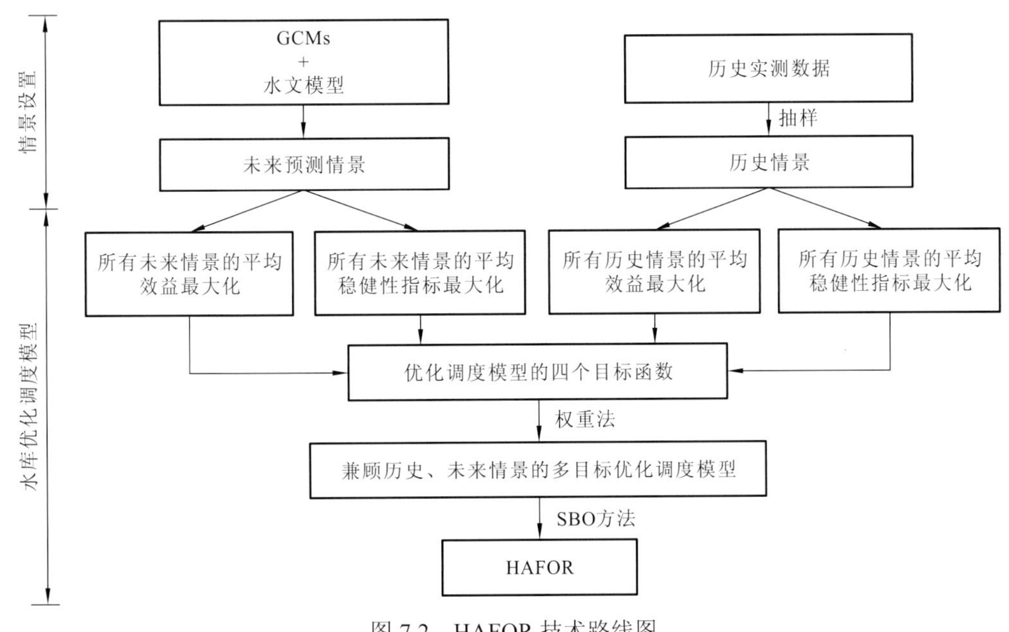

图 7.2　HAFOR 技术路线图

7.2.1 目标函数

优化目标函数考虑了历史、未来两个时期的所有情景的平均效益、所有情景的平均稳健性指标四个目标。历史多情景采用对历史资料再抽样的方法获取，未来多情景以多个 GCMs 降尺度预测与水文模型径流模拟的结果为依据。对于灌溉水库而言，四个优化目标函数描述如下。

1. 历史、未来两个时期的多情景平均效益优化目标函数

$$\max \overline{B}^{\mathrm{H/F}}=\frac{1}{S_{\mathrm{c}}}\times\sum_{s=1}^{S_{\mathrm{c}}}\sum_{j=1}^{T_{\mathrm{d}}}\left[P_1\times Y_{1,\max}\times\prod_{i=1}^{N_1}\left(\frac{\mathrm{ET}_{i,j,s}}{\mathrm{ETm}_{i,j,s}}\right)^{\lambda_i}+P_2\times Y_{2,\max}\times\prod_{i=N_1+1}^{N_1+N_2}\left(\frac{\mathrm{ET}_{i,j,s}}{\mathrm{ETm}_{i,j,s}}\right)^{\lambda_i}\right] \tag{7.1}$$

其中：上标 H/F 表示式（7.1）同时适用于历史序列和未来预测序列，$\overline{B}^{\mathrm{H}}$ 和 $\overline{B}^{\mathrm{F}}$ 分别为历史阶段和未来阶段的多情景平均效益，简化为 $\overline{B}^{\mathrm{H/F}}$。式（7.1）右侧中括号内第一项式子 $P_1\times Y_{1,\max}\times\prod_{i=1}^{N_1}\left(\frac{\mathrm{ET}_{i,j,s}}{\mathrm{ETm}_{i,j,s}}\right)^{\lambda_i}$ 表示在第 j 年第 s 情景下夏玉米产生的农业灌溉效益，记作 $\mathrm{BM}_{j,s}$；第二项式子 $P_2\times Y_{2,\max}\times\prod_{i=N_1+1}^{N_1+N_2}\left(\frac{\mathrm{ET}_{i,j,s}}{\mathrm{ETm}_{i,j,s}}\right)^{\lambda_i}$ 表示在第 j 年第 s 情景下冬小麦产生的农业灌溉效益，记作 $\mathrm{BW}_{j,s}$。P_1 和 P_2 分别表示夏玉米和冬小麦的市场价格，$Y_{1,\max}$ 和 $Y_{2,\max}$ 分别表示充分供水条件下夏玉米和冬小麦的最大产量，P_1、P_2、$Y_{1,\max}$ 和 $Y_{2,\max}$ 假定为常数；$\mathrm{ETm}_{i,j,s}$ 表示充分供水条件下的最大潜在腾发量，采用 Hargreaves 和 Samani[11]的方法计算求解，$\mathrm{ET}_{i,j,s}$ 表示实际腾发量，计算可参见文献[12]；λ_i 表示水分敏感指数，随着阶段的改变而改变，数值源于多年平均的实验结果[13]；N_1 和 N_2 表示夏玉米和冬小麦的生育阶段总数；T_{d} 表示调度年限；S_{c} 表示情景数量，因历史、未来各时段的情况而异。

2. 历史、未来两个时期的多情景平均稳健性指标的优化目标函数

$$\max R^{\mathrm{H/F}}=\frac{\sum_{s=1}^{S_{\mathrm{c}}}\sum_{j=1}^{T_{\mathrm{d}}}\Lambda_{j,s}^{\mathrm{H/F}}}{S_{\mathrm{c}}\times T_{\mathrm{d}}} \tag{7.2}$$

其中：上标 H/F 表示式（7.2）同时适用于历史序列和未来预测序列，R^{H} 和 R^{F} 表示历史、未来多情景的平均稳健性指标，简化为 $R^{\mathrm{H/F}}$。式（7.2）右侧分子部分的具体含义为 $\Lambda_{j,s}^{\mathrm{H/F}}=\begin{cases}1\ (\mathrm{BM}_{j,s}\geqslant\mathrm{BM}_{j,s}^{\mathrm{COR}},\mathrm{BW}_{j,s}\geqslant\mathrm{BW}_{j,s}^{\mathrm{COR}})\\0\ (\text{其他})\end{cases}$，是一个二元函数，满足条件时取为 1，反之为 0。$\Lambda_{j,s}^{\mathrm{H/F}}$ 表示调度系统只有在 HAFOR 产生的两种作物的效益（$\mathrm{BM}_{j,s}$、$\mathrm{BW}_{j,s}$）同时高于常规调度规则的效益（$\mathrm{BM}_{j,s}^{\mathrm{COR}}$、$\mathrm{BW}_{j,s}^{\mathrm{COR}}$）时才是稳健的。$\Lambda_{j,s}^{\mathrm{H}}$ 和 $\Lambda_{j,s}^{\mathrm{F}}$ 表示历史、未来的稳健性指标的二元函数描述。

7.2.2　约束条件

1. 水库约束

（1）水库水量平衡。

$$\begin{cases} V_{i+1,j,s} = V_{i,j,s} + I_{i,j,s} - Q_{i,j,s} \\ V_{1,j+1,s} = V_{N+1,j,s} \end{cases} \tag{7.3}$$

式中：$V_{i,j,s}$ 和 $V_{i+1,j,s}$ 为第 s 情景下在第 j 年中第 i 时段的始、末库容；$I_{i,j,s}$ 和 $Q_{i,j,s}$ 分别为第 s 情景下在第 j 年中第 i 时段的水库入流和出流；$V_{1,j+1,s}$ 为第 s 情景下在第 j+1 年的初始库容；$V_{N+1,j,s}$ 为第 s 情景下在第 j 年的末库容，N 为时段总数。

（2）水库库容限制。

$$\mathrm{VL}_i \leqslant V_{i,j,s} \leqslant \mathrm{VU}_i \ \ (\forall i,j,s) \tag{7.4}$$

式中：VU_i 和 VL_i 分别为水库库容的上、下限。

（3）水库出流限制。

$$\mathrm{QL}_i \leqslant Q_{i,j,s} \leqslant \mathrm{QU}_i \ \ (\forall i,j,s) \tag{7.5}$$

式中：QU_i 和 QL_i 分别为水库出流的上、下限。

2. 田间约束

（1）田间水量平衡。

$$\begin{cases} W_{i+1,j,s} = W_{i,j,s} + \mathrm{PE}_{i,j,s} + M_{i,j,s} + \bar{\theta} \times (H_{i+1,j,s} - H_{i,j,s}) - \mathrm{ET}_{i,j,s} - d_{i,j,s} \\ W_{1,j+1,s} = W_{N_s+1,j,s} \end{cases} \tag{7.6}$$

式中：$W_{i,j,s}$ 和 $W_{i+1,j,s}$ 分别为第 s 情景下在第 j 年中第 i 时段的始、末田间蓄水量；$W_{1,j+1,s}$ 为第 s 情景下在第 $j+1$ 年的初始田间蓄水量；$W_{N_s+1,j,s}$ 为第 s 情景下在第 j 年的末田间蓄水量，这里的 N_s 是夏玉米生育阶段数 N_1 和冬小麦生育阶段数 N_2 之和；$\mathrm{PE}_{i,j,s}$ 为第 s 情景下在第 j 年中第 i 时段的田间有效降雨[14]；$M_{i,j,s}$ 和 $d_{i,j,s}$ 分别为第 s 情景下在第 j 年中第 i 时段的灌溉水量和排水量；$H_{i,j,s}$ 和 $H_{i+1,j,s}$ 分别为第 s 情景下在第 j 年中第 i 时段的始、末根系生长长度；$\bar{\theta}$ 为耕作层的平均土壤含水量，取为 $0.60\theta_{\mathrm{f}}$，θ_{f} 为田间持水量。

（2）田间蓄水量约束。

$$\theta_{\mathrm{wp}} \times H_{i,j,s} \leqslant W_{i,j,s} \leqslant \theta_{\mathrm{f}} \times H_{i,j,s} \tag{7.7}$$

$$W_{1,j,s} = \theta_{\mathrm{initial}} \times H_{1,j,s} \tag{7.8}$$

式中：θ_{f} 为田间持水量，实验结果取为 0.33；θ_{wp} 为凋萎系数；$\theta_{\mathrm{initial}}$ 为耕作层的初始土壤含水量，取为 $0.80\theta_{\mathrm{f}}$；$W_{1,j,s}$ 为第 s 情景下在第 j 年的初始田间蓄水量；$H_{1,j,s}$ 为第 s 情景下在第 j 年的初始根系长度。

3. 水库与田间的关系

$$Q_{i,j,s}=\frac{M_{i,j,s}\times A_{\mathrm{s}}}{\eta_0} \tag{7.9}$$

式中：$Q_{i,j,s}$ 为第 s 情景下在第 j 年中第 i 时段的水库出流；$M_{i,j,s}$ 为第 s 情景下在第 j 年中第 i 时段的田间灌溉水量；A_{s} 为灌溉面积；η_0 为灌溉效率。

7.2.3 多目标求解方法

多目标求解可以采用权重法将多目标转化为单目标进行求解，也可以采用智能算法进行求解。采用简单易行的权重法，赋予四个权重值，将式（7.1）和式（7.2）描述的目标函数合为一个单目标优化函数：

$$\max\ F=\omega_1\frac{\overline{B}^{\mathrm{H}}}{B_{\max}^{\mathrm{H}}}+\omega_2\frac{\overline{B}^{\mathrm{F}}}{B_{\max}^{\mathrm{F}}}+\omega_3R^{\mathrm{H}}+\omega_4R^{\mathrm{F}} \tag{7.10}$$

$$B_{\max}^{\mathrm{H/F}}=T_{\mathrm{d}}\times(P_1\times Y_{1,\max}+P_2\times Y_{2,\max}) \tag{7.11}$$

式中：$\frac{\overline{B}^{\mathrm{H}}}{B_{\max}^{\mathrm{H}}}$ 和 $\frac{\overline{B}^{\mathrm{F}}}{B_{\max}^{\mathrm{F}}}$ 为 $\overline{B}^{\mathrm{H}}$ 与 $\overline{B}^{\mathrm{F}}$ 的归一化结果；$B_{\max}^{\mathrm{H/F}}$ 为最大的潜在效益；ω_1、ω_2、ω_3、ω_4 分别为历史效益权重、未来效益权重、历史稳健性权重和未来稳健性权重。

7.2.4 调度规则编制

水库每个时段的总出库流量与该时段内的可用水量有关，其中的可用水量由水库蓄水量和该时段内的入库水量组成。一般来说，调度函数是非线性的，但对于单个水库，可将调度函数简化为易于处理的线性函数[15]。对于灌溉水库而言，水库出流同时取决于水库可用水量和田间可用水量。这一调度规则形式将适用于 HAFOR、HOR 和 FPOR。数学描述如下：

$$Q_{i,j,s}=a_i'+b_i'\times \mathrm{AV}_{i,j,s}+c_i'\times \mathrm{AW}_{i,j,s} \tag{7.12}$$

$$\mathrm{AV}_{i,j,s}=V_{i,j,s}+I_{i,j,s} \tag{7.13}$$

$$\mathrm{AW}_{i,j,s}=\mathrm{W}_{i,j,s}+\mathrm{PE}_{i,j,s} \tag{7.14}$$

式中：$Q_{i,j,s}$ 为第 s 情景下在第 j 年中第 i 时段的水库出流；$\mathrm{AV}_{i,j,s}$、$\mathrm{AW}_{i,j,s}$ 分别为水库和田间的可用水量；$I_{i,j,s}$、$\mathrm{PE}_{i,j,s}$ 分别为水库入流和田间有效降雨；a_i'、b_i'、c_i' 均为调度规则的参数，因作物生长阶段的改变而改变。

由于 SBO 方法可以直接通过调整调度规则参数的方式优化调度目标，故本章采用耦合复形调优算法[16]的 SBO 方法来提取 HAFOR。复形调优算法是一种用于求解含有等式约束和非等式约束的 n 维问题的非线性极值搜索方法，它可以在给定的参数优化区间内不断优化参数，直至搜索到最优目标函数及其相应的参数集，其计算原理与过程详见参考文献[16]。

7.3　研究区域与资料

7.3.1　东武仕水库灌溉调度

东武仕水库位于河北省邯郸市磁县境内的滏阳河干流上，处于海河流域的半湿润地区（图 7.3），总库容为 1.615×10^8 m³，控制流域面积 340 km²，平均年径流量为 3.8×10^8 m³，是一座以灌溉为主，兼顾防洪、发电等综合效益的大型水利枢纽工程。其防洪标准为 100 年一遇洪水设计，2000 年一遇洪水校核。东武仕水库的死库容为 1×10^7 m³，相应的死水位为 94.5 m；6～9 月汛期的防洪库容为 1.036×10^8 m³，非汛期的兴利库容为 1.463×10^8 m³，相应的水位分别为 102 m 和 107.68 m。

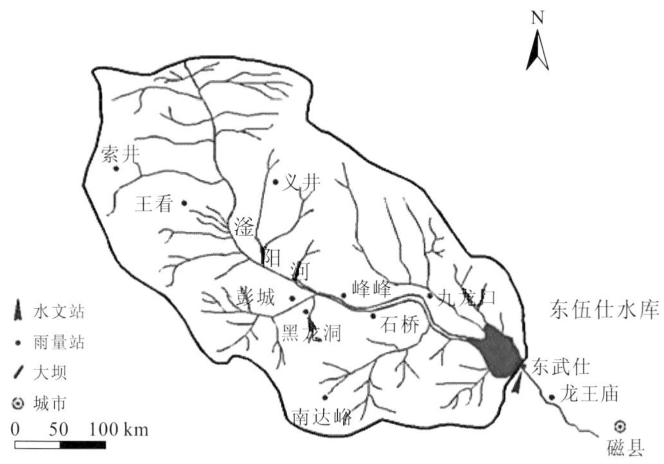

图 7.3　东武仕水库流域示意图

以东武仕水库为农业灌溉水源的滏阳河灌区的地理位置为东经 114° 30′、北纬 36° 41′。其多年平均降雨量为 530.7 mm，大部分集中在 7～9 月；多年平均气温为 12.9 ℃，多年平均日照时数为 2 672.8 h，多年平均风速为 2 m/s，多年平均蒸发量为 1 150 mm。该地区的土壤主要为中壤质脱沼泽潮土，土壤总体肥力属中等水平，有机质含量为 1.0%左右，全氮含量为 4.9%。地下水常年埋深 12 m 左右，无地下水补给。灌区的灌溉面积为 4.267×10^4 ha，灌溉水利用系数为 0.46。作物为一年两熟制，即每年的 6 月上中旬～9 月中下旬种植夏玉米，9 月下旬～次年 6 月上旬种植冬小麦。夏玉米和冬小麦的市场价格分别为 1.9 元/kg、2.1 元/kg，夏玉米和冬小麦在充分灌溉条件下的最高产量分别为 560 kg/亩①、420 kg/亩。将夏玉米分为播种—拔节、拔节—抽雄、抽雄—灌浆、灌浆—成熟共 4 个生育阶段，将冬小麦分为播种—越冬、越冬—返青、返青—拔节、拔节—抽穗、抽穗—灌浆、灌浆—成熟共 6 个生育阶段。水库调度的时段与作物生长阶段相一致，使水库供水与作物需水同步。

①1 亩≈666.7 m²。

7.3.2 水文气象数据来源

选取 1965～2005 年的月气候数据（降水、最高和最低温度、径流）作为历史水文气候资料，采用自助法中的滑块思想[17]进行历史资料的再抽样，获得多组基于实测资料的历史情景。具体抽样步骤为，将数据长度为 n 的资料，按照块长度 k_1 进行划分，进而原资料序列可分成相互重叠的 $n-k_1+1$ 个块，每一个块即本节的一个历史情景。这些滑块法生成的历史情景以历史实测资料为依据，均反映了历史环境。采用的块长度为 20 年，将历史资料滑块抽样成 21 个历史情景，记为历史情景 1、历史情景 2、…、历史情景 21。图 7.4 呈现了历史多情景的最高温度、最低温度、降水和径流在月尺度上的变化范围。由图 7.4 可知，不同情景下温度和降水的差异不大，但差异在径流上明显增加。

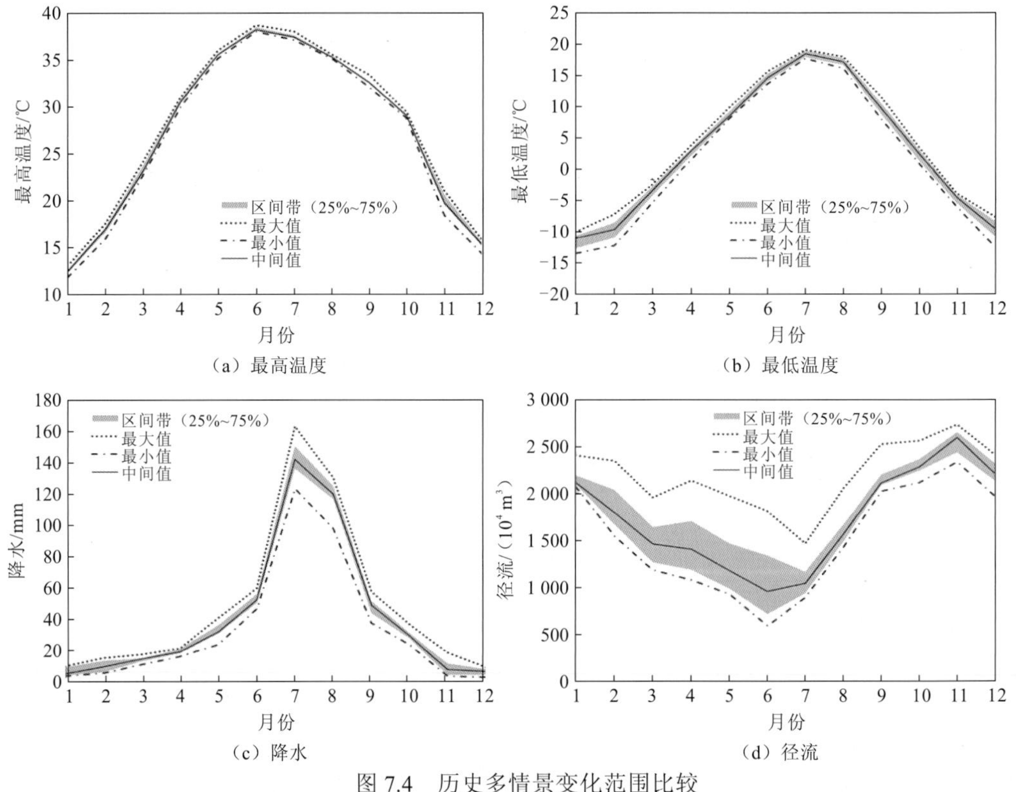

图 7.4 历史多情景变化范围比较

考虑近期未来时段 2025～2045 年的气候变化条件，长度与各个历史情景保持一致。未来降雨和潜在蒸散发数据来源于世界气候研究计划发起的耦合模式比较计划第 5 阶段（Coupled Model Intercomparison Project Phase 5，CMIP5）提供的多模式模拟结果，采用的数据为经过误差修正[18]和降尺度的数据集[19]。由于在联合国政府间气候变化专门委员会（Intergovernmental Panel on Climate Change，IPCC）第五次评估报告中的 RCP4.5 情景的变化特点与中国未来经济发展趋势较为一致，适合指导政府制定应对气候变化的政策，故选取 RCP4.5 情景数据。选取的 7 个 CMIP5 的 GCMs 包括：ACCESS1.3、

BCC-CSM1.1、BUN-ESM、CanESM2、CSIRO-Mk3.6.0、INMCM4.0 和 IPSL-CM5A-LR，简化记作未来情景 1～7。采用新安江月水量平衡模型预测未来各情景的径流，模型参数率定以历史实测序列为输入，以纳什效率系数 NSE 最大为目标。图 7.5 表示了未来多个情景之间的差异、与历史实测平均之间的变化。由图 7.5 可见，未来各情景的水文气候条件相比于历史变化情况各异，既有增加情景，又有减少情景。

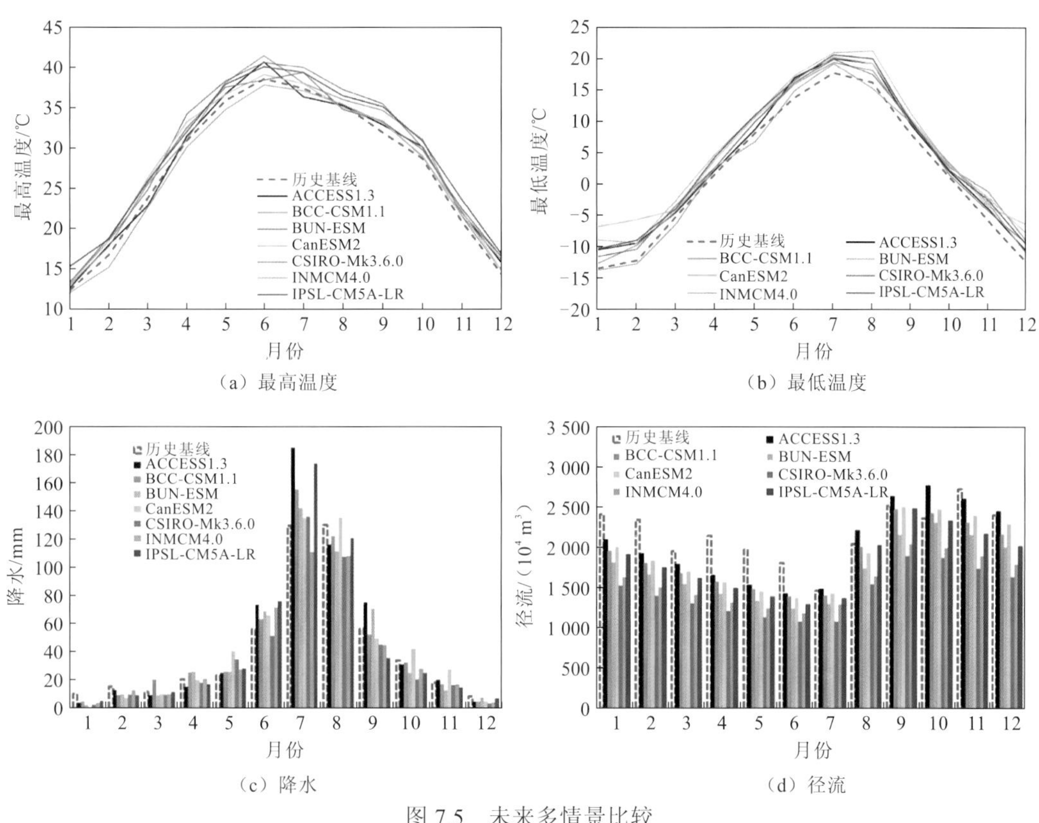

图 7.5　未来多情景比较

7.4 结果分析

7.4.1 方案比较

1. 常规调度规则

水库灌溉调度是利用水库的调蓄作用满足作物需水要求的一种兴利措施。常规调度是传统的调度方法，以调度图或一定的调度规则为依据，利用径流调节和水能计算方法来确定满足水库既定任务的蓄泄过程。东武仕水库的常规调度规则以尽可能地提高水资源的利用效率为目的，遵循以下调度原则：在满足水库约束的条件下，水库出流为当前年内的可利用水量的平均值；反之，水库出流取为水库入流。数学描述如下：

$$Q_{i,j,s}=\begin{cases}\dfrac{1}{N_{\mathrm{d}}-i+1}\left(\sum\limits_{i=1}^{N_{\mathrm{d}}}I_{i,j,s}-\alpha_i''\sum\limits_{k=1}^{i}Q_{k,j,s}\right) & (\mathrm{VL}_{i+1}\leqslant V_{i+1,j,s}\leqslant \mathrm{VU}_{i+1})\\ I_{i,j,s} & (\text{其他})\end{cases} \tag{7.15}$$

式中：$Q_{i,j,s}$ 和 $I_{i,j,s}$ 分别为常规调度规则水库出流和入流；$V_{i+1,j,s}$ 为时段末库容，需满足库容约束下限 VL_{i+1} 和上限 VU_{i+1} 条件；N_{d} 为年内调度时段总数；α_i'' 为一个因子，取值为 $\alpha_i''=\begin{cases}0 & (i=1)\\ 1 & (i=2,3,\cdots,N_{\mathrm{d}})\end{cases}$。

2. HOR

HOR 的提取与 HAFOR 相似，区别在于：仅将历史多情景作为水库调度模型的输入，以历史多情景的平均效益最大化为目标函数。HOR 的形式为线性函数，与 HAFOR 相同，如式（7.12）～式（7.14）所示。利用耦合复形调优算法的 SBO 方法优选 HOR 的参数，其使用的初始参数集源于[5]：①以历史实测序列为输入的确定性优化调度模型，通过简化为动态规划法[20]进行优化轨迹的求解；②根据式（7.12）的多元线性函数，利用拟合法确定初始参数集。

3. FPOR

FPOR 的提取与 HOR 基本相同，最大的区别是：将未来多情景作为水库调度模型的输入，以未来多情景的平均效益最大化为目标函数。对于 FPOR，相同的调度函数形式和调度规则提取方法被采用。模拟优化使用的初始参数集的获取是以未来预测序列为输入的。

7.4.2 结果与讨论

1. HAFOR、HOR、FPOR 三种调度规则的参数

式（7.12）可以用来描述调度规则参数，其中 a_i' 为常数参数，b_i' 代表水库的可用水量，c_i' 代表水库的可用库容空间。由于四个权重有不同的组合形式，HAFOR 有多种参数情景组合。在本章中，针对四个目标函数，四个权重参数均取值为等权重值。表 7.1 分别给出了 HAFOR、HOR 和 FPOR 三种调度规则的最优参数值。尽管三种调度规则（HAFOR、HOR 和 FPOR）的参数值在相应的生育期里有着相似的变化趋势，但 HAFOR 本身是一个独立的调度规则，因为它的参数值不能通过简单地加和 HOR 与 FPOR 的参数值推求得来。此外，HAFOR 的参数可以覆盖比 HOR 和 FPOR 的参数更多的情景，这在一定程度上提高了新的适应性水库调度规则的适用性。水库调度规则参数值的不同可能会对水库调度的表现产生不同的效果，如效益和稳健性方面的表现。

表 7.1　HAFOR、HOR、FPOR 三种调度规则的最优参数

作物类型	生育期	调度规则的最优参数								
		HAFOR			HOR			FPOR		
		a_i'	b_i'	c_i'	a_i'	b_i'	c_i'	a_i'	b_i'	c_i'
夏玉米	夏玉米-1	−56.386 72	0.001 95	−0.025 09	−54.618 27	0.001 01	−0.161 02	−51.348 63	0.004 49	−0.188 05
	夏玉米-2	4.976 73	0.000 90	−0.116 77	2.364 75	0.001 43	−0.104 11	5.418 79	0.001 67	−0.086 44
	夏玉米-3	−7.676 74	0.007 34	0.133 79	−15.073 68	0.009 89	0.081 84	−19.782 13	0.008 56	0.072 15
	夏玉米-4	19.564 52	0.006 38	−0.106 23	12.243 69	0.005 53	−0.075 28	15.841 47	0.004 75	−0.083 46
冬小麦	冬小麦-1	−15.949 86	−0.000 44	0.041 25	−10.726 88	−0.000 37	0.058 85	−13.128 10	−0.000 20	0.067 71
	冬小麦-2	−17.909 71	0.001 04	0.048 47	−23.423 51	0.000 58	0.071 80	−23.147 30	0.000 76	0.069 10
	冬小麦-3	−2.668 05	0.003 72	−0.533 07	−0.445 23	0.003 98	−0.449 17	0.799 93	0.003 97	−0.490 77
	冬小麦-4	13.270 29	0.004 21	−0.142 28	61.895 43	0.001 33	−0.204 88	66.923 76	0.006 87	−0.196 90
	冬小麦-5	−23.248 16	0.003 87	0.046 34	−13.158 75	0.004 20	0.011 48	−11.920 35	0.003 89	0.044 79
	冬小麦-6	−15.311 48	−0.000 51	−0.000 50	−30.741 85	0.000 69	−0.088 32	−23.412 01	0.001 05	−0.016 19

2. 四个目标函数之间的权衡关系

四个权重可以从两个角度进行划分：①历史和未来；②效益和稳健性。历史权重ωH由ω_1和ω_3组成，未来权重ωF由ω_2和ω_4组成；效益权重ωB是ω_1和ω_2之和，稳健性权重ωR是ω_3和ω_4之和。为了避免两种划分角度的相互影响，同一类型权重的各组成权重相等。例如，在ωH中，$\omega_1=\omega_3$。历史权重与未来权重、效益权重与稳健性权重的权衡关系如图7.6所示。在图7.6中，ωH和ωB以0.2为步长在0～1变化，历史效益、历史稳健性、未来效益、未来稳健性四个目标随权重变化。图中以灰色虚线划分出了历史象限、未来象限、效益象限和稳健性象限。如图7.6（a）所示，随着历史权重ωH的增加，历史指标（效益和稳健性）均增加，而未来指标将相应减小。如图7.6（b）所示，ωB的增加使得历史效益和未来效益均有所增加，而稳健性指标降低。总之，四个目标函数之间存在相互竞争的关系，因此，基于历史和未来两个时间角度、效益和稳健性两个指标构建的多目标函数是合理的，即验证了HAFOR建立的合理性。

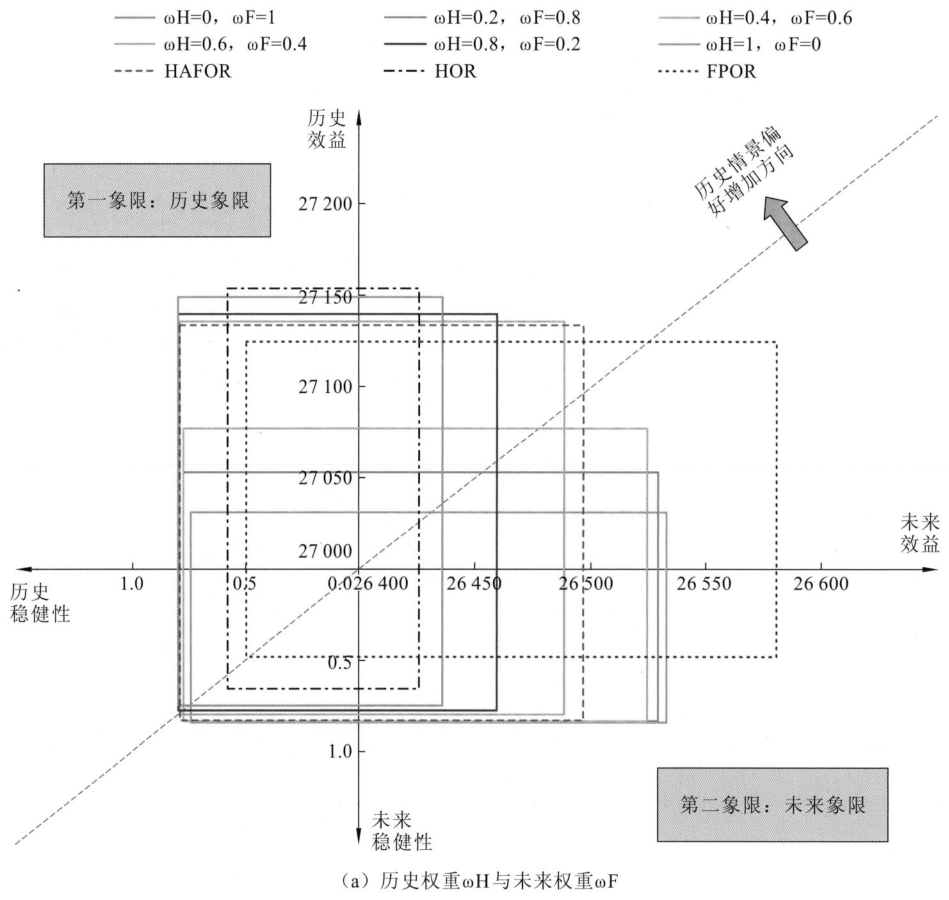

（a）历史权重ωH与未来权重ωF

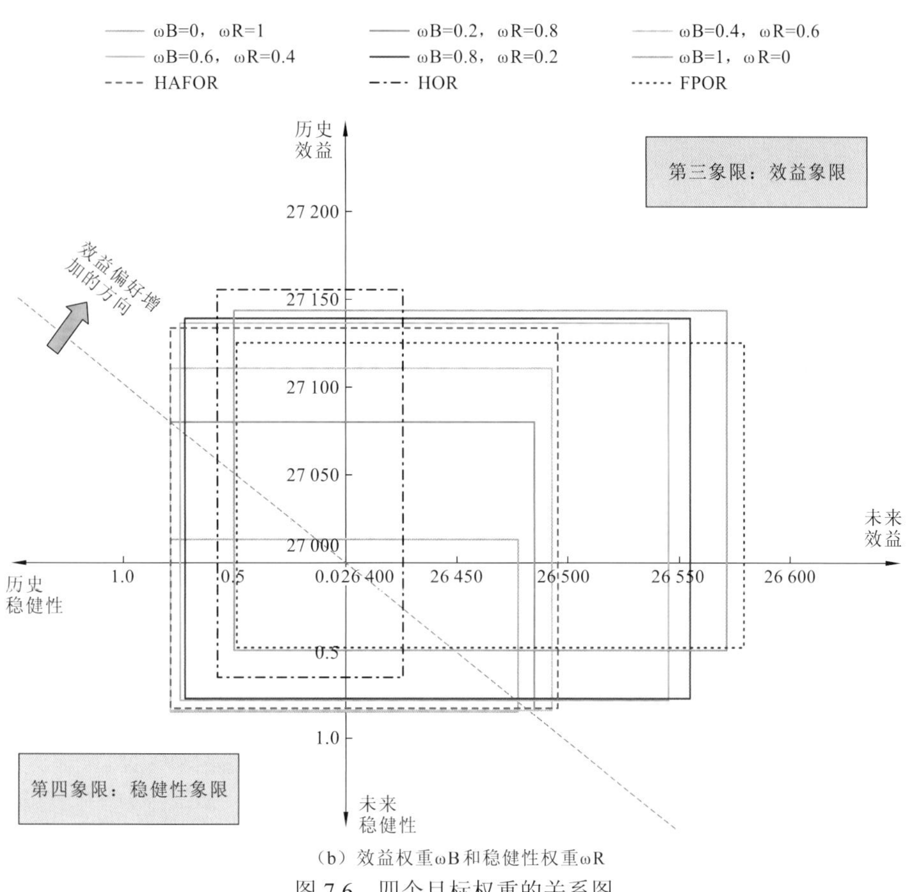

（b）效益权重ωB和稳健性权重ωR

图 7.6　四个目标权重的关系图

不同权重组合构成多组非劣解集。考虑了各权重在 0～0.4 变化的 Pareto 解集，如图 7.7 所示。结果表明，尽管 HOR 和 FPOR 分别在历史效益与未来效益上取得最大值，但是 HAFOR 的 Pareto 解集总体上优于 HOR 和 FPOR。在实际工程管理问题中，适合的效益、稳健性解集取决于管理者的偏好，以等权重条件下的 HAFOR 进行后续的结果比较。

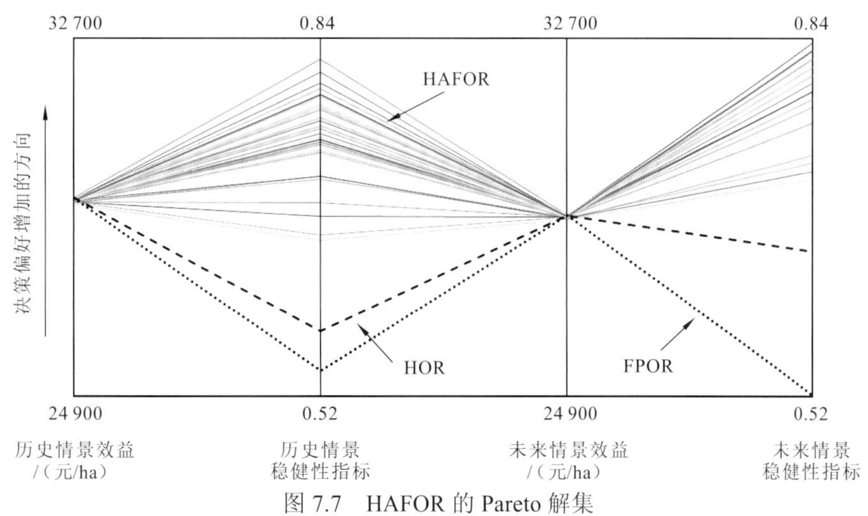

图 7.7　HAFOR 的 Pareto 解集

3. 调度效益与稳健性评价

对于四种调度规则：常规调度规则、HOR、FPOR 和 HAFOR，从调度效益和稳健性方面进行评价，如表 7.2 所示。常规调度规则是衡量其他三种调度规则有效性的基准，HOR 和 FPOR 分别是检验 HAFOR 在历史与未来适应性能力的基准。

表 7.2 四种调度方案的调度效益与稳健性比较

调度规则类型	历史情景效益/（元/ha）	未来情景效益/（元/ha）	历史情景稳健性指标/%	未来情景稳健性指标/%
常规调度规则	25 730.24	24 966.51	—	—
HOR	27 153.83（5.53%）	26 426.00	57.86	65.00
FPOR	27 124.40	26 580.48（6.46%）	49.29	47.86
HAFOR	27 132.87（5.45%）	26 496.62（6.13%）	79.05	82.86

由表 7.2 可以看出：①相对于常规调度规则，HAFOR 在历史和未来情景下分别能够提升效益 5.45%、6.13%，以微弱的差距差于相应情景下 HOR 的 5.53%和 FPOR 的 6.46%；②尽管 HOR 和 FPOR 在各自的率定情景下能够获得很好的表现，但是在交叉验证的情景中，HOR 在未来情景的效益和 FPOR 在历史情景的效益均低于 HAFOR。因此，HAFOR 不仅能够兼顾历史情景和未来情景的效益，还能使两种效益相比于常规调度规则有所增加，其中，未来情景的增幅更为明显。可以认为，HAFOR 是一种为规避经济损失，考虑历史一致性与未来非一致性的折中适应性调度方式。

从表 7.2 的稳健性指标结果可以看出，由于在优化调度模型中纳入了稳健性指标，HAFOR 的稳健性在任何情景下均远高于 HOR 和 FPOR。这种稳健性能力有利于 HAFOR 应对和适应不确定的未来变化环境，避免由环境引起的系统大幅度的经济波动。因此，相比于传统的调度方案，HAFOR 不仅兼顾了历史和未来条件下的调度效益，而且保证了系统的稳健性，该调度规则是一种应对不确定变化环境的有效的水库管理方式。

图 7.8 给出了常规调度规则、HOR、FPOR 和 HAFOR 四种调度规则在历史各情景与未来各情景下的效益对比效果。如图 7.8 所示，HAFOR 的效益与 HOR 和 FPOR 两种调度规则的效益结果比较接近，但 HAFOR、HOR 和 FPOR 在历史各情景与未来各情景下的效益均优于常规调度规则，且 HAFOR 能在各种情景（对应变化的环境）下表现良好。

综合稳健性指标和效益的对比发现，HAFOR 能在历史各情景和未来各情景下获得较好的效益，并且能获得远高于 HOR 和 FPOR 的稳健性。因此，HAFOR 可以作为变化环境下的一种可靠的适应性水库调度规则。

4. 历史典型情景的调度过程

在历史情景序列中，将各情景多年水库总入流的经验频率分别为 25%、50%和 75%定为丰水、平水、枯水三种典型历史情景。图 7.9 描述了四种调度规则在三种典型历史情景下水库出流、水库库容、田间蓄水量随作物生育阶段的变化过程。由图 7.9 可以看出，四种调度规则采取了不同的出流方式，这归因于水库出流由水库供水和田间供水共同决定，其本质上由调度规则参数的差异导致。图 7.9 具体呈现了如下结果。

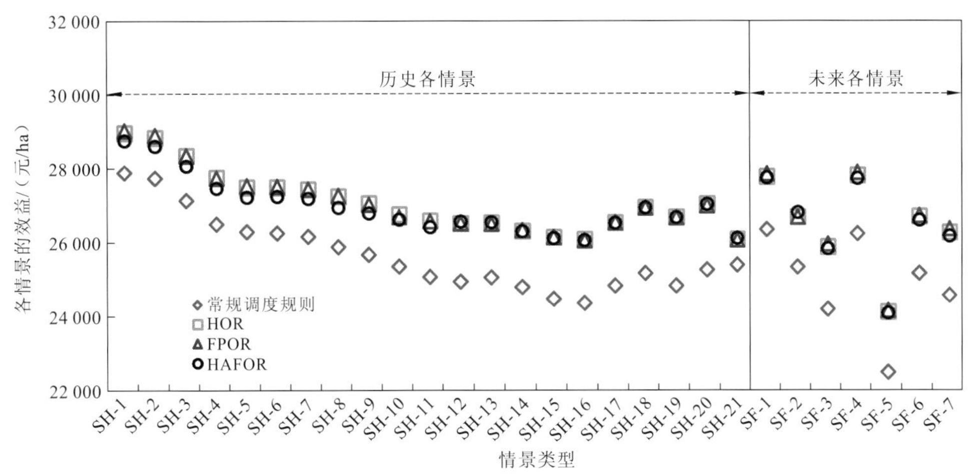

图 7.8　不同情景下四种调度规则的效益比较

（1）就水库出流而言，除了均在冬小麦-1 阶段没有水库出流外，HAFOR 在各生育阶段的水库出流与 HOR、FPOR 显著不同：在夏玉米-1、夏玉米-2、夏玉米-3、冬小麦-2 和冬小麦-6 阶段水库出流增加，而在其余阶段水库出流减少。这一特征在枯水情景下最为显著。在三种典型历史情景中，夏玉米-4 阶段是 HAFOR、HOR 和 FPOR 水库出流最大的时段，这表明在这一生育阶段作物最需要水库供水，如果未来极端干旱条件发生，作物产量将在这一阶段减少得最显著。夏玉米种植结束使得田间水分充足，且冬小麦更耐旱，故在冬小麦-1 阶段没有水库供水。

（2）在水库库容方面，HAFOR 的调度过程与 HOR 和 FPOR 相似，但增加了调度期末（冬小麦-6 阶段）的水库库容，这为第二年的作物轮种提供了更好的供水储备，并且，随着情景来水的减少，这一特点越来越明显。对于 HAFOR 的调度过程能增加调度期末的水库库容，有两点原因，具体如下：①HAFOR 在冬小麦-4 阶段减少出库流量的调度措施能直接在水库中蓄滞更多的水量；②在冬小麦-5、冬小麦-6 阶段更多地消耗田间蓄水量。此外，与常规调度规则相比，HAFOR、HOR 和 FPOR 三种调度规则能够在夏玉米最后两个生育阶段最大限度地供水，为避免作物大幅减产起到至关重要的作用。

（3）HAFOR 对田间蓄水量造成的影响总体上与 HOR 和 FPOR 相似，显著差异体现在夏玉米-2 和冬小麦-2 两个阶段，但 HAFOR 对田间蓄水量的影响在枯水情景下更为显著。相比于常规调度规则，HAFOR、HOR 和 FPOR 均大幅改善了田间蓄水量水平，这有利于应对未来干旱的发生。

5. 未来多情景下的稳健性表现

四种调度规则在未来多情景模拟时，输入均为未来各情景的降水、蒸发和径流，即输入不确定性是一致的，因而，在未来多种可能出现的环境下，调度结果的不确定性程度反映了调度规则自身的稳健能力和对气候变化的适应性水平。调度结果的不确定性程度越低，代表该调度规则越稳健，越有利于在多变环境下避免风险损失。

图 7.10 呈现了四种调度规则未来气候变化条件下水库出流、水库库容和田间蓄水量三个方面的不确定性范围。图 7.10 中包含了中位值、上下四分位构成的不确定性区间，

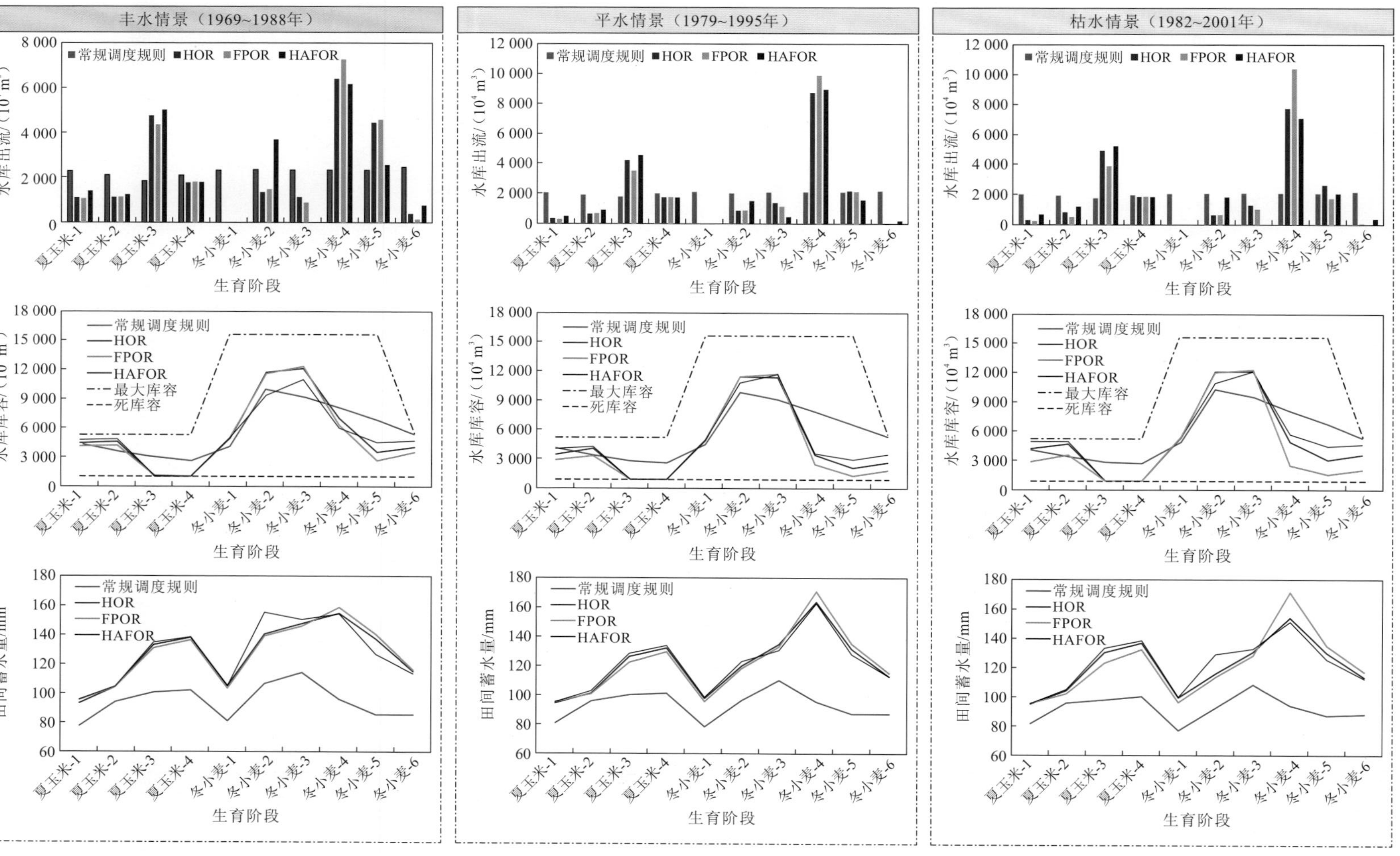

图 7.9 四种调度规则在三种典型历史情景下的调度过程图

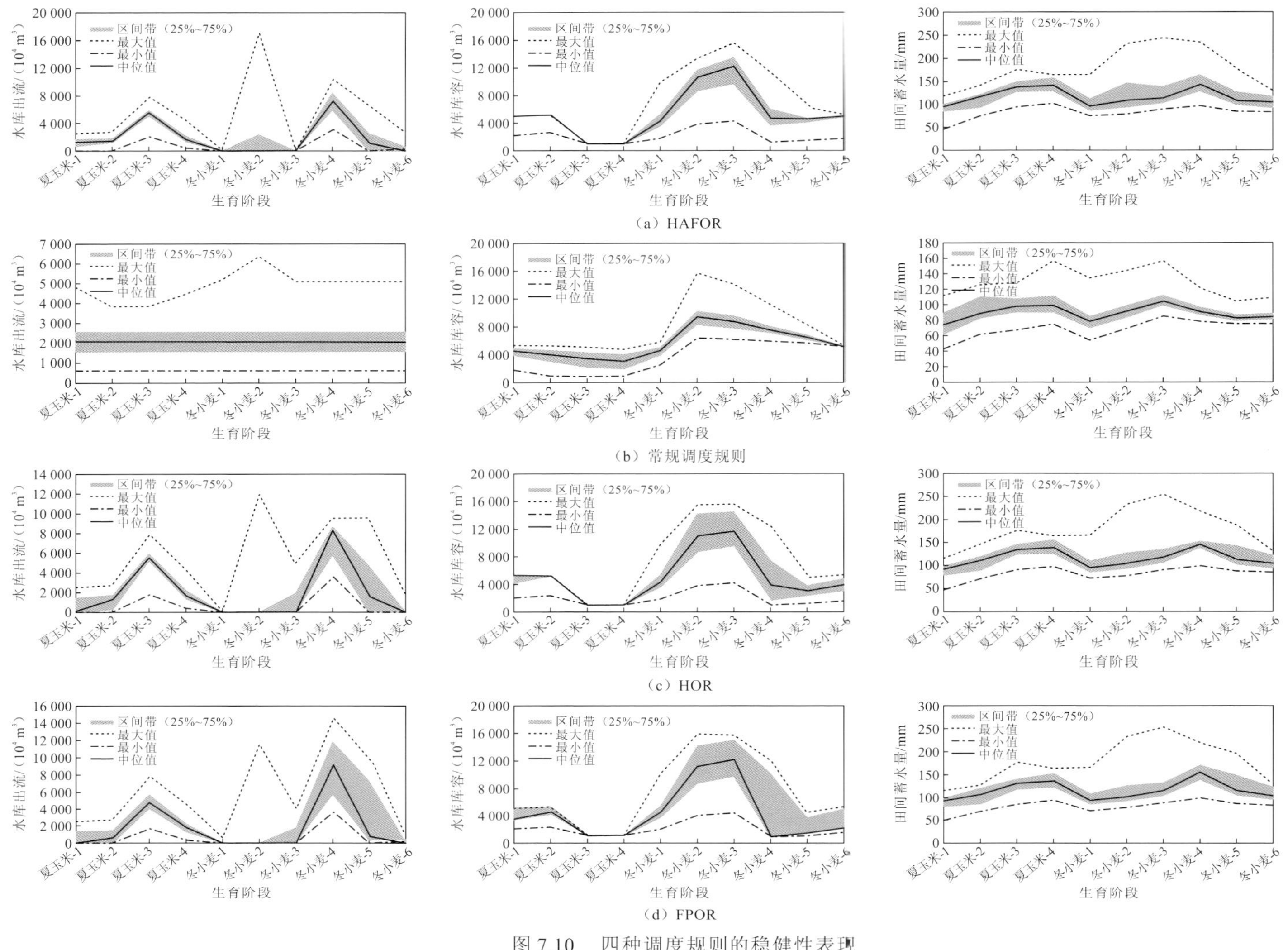

（a）HAFOR

（b）常规调度规则

（c）HOR

（d）FPOR

图 7.10　四种调度规则的稳健性表现

以及表征不确定极限水平的最大值、最小值。由图 7.10 可见，相比于 HOR 和 FPOR，HAFOR 在水库出流和水库库容方面的不确定性程度更小。这说明 HAFOR 更强的稳健性不仅仅体现在基于效益的稳健性指标上，还体现在水库调度的过程上。但是从田间蓄水量的不确定性程度分析，HAFOR 显著高于 HOR 和 FPOR。这一结果出现的原因在于，HAFOR 牺牲了田间过程的稳健性来换取更高的水库调度过程的稳健性。但这一现象有利于农田增加其自身的水分条件范围，增强了农田应对潜在极端干旱条件的能力与适应性。因此，HAFOR 是一个最稳健的调度规则，能够有效地减少由未来不确定性预测引起的作物减产。

7.5 本章小结

本章提出了 HAFOR 的方法，分别从历史和未来两类情景、效益与稳健性两个角度，构建了多目标水库优化调度模型。历史效益权重、历史稳健性权重、未来效益权重、未来稳健性权重将多目标函数归一化为单目标函数进行求解。采用基于复形调优算法的 SBO 方法提取调度规则。HAFOR 与常规调度规则、HOR、FPOR 在历史和未来两时段的效益及稳健性方面进行了比较。四个权重从历史和未来、效益和稳健性两个角度评价了彼此间的竞争关系。此外，分析了 HAFOR 的历史调度过程和未来稳健性表现，结论如下。

（1）历史和未来权重的对比、效益和稳健性权重的对比证明了四个目标函数之间是互斥的，进而表明提取的 HAFOR 是合理的。

（2）相比于 HOR 和 FPOR 两种调度规则，HAFOR 不仅能够权衡历史和未来的效益，而且在两种环境下均能取得更高的效益和稳健性。HAFOR 可以说是 HOR 和 FPOR 的一种折中方式，在变化环境下，按照 HAFOR 实施水库调度决策，更有利于水库-农田系统自身的效益和稳健性。

（3）三种历史典型情景表明，HAFOR 相比于常规调度规则对水库和田间均有显著的改善作用；HAFOR 在水库的调度过程与 HOR 和 FPOR 具有明显差异，但对于田间蓄水量的调蓄过程的影响没有明显差异。

（4）在未来变化环境下，HAFOR 比 HOR 和 FPOR 具有更高稳健性的水库调度决策，但对田间蓄水量造成了更大的不确定性影响。但这一影响却有助于提高农田蓄水范围，使农田自身应对不利环境的能力增强。

综上所述，HAFOR 通过一种相对稳健、低风险的方式实施调度决策来应对气候变化。

参 考 文 献

[1] EUM H I, SIMONOVIC S P. Integrated reservoir management system for adaptation to climate change: The Nakdong River Basin in Korea[J]. Water resources management, 2010, 24(13): 3397-3417.

[2] GEORGAKAKOS A P, YAO H, KISTENMACHER M, et al. Value of adaptive water resources management in Northern California under climatic variability and change: Reservoir management[J]. Journal of hydrology, 2012, 412: 34-46.

[3] ZHOU Y L, GUO S L. Incorporating ecological requirement into multipurpose reservoir operating rule curves for adaptation to climate change[J]. Journal of hydrology, 2013, 498: 153-164.

[4] AHMADI M, HADDAD O B, LOÁICIGA H A. Adaptive reservoir operation rules under climatic change[J]. Water resources management, 2014, 29 (4): 1247-1266.

[5] ZHANG W, LIU P, WANG H, et al. Operating rules of irrigation reservoir under climate change and its application for the Dongwushi Reservoir in China[J]. Journal of hydro-environment research, 2017, 16: 34-44.

[6] CHEN J, BRISSETTE F P, POULIN A, et al. Overall uncertainty study of the hydrological impacts of climate change for a Canadian watershed[J]. Water resources research, 2011, 47(12): 1-16.

[7] CHEN J, BRISSETTE F P, LECONTE R. Uncertainty of downscaling method in quantifying the impact of climate change on hydrology[J]. Journal of hydrology, 2011, 401(3/4): 190-202.

[8] FOWLER K J A, PEEL M C, WESTERN A W, et al. Simulating runoff under changing climatic conditions: Revisiting an apparent deficiency of conceptual rainfall-runoff models[J]. Water resources research, 2016, 52 (3): 1820-1846.

[9] EVENSON D E, MOSELEY J C. Simulation/optimization techniques for multi-basin water resource planning[J]. Water resources bulletin, 1970, 6 (5): 725-736.

[10] LIU P, LI L P, CHEN G J, et al. Parameter uncertainty analysis of reservoir operating rules based on implicit stochastic optimization[J]. Journal of hydrology, 2014, 514 (2): 102-113.

[11] HARGREAVES G H, SAMANI Z A. Estimating potential evapotranspiration[J]. Journal of the irrigation and drainage division, 1982, 108 (3): 225-230.

[12] 周祖昊, 袁宏源. 有限供水条件下灌区优化配水[J]. 中国农村水利水电, 2002(5): 5-8.

[13] 张志宇. 土壤墒情预报与作物灌溉制度多目标优化[D]. 保定: 河北农业大学, 2014.

[14] YE Q, YANG X, DAI S, et al. Effects of climate change on suitable rice cropping areas, cropping systems and crop water requirements in southern China[J]. Agricultural water management, 2015, 159: 35-45.

[15] 权先璋, 李承军. 水电站优化线性调度规则研究[J]. 华中理工大学学报, 1999, 27(12): 36-39.

[16] 徐士良. 常用算法程序集[M]. 北京: 清华大学出版社, 2013.

[17] 刘攀, 郭生练, 方彬, 等. 基于自助法的水文频率区间估计[J]. 武汉大学学报(工学版), 2007, 40(2): 55-59.

[18] CHEN J, BRISSETTE F P, CHAUMONT D, et al. Performance and uncertainty evaluation of empirical downscaling methods in quantifying the climate change impacts on hydrology over two North American river basins[J]. Journal of hydrology, 2013, 479: 200-214.

[19] RAO J, CAI R R, YANG Y. Parallel comparison of the northern winter stratospheric circulation in reanalysis and in CMIP5 models[J]. Advances in atmospheric sciences, 2015, 32(7): 952-966.

[20] 梅亚东. 梯级水库防洪优化调度的动态规划模型及解法[J]. 武汉大学学报(工学版), 1999(5): 10-12.

第8章

基于新息的自适应跟踪控制规则

8.1 引　言

目前，为了应对未来环境变化对水库调度的影响，适应性调度的概念逐渐引起大家关注。现有的适应性调度大多遵循一个类似的框架，将气候变化模型、水文模型和水库调度模型耦合起来[1-8]。在这个框架下，Ahmadi 等[1]提出了一种适应性方法来调整水库调度规则，以适应气候变化。Eum 和 Simonovic[2]研究了未来气候变化对月调度规则的影响，并且推荐了最好的调度规则。Eum 等[3]评价了未来气候变化对防洪控制点风险的影响，并且提出了一个水库综合调度的框架。但是，以上这些研究关注的是气候因子的变化对水库调度的影响，并未研究径流因素对水库调度的直接影响。因此，本章着重考虑径流的变化对水库调度规则（以发电调度为例）的影响，主要分为两部分：①辨析不同径流改变情形下水库调度规则的变化模式；②推求能够应对不同径流条件的适应性调度规则。

8.2 研究方法

8.2.1 水库调度规则变化模式识别

水库调度规则变化模式的辨析方法主要分为三个模块，如图 8.1 所示：①情景生成模块；②水库优化调度模块；③调度规则推求。具体步骤如下：首先，采用简单调整法（simple adjustment method，SAM）和随机重建法（stochastic reconstruction method，SRM）来生成三种径流改变的模式，即径流均值、变异系数（C_V）和季节性的改变。然后，将生成的径流序列作为系统输入，采用水库优化调度模型求解出最优的调度轨迹。最后，采用分段线性拟合的方法推求不同径流情景下的调度规则，并比较异同，辨析不同径流情景下水库调度规则的变化模式。

1. 情景生成模块

已有的研究表明，未来的气候将会改变年均径流量及其在年内的分配过程[7-8]，径流条件的这些改变可以通过均值、变异系数和季节性的改变来表示。因此，本章采用 SAM 和 SRM 两种方法来调整、改变径流的特征参数。

1）SAM

SAM 通过简单的数学变换对径流的均值、C_V 进行调整，如式（8.1）和式（8.2）所示。对季节性的调整则可通过式（8.3）～式（8.5）实现。在第 j 年（$j=1,2,\cdots,m$）的第 i 个时段（$i=1,2,\cdots,n$）径流均值改变 k_s 倍，可以通过在每个径流值上施加参数 k_s 考虑其影响：

$$Q_{i,j}^{*}=k_{s}Q_{i,j} \tag{8.1}$$

式中：$Q_{i,j}^{*}$ 和 $Q_{i,j}$ 分别为在第 j 年的第 i 个时段调整后和调整前的径流值。通过以上操作，径流在第 i 个时段的均值从 $\bar{Q}_i$ 改变为 $k_s\bar{Q}_i$，而 C_V 保持不变。

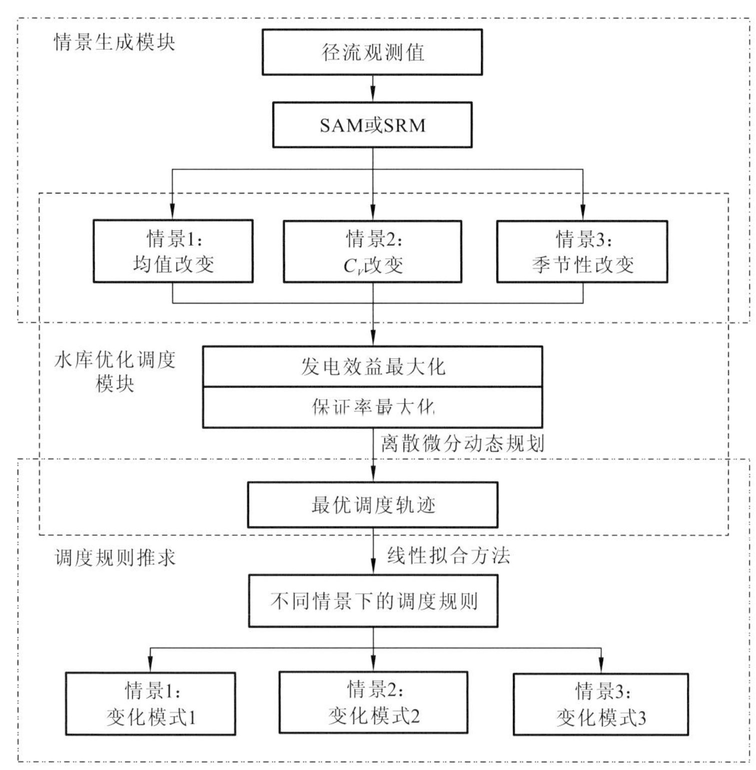

图 8.1 水库调度规则变化模式辨析方法框架

类似地，对径流序列中的每个径流值直接进行调整，也可使径流在第 i 个时段的变异系数从 C_{V_i} 变为 $k_sC_{V_i}$：

$$Q_{i,j}^{*}=k_{s}Q_{i,j}+(1-k_{s})\bar{Q}_{i} \tag{8.2}$$

式中：$Q_{i,j}^{*}$ 和 $Q_{i,j}$ 分别为在第 j 年的第 i 个时段调整后和调整前的径流值；$\bar{Q}_i$ 为第 i 个时段的径流均值。通过以上操作，径流在第 i 个时段的变异系数发生了改变，而均值保持不变。

径流过程线中所包含的季节性特征可以用累积时间分布函数来表示；累积时间分布函数可以定义为，当前时段 a_t 之前的累积径流量与年内总径流量的比值[9]：

$$\mathrm{TDF}_{j}(a_{t})=\frac{\sum_{i=1}^{a_{t}}Q_{i,j}}{\sum_{i=1}^{n}Q_{i,j}} \tag{8.3}$$

径流季节性的改变在本章中主要指径流峰值发生时间的改变，主要通过改变每年径流过程的累积时间分布函数来实现。Nazemi 等[9]假设累积时间分布函数 TDF 的改变量与距离峰值出现的时间线性相关，即累积时间分布函数 TDF 的最大偏移量发生在峰值处，而在径流过程的开始和结束时刻，TDF 的偏移量为 0。因此，真实径流过程 TDF 的偏移量可以通过三角形径流过程 TDF 的偏移量进行估计。基于以上假设与推断，改变后的 TDF 在时段 i 内的取值可估计为[9]

$$\mathrm{TDF}_j^*(i)=\mathrm{TDF}_j(i)-\mathrm{TDF}_j^{\mathrm{tri1}}(i)+\mathrm{TDF}_j^{\mathrm{tri2}}(i)\quad (i=1,2,\cdots,n;\ j=1,2,\cdots,m) \tag{8.4}$$

由改变后的 TDF 可重构出季节性移动之后的径流过程，如式（8.5）所示[9]：

$$Q_{i,j}^*=\begin{cases}\mathrm{TDF}_j^*(i)\sum\limits_{i=1}^{n}Q_{i,j} & (i=1;\ j=1,2,\cdots,m)\\ [\mathrm{TDF}_j^*(i)-\mathrm{TDF}_j^*(i-1)]\sum\limits_{i=1}^{n}Q_{i,j} & (i=2,3,\cdots,n;\ j=1,2,\cdots,m)\end{cases} \tag{8.5}$$

式中：$\mathrm{TDF}_j^*(i)$、$\mathrm{TDF}_j(i)$、$\mathrm{TDF}_j^{\mathrm{tri1}}(i)$ 和 $\mathrm{TDF}_j^{\mathrm{tri2}}(i)$ 分别为季节性移动之后和移动之前实际径流过程的 TDF、季节性移动之前和移动之后三角形径流过程的 TDF 在第 j 年第 i 个时段的取值；$Q_{i,j}^*$ 和 $Q_{i,j}$ 分别为季节性移动之后和移动之前第 j 年第 i 个时段的径流值。图 8.2 展示了一个采用上述方法进行季节性移动的示例。图 8.2（a）是一个三角形径流过程的季节性移动示例；图 8.2（b）是相应的实际径流过程的季节性移动示例。图 8.2 中径流的峰值都被向前移动了 3 个旬（1 个月）。

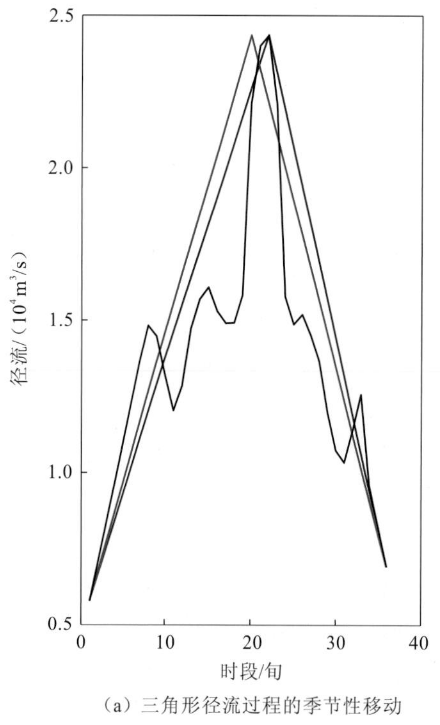

（a）三角形径流过程的季节性移动

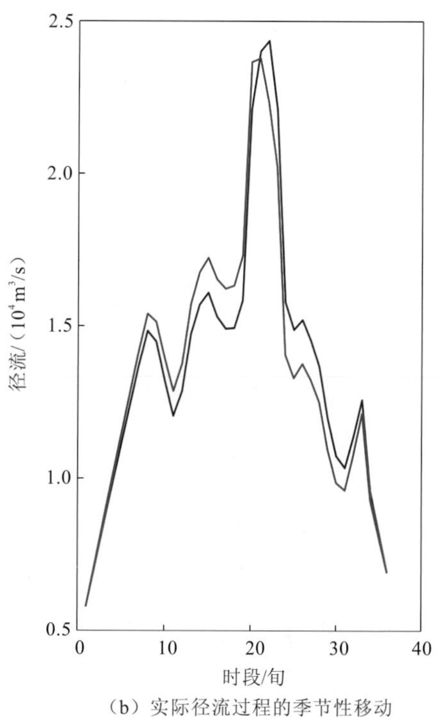

（b）实际径流过程的季节性移动

图 8.2　年内径流过程的季节性移动示例

季节性移动之前和之后的流量过程分别用蓝线与红线表示

2）SRM

径流的随机重建需要能够估计每个时段径流的条件分布，以至于实际径流过程中的相关关系能够在随机生成的样本中保持；本章中采用 Copula 函数对径流的条件分布进行估计[8,10-13]。根据 Sklar 定理[14]，若随机变量 X_1 和 X_2 的联合概率分布函数为 $F(x_1,x_2)$，边缘概率分布函数分别为 $U=F_1(x_1)$和 $V=F_2(x_2)$，则联合概率分布函数与边缘概率分布函数可通过 Copula 函数 $C(U,V;\theta_c)$ 联系起来，即

$$F(x_1,x_2)=C[F_1(x_1),F_2(x_2);\theta_c]=C(U,V;\theta_c) \tag{8.6}$$

式中：θ_c 为 Copula 参数，表示两个随机变量之间的相互依赖关系。

采用边缘概率分布函数表示两个相邻时段的径流分布，则这两个时段径流之间的条件概率分布函数可以通过对 Copula 函数微分得到[10,15]：

$$C_u(v)=\begin{cases} P\{F_i(Q_{i,j})\leqslant v\,|\,F_{i-1}(Q_{i-1,j})=u\}=\dfrac{\partial C_{i,i-1}(u,v;\theta_c)}{\partial u} & (i=2,3,\cdots,n) \\ P\{F_1(Q_{1,j})\leqslant v\,|\,F_n(Q_{n,j-1})=u\}=\dfrac{\partial C_{1,n}(u,v;\theta_c)}{\partial u} & (i=1) \end{cases} \tag{8.7}$$

式中：$Q_{i,j}$ 和 $Q_{i-1,j}$ 分别为第 j 年第 i 和 $i-1$ 时段的径流；$Q_{1,j}$ 和 $Q_{n,j-1}$ 分别为第 j 年第 1 个时段和第 $j-1$ 年最后一个时段的径流；F_i 和 F_{i-1} 分别为时段 i 和 i-1 径流的边际累积分布函数；F_1 和 F_n 分别为第一和最后一个时段径流的累积概率分布函数；$C_{i,i-1}$ 为联系时段 i 和 i-1 径流累积概率分布函数的 Copula 函数；$C_{1,n}$ 为联系最初和最末时段径流累积概率分布函数的 Copula 函数。

在[0, 1]内生成均匀分布的随机数 u 和 t，则时段 i 的径流可通过式（8.8）、式（8.9）进行模拟[10]：

$$Q_{i,j}=F_i^{-1}(v) \tag{8.8}$$

$$v=C_u^{-1}(t) \tag{8.9}$$

式中：C_u^{-1} 为式（8.7）中定义的条件概率分布函数 C_u 的逆函数。

对 Nazemi 等[9]总结的算法稍做修改，即可得到径流过程的随机重建步骤，具体如下。

（1）选择合适的边际分布和 Copula 函数类型，分别用来量化径流的特性和两个相邻时段的条件概率；

（2）估计相邻时段径流边际累积分布函数的参数，同时估计 Copula 函数的参数；

（3）在[0, 1]内随机生成一个随机数 u，用来确定径流初值；

（4）在[0, 1]内随机生成随机数 t，分别采用式（8.8）和式（8.9）确定 $Q_{i,j}=F_i^{-1}(v)$ 和 $v=C_u^{-1}(t)$；

（5）重复步骤（4），直至模拟出所需要的径流长度。

每个时段径流的特征参数可以用该时段径流的边际累积分布函数量化和表示，因此，改变径流的均值和变异系数可直接通过改变累积概率分布函数来实现。因此，通过 SRM 改变径流的均值、变异系数和季节性的过程可简述如下。

对径流均值、变异系数的改变可直接通过改变边际累积分布函数的参数实现，即

$$\bar{Q}_i^* = k_s \bar{Q}_i \tag{8.10}$$

$$(C_{V_i})^* = k_s C_{V_i} \tag{8.11}$$

式中：$\bar{Q}_i^*$ 和 $\bar{Q}_i$ 分别为时段 i 改变之后和改变之前的径流均值；$(C_{V_i})^*$ 和 C_{V_i} 分别为时段 i 改变之后和改变之前的径流变异系数。

径流季节性的改变可以分为三步：①通过式（8.3）～式（8.5）对原始径流的季节性进行移动；②求取季节性移动之后的边际累积分布函数；③将得到的边际累积分布函数代入随机生成理论，进行径流的随机生成。

2. 水库优化调度模块

水库调度的最优轨迹对于采用拟合法推求水库调度规则来说是必不可少的[16-17]，因此，在这里需要建立确定性水库调度模型。水库调度的目标函数、约束条件和优化方法具体如下。

1）目标函数

本章中发电调度的主要目标为，年均发电量和发电保证率最大化。

年均发电量最大化[18]：

$$\max E = \frac{1}{m}\sum_{j=1}^{m}\sum_{i=1}^{n} N_{i,j}\Delta t_{i,j} \tag{8.12}$$

式中：m 和 n 分别为调度期内的年数和每年的时段数；$\Delta t_{i,j}$ 为每个时段的时间长度；$N_{i,j}$ 为第 j 年第 i 个时段的发电出力，kW，计算式为

$$N_{i,j} = \min\{K_E R_{i,j} H_{i,j}, f_{\max}(H_{i,j})\} \tag{8.13}$$

其中：K_E 为发电综合出力系数；$R_{i,j}$ 为水库泄流量；$H_{i,j}$ 为净水头，是水库库容和尾水位的函数；$f_{\max}(H_{i,j})$为受发电机组约束的最大发电能力。

发电保证率最大化[19]：

$$\max \frac{(N_{i,j} \geqslant \mathrm{NF})}{T'_d} \tag{8.14}$$

其中：$(N_{i,j} \geqslant \mathrm{NF})$ 统计了发电出力不低于保证出力 NF 的时段数；T'_d 是优化调度的总时段数。

2）约束条件

水量平衡约束：

$$V_{i,j} = \begin{cases} V_{i-1,j} + (Q_{i-1,j} - R_{i-1,j})\Delta t_{i-1,j} - e_{i-1,j} & (i = 2,3,\cdots,n) \\ V_{n,j-1} + (Q_{n,j-1} - R_{n,j-1})\Delta t_{n,j-1} - e_{n,j-1} & (i = 1) \end{cases} \tag{8.15}$$

库容约束：

$$V_{i,\min} \leqslant V_{i,j} \leqslant V_{i,\max} \quad (i = 1,2,\cdots,n) \tag{8.16}$$

水量约束：

$$R_{i,\min} \leqslant R_{i,j} \leqslant R_{i,\max} \quad (i = 1,2,\cdots,n) \tag{8.17}$$

出力约束：

$$N_{i,\min} \leqslant N_{i,j} \leqslant N_{i,\max} \quad (i=1,2,\cdots,n) \tag{8.18}$$

式中：$Q_{i-1,j}$ 为第 j 年第 i−1 个时段的水库入流量；$V_{i,j}$ 为第 j 年第 i 个时段的水库库容，受到最大库容 $V_{i,\max}$ 和最小库容 $V_{i,\min}$ 的约束；$R_{i,j}$ 为第 j 年第 i 个时段的水库泄流量，受到最大泄流量 $R_{i,\max}$ 和最小泄流量 $R_{i,\min}$ 的约束；$N_{i,j}$ 为第 j 年第 i 个时段的发电出力，受到最大出力 $N_{i,\max}$ 和最小出力 $N_{i,\min}$ 的约束；$e_{i-1,j}$ 为水库由蒸发和渗漏造成的水量损失，通常可忽略不计。

3）优化方法

两目标优化问题可通过罚函数法整合为单目标进行优化，因此本节中的两个目标函数可以重新表达为[19]

$$\max \ \frac{1}{m}\sum_{j=1}^{m}\sum_{i=1}^{n}[N_{i,j} - g(N_{i,j})]\Delta t_{i,j} \tag{8.19}$$

式中：$g(N_{i,j})$为罚函数，其定义为

$$g(N_{i,j}) = \begin{cases} \alpha_{\mathrm{p}}'(N_{i,j} - \mathrm{NF})^{\beta_{\mathrm{p}}'} & (N_{i,j} < \mathrm{NF}) \\ 0 & (N_{i,j} \geqslant \mathrm{NF}) \end{cases} \tag{8.20}$$

其中：α_{p}' 和 β_{p}' 为惩罚系数，用来确保保证率能够满足要求。

由于确定性优化调度是一个多阶段问题，以动态规划为原型的改进类算法都可用于求解上述优化问题，如离散微分动态规划、逐次逼近动态规划、逐次优化算法[20-21]。这些算法的比较结果表明，离散微分动态规划对初始解不敏感[19]，因此可选择其作为此优化问题的求解算法。

3. 调度规则推求

水库调度规则可以通过拟合法[16-17,22-24]或者模拟-优化法求解；由于拟合法较易实现，本节选用拟合法推求所需的调度规则。此外，选取应用较为广泛的线性调度规则对单一年调节水库进行研究[17-19,24-25]：

$$\hat{R}_{i,j} = a_i'(\hat{V}_{i,j} / \Delta t_{i,j} + Q_{i,j}) + b_i' \quad (i=1, 2, \cdots, n) \tag{8.21}$$

式中，$\hat{V}_{i,j}$ 为水库在时段 i 的时段初库容；$\hat{R}_{i,j}$ 为水库调度中需要确定的泄流量；$\hat{V}_{i,j} / \Delta t_{i,j} + Q_{i,j}$ 为可用水量；a_i' 和 b_i' 为拟合过程中需要确定的水库调度规则参数。

8.2.2　水库适应性调度规则推求

水库适应性调度规则的推求原理为采用 EnKF 将最优的水库调度轨迹同化至水库调度规则参数中，获得较优的时变的调度规则参数集；确定与水库调度规则变化最相关的水文参数，将时变的调度规则参数集与水文参数进行拟合，推求得到适应性调度规则。

适应性调度规则推求主要分为三步，如图 8.3 所示。

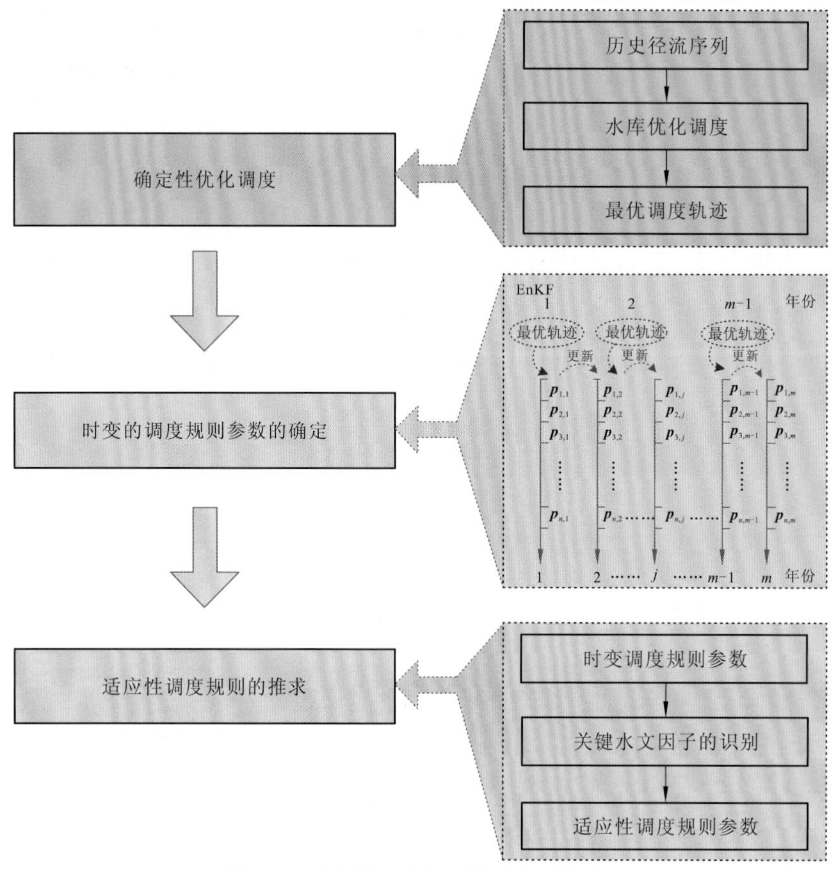

图 8.3　适应性调度规则推求方法框架

（1）确定性优化调度。通过建立的水库调度优化模型可推求出最优的调度轨迹线，将此作为 EnKF 的虚拟观测值。

（2）时变的调度规则参数的确定。可通过 EnKF 逐时段更新调度规则参数，并且保留各时段所得到的调度规则参数。

（3）适应性调度规则的推求。适应性调度规则可通过所得的时变的参数集对主导调度规则变化的水文参数进行拟合得到。

下面对第（2）、（3）步进行具体介绍。

1. EnKF 对调度规则参数的更新

EnKF 本质上是对 KF 的蒙特卡罗实现，即利用蒙特卡罗法生成一系列样本点，对所有的样本点都采用 KF 技术进行更新。EnKF 技术中最重要的两个方程为状态转移方程和观测方程，它们是该方法的基础。若采用式（8.21）中的调度规则形式，则可以对调度规则更新系统中的状态转移方程和观测方程进行定义与量化。对于调度规则参数的更新，状态转移方程的建立基于参数连续性假设（微小扰动假设）：相邻两年的调度规则参数的差别非常小，此假设与调度经验相符，可以认为是合理的。

式（8.21）中调度规则的参数是一成不变的，对调度规则参数的更新要求每年有一组新的参数值，因此用下标 j 表示参数所在的年份，即 $a'_{i,j}$ 和 $b'_{i,j}$，则时变的调度规则参数可用矩阵的形式表示为 $\boldsymbol{p}_{i,j}=\begin{pmatrix} a'_{i,j} \\ b'_{i,j} \end{pmatrix}$。根据微小扰动假设，系统的状态转移方程可以表达为

$$\boldsymbol{p}_{i,j+1}=\boldsymbol{p}_{i,j}+\boldsymbol{\xi}_i,\quad \boldsymbol{\xi}_i \sim N(\boldsymbol{0},\boldsymbol{U}_i) \tag{8.22}$$

式中：$\boldsymbol{\xi}_i$ 为系统误差，假设其服从均值为 **0**、协方差为 $\boldsymbol{U}_i$ 的正态分布，实质上它表示相邻两年里调度规则的微小参数变化。

系统的观测方程可以将可用水量（系统状态）和最优的泄流量（观测变量）联系起来，表示如下：

$$R^*_{i,j}=\boldsymbol{A}_{i,j}\boldsymbol{p}_{i,j}+\eta_i,\quad \eta_i \sim N(0,D_i) \tag{8.23}$$

式中：$\boldsymbol{A}_{i,j}$ 为包含可用水量和常数项的行向量，即 $\boldsymbol{A}_{i,j}=(V_{i,j}/\Delta t_{i,j}+Q_{i,j},1)$；$R^*_{i,j}$ 为第 j 年第 i 个时段的最优泄流量，通过确定性优化调度求得；η_i 为观测误差，可假设其服从均值为 0、协方差为 D_i 的正态分布。

基于式（8.22）和式（8.23），EnKF 可以用来逐步更新水库调度规则，具体的实施步骤如图 8.4 所示。

2. 水库适应性调度规则的推求计算

在不断变化的水文条件下，适应性调度规则应当采用不同的参数值，从而使它们能够适应变化的环境。在本节中，试图将适应性调度规则表示为不断变化的水文因子的显式函数。因此，调度规则参数将随着水文因子的变化而变化。最广义的适应性调度规则可表达为

$$\begin{aligned} \tilde{a}_i &= l_i(F_1,F_2,\cdots,F_q) \\ \tilde{b}_i &= g_i(F_1,F_2,\cdots,F_q) \end{aligned} \tag{8.24}$$

式中：$\tilde{a}_i$ 和 $\tilde{b}_i$ 为适应性调度规则参数，分别表示为水文参数 $F_1,F_2,\cdots,F_q$ 的函数。

通过 EnKF 获得的时变参数可以作为适应性参数的估计值，即 $\tilde{a}_i=\{a'_{i,1},a'_{i,2},\cdots,a'_{i,m}\}$，$\tilde{b}_i=\{b'_{i,1},b'_{i,2},\cdots,b'_{i,m}\}$。进而，$l_i(\cdot)$ 和 $g_i(\cdot)$ 可以通过对时变的调度规则参数和水文参数 $F_1,F_2,\cdots,F_q$ 进行拟合得到。由于不同的水文参数之间可能相互关联，涉及多个水文参数的回归分析将增加问题的复杂度，故主导调度规则参数变化的水文参数需要首先被确定。

对于一个给定的水文参数 F_z，在调度期内时段 k 的参数取值可表示为 $\{f^z_{k,1},f^z_{k,2},\cdots,f^z_{k,m}\}$。时段 k 内的水文参数 $\{f^z_{k,1},f^z_{k,2},\cdots,f^z_{k,m}\}$ 与时段 i 内的时变参数 $\{a'_{i,1},a'_{i,2},\cdots,a'_{i,m}\}$ 和 $\{b'_{i,1},b'_{i,2},\cdots,b'_{i,m}\}$ 之间的相关系数分别为 $\rho^a_{z,k,i}$、$\rho^b_{z,k,i}$。因此，对适应性参数 $\tilde{a}_i$ 的推求过程可简述如下。

（1）相关性矩阵的确定。所有时段的时变参数 $a'_{i,j}$ $(i=1,2,\cdots,n)$和特定水文参数 F_z 在全年内的取值（$k=1,2,\cdots,n$）一一配对求得的相关系数可用矩阵 $\boldsymbol{M}^a_z$ 表达：

$$
\boldsymbol{M}_z^a = \begin{bmatrix} \rho_{z,1,1}^a & \rho_{z,1,2}^a & \cdots & \rho_{z,1,n}^a \\ \rho_{z,2,1}^a & \rho_{z,2,2}^a & \cdots & \rho_{z,2,n}^a \\ \vdots & \vdots & & \vdots \\ \rho_{z,n,1}^a & \rho_{z,n,2}^a & \cdots & \rho_{z,n,n}^a \end{bmatrix} \tag{8.25}
$$

与水文参数 F_z 类似，对于所有的水文参数（即 $F_z, z=1,2,\cdots,q$），相应的相关性矩阵可表示为 $\boldsymbol{M}_1^a, \boldsymbol{M}_2^a, \cdots, \boldsymbol{M}_q^a$。

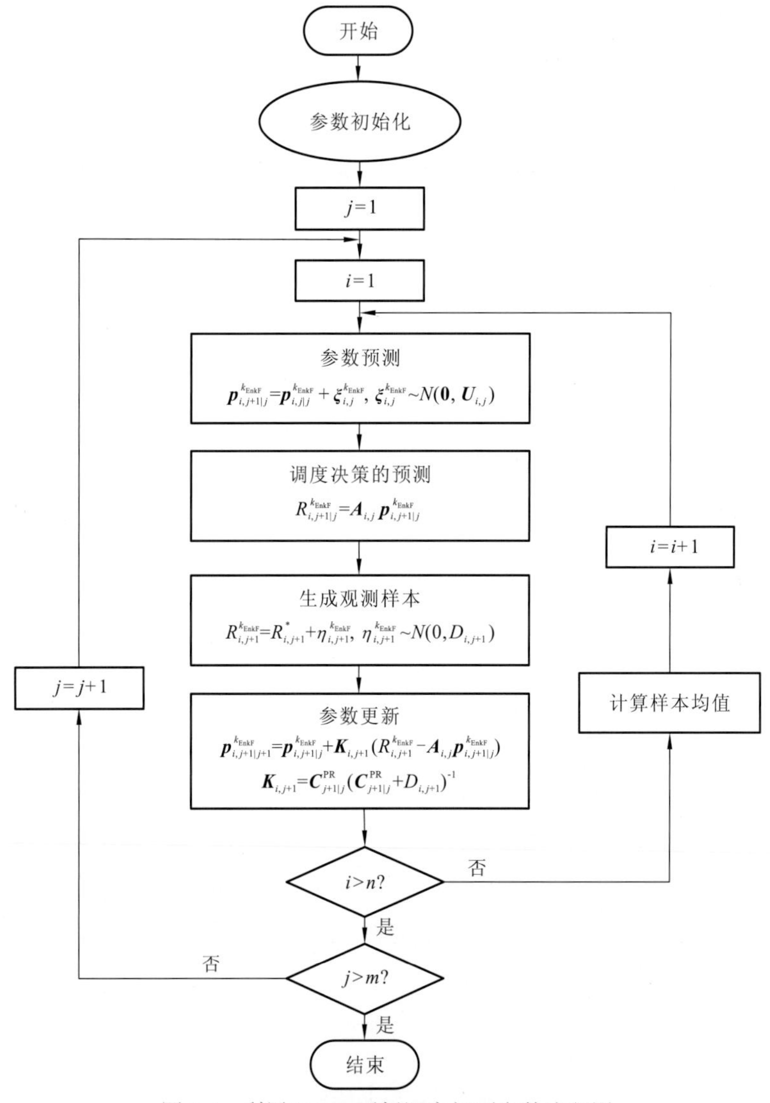

图 8.4 利用 EnKF 更新调度规则参数流程图

$\boldsymbol{C}_{t+1|t}^{\text{RR}}$ 和 $\boldsymbol{C}_{t+1|t}^{\text{PR}}$ 分别为预测的观测值误差的协方差矩阵和预测状态变量与观测变量的协方差矩阵；$\boldsymbol{K}_{i,j+1}$ 为 KF 增益矩阵；k_{EnKF} 为所采用的样本数

（2）最相关时段的确定。对于一个给定的相关性矩阵 $\boldsymbol{M}_z^a$，矩阵的第 i 列元素表示

时段 i 内的调度规则参数与水文参数 F_z 的相关系数。因此，对第 i 个时段而言，最相关时段即第 i 列中最大值所对应的时段。假设 $\rho^a_{z,k^z_m,i}$ 为矩阵 $\boldsymbol{M}^a_z$ 第 i 列中的最大值，即 $\rho^a_{z,k^z_m,i}=\max\{\rho^a_{z,1,i},\rho^a_{z,2,i},\cdots,\rho^a_{z,m,i}\}$，则与第 i 个时段的调度规则参数最相关的时段为第 k^z_m 个时段。然后，对于所有的水文参数，与第 i 个时段的调度规则参数最相关的时段可分别表示为 $k^1_m,k^2_m,\cdots,k^q_m$。

（3）主导水文因子的确定。对于时段 i 内的调度规则参数，所有水文参数所对应的最相关时段已被确定为 $k^1_m,k^2_m,\cdots,k^q_m$，相应的相关系数为 $\rho^a_{1,k^1_m,i},\rho^a_{2,k^2_m,i},\cdots,\rho^a_{q,k^q_m,i}$。假设 $\rho^a_{z_m,k^{z_m}_m,i}$ 为这些相关系数中的最大值，即 $\rho^a_{z_m,k^{z_m}_m,i}=\{\rho^a_{1,k^1_m,i},\rho^a_{2,k^2_m,i},\cdots,\rho^a_{q,k^q_m,i}\}$，则水文参数 F_{z_m} 为主导水文因子。

（4）回归分析。时段 i 的适应性调度规则参数可通过对该时段内的时变参数集与主导水文因子 F_{z_m} 在最相关时段 $i^{z_m}_m$ 内进行拟合得到。

（5）重复步骤（2）～（4）直至求得所有时段内的适应性调度规则参数 $\tilde{a}_i$（$i=1,2,\cdots,n$）。

类似地，与调度规则参数 $b'_{i,j}$ 相关的相关性矩阵也可求得，为 $\boldsymbol{M}^b_1,\boldsymbol{M}^b_2,\cdots,\boldsymbol{M}^b_q$，而适应性调度规则参数 $\tilde{b}_i$ 可通过步骤（2）～（5）求得。

8.3　研究区域与资料

8.3.1　三峡水库发电调度

三峡水库是迄今为止最大的多目标、多任务水利工程枢纽，位于中国最长的河流长江上。三峡水库是从 2003 年开始蓄水的，2003～2009 年的径流资料已经被还原，从而使蓄水前后径流资料的统计特征保持一致。在辨识水库调度规则变化模式时，所有的 128 年径流资料全部被采用，作为原始的径流数据。在推求适应性调度规则参数时，将前 80 年（1882～1961 年）的径流资料用于推求调度规则参数（即率定期）；后 48 年（1962～2009 年）的径流资料用来检验所求调度规则参数的有效性（即检验期）。

三峡水库的优化调度中，初始和终止水位均设为汛限水位 145.0 m；汛期，最低和最高水位分别设为 140.0 m、145.0 m；非汛期，最低和最高水位分别为 140.0 m、175.0 m。为满足下游航运和生态的需要，最小流量设为 5 000 m^3/s；而最大流量则需要根据下游的安全和机组的出力限制来确定。对于三峡水库的调度，日时段将会导致维数灾，增加调度的复杂性；月时段又将忽略月内径流的变异性。因此，选用旬时段作为三峡水库调度的时间步长，作为日时段和月时段的权衡[18]。发电出力可通过式（8.13）计算，其中发电综合出力系数 $K_{\mathrm{E}}=8.8$。由于三峡水库总的蒸发量约为 5.0×10^8 m^3，少于总径流量的 0.3%，故式（8.15）中的蒸发量可以忽略。

8.3.2 SRM 的参数设定与应用

1. 参数估计

中国水利部推荐将 P-III 型分布作为中国径流频率分析的主要分布，因此，采用 SRM 时的边际分布可采用 P-III 型分布。线性矩法是一种比传统矩法更为稳健的估计频率分布参数的方法[26-29]，被用于确定每个时段的径流分布的均值、变异系数和偏态系数。

Frank Copula 函数，是一个阿基米德族单参数 Copula 函数，可用于描述两个相邻时段径流之间的相互依存关系[9,15]：

$$C_{\theta_c}^{\text{Frank}}(u,v) = -\frac{1}{\theta_c}\ln\left[1+\frac{(e^{-\theta_c u}-1)(e^{-\theta_c v}-1)}{e^{-\theta_c}-1}\right] \tag{8.26}$$

式中，θ_c 为 Copula 参数，可由极大似然估计、参数估计、非参数估计和半参数估计确定。

本节中，Copula 参数可由 Kendall 秩相关系数确定，它们之间的关系可表述如下[11,15,30]：

$$\tau = 4\int_{I^2} C_{\theta_c}^{\text{Frank}}(u,v)\mathrm{d}C_{\theta_c}^{\text{Frank}}(u,v) - 1 \tag{8.27}$$

式中，I^2 为 Copula 函数的定义域$[0,1]^2$。

2. SRM 的检验

边际分布和 Copula 函数的参数确定后，8.2.1 小节第 1 部分中所述方法和步骤可用于三峡水库入流的随机生成。生成 100 组径流序列（128 年×100），则每个时段生成的样本对应的置信区间可用于检验 SRM 的有效性和适用性，如图 8.5 所示。

图 8.5 将径流特征参数改变后的情景用箱图进行表示。箱图中，箱的上、下边界分别表示 75%和 25%分位数，而箱外部的须则覆盖了样本±2.7 倍标准差的范围，约为整个置信区间的 98.3%，因此在箱图外部的红色点据表示异常值。图 8.5（a）表示径流均值

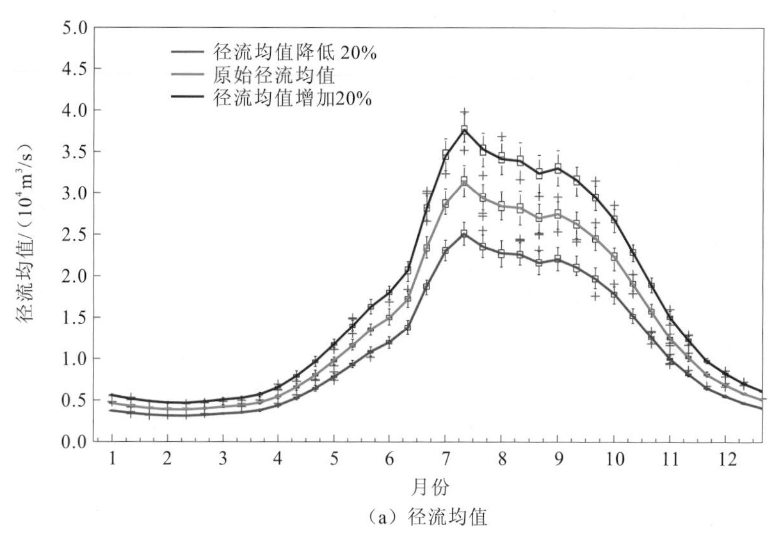

（a）径流均值

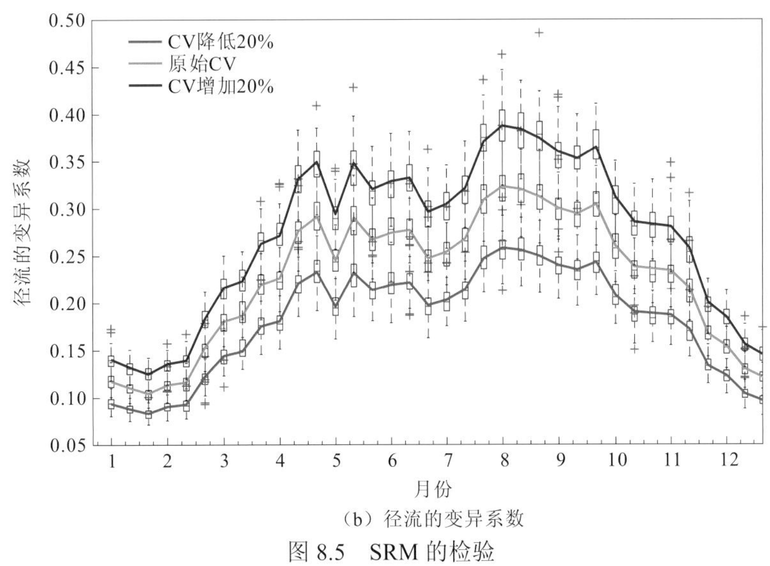

（b）径流的变异系数

图 8.5　SRM 的检验

改变的三种情景：均值增加 20%、保持不变和减小 20%。几乎所有随机生成的样本的均值（箱的中心）都与观测值重合，因此，SRM 能够较好地保持和调整径流的平均特性（均值）。类似地，径流的变异系数的改变也可用 SRM 很好地保持，如图 8.5（b）所示。因此，SRM 能够较好地保持和调整径流的特征，所生成的径流序列也可以作为水库优化调度的输入。

8.3.3　EnKF 的参数设定与应用

EnKF 的样本规模、系统状态变量和观测变量的不确定性对同化效果有很大的影响。在本节中，对 EnKF 的设定如下：作为同化效果与计算复杂度之间的权衡，样本规模设为 1 000。假设调度规则参数和观测值（最优的泄流量）中的误差服从正态分布。对于调度规则参数，$a'_{i,j}$ 和 $b'_{i,j}$ 的标准差可分别设为 0.1、100。对于观测值，误差的标准差可用与最优泄流量的比值表示，设为 0.000 1，为 0.5～9.0 个流量。

8.4　结 果 分 析

8.4.1　水库调度规则变化模式

1. 调度规则的形式

水库调度的最优轨迹可由离散微分动态规划求得，随后调度规则可由最优的调度轨迹求得。首先将历史的径流资料作为示例，展示三峡水库调度规则的基本形式（图 8.6）。图 8.6 为泄流量与可用水量之间的关系，由细实线所构成的闭合区域表示调度决策的可行域，上、下细实线分别表示最大和最小泄流量约束，左、右细实线分别表示最小和最大库容约束。图 8.6（a）表示所有时期的最优调度决策，蓝色空心点和红色的十字分别表示汛期和非汛期的最优调度决策；而图 8.6（b）表示蓄水期和消落期的最优调度决策，红色点据代表蓄水期（9 月下旬）和消落期（5 月中旬和下旬），蓝色点据代表其他时期。可以得到以下重要结论。

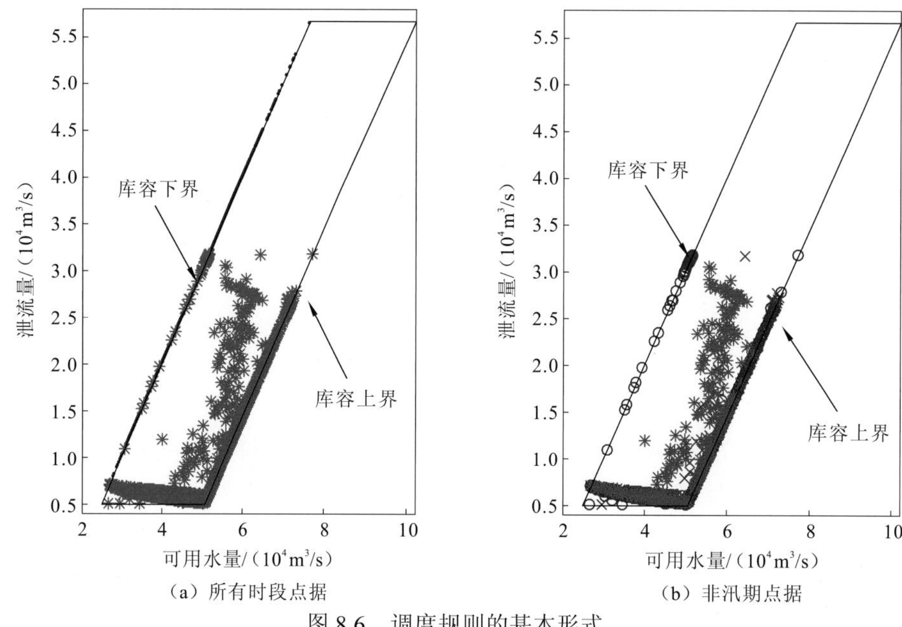

（a）所有时段点据　　（b）非汛期点据

图 8.6　调度规则的基本形式

（1）最优调度决策可用线性或分段线性调度规则进行拟合。汛期内[图 8.6（a）中蓝色点据]，可采用线性调度规则拟合，并且所拟合的调度规则与水库的最小库容边界重合。非汛期内[图 8.6（b）]，可采用分段线性调度规则拟合，所得到的调度规则在蓄水期和消落期变化较大[图 8.6（b）红色点据]，而在其他时期变动较小[图 8.6（b）蓝色点据]。

（2）非汛期内，分段线性调度规则被可用水量的分界值分成两段；此可用水量分界值是两段线性调度规则交叉点的横坐标。除 5 月中旬的分界值为 44 000 m^3/s 外，其他非汛期时段内的分界值为 51 000 m^3/s。

（3）在蓄水期和消落期，当可用水量大于分界值时，需要加大出力。如图 8.6（b）所示，蓄水期和消落期的最优调度决策（红色点据）比其他时期最优调度决策的泄流量大，即加大出力。加大出力能够利用潜在的弃水，从而提高水资源的利用效率。

2. 情景分析

1）情景 1：均值改变

采用 8.2.1 小节第 1 部分介绍的 SAM 和 SRM 将旬径流的均值增加和减少 20%。将生成的径流序列与原始径流资料都作为水库调度模型的输入，用于获得最优的调度轨迹，进而用于调度规则的推求。已有的结果表明，仅在蓄水期和消落期的调度规则会随着径流均值的改变而改变，具体结果如图 8.7 所示。对不同均值的径流序列所求得的调度规则进行比较，可以发现如下现象。

（1）在蓄水期和消落期所在的三个旬内，当可用水量超过临界水量时，调度规则会随着径流均值的改变而改变；当可用水量低于临界水量时，不同径流序列所求得的调度规则几乎重合。由前述分析可知，当可用水量高于临界水量时，调度规则的改变实际上是加大出力的改变。

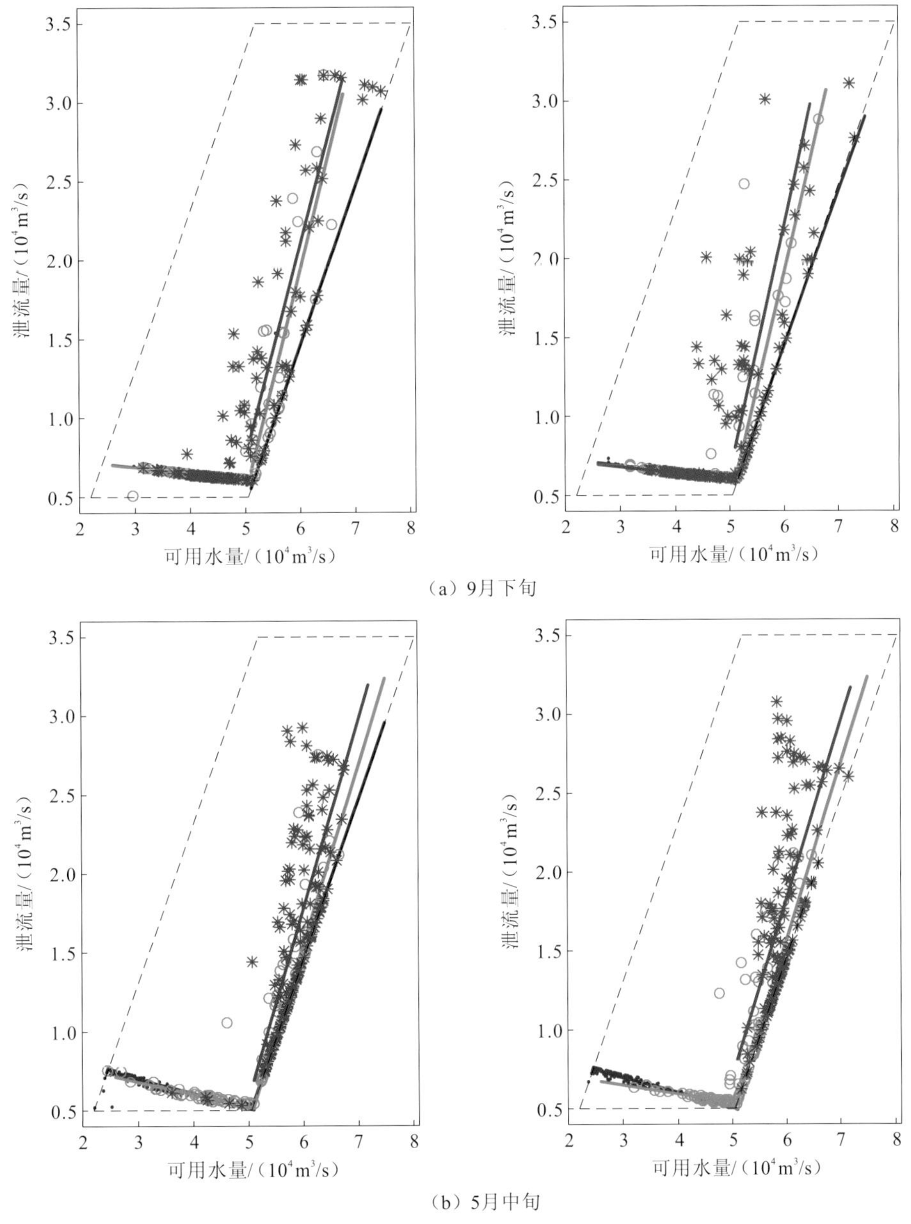

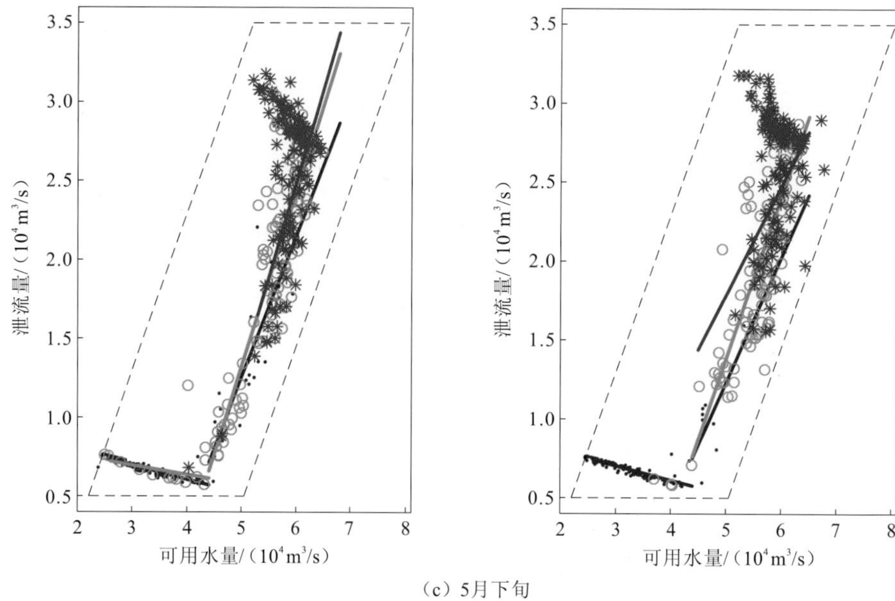

（c）5月下旬

图 8.7 径流均值增加 20%、保持不变和减小 20%所对应的调度规则

由 SAM 和 SRM 生成的径流序列分别对应于图（a）～（c）的左图与右图

（2）如图 8.7 所示，径流均值增加 20%所对应的调度规则在原始径流对应的调度规则之上，这两者又都高于径流均值减小 20%所对应的调度规则。因此，调度规则随着径流均值的改变模式可总结如下：对于同样的可用水量，径流均值越大，所对应的调度规则将释放更多的泄流量。

（3）SAM 和 SRM 计算的结果是一致的：径流均值改变时，利用两种方法模拟得到的径流序列推求的调度规则的变化模式是一致的。值得注意的是，在图 8.7（b）中，采用 SRM 得到的径流序列（均值降低 20%），没有拟合得到的调度规则与之对应，这主要是因为在 5 月中旬的可用水量较少，都低于临界水量。

2）情景 2：变异系数改变

采用 SAM 和 SRM 将径流的变异系数增加和降低 20%，进而将这些径流序列与原始径流资料作为水库调度模型的输入，求取最优调度轨迹，并用于调度规则的推求。与情景 1 中的分析类似，蓄水期和消落期内的调度规则展示在图 8.8 中。对比不同变异系数所对应的调度规则，可得到如下结论。

（1）当径流的变异系数发生改变时，调度规则基本上不发生变化。在蓄水期和消落期所包含的三个旬中，对应于径流的变异系数增加 20%、保持不变和降低 20%的调度规则基本重合。因此，变异系数对调度规则几乎无影响。

（2）由图 8.8 可知，在 SRM 的结果中，不同的变异系数所对应的调度规则存在着微小的差异。这些微小差异可归因于：①SRM 生成径流序列时所具有的随机性；②线性拟合方法的低效性。将这两类原因考虑在内，可以认为 SAM 与 SRM 的结果基本一致，都有以下结论：当径流的变异系数发生改变时，调度规则基本不变。

3）情景 3：季节性移动

径流的季节性移动主要是指径流峰值的移动。径流峰值前移三个旬、保持不变和后移三个旬后的径流可由 SAM 和 SRM 生成。与之对应的最优调度轨迹可用于调度规则的推求。在蓄水期和消落期，不同季节性特性所对应的调度规则展示在图 8.9 中。对比不同季节性对应的调度规则，可得如下结论。

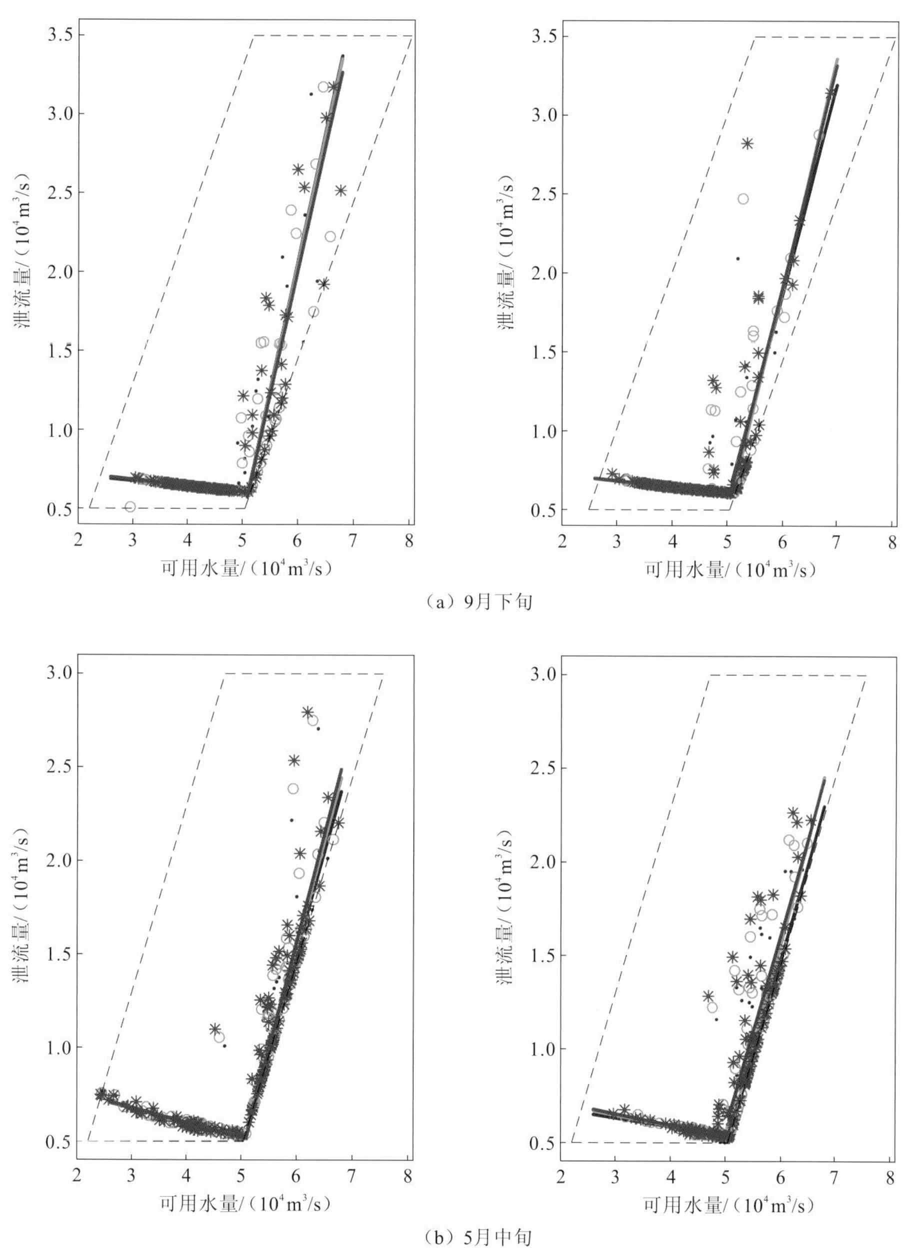

（a）9月下旬

（b）5月中旬

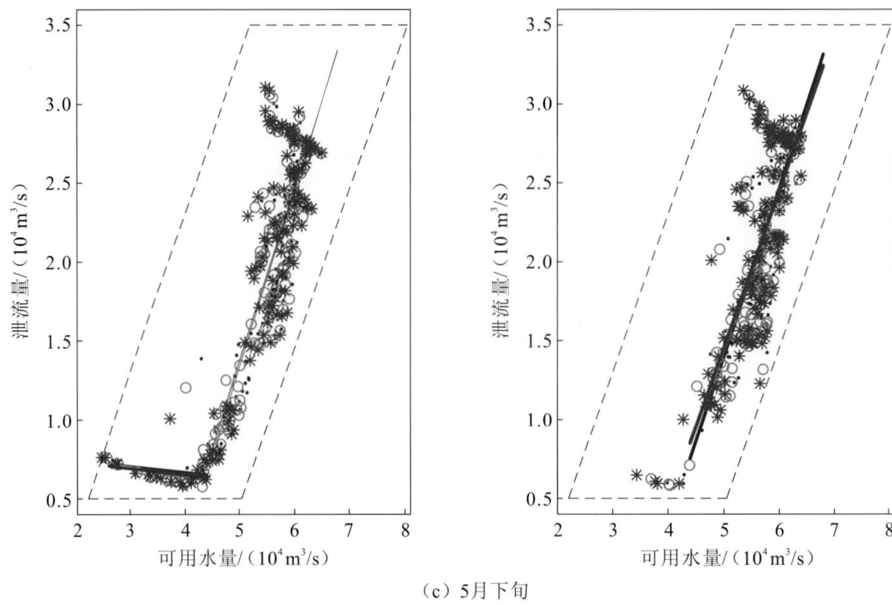

（c）5月下旬

图 8.8 径流变异系数增加 20%、保持不变和减小 20%的调度规则

由 SAM 和 SRM 生成的径流序列分别对应于图（a）～（c）的左图与右图

（1）与情景 1 类似，在蓄水期和消落期，当可用水量高于临界水量时，调度规则会随着径流季节性的改变而改变；当可用水量低于临界水量时，调度规则基本上一致。

（2）当径流季节性发生改变时，调度规则的变化模式在蓄水期和消落期呈现相反趋势。例如，在 9 月下旬，峰值前移后的调度规则使得泄流量降低；而在 5 月中旬和下旬，峰值前移后的调度规则使得泄流量增加。

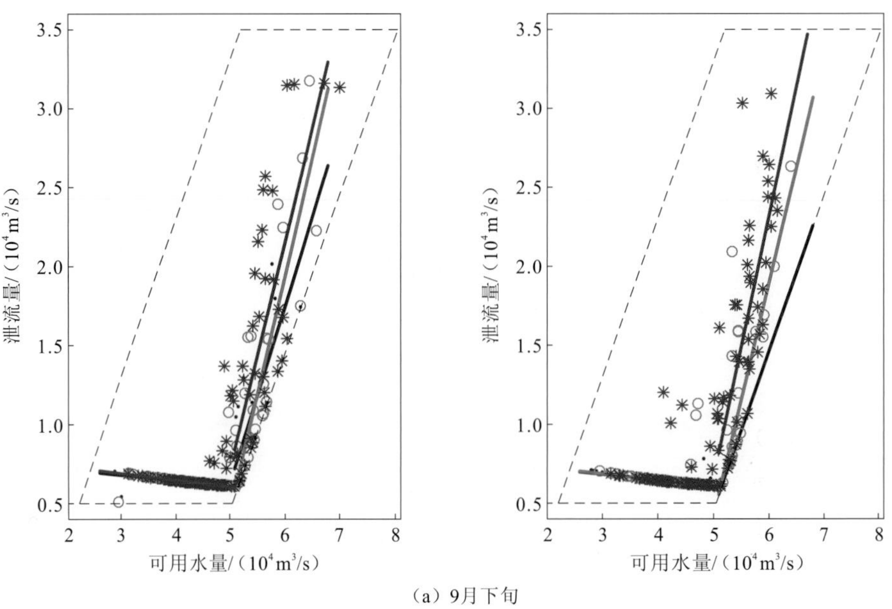

（a）9月下旬

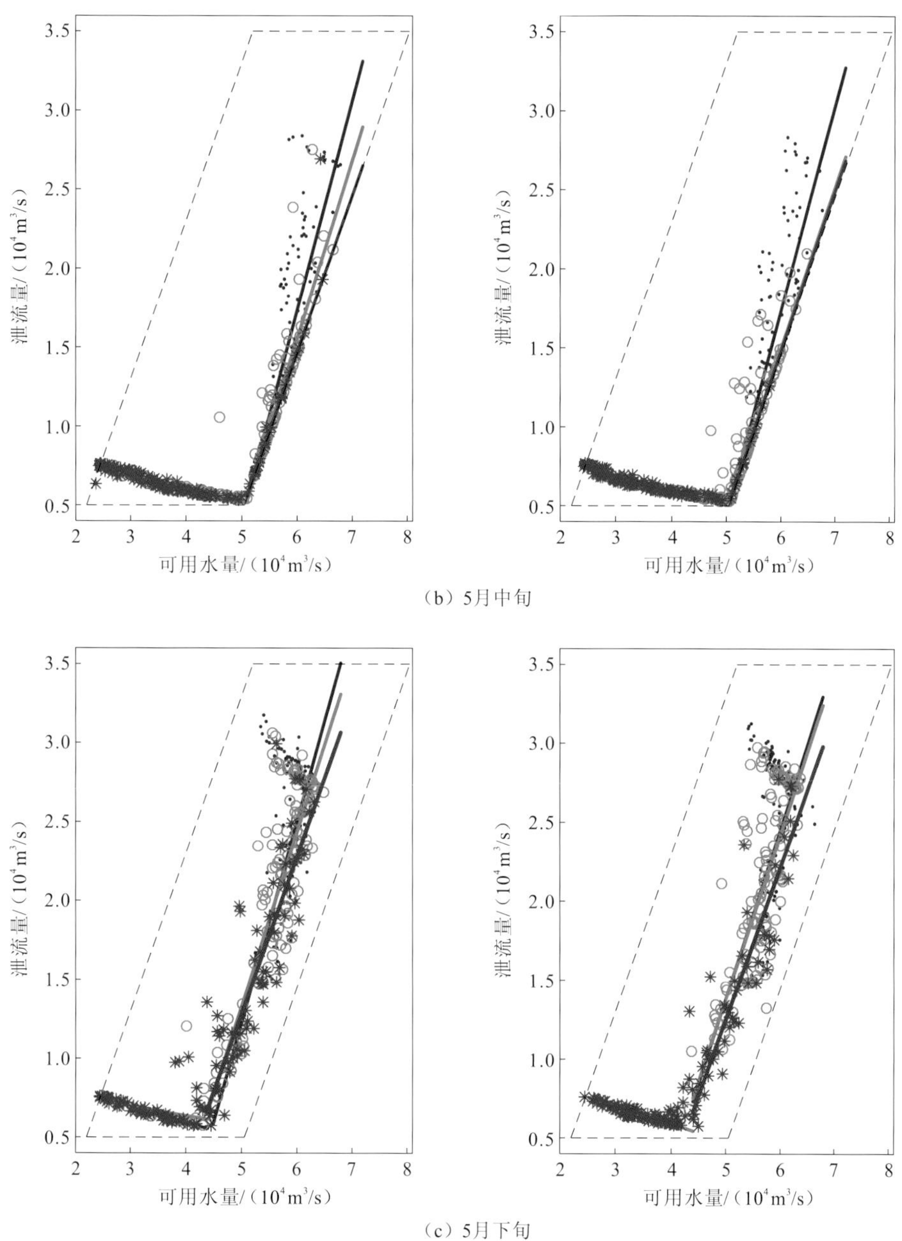

（b）5月中旬

（c）5月下旬

图 8.9　径流季节性前移三个旬、保持不变和后移三个旬所对应的调度规则

由 SAM 和 SRM 生成的径流序列分别对应于图（a）～（c）的左图与右图

（3）如图 8.9（b）所示，原始径流对应的调度规则与峰值后移后的调度规则重合；如图 8.9（c）所示，原始径流对应的调度规则与峰值前移后的调度规则重合。这样的微小差异仅发生在 SRM 中，可归因于 SRM 的随机特性和线性拟合法的不确定性。因此，SRM 和 SAM 在结果上是一致的。

3. 调度规则变化模式的叠加

由于径流的均值、变异系数和季节性可同时改变，它们之间的叠加对调度规则的影响同样十分重要。因此，以四种可能的叠加情形为例进行分析。在每种叠加情形中，又存在不同比例的组合，本节在每种叠加情形中，仅以一种组合为例进行展示。

（1）情形 1：径流均值和变异系数同时改变。在这种情形中，径流均值和变异系数同时增加 20%。

（2）情形 2：径流变异系数和季节性同时改变。此时，变异系数增加 20%，径流峰值前移三个旬（一个月）。

（3）情形 3：径流均值和季节性同时改变。此时，径流均值增加 20%，峰值前移三个旬（一个月）。

（4）情形 4：径流均值、变异系数和季节性同时改变。此时，径流均值增加 20%，变异系数增加 20%，峰值前移三个旬（一个月）。

以上四种叠加情形用来检验调度规则变化模式叠加的可行性和可能结果；其他叠加情形应当获得类似的结果和结论。

由第 2 部分的分析可知，SAM 和 SRM 所得结果生成的调度规则具有一致的变化模式。因此，在此处仅采用 SAM 对径流序列的特性进行以上四种情形的检验。利用四种叠加情形的径流序列可推求相应的调度规则，调度规则叠加的可能性可用于分析当可用水量相同时，相应泄流量的大小。设当前时段的可用水量为 60 000 m^3/s，则各种情形下调度规则所确定的泄流量由图 8.10 表示。

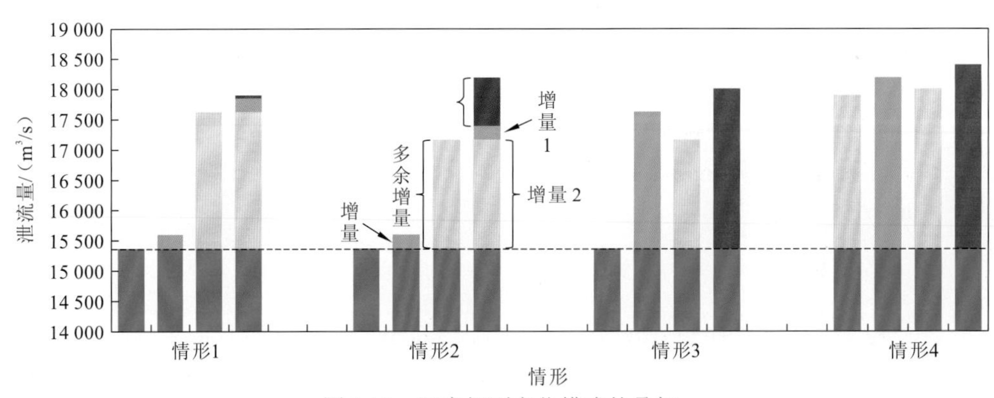

图 8.10　调度规则变化模式的叠加

以 5 月中旬的调度规则为例，假设当前可用水量为 60 000 m^3/s，泄流量可用不同的调度规则确定

如图 8.10 所示，均值和变异系数同时改变的情形下，由均值增加和变异系数增加所造成的泄流量改变可以叠加；变异系数和季节性同时改变的情形下，变异系数改变和峰值前移所造成的泄流量可以叠加。此外，这两种情形中，除了由径流特性改变所造成的泄流量改变外，叠加后的泄流量还有一部分附加增量，这应当归因于这种方法的不确定

性。因此，这两种情景可以说明：变异系数对调度规则的改变较小（几乎可以忽略），与第 2 部分中的分析一致；变异系数的改变与其他径流特性的改变叠加后，可忽略变异系数改变的影响。

情形 3 中的结果表明，径流均值的增加和峰值前移都会增加泄流量，但是两者叠加后的泄流量增量比各自增量的和略大，且两者不相等。这样的结果可以解释为，较大的泄流量常被发电机组的泄流能力约束，在推求调度规则时曾被排除在外。与情形 3 类似，情形 4 的结果表明，均值、变异系数和季节性同时改变时，叠加后的泄流量增量比单一改变的泄流量增量大，但是前者不等于后者的和。因此，可以认为，水库调度规则不同的变化情形可以在一定程度上叠加。

综上，调度规则不同变化模式的叠加可以总结为：①两种情形下的叠加是完全成立的，均值与变异系数同时改变，变异系数与季节性同时改变；②其他两种类型的叠加在一定程度上是成立的，但是效果并不明显。

8.4.2　适应性调度规则

8.4.1 小节旨在定性研究调度规则参数是否会随着径流特性的改变而改变，并且试图辨析在径流条件改变时，调度规则的变化模式。结果表明，水库调度规则参数在蓄水期和消落期对径流特性的变化较为敏感。因此，本节的目的在于将调度规则参数表示为径流特性的函数。

1. 时变的调度规则参数

采用 EnKF 技术来捕捉调度规则参数的演化轨迹。首先，对调度规则参数 $a'_{i,j}$ 和 $b'_{i,j}$ 同时进行更新（即两参数更新模式）。结果表明，两参数更新模式所得的参数集在一定程度上是相关的。因此，调度规则参数的变化有两个可能的原因：①两参数之间的相关性；②水文参数的变化。为消除参数相关性对参数变化的影响，可固定其中一个参数，更新另一个参数并获得其变化轨迹（即单参数更新模式）。下面展示两个更新模式（即两参数更新模式和单参数更新模式）对调度规则参数的更新结果。

1）模式 1：两参数更新模式

调度规则参数 $a'_{i,j}$ 和 $b'_{i,j}$ 同时更新的结果如图 8.11 所示。在 9 月下旬和 5 月中旬，参数 $a'_{i,j}$ 稍有降低；但是在 10 月上旬和 5 月下旬，参数 $a'_{i,j}$ 分别在 1.45 和 0.60 上下波动。参数 $b'_{i,j}$ 在 9 月下旬、10 月上旬和 5 月中旬有明显增大趋势；但是在 5 月下旬，参数 $b'_{i,j}$ 除了在 1942 年有一次较大的降低和恢复外，一直在-1.305×10^4上下波动。值得注意的是，在不同的时段（旬）内，时变调度规则参数的数据长度不同，这是因为当可用水量低于临界水量时，相应的调度规则参数被排除在外。

两参数更新模式结果中参数 $a'_{i,j}$ 和 $b'_{i,j}$ 之间的相关关系如图 8.12 所示。在 9 月下旬和

5 月中旬，两参数之间具有较强的负相关关系，相关系数分别为−0.6746 和−0.6587。在 10 月上旬和 5 月下旬，两参数之间的相关关系较弱，相关系数分别为−0.1409 和 0.1760。相关关系的弱化主要归因于：水库库容上、下边界约束了调度规则参数的更新和变化（在 10 月上旬，水库泄流量受到水库库容上界的约束；在 5 月下旬，水库泄流量受到水库库容下界的约束）。

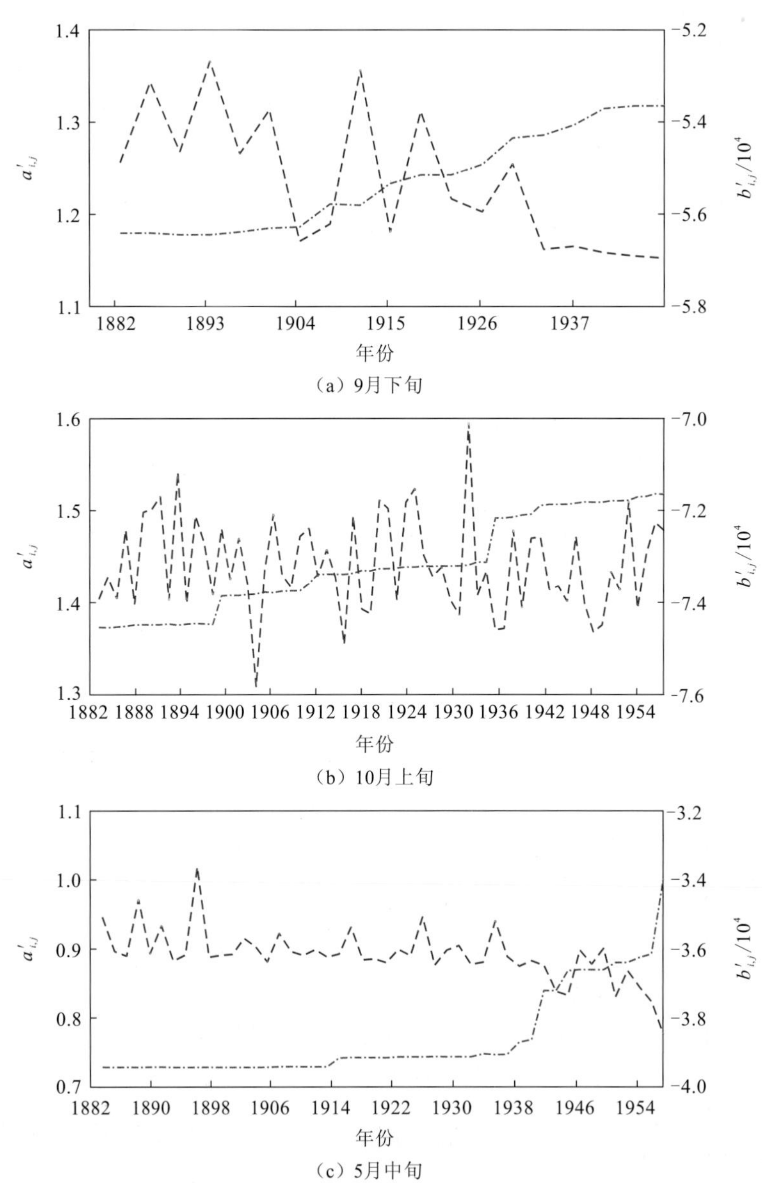

（a）9月下旬

（b）10月上旬

（c）5月中旬

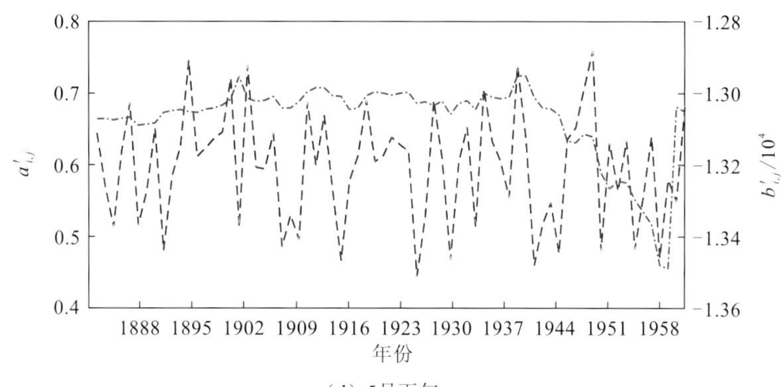

（d）5月下旬

图 8.11　调度规则参数 $a'_{i,j}$ 和 $b'_{i,j}$ 的演化过程

蓝线和粉线分别表示参数 $a'_{i,j}$ 与 $b'_{i,j}$ 的演化轨迹

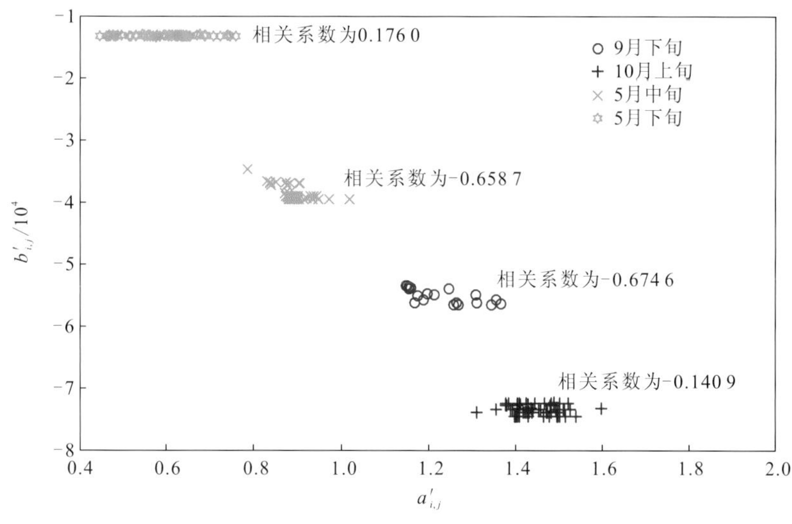

图 8.12　参数 $a'_{i,j}$ 和 $b'_{i,j}$ 的相关性

2）模式 2：单参数更新模式

固定其中一个参数（$a'_{i,j}$ 或 $b'_{i,j}$），利用 EnKF 技术更新另一个参数。将参数 $b'_{i,j}$ 固定为初始值，参数 $a'_{i,j}$ 的演化轨迹如图 8.13 所示；将参数 $a'_{i,j}$ 固定为初始值，参数 $b'_{i,j}$ 的演化轨迹如图 8.14 所示。由图 8.13 和图 8.14 可知，参数 $a'_{i,j}$ 在 9 月下旬、10 月上旬、5 月中旬和 5 月下旬分别在 1.30、1.45、0.90 和 0.60 附近波动；参数 $b'_{i,j}$ 在 9 月下旬、10 月上旬、5 月中旬和 5 月下旬分别在-5.9×10^4、-5.0×10^4、-4.1×10^4 和-1.5×10^4 附近波动。

对比模式 1 和模式 2 发现：参数 $a'_{i,j}$ 在两种更新模式中的结果类似；而参数 $b'_{i,j}$ 在单参数更新模式中的更新结果比在两参数更新模式中的更新结果稳定得多。由此可见，参数的相关性对参数的更新有着重要影响，尤其是参数 $b'_{i,j}$。因此，在消除了参数相关性对参数更新的影响后，参数随时间变化的主要原因为水文因子的改变，故由单参数更新模式求得的调度规则参数可用来推求适应性调度规则。

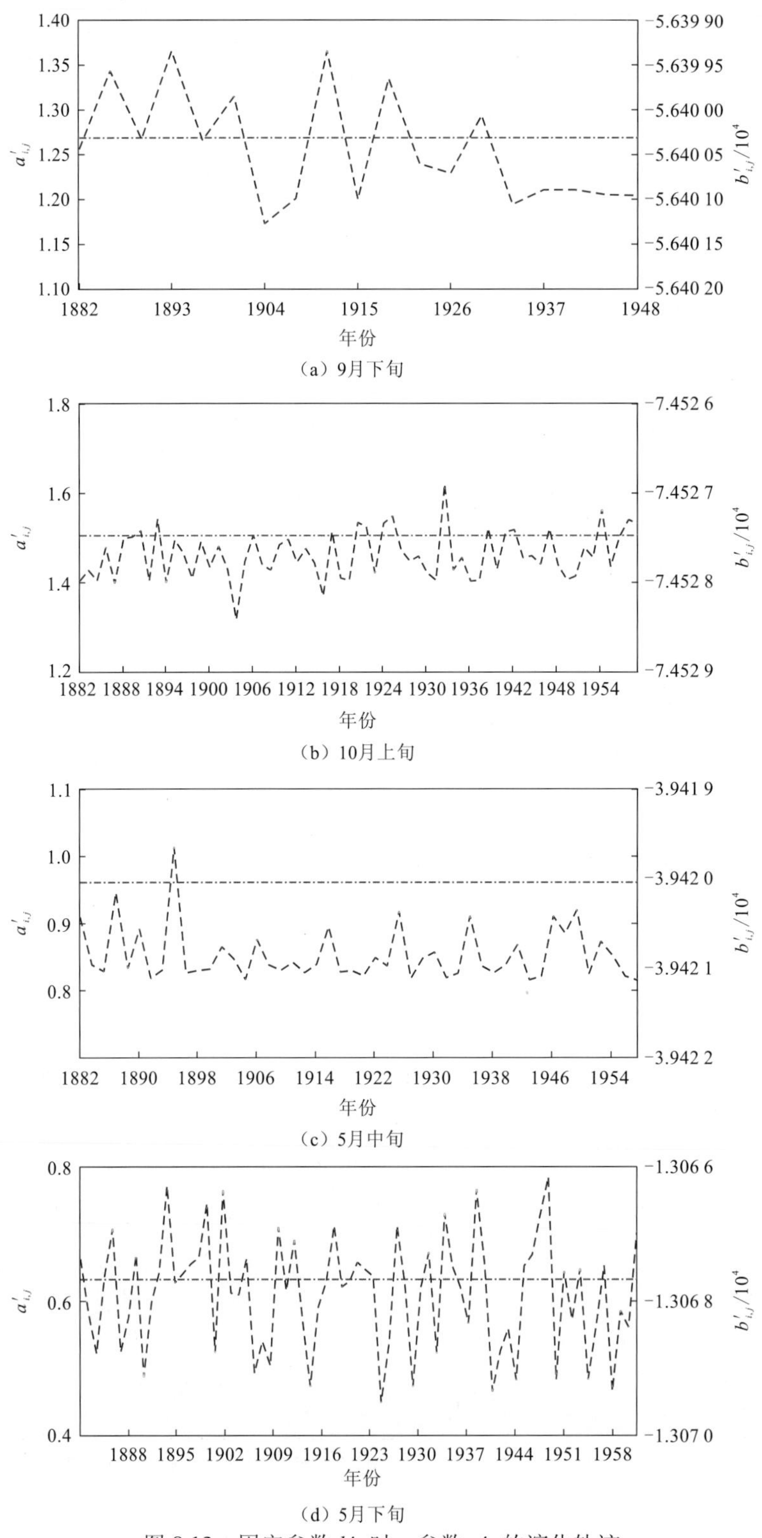

图 8.13 固定参数 $b'_{i,j}$ 时，参数 $a'_{i,j}$ 的演化轨迹

蓝线和粉线分别表示参数 $a'_{i,j}$ 与 $b'_{i,j}$ 的演化轨迹

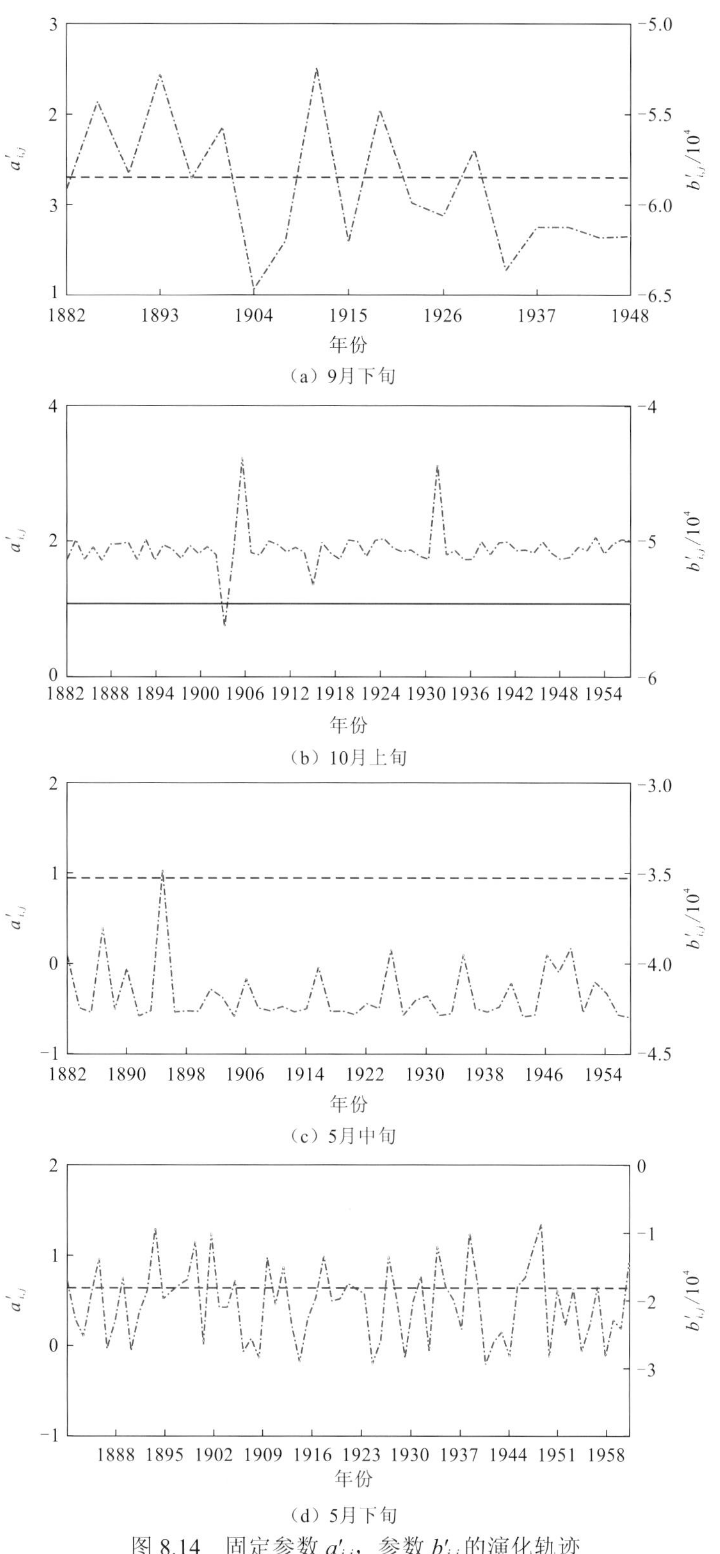

图 8.14　固定参数 $a'_{i,j}$，参数 $b'_{i,j}$ 的演化轨迹

蓝线和粉线分别表示参数 $a'_{i,j}$ 与 $b'_{i,j}$ 的演化轨迹

2. 适应性调度规则参数的推求

1）适应性调度规则参数 $\tilde{a}_i$

根据 8.2.2 小节的介绍，在正式推求适应性调度规则参数之前，应先确定主导调度规则参数变化的水文参数。水库入库流量、未来径流与当前可用水量的比值及当前可用水量为最主要的、能够表征水资源年内变化的三个水文参数，它们对水库调度规则的变化有着重要影响。因此，需要从这三个水文参数中选出主导的水文参数。

在蓄水期和消落期将各时段的调度规则参数 $a'_{i,j}$ 与各时段的水文参数一一匹配，即可获得两者之间的相关性矩阵，如图 8.15 所示。每个水文参数对应的最相关时段由该列的最大相关系数确定；通过比较每个时段中与调度规则参数 $a'_{i,j}$ 相关的水文参数的相关

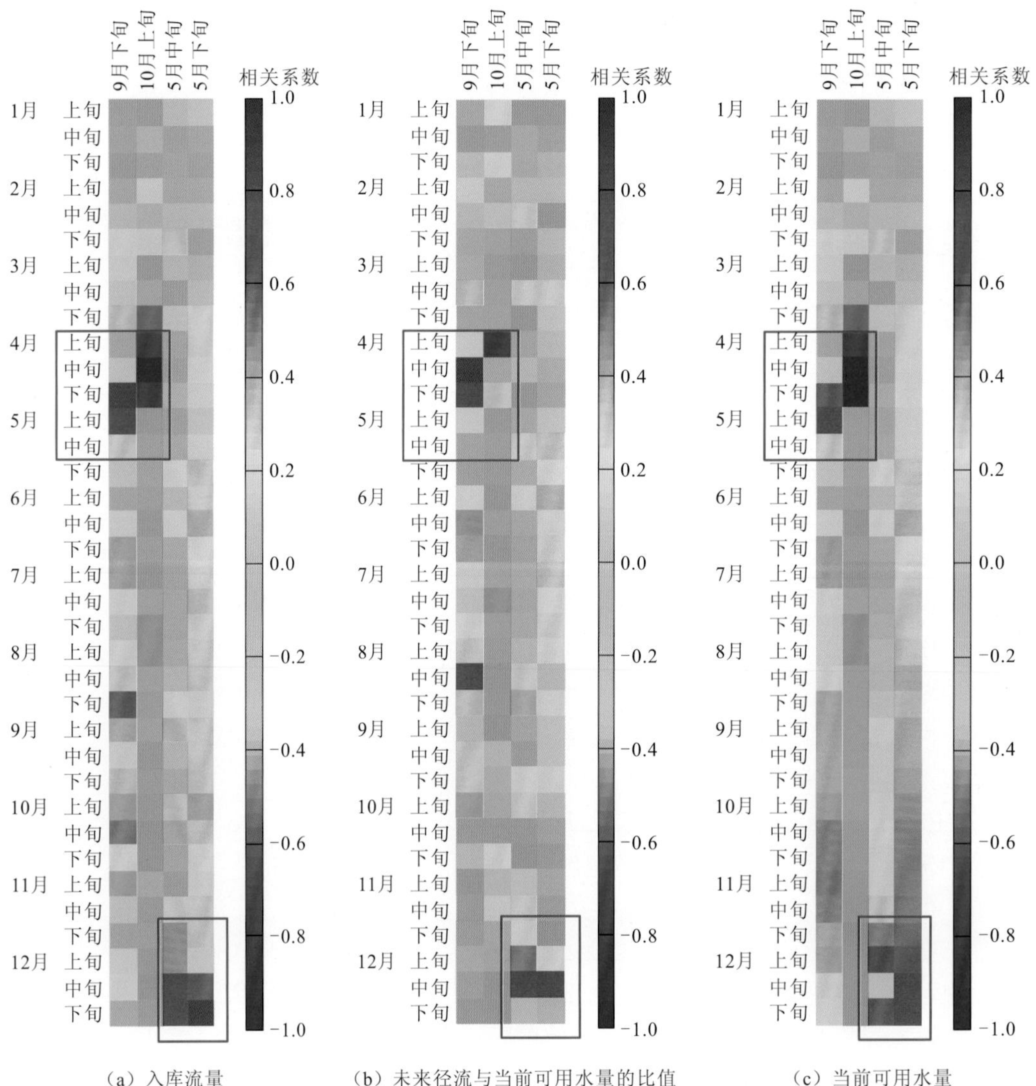

（a）入库流量　　（b）未来径流与当前可用水量的比值　　（c）当前可用水量

图 8.15　参数 $a'_{i,j}$ 与不同水文参数的相关性矩阵

系数，即可确定主导参数 $a'_{i,j}$ 变化的水文参数。与蓄水期和消落期各时段调度规则参数相关的水文参数的最相关时段总结在表 8.1 中；主导蓄水期和消落期各时段参数 $a'_{i,j}$ 变化的水文参数总结在表 8.2 内。

表 8.1　参数 $a'_{i,j}$ 与各个水文参数的最相关时段

时段		水文参数		
		入库流量	未来径流与当前可用水量的比值	当前可用水量
蓄水期	9 月下旬	10 月上旬（0.89）	9 月下旬（0.92）*	10 月中旬（0.61）
	10 月上旬	9 月下旬（−0.72）	9 月中旬（−0.55）	10 月上旬（−0.93）*
消落期	5 月中旬	6 月上旬（0.66）*	5 月下旬（0.61）	6 月上旬（0.54）
	5 月下旬	6 月上旬（0.91）*	5 月下旬（0.77）	6 月上旬（0.63）

注：括号中数字为相关系数。
*时段内最大的相关系数。

表 8.2　基于统计得出的主导调度规则参数 $a'_{i,j}$ 和 $b'_{i,j}$ 变化的水文参数

时段		主导水文因子	
		参数 $a'_{i,j}$	参数 $b'_{i,j}$
蓄水期	9 月下旬	$r_{f,t}$（0.92）	$r_{f,t}$（0.91）
	10 月上旬	A_t（−0.93）	$r_{f,t-1}$（0.50）
消落期	5 月中旬	I_{t+2}（0.66）	I_{t+2}（0.67）
	5 月下旬	I_{t+1}（0.91）	I_{t+1}（0.94）

注：括号中的数字为相关系数；I_t、A_t 和 $r_{f,t}$ 分别为时段 t 内的入库流量、当前可用水量和未来径流与当前可用水量的比值。

由图 8.15 和表 8.1 可知，适应性调度规则参数 $\tilde{a}_i$ 的变化在消落期由入库流量主导，在蓄水期由未来径流与当前可用水量的比值主导。但是，在蓄水期，未来径流与当前可用水量的比值及当前可用水量的变化都可以归因于径流的变化，而非库容的变化，具体原因可详述如下。

（1）可用水量的定义是水库库容与径流量的和。在蓄水期内的每个时段初，不同年份的库容大致相同：在 9 月下旬的时段初，水库水位被严格控制在汛限水位（即 145.0 m）；在 10 月上旬的时段初，不同年份所蓄的水量也相差不大，因为仅有一个时段用于蓄水，且不同年份在该时段内的径流特性具有相似性。因此，可用水量被当作径流量的近似单值函数，可用水量的变化主要是因为径流的变化。

（2）在蓄水期，可用水量可以认为是径流量的单值函数，则未来径流与当前可用水量的比值可以认为是相邻两个时段内径流量的函数。并且，对于长江流域，相邻两个时段的径流量之间具有较强的相关关系，因此可以认为未来径流与当前时段的可用水量是单一时段径流量的函数。也就是说，未来径流与当前可用水量的比值本质上是径流量的函数。

综上，水库的入库流量是主导调度规则参数 $a'_{i,j}$ 的水文参数。调度规则参数 $a'_{i,j}$ 与水库入库流量之间的相关关系可以解释为，在蓄水期初期，参数 $a'_{i,j}$ 与未来径流之间呈负相关关系，未来径流量增大时，当前时段水库需要放出更多的水量以降低未来发生弃水的概率；在蓄水期末期，参数 $a'_{i,j}$ 与历史时段内的径流呈负相关关系，历史时段径流量越大，意味着当前时段径流量越小，所以当前时段水库需要蓄留更多的水量以增加水库蓄满的可能性。在消落期，为更快地腾空库容迎接即将到来的入水，水库在当前时段需要释放更多的水量，参数 $a'_{i,j}$ 与未来时段的径流呈正相关关系。

适应性调度规则参数 $\tilde{a}_i$ 可通过时变的调度规则参数与最相关时段的入库径流拟合得到，如图 8.16 所示。尽管各个时段的适应性调度规则参数可通过回归分析得到，但是拟合所得的函数的置信度可能较低[图 8.16（c）]。在 5 月中旬，拟合所得方程的确定性系数 R^2 仅为 0.4339，表明该时段的拟合效果较差；在其他三个时段，所得方程的确定性系数分别为 0.7938、0.6106 和 0.8313，可以认为在可接受范围内。

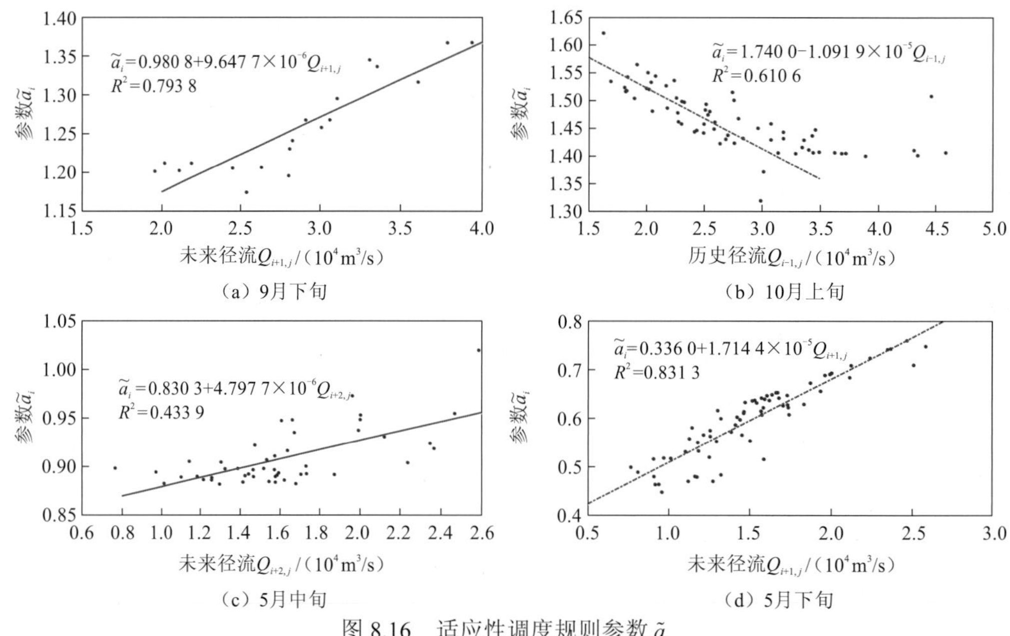

图 8.16　适应性调度规则参数 $\tilde{a}_i$

2）适应性调度规则参数 $\tilde{b}_i$

推求适应性调度规则参数 $\tilde{b}_i$ 的步骤与参数 $\tilde{a}_i$ 类似：首先，求得参数 $b'_{i,j}$ 与三个水文参数的相关性矩阵；然后，确定主导因素及最相关时段；最后，适应性调度规则参数 $\tilde{b}_i$ 可通过时变参数集与主导水文参数在最相关时段内拟合得到。

参数 $b'_{i,j}$ 的相关性矩阵结果如图 8.17 所示，对应于每个水文参数的最相关时段如表 8.3 所示。由图 8.17 和表 8.3 可知，三个水文参数与参数 $b'_{i,j}$ 在各时段一一匹配得到的最相关时段与参数 $a'_{i,j}$ 保持一致。此外，每个时段参数 $b'_{i,j}$ 的主导水文参数可由该时段内最大的相关系数确定（在表 8.3 中用星号表示）；主导水文参数已总结于表 8.2 中。

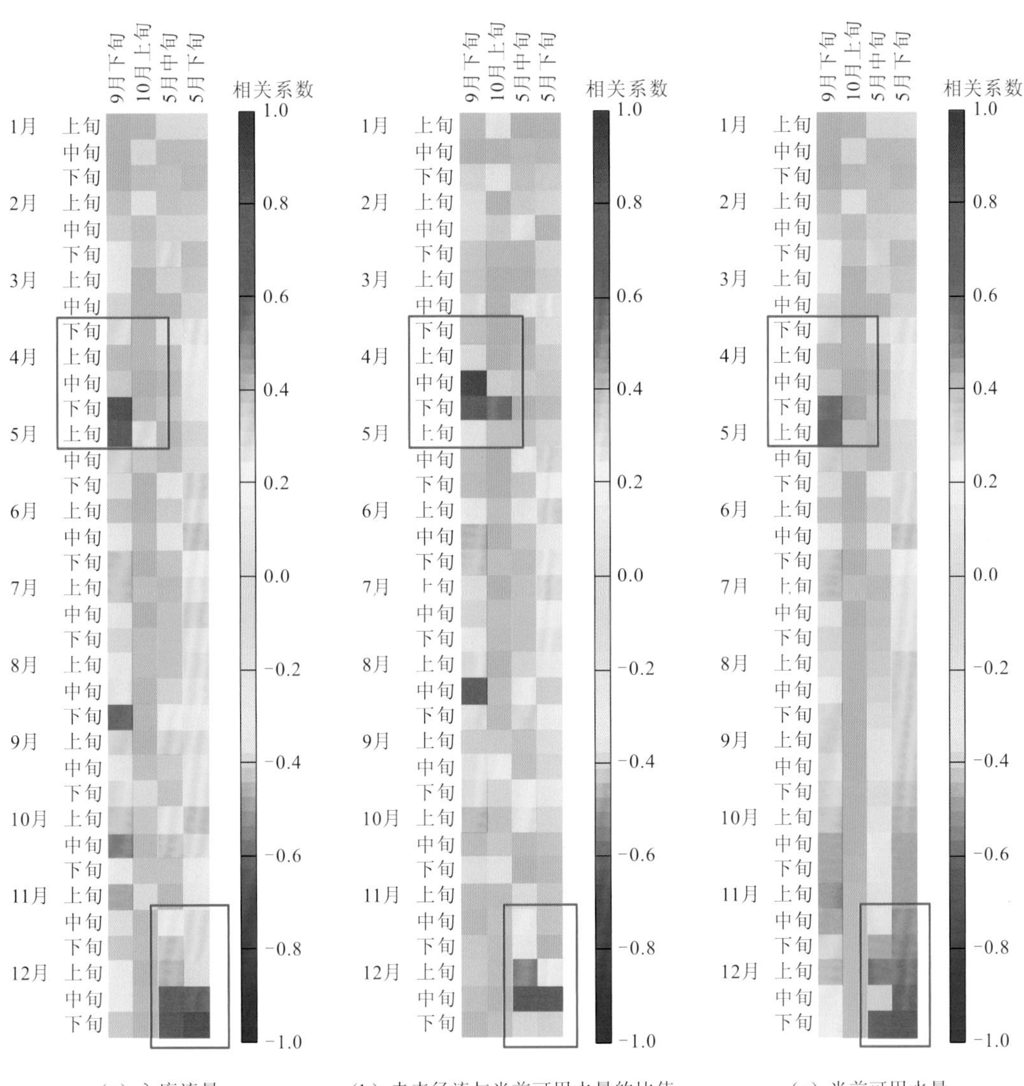

（a）入库流量　（b）未来径流与当前可用水量的比值　（c）当前可用水量

图 8.17 参数 $b'_{i,j}$ 与不同水文参数的相关性矩阵

表 8.3 参数 $b'_{i,j}$ 与各个水文参数的最相关时段

时段		水文参数		
		入库流量	未来径流与当前可用水量的比值	当前可用水量
蓄水期	9 月下旬	10 月上旬（0.86）	9 月下旬（0.91）*	10 月中旬（0.56）
	10 月上旬	9 月下旬（0.26）	9 月中旬（0.50）*	10 月上旬（-0.43）
消落期	5 月中旬	6 月上旬（0.67）*	5 月下旬（0.63）	6 月上旬（0.57）
	5 月下旬	6 月上旬（0.94）*	5 月下旬（0.81）	6 月上旬（0.60）

注：括号中数字为相关系数。

*时段内最大的相关系数。

与参数 $a'_{i,j}$ 的结果类似，参数 $b'_{i,j}$ 的变化在消落期由入库流量主导，而在蓄水期由未来径流与当前可用水量的比值主导。根据前述分析，未来径流与当前可用水量的比值可以认为是径流量的函数。因此，可以确认的是，在蓄水期和消落期，水库入库流量是调度规则参数（$a'_{i,j}$ 和 $b'_{i,j}$）变化的主导因素。

将时变的调度规则参数集 $b'_{i,j}$ 与水库入库流量进行拟合，可得到相应的适应性调度规则参数 $\tilde{b}_i$，如图 8.18 所示。在 10 月上旬，所得的回归曲线几乎为一条水平直线，因此可以将该时段的参数 $b'_{i,j}$ 定为一个固定值。在 5 月中旬，确定性系数 R^2 的取值较小，因此可以认为该回归方程的置信程度不高。对于另外两个时段，确定性系数分别为 0.7358 和 0.8787，因此所得到的适应性调度规则参数是可以接受的。

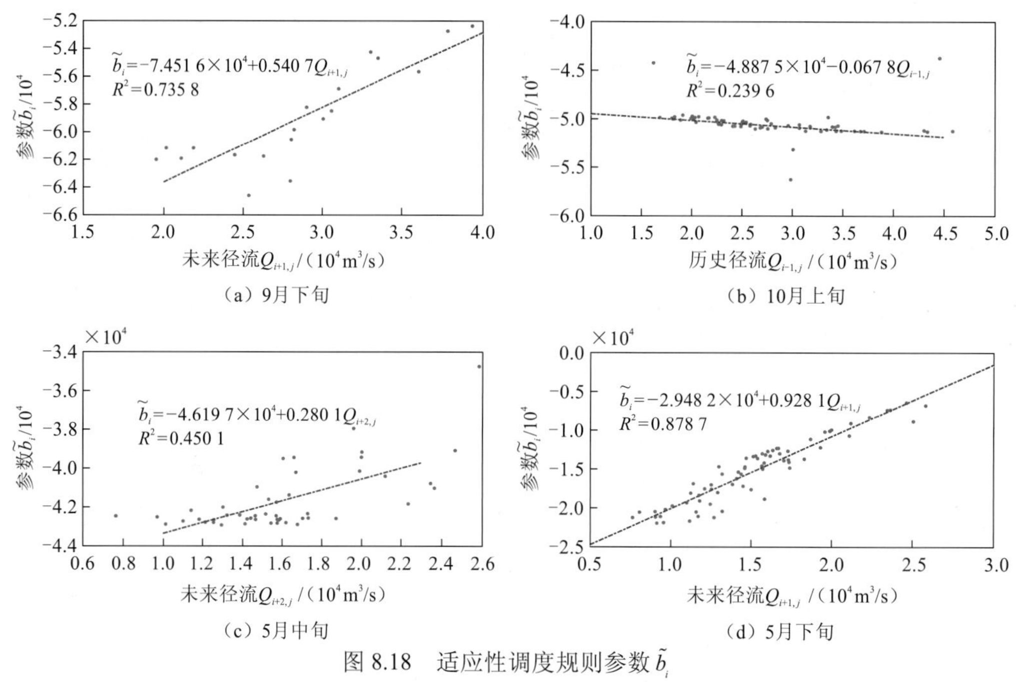

图 8.18　适应性调度规则参数 $\tilde{b}_i$

3. 适应性调度规则的验证

为验证适应性调度规则的有效性，本节将所求得的适应性调度规则参数（函数）代入水库调度模型，用来检验其是否能够提高效益。此外，常规调度规则将作为其他调度方式的基准，确定性调度规则将给出水库调度的潜在最大发电效益，确定的调度规则参数也将重新代入水库调度模型进行计算，其结果也将与适应性调度规则参数的结果进行比较。因此，可对以上四种调度方式的年均发电量进行比较，以验证适应性调度规则参数的有效性，如表 8.4 所示。需要注意的是，由于拟合效果较差（确定性系数较小），5 月中旬的参数 $\tilde{a}_i$、10 月上旬和 5 月中旬的参数 $\tilde{b}_i$ 均未被采用，这几个参数将被固定为初始值。

表 8.4　四种水库调度方式年均发电量的比较　　（单位：10^8 kW·h）

水库调度方式		常规调度规则	确定性调度规则	适应性调度规则	优化调度
率定期	$\tilde{a}_i$	893.41	924.76	925.51	928.80
	$\tilde{b}_i$			925.86	
检验期	$\tilde{a}_i$	853.85	884.96	885.54	888.42
	$\tilde{b}_i$			885.88	

如表 8.4 所示，与确定性调度规则参数相比，适应性调度规则参数在率定期和检验期均能够提高发电效益。此外，与适应性调度规则参数 $\tilde{a}_i$ 相比，适应性调度规则参数 $\tilde{b}_i$ 更能增加水库调度的效益。因为水库入流资料在检验期是完全未知和随机的，所以这样的率定一检验过程能够验证适应性调度规则的有效性。由表 8.4 内数据可知，适应性调度规则所增加的效益较小，主要是因为效益能够提高的空间（确定性调度规则已经比较接近优化调度）不大。适应性调度规则的有效性表明：为使水库调度规则能够更好地适应变化的径流条件，最好的方式是在调度规则中加入实时信息，这与经验是相符的。

值得注意的是，表 8.4 表明，当参数 $\tilde{b}_i$（或 $\tilde{a}_i$）固定时，参数 $\tilde{a}_i$（或 $\tilde{b}_i$）能够有效地提高水库的发电效益。但是，参数 $\tilde{a}_i$ 和 $\tilde{b}_i$ 的叠加效果表明，将参数 $\tilde{a}_i$ 和 $\tilde{b}_i$ 同时代入水库调度模型进行运算，所得发电效益与参数 $\tilde{a}_i$ 或 $\tilde{b}_i$ 单独作用所得发电效益相比有明显降低。因此，参数 $\tilde{a}_i$ 和 $\tilde{b}_i$ 应当单独使用，不应叠加。

为进一步探究适应性调度规则提高发电效益的机制，比较确定性调度规则、适应性调度规则和优化调度年均发电量的年内过程差异，如图 8.19（率定期）和图 8.20（检验期）所示。图 8.19 和图 8.20 中为年均发电量年内过程两两比较的差值，正值表示前者大于后者，负值表示后者大于前者。由图 8.19 和图 8.20 可知，不同调度规则的差别主要体现在蓄水期和消落期。此外，适应性调度规则和优化调度提高发电效益的原因如下。

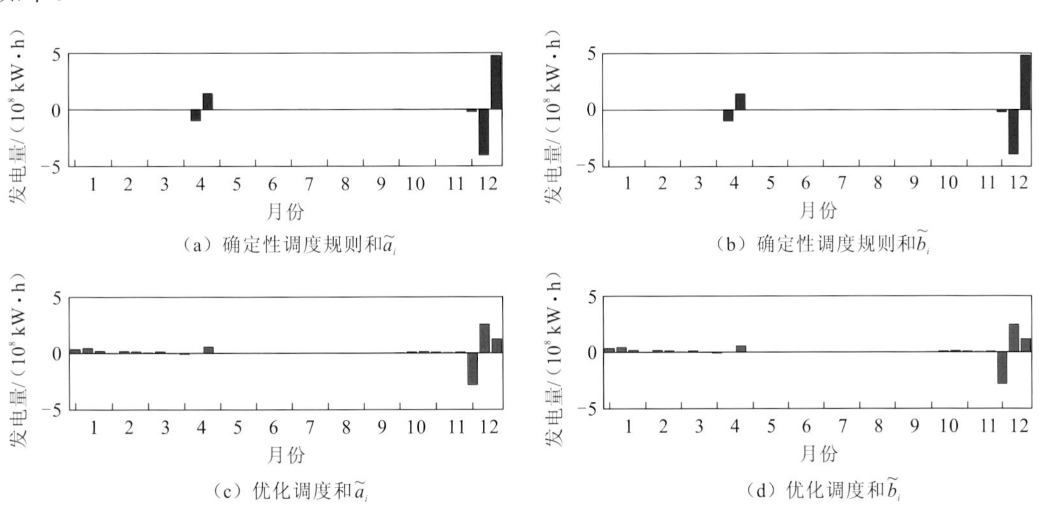

（a）确定性调度规则和 $\tilde{a}_i$　　（b）确定性调度规则和 $\tilde{b}_i$

（c）优化调度和 $\tilde{a}_i$　　（d）优化调度和 $\tilde{b}_i$

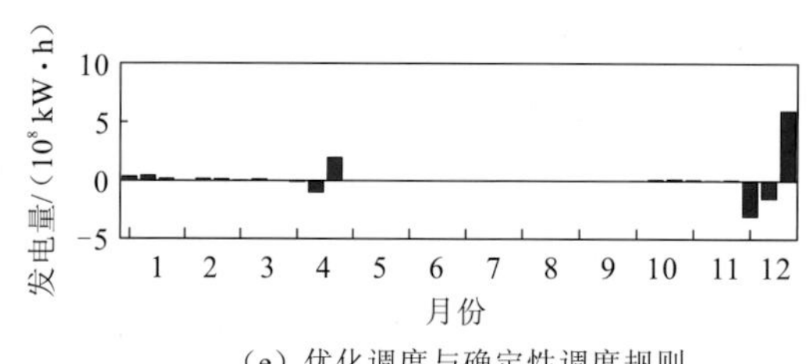

（e）优化调度与确定性调度规则

图 8.19　率定期不同调度规则年均发电量年内过程差异

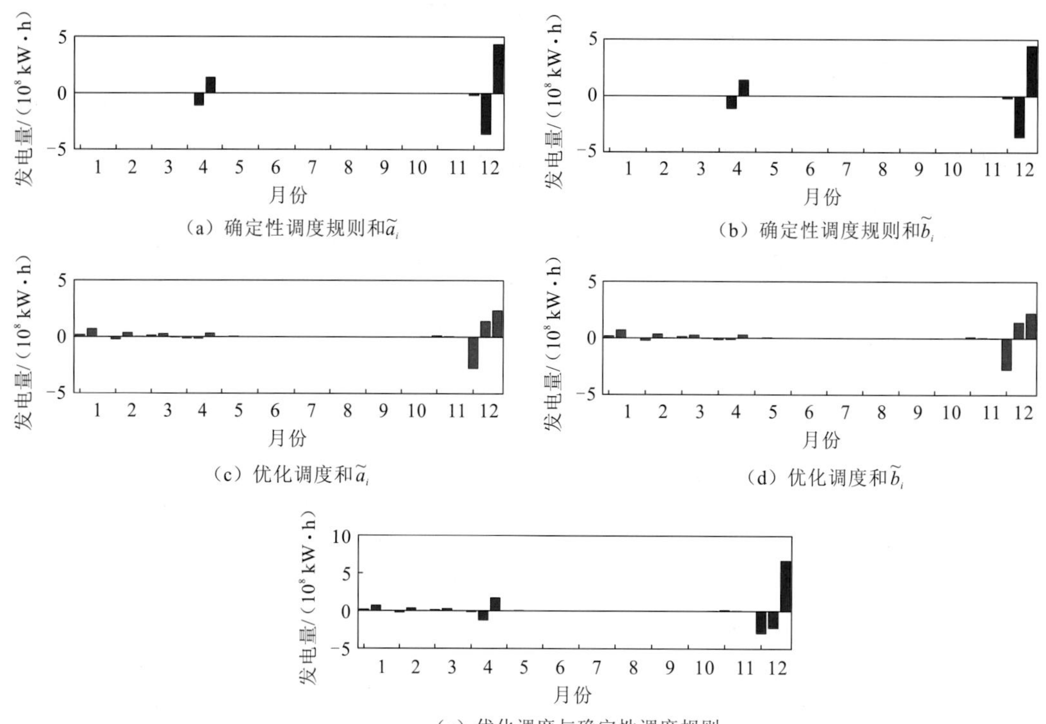

（a）确定性调度规则和$\widetilde{a}_i$

（b）确定性调度规则和$\widetilde{b}_i$

（c）优化调度和$\widetilde{a}_i$

（d）优化调度和$\widetilde{b}_i$

（e）优化调度与确定性调度规则

图 8.20　检验期不同调度规则年均发电量年内过程差异

（1）适应性调度规则优于确定性调度规则的主要原因为，在蓄水期和消落期的初期少放水，末期多放水。如图 8.19（a）和（b）所示，在蓄水期和消落期的初期，适应性调度规则对应的发电量少于确定性调度规则（差值为负）；而在蓄水期和消落期的末期，适应性调度规则对应的发电量大于确定性调度规则（差值为正）。这样的调度过程能够增加发电效益的原因为，在蓄水期初期，少放水可使更多的水量蓄存在水库中以抬升水位，从而可使后续阶段加大泄流的发电效益更高。在消落期初期，少放水可使水库水位保持在较高水平，从而可使后续阶段加大泄流所得到的发电效益更高。因此，适用性调度规则的发电效益高于确定性调度规则。

（2）与适应性调度规则能够提高发电效益的原因类似，优化调度比确定性调度规则和适应性调度规则的发电效益高的原因是：优化调度在蓄水期和消落期中优化了泄流过程，使得水库的高水位能够尽可能地保持，从而增加水库的发电效率。如图 8.19（c）～

（e）所示，在蓄水期和消落期的初期，优化调度的发电量较少（差值为负）；在蓄水期和消落期末期，优化调度的发电量较大（差值为正）。

以上分析基于不同调度规则在率定期的结果（图 8.19），类似地，可以对检验期的结果（图 8.20）进行分析。

8.5 本章小结

本章的研究目的是，推求适应性调度规则以适应变化的径流条件。研究内容主要分为两部分：①辨识不同径流改变情景下的调度规则变化模式；②推求适应性调度规则。本章通过 SAM 和 SRM 两种方法生成不同径流改变情景，将生成的径流作为水库调度模型的输入，求得最优调度轨迹后，推求不同情景下的调度规则并得出其变化模式。基于调度规则变化模式的定性分析，将水库调度的最优轨迹作为虚拟观测值，采用 EnKF 技术动态更新调度规则参数，并用获得的时变参数集与水文参数拟合，获得适应性调度规则参数。通过以上两部分的研究，可得如下几点结论。

（1）水库调度规则仅在蓄水期和消落期对径流的变化比较敏感：当径流的均值和季节性发生改变时，调度规则会发生改变；而当径流的变异系数发生改变时，调度规则几乎不发生改变。

（2）水库的入库流量为主导调度规则参数变化的水文参数。其他水文参数（当前可用水量和未来径流与当前可用水量的比值）与调度规则参数之间的相关关系是通过流量的影响建立起来的。

（3）所推求的适应性调度规则能够提高水库的发电效益；并且，适应性调度规则的形式表明，为更好地适应不断变化的径流，调度规则中需要加入更多的实时信息。

（4）为提高水库发电效益，在蓄水期和消落期内，应尽可能控制水库的下泄流量使得水库水位尽可能地保持在高水位，从而增加水资源的利用效率。

本章中，调度规则变化模式的辨析和适应性调度规则参数的推求都基于简单的两参数线性调度规则，这可以作为在变化径流条件下水库适应性调度的范例。而对于形式较为复杂的水库调度规则，其变化模式、适应性参数及适应性机理仍需进一步研究。此外，本章中的研究基于的是三峡水库发电调度的案例，对于其他性质差别较大的案例，水库调度的适应性策略仍需进一步探究。

参考文献

[1] AHMADI M, HADDAD O B, LOÁICIGA H A. Adaptive reservoir operation rules under climatic change[J]. Water resources management, 2014, 29(4): 1247-1266.

[2] EUM H I, SIMONOVIC S P. Integrated reservoir management system for adaptation to climate change: The Nakdong River Basin in Korea[J]. Water resources management, 2010, 24(13): 3397-3417.

[3] EUM H I, VASAN A, SIMONOVIC S P. Integrated reservoir management system for flood risk assessment under climate change[J]. Water resources management, 2012, 26(13): 3785-3802.

[4] WANG C, BLACKMORE J M. Resilience concepts for water resource systems[J]. Journal of water resources planning and management, 2009, 135(6): 528-536.

[5] ZHOU Y, GUO S. Incorporating ecological requirement into multipurpose reservoir operating rule curves for adaptation to climate change[J]. Journal of hydrologic , 2013, 498: 153-164.

[6] KROL M S, DE VRIES M J, VAN OEL P R, et al. Sustainability of small reservoirs and large scale water availability under current conditions and climate change[J]. Water resources management, 2011, 25(12): 3017-3026.

[7] LI L, XU H, CHEN X, et al. Streamflow forecast and reservoir operation performance assessment under climate change[J]. Water resources management, 2009, 24(1): 83-104.

[8] ZHANG C, ZHU X, FU G, et al. The impacts of climate change on water diversion strategies for a water deficit reservoir[J]. Journal of hydroinformatics, 2014, 16(4): 1-11.

[9] NAZEMI A, WHEATER H S, CHUN K P, et al. A stochastic reconstruction framework for analysis of water resource system vulnerability to climate-induced changes in river flow regime[J]. Water resources research, 2013, 49(1): 291-305.

[10] SALVADORI G, DE MICHELE C. On the use of copulas in hydrology: Theory and practice[J]. Journal of hydrologic engineering, 2007, 12(4): 369-380.

[11] SALVADORI G, DE MICHELE C, KOTTEGODA N T, et al. Extremes in nature: An approach using copulas[M]. New York: Springer Science & Business Media, 2007.

[12] JURI A, WÜTHRICH M V. Copula convergence theorems for tail events[J]. Insurance: Mathematics and economics, 2002, 30(3):405-420.

[13] SALVADORI G, DURANTE F, DE MICHELE C, et al. A multivariate copula-based framework for dealing with hazard scenarios and failure probabilities[J]. Water resources research, 2016, 52: 3701-3721.

[14] SKLAR A. Fonctions de repartition àn dimensions et leurs marges[J]. Publication de I'Institut de Statistique I'Universite Paris, 1959, 8(5): 2210-2231.

[15] NELSON R B. An introduction to copulas[M]. New York: Springer, 2006.

[16] YOUNG G K. Finding reservoir operating rules[J]. Journal of the hydraulics division, 1967, 93(6): 297-321.

[17] BHASKAR N R, WHITLATCH E E. Derivation of monthly reservoir release policies[J]. Water resources research, 1980, 16(6): 987-993.

[18] LIU P, LI L, CHEN G, et al. Parameter uncertainty analysis of reservoir operating rules based on implicit stochastic optimization[J]. Journal of hydrologic, 2014, 514: 102-113.

[19] LIU P, GUO S, XU X, et al. Derivation of aggregation-based joint operating rule curves for cascade hydropower reservoirs[J]. Water resources management, 2011, 25(13): 3177-3200.

[20] GUO S, CHEN J, LI Y, et al. Joint operation of the multi-reservoir system of the Three Gorges and the

Qingjiang cascade reservoirs[J]. Energies, 2011, 4(12): 1036-1050.

[21] TURGEON A. Optimal short-term hydro scheduling from the principle of progressive optimality[J]. Water resources research, 1981, 17(3): 481-486.

[22] WANG X, CHENG J, YIN Z, et al. A new approach of obtaining reservoir operation rules: Artificial immune recognition system[J]. Expert systems with applications, 2011, 38(9): 11701-11707.

[23] SOLTANI F, KERACHIAN R, SHIRANGI E. Developing operating rules for reservoirs considering the water quality issues: Application of ANFIS-based surrogate models[J]. Expert systems with applications, 2010, 37(9): 66310-66345.

[24] CELESTE A B, BILLIB M. Evaluation of stochastic reservoir operation optimization models[J]. Advances in water resources, 2009, 32(9): 14210-14243.

[25] STEDINGER J R. The performance of LDR models for preliminary design and reservoir operation[J]. Water resources research, 1984, 20: 215-224.

[26] HOSKING J R M. L-moments: Analysis and estimation of distributions using linear combinations of order statistics[J]. Journal of the royal statistical society: Series B (methodological), 1990, 52: 105-124.

[27] SANKARASUBRAMANIAN A, SRINIVASAN K. Investigation and comparison of sampling properties of L-moments and conventional moments[J]. Journal of hydrology, 1999, 218(1): 13-34.

[28] SMITHERS J C, SCHULZE R E. A methodology for the estimation of short duration design storms in South Africa using a regional approach based on L-moments[J]. Journal of hydrology, 2001, 241(1): 42-52.

[29] JONES M C. On some expressions for variance, covariance, skewness and L-moments[J]. Journal of statistical planning and inference, 2004, 126(1): 97-106.

[30] ABEGAZ F, NAIK-NIMBALKAR U V. Modeling statistical dependence of Markov chains via copula models[J]. Journal of statistical planning and inference, 2008, 138(4): 1131-1146.

第 9 章

确定性水库优化调度的区间决策

9.1 引言

水库是人类主动调整水资源时空分布的重要措施，担负着防洪、发电、航运、供水等多方面的任务，成为支撑社会文明进步的重要手段之一。水库调度是实现水库正常运行的必备技术，提高水库管理运行水平，达到兴利、除害的目的，可提高水资源和水能资源的利用率。

由于水资源系统的复杂性，水库优化调度技术仍存在理论上的三大难题：维数灾、多目标性及不确定性。在这三大理论难题中，不确定性的研究较少，主要集中在预报入库流量、功能需求（如电网负荷）的不确定性分析等方面，而对水库最优调度决策灵敏性的分析较少，没有考虑水库调度策略自身的柔性。

在传统的水库调度中，通常只保留一个最优解[1-2]，而忽略其他等效的最优解，这样往往丢失了很多有用的信息。即使是确定性的水库优化调度问题，也可能存在最优解的“异轨同效”现象，即多个最优调度轨迹存在等效性，这种现象可表现为最优解并不唯一[3-5]。水库优化调度问题中多重解（即多个最优解）的存在，使相同最优解下构建各种可行比较方案成为可能，为决策提供了广泛的选择余地，具有较大的理论和现实意义。

水文模型中的“异参同效”现象是近年来的热点研究问题。“异参同效”是指对于相同的模型结构和相同的模型输入，会有多个最优参数组使所获得的模型输出具有相同的拟合精度。“异参同效”现象的存在，为在参数识别中有别于传统的寻求唯一最优解的思路，而采用基于不确定分析的方法提供了理论依据。

根据系统理论，水库优化调度是一个最优辨识问题[6]，调度轨迹或调度规则参数均需进行参数识别，传统方法仅采用了优化的思路，如果“异轨同效”（指对于相同的调度模型和相同的模型输入，会有多个最优参数组，如调度轨迹或调度规则参数使所获得的调度结果具有相同的目标函数值）现象客观存在，那么采用基于不确定分析的方法来识别参数就具有可能性[7]。

9.2 确定性动态规划问题的多重解

动态规划是应用最广泛的水库优化调度模型[8]。水电站机组间最优负荷的分配是一个典型的动态规划问题，其研究具有代表性。水电站机组间最优负荷的分配是电厂内经济运行的核心模块，它依据空间最优化准则，在机组间实行负荷的优化分配，达到最优的“以电定水”的目标。求解水电站机组间最优负荷分配问题的方法有微增率方法、动态规划法、GA、蚁群算法及 PSO 算法等[9]。

这里以水电站机组间最优负荷分配问题为例，开展动态规划多重解研究。

9.2.1　数学描述

水电站机组间最优负荷分配（即“以电定水”）的准则是：在满足电力系统安全与电能质量要求等的条件下，使耗用的流量达到最小。根据这一空间最优化准则，水电站机组间最优负荷分配模型的目标函数为

$$\min\ Q_{总} = \sum_{i=1}^{n_{\text{unit}}} Q_{\text{unit},i} \tag{9.1}$$

约束条件如下。

（1）电厂全厂出力为 N_{power}。

$$\sum_{i=1}^{n_{\text{unit}}} N_{\text{power},i} = N_{\text{power}} \tag{9.2}$$

（2）机组出力在一定范围内，包括介于最大出力和最小出力之间、避开振动区等。

$$N_{\text{power},i} \in R_{\text{unit},i} \tag{9.3}$$

式中：n_{unit} 为机组的台数；$Q_{总}$ 为水电站机组引用的总流量；$N_{\text{power},i}$ 为第 i 台机组承担的负荷；$R_{\text{unit},i}$ 为第 i 台机组承担负荷的可行区域；$Q_{\text{unit},i}$ 为第 i 台机组引用的流量。

9.2.2　动态规划模型

1. 数学模型

对于上述水电站机组间最优负荷分配问题，采用动态规划法求解。

（1）阶段变量：如果可投入的机组编号为 $i=1,2,\cdots,n_{\text{unit}}$，那么将 $i=1,2,\cdots,n_{\text{unit}}$ 作为阶段变量。

（2）状态变量：从初始阶段至第 i 阶段，将投入工作的机组累积出力值 $\bar{N}_i$ 作为状态变量。

（3）决策变量：将第 i 阶段对应的机组 i 的发电出力 $N_{\text{power},i}$ 作为该阶段的决策变量。

（4）状态转移方程：

$$\bar{N}_i = \bar{N}_{i-1} + N_{\text{power},i} \tag{9.4}$$

（5）递推方程：

$$\begin{cases} Q_i^*(\bar{N}_i) = \min\{Q_i(N_{\text{power},i}) + Q_{i-1}^*(\bar{N}_{i-1})\} \\ \bar{N}_{i-1} = \bar{N}_i - N_{\text{power},i} \\ Q_0^*(\bar{N}_0) = 0 \end{cases} \quad (i=1,2,\cdots,n_{\text{unit}}) \tag{9.5}$$

式中：$Q_i^*(\bar{N}_i)$ 为电厂负荷为 $\bar{N}_i$ 时，在 1～i 号机组分配负荷时全厂的最优总耗用流量；$Q_i(N_{\text{power},i})$ 为第 i 号机组负荷为 $N_{\text{power},i}$ 时的耗用流量；$Q_0^*(\bar{N}_0)$ 为边界条件，即起始阶段耗用的流量为 0。

2. 多重解寻求

多重解寻求包括两个步骤。

（1）剪枝。将状态变量在可行域内进行离散。例如，将阶段 i 的累积出力值离散为 $\bar{N}_{i,j}(j=1,2,\cdots,m)$，此时采用动态规划法求解水电站机组间最优负荷分配的初始问题，如图 9.1（a）所示。在传统动态规划递推中，采用式（9.5）寻求阶段 i 第 j 个状态离散点的最优耗用流量 $Q_i^*(\bar{N}_{i,j})$：设当前状态离散值 $\bar{N}_{i,j}$ 的最优耗用流量为 $Q_i^*(\bar{N}_{i,j})$，当判定存在更小的耗用流量 $Q_i(\bar{N}_{i,j}-\bar{N}_{i-1,k})+Q_{i-1}^*(\bar{N}_{i-1,k})\ (k=1,2,\cdots,r)$ 时，保留由 $\bar{N}_{i-1,k}$ 至 $\bar{N}_{i,j}$ 的路径（采用数组 $C_{i,j}$ 保存 $\bar{N}_{i-1,k}$），并用当前的 $Q_i(\bar{N}_{i,j}-\bar{N}_{i-1,k})+Q_{i-1}^*(\bar{N}_{i-1,k})$ 替换最优耗用流量值 $Q_i^*(\bar{N}_{i,j})$，此时经剪枝后的最优路径是唯一的。

为保留可能存在的多个最优解，在多重解寻求中，如果 $Q_i(\bar{N}_{i,j}-\bar{N}_{i-1,k})+Q_{i-1}^*(\bar{N}_{i-1,k})$ 等于当前最优耗用流量值 $Q_i^*(\bar{N}_{i,j})$，那么相应的路径起点 $\bar{N}_{i-1,k}$ 采用数组 $C_{i,j}$ 予以保留，即保留与最优耗用流量相等的全部策略，由此可能找到从阶段 $i-1$ 出发到达 $\bar{N}_{i,j}$ 的多条路径[剪枝后的图形如图 9.1（b）所示，如到达 $\bar{N}_{i,j}$ 的最优路径为 $\bar{N}_{i-1,k-1}$ 和 $\bar{N}_{i-1,k}$]。阶段 i 第 j 个状态离散点的具体算法的伪代码为

```
Q_i^*(N̄_{i,j})=INFINITE
FOR k = 1 to r
    IF  Q_i(N̄_{i,j} − N̄_{i−1,k}) + Q_{i−1}^*(N̄_{i−1,k}) < Q_i^*(N̄_{i,j})  THEN
        Q_i^*(N̄_{i,j}) = Q_i(N̄_{i,j} − N̄_{i−1,k}) + Q_{i−1}^*(N̄_{i−1,k})
        C_{i,j} ← N̄_{i−1,k} （或者 C_{i,j} = N̄_{i−1,k} ）
        K_o = 1
    ┌────────────────────────────────────────────────────────────────────────┐
    │ ELSE IF  Q_i(N̄_{i,j} − N̄_{i−1,k}) + Q_{i−1}^*(N̄_{i−1,k}) = Q_i^*(N̄_{i,j})  THEN │
    │     K_o = K_o + 1                                                       │
    │         C_{i,j} ← N̄_{i−1,k} （或者 C_{i,j} = C_{i,j} ∪ N̄_{i−1,k} ）        │
    └────────────────────────────────────────────────────────────────────────┘
    END IF
END FOR
```

其中，K_o 为最优路径个数。上述代码中的方框部分为对传统动态规划的改进之处。

（2）根据边界条件，查找有向图中的所有路径。如图 9.1（b）所示，查找从初始条件 $\bar{N}_0$ 至结束条件 $\bar{N}_{n_{\text{unit}}}$ 的所有路径，每条路径都是一个最优解，这样就得到了多重解。

3. 多重解区间

采用上述改进动态规划寻求的多重解的表现形式为一些离散点，计算精度也受动态规划离散个数的制约。当机组的流量-出力特征曲线采用线性插值计算时，可采用如下方法推求多重解区间（证明略）。

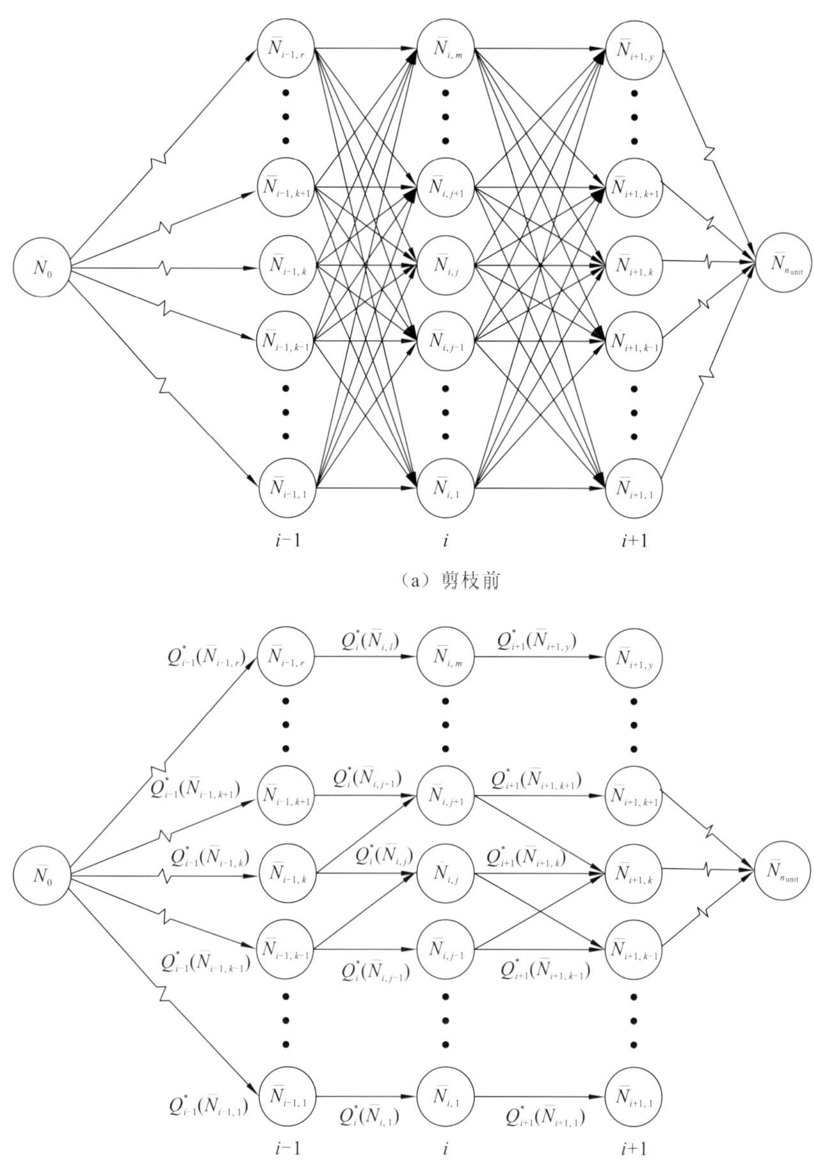

（a）剪枝前

（b）剪枝后

图 9.1　动态规划多重解寻求的剪枝示意图

如果 $N_{\text{power},1}, N_{\text{power},2}, \cdots, N_{\text{power},n_{\text{unit}}}$（对应的流量为 $Q_{\text{unit},1}, Q_{\text{unit},2}, \cdots, Q_{\text{unit},n_{\text{unit}}}$）为一个最优解，并且存在：

$$\frac{Q_{1,k_1} - Q_{1,k_1-1}}{P_{1,k_1} - P_{1,k_1-1}} = \frac{Q_{2,k_2} - Q_{2,k_2-1}}{P_{2,k_2} - P_{2,k_2-1}} = \cdots = \frac{Q_{n_{\text{unit}},k_{n_{\text{unit}}}} - Q_{n_{\text{unit}},k_{n_{\text{unit}}}-1}}{P_{n_{\text{unit}},k_{n_{\text{unit}}}} - P_{n_{\text{unit}},k_{n_{\text{unit}}}-1}} \tag{9.6}$$

式中：$Q_{i,k-1}$ 为与 $N_{\text{power},i}$ 对应的流量；$P_{i,j}$ 为机组流量-出力特征曲线的出力离散点，且满足 $P_{i,k_i-1} \leqslant N_{\text{power},i} \leqslant P_{i,k_i}$ $(i=1,2,\cdots,n_{\text{unit}})$。只要任意的 N'_i 满足 $N'_i \in [P_{i,k_i-1}, P_{i,k_i}]$ $(i=1,2,\cdots,n_{\text{unit}})$，且满足约束条件式（9.2）和式（9.3），就是一个多重解，所构成的区间即多重解区间。将式（9.6）改为求导，上述方法就可适用于线性插值情况。从式（9.6）可以看出，多

重解区间的实质是等微增率原理 $\frac{\partial Q_{\text{unit},1}}{\partial P_{\text{unit},1}}=\frac{\partial Q_{\text{unit},2}}{\partial P_{\text{unit},2}}=\cdots=\frac{\partial Q_{\text{unit},n_{\text{unit}}}}{\partial P_{n_{\text{unit}}}}=\xi$。显然，式（9.6）指出了具有相同耗水总量的多个出力分配方式的充分条件（不仅仅针对最优解）。

9.2.3 0-1 混合规划模型

采用 9.2.2 小节的方法虽然能求得多个效率相等的解，但不能确保其是全局最优的。在采用分段线性化方法（线性插值）描述机组流量-出力特征曲线的条件下，可建立水电站机组间最优负荷分配问题的 0-1 混合规划模型，用来推求问题的全局最优解，从而论证 9.2.2 小节方法所求多重解的全局最优性。

1. 线性插值计算

发电机组流量-出力特征曲线一般采用离散形式表示，当采用分段线性插值计算时，可采用如下线性方程描述其他出力的耗用流量：假定对于某机组 i 选取了出力离散点 $P_{i,j}(j=1,2,\cdots,m_l)$ 共 m_l 个（包括端点），对应的耗用流量为 $Q_i(P_{i,j})$，则机组 i 的耗用流量可通过线性插值计算得到，即

$$Q_{\text{unit},i}=\sum_{j=1}^{m_l}\lambda_{i,j}Q_i(P_{i,j}),\qquad \sum_{j=1}^{m_l}\lambda_{i,j}=1,\quad \lambda_{i,j}\geqslant 0 \tag{9.7}$$

$$\lambda_{i,j}\leqslant\begin{cases}y_{i,j} & (j=1)\\ y_{i,j-1}+y_{i,j} & (1<j<m_l)\\ y_{i,j-1} & (j=m_l)\end{cases} \tag{9.8}$$

$$\sum_{j=1}^{m_l-1}y_{i,j}=1,\qquad y_{i,j}=0(\text{或}1) \tag{9.9}$$

式中：$i=1,2,\cdots,n$；m_l 为离散个数；$P_{i,j}$ 为机组 i 离散的第 j 个出力值；$Q_i(P_{i,j})$ 为机组 i 在离散点 $P_{i,j}$ 的耗用流量；$\lambda_{i,j}$ 为插值变量（可视为权重）；$y_{i,j}$ 为辅助的 0-1 变量，用来约束至多两个相邻的 $\lambda_{i,j}$ 为正值，其余的必然为零。

机组 i 的发电出力 $N_{\text{power},i}$ 可表示为

$$N_{\text{power},i}=\sum_{j=1}^{m_l}\lambda_{i,j}P_{i,j} \tag{9.10}$$

为避开振动区，可采用惩罚函数技术，在机组流量-出力特征曲线中将振动区的流量人为增大，作为惩罚，从而在优化中避开振动区。

2. 0-1 混合规划模型计算

根据上述线性插值描述，最小耗用流量目标可表示为

$$\min\ Q=\sum_{i=1}^{n}\sum_{j=1}^{m_l}\lambda_{i,j}Q_i(P_{i,j}) \tag{9.11}$$

由此，可建立 0-1 混合规划模型：目标函数为式（9.11），约束条件为式（9.2）、式（9.3）及式（9.7）～式（9.10）。理论上，0-1 混合规划模型可以得到全局最优解。

9.2.4 实例研究

1. 隔河岩水电站概况

清江流域上的隔河岩水电站位于湖北省长阳县城上游 9 km 处，坝址以上流域面积为 14 430 km^2，是一座以发电为主的大型水利枢纽工程。水库正常蓄水位为 200 m，相应的库容为 31.2×10^8 m^3，单独运行死水位为 160 m，兴利库容为 19.75×10^8 m^3，库容系数为 0.18，水库具有年调节能力。水电站装发电机 4 台（类型相同），保证出力为 24.1×10^4 kW，多年平均发电量为 29.4×10^8 kW·h。表 9.1 列出了 110 m 水头下的机组流量-出力特征，各机组的振动区均为 80～180 MW，最小出力为 10 MW。

表 9.1 隔河岩水电站 110 m 水头下的机组流量-出力特征表

出力/MW	流量/（m^3/s）	出力/MW	流量/（m^3/s）	出力/MW	流量/（m^3/s）
50	80	135	159	220	234
55	85	140	163	225	238
60	90	145	168	230	243
65	94	150	172	235	247
70	99	155	177	240	251
75	104	160	181	245	255
80	108	165	186	250	259
85	113	170	190	255	263
90	117	175	195	260	268
95	122	180	199	265	272
100	127	185	204	270	277
105	131	190	208	275	281
110	136	195	213	280	286
115	140	200	217	285	290
120	145	205	221	290	295
125	149	210	226	295	299
130	154	215	230	300	304

2. 全局最优解

采用惩罚函数技术避开振动区，在机组流量-出力特征曲线中，将 80～180 MW 出力的耗用流量人为加大（取 1 000 m^3/s）。采用 LINGO8.0 软件优化上述 0-1 混合规划模型，得到给定的全厂出力，最优的机组分配方式如表 9.2 所示，并将其作为理论上的全局最优解。其中，为避免同一出力分配的排列组合造成的重复，假定 1#机组出力≥2#机组出力≥3#机组出力≥4#机组出力。

表 9.2　机组最优负荷分配结果表

总出力/MW	机组出力 MW				总耗用流量/（m^3/s）
	1#机组	2#机组	3#机组	4#机组	
500	255	245	—	—	518
550	295	255	—	—	562
600	300	300	—	—	608
650	295	285	70	—	688
700	265	255	180	—	734
750	250	250	250	—	777
800	295	255	250	—	821
850	300	295	255	—	866
900	300	300	300	—	912
950	295	295	295	65	991
1 000	255	255	255	235	1 036
1 050	275	265	255	255	1 079
1 100	275	275	275	275	1 124
1 150	295	295	295	265	1 169
1 200	300	300	300	300	1 216

3. 多重解及其分析

采用改进的动态规划法记录所有的最优解，可知对于很多总出力情况，存在多个最优解，且最优解与 0-1 混合规划模型得到的全局最优解的耗用流量相同，从而证明了机组最优负荷分配问题存在多重解。对几个典型总出力进行如下分析。

（1）总出力为 500 MW 时，求得最优解的机组台数为 2 台，当动态规划离散步长取为 1 MW 时，得到的最优解的 1#机组出力为 255 MW、254 MW、253 MW、252 MW、251 MW、250 MW（2#机组出力为总出力减去 1#机组出力）。当动态规划离散步长取为 0.1 MW 时，得到的最优解的 1#机组出力为 255 MW、254.9 MW、254.8 MW、…、250.1 MW、250 MW。

根据式（9.6）或机组最优负荷分配的等微增率条件，得 $\dfrac{263-259}{255-250}=\dfrac{259-255}{250-245}$，故多重解实质上是一个区间，构成一条直线（图 9.2）。

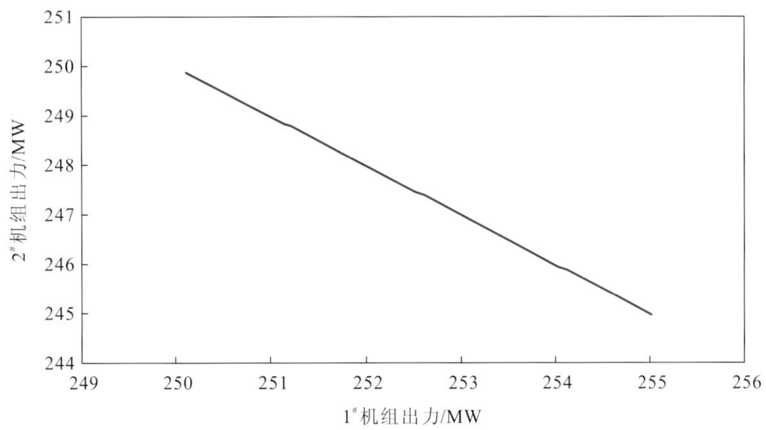

图 9.2　500 MW 负荷下机组出力分配图（1#机组出力≥2#机组出力）

（2）总出力为 650 MW 时，求得最优解的机组台数为 3 台，存在 4 个最优区间，具体如下。

第一个，$N_{\text{power},1} \in [290,295]$，$N_{\text{power},2} \in [290,295]$，$N_{\text{power},3} \in [60,65]$，由于

$$\frac{299-295}{295-290}=\frac{299-295}{295-290}=\frac{94-90}{65-60}$$

故根据式（9.6），该区间所有满足约束条件的解均为最优解。

第二个，$N_{\text{power},1} \in [295,300]$，$N_{\text{power},2} \in [285,290]$，$N_{\text{power},3} \in [65,70]$，由于

$$\frac{304-299}{300-295}=\frac{295-290}{290-285}=\frac{99-94}{70-65}$$

故该区间所有满足约束条件的解均为最优解。

第三个，$N_{\text{power},1} \in [295,300]$，$N_{\text{power},2} \in [295,300]$，$N_{\text{power},3} \in [55,60]$，满足条件式（9.6）。

第四个，$N_{\text{power},1} \in [295,300]$，$N_{\text{power},2} \in [295,300]$，$N_{\text{power},3} \in [50,55]$，满足条件式（9.6）。

这些区间在三维图形中表现为一些面，如图 9.3 所示。

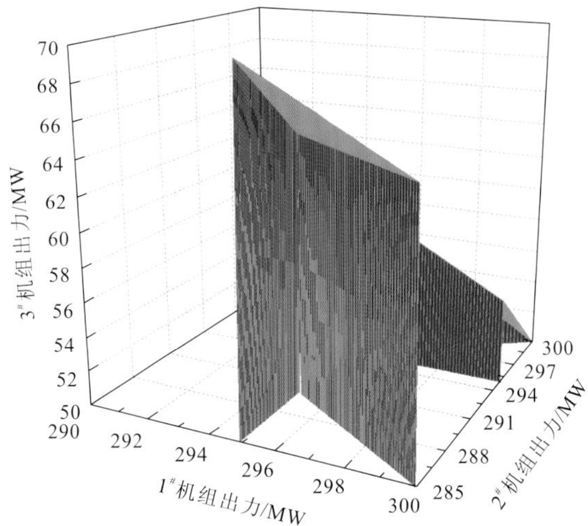

图 9.3　650 MW 负荷下机组出力分配图（1#机组出力≥2#机组出力≥3#机组出力）

（3）总出力为 1 100 MW 时，求得最优解的机组台数为 4 台，各机组出力分别为 295 MW、285 MW、275 MW、265 MW、255 MW，在这些取值组合中，只要满足总出力约束，就是一个最优解，可见多重解也可能为离散的几个点。

4. 非线性插值情况

上述讨论建立在采用线性插值计算流量-出力关系的假定上，当选择邻近的三个点拟合二次函数，用拟合的函数进行三点二次插值计算时，发现仍可能存在多重解。

（1）总出力为 500 MW 时，由于流量-出力关系在[240, 255]内为一直线，非线性插值与线性插值并无区别，故非线性插值与线性插值的多重解相同，仍为如图 9.2 所示的直线。

（2）总出力为 650 MW 时，最优机组出力分别为 296.7 MW、286.7 MW 及 66.6 MW，不存在多重解。

（3）总出力为 1 100 MW 时，由于无论是采用非线性插值还是采用线性插值，在机组流量-出力特征曲线的出力离散点上计算得到的结果相同，故非线性插值与线性插值的计算结果相同，最优机组出力也为 295 MW、285 MW、275 MW、265 MW、255 MW 中任意满足约束的离散组合。

5. 实际应用

由于机组实际运行需考虑穿越振动区次数、机组开启顺序等约束，水电站机组间最优负荷分配的多重解为决策提供了多种可能，具有一定的实际应用价值，具体表现在如下方面。

（1）在考虑前一时段负荷分配状态的条件下，采用多重解可保证某些机组的负荷不变，从而提高机组的稳定性。2006 年 3 月 23 日分配结果摘录如表 9.3 所示，在采用线性插值的条件下，机组在[75, 80]的耗用流量相等，因而可保持 $3^{\#}$机组出力不变，只用 $2^{\#}$机组调节负荷，从而避免两台机组都参与调节，增加了机组的稳定性。

表 9.3　机组实际负荷分配结果表

时间（年-月-日 时：分）	机组出力/MW				总出力/MW
	$1^{\#}$机组	$2^{\#}$机组	$3^{\#}$机组	$4^{\#}$机组	
2006-3-23　10：30	0	76.5	78.9	0	155.4
2006-3-23　10：31	0	80.9	78.9	0	159.8
2006-3-23　10：32	0	81.9	78.9	0	160.8
2006-3-23　10：33	0	80.9	78.9	0	159.8

（2）根据前一时段的负荷分配状态，利用存在的多重解，可选择合适的最优负荷分配，在最少化耗水的同时少穿越振动区。例如，在水头为 110 m、总负荷为 971 MW 的

条件下，最优解有两种形式：①4 台机组出力全部在振动区以上（大于 180 MW），如机组出力分别为 255.4 MW、255.3 MW、255.3 MW、205.0 MW；②3 台机组出力在振动区以上，1 台机组出力在振动区以下（小于等于 80 MW），如机组出力分别为 299.8 MW、295.8 MW、295.4 MW、80.0 MW。此时，可根据前一时段的机组状态，减少穿越振动区的次数：如果前一时段的机组出力均在振动区以上，则采用方式①（即 4 台机组出力全部在振动区以上）发电；如果前一时段有一个以上机组的出力在振动区以下，则采用方式②（至少有一台机组不必穿越振动区）发电。

9.2.5　小结

通过记录耗用流量与当前最优解相同的所有分配方式的方法，结合等微增率原理提出了采用动态规划寻求多重解的改进算法。以隔河岩水电站为背景，在流量-出力特征曲线采用线性插值的条件下，通过建立 0-1 混合规划模型，说明了动态规划所得最优解为全局最优解，从而论证了机组间负荷分配问题可能存在多重解，最终可以得到以下结论。

（1） 在流量-出力特征曲线采用线性插值的条件下，可建立 0-1 混合规划模型求解机组间负荷分配问题，从而得到全局最优解。

（2） 提出的算法可以找到机组间负荷分配问题存在的多重解，多重解可能为离散点，也可能为直线，还有可能为一些面。

（3） 机组间负荷分配问题可能存在的多重解为减少机组穿越振动区次数、减小机组调节幅度等提供了可能，因而在实际中可提高机组的稳定性。

电厂内经济运行空间最优准则存在“以水定电”和“以电定水”两种模式，其数学模型互为对偶问题，因此在“以水定电”问题中也一定存在最优多重解，同时，多重解应普遍存在于水库优化调度的其他问题中。

9.3　确定性水库优化调度的近似最优解

确定性水库优化调度问题是已知确定的入库流量的一类水库优化问题，其优化结果可以用来编制水库调度规则，评估水库调度方案等[10]。对于单目标优化调度问题，传统的调度方法（如线性规划、非线性规划及动态规划等）一般只得到一个最优解，优化问题中多个最优解或者近似最优解的存在，使得在基本相同的最优值下构建各种可行比较方案成为可能，为决策提供了广泛的选择余地。过去对多个严格相等的最优解（即多重解）的研究较多：线性规划中的多重解问题已有深入的研究，多重解普遍存在于线性规划中；9.2 节以水电站最优负荷分配问题为背景，通过记录各个阶段所有最优解的方法对动态规划进行改进，证实了动态规划问题中确实存在多重解。本节对该概念进行扩展，将目标函数严格相等的多重解扩展为近似相等的近似最优解，基于近似最短路径算法，以三峡水库为实例开展近似最优解研究。

9.3.1 近似最优解问题的提出

确定性水库优化调度问题可定义为，确定的水库入库流量过程 $I_i(i=1,2,\cdots,n)$ 和调度始末等边界条件。为说明问题，本节仅采用发电单目标，目标函数为

$$\max\ E=\sum_{i=1}^{n}N_i\Delta t \tag{9.12}$$

式中：n 为调度时段个数；Δt 为时段长度；N_i 为时段 i 的出力，可采用 $N_i=\min\{K_E O_i h_i, f(h_i)\}$ 计算，K_E 为发电综合出力系数，h_i 为时段 i 的发电水头，O_i 为时段 i 的出库流量，$f(h_i)$ 为机组的出力限制线。

约束条件为

$$V_{i+1}=V_i+(I_i-O_i)\Delta t-e_i\ \ (i=1,2,\cdots,n) \tag{9.13}$$

$$\underline{O}_i\leqslant O_i\leqslant \bar{O}_i\ \ (i=1,2,\cdots,n) \tag{9.14}$$

$$\underline{V}_i\leqslant V_i\leqslant \bar{V}_i\ \ (i=1,2,\cdots,n) \tag{9.15}$$

式中：I_i 为第 i 时段的入库流量；O_i 介于最小值 $\underline{O}_i$ 和最大值 $\bar{O}_i$ 之间；V_i 为时段 i 的水库库容，介于最小值 $\underline{V}_i$ 和最大值 $\bar{V}_i$ 之间；e_i 为 i 时段的蒸发、渗漏等损失（本节忽略不计）。

传统最优调度方法只寻求使目标函数达到最大值 E^* 的调度轨迹，本节定义近似最优解为使目标函数满足 $E\geqslant E^*(1-\varepsilon)$ 的所有解，其中 $\varepsilon(0\leqslant\varepsilon\leqslant 1)$ 为一允许误差值。需要指出的是，水库调度中全局最优解往往不易获得，这里定义 E^* 为能得到的最优解（可采用动态规划法获得）；推求近似最优解之前需确定最优解 E^*。

9.3.2 近似最短路径算法

1. 最短路径模型

上述优化问题可采用动态规划法求解，即采用如下递推方程：

$$E_{i+1}^*(V_{i+1})=\max\{E_i+E_i^*(V_i)\} \tag{9.16}$$

式中：$E_i^*(V_i)$ 为从开始状态 V_0 到中间状态 V_i 的累积最优目标函数值。

在动态规划的具体计算中（图 9.4），由于难以精确估计累积最优目标函数值 $E_i^*(V_i)$，需离散水库状态：将阶段 i 的水库库容离散成 m 个值 $V_{i,j}(j=1,2,\cdots,m)$，这样可以方便地计算 $E_i^*(V_{i,j})$，并采用式（9.16）进行递推。如果将从状态 $V_{i-1,j}$ 到状态 $V_{i,k}$ 的路径长度定义为 $-N_{i-1}\Delta t$，那么动态规划与最短路径模型具有等价性：寻求水库调度最优解等价为在图 9.4 中寻找从初始状态到结束状态的最短路径；寻求水库调度近似最优解等价为在图 9.4 寻找近似最短路径。因此，可将近似最短路径算法引入水库调度中。

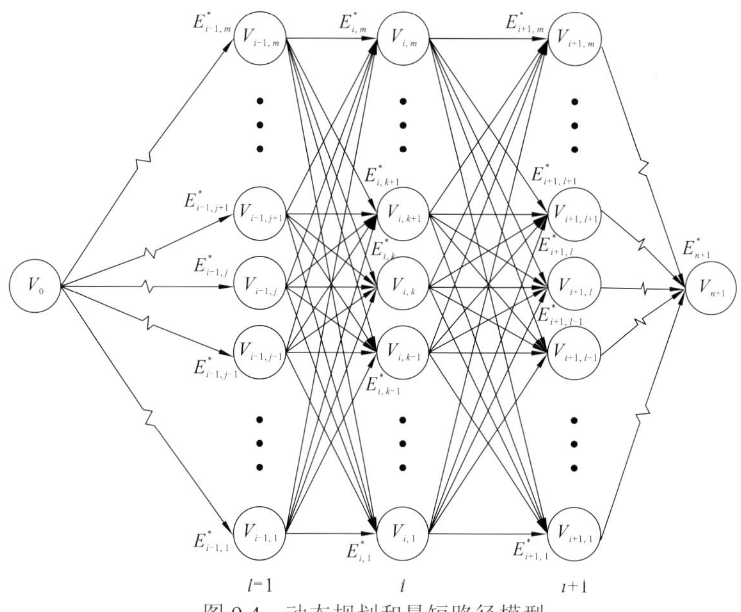

图 9.4　动态规划和最短路径模型

2. 算法步骤

近似最短路径问题，即寻求长度不超过$1+\varepsilon$倍最短路径长度的所有路径，其中$\varepsilon(0\leqslant\varepsilon\leqslant1)$为给定的误差水平。与近似最短路径问题相比，前 K 条最短路径问题（寻找从起点到终点的前 K 条最短路径）受到了广泛的关注和研究，但这两个问题本质相同，因此可以相互转化。前 K 条最短路径问题可为决策提供更多的选择，应用广泛。求解前 K 条最短路径问题的方法有 Yen 方法及其扩展[11]、模型预测控制方法和 Eppstein 方法等，这些方法的复杂度都与近似最优解个数 K 呈线性增长关系。

上述前 K 条最短路径算法和近似最短路径算法[9-13]均可用来推求水库调度的近似最优解。由于ε描述了允许接受的误差水平，故这里采用类似于近似最短路径问题的方法定义近似最优解，这样可以更直观地表述近似最优解问题。

近似最短路径算法可在动态规划的回溯中采用如下不等式：

$$L(V_{i-1,j})+c(V_{i-1,j},V_{i,k})+d'(V_{i,k})\leqslant(1+\varepsilon)L_{\min} \tag{9.17}$$

式中：$c(V_{i-1,j},V_{i,k})$为$V_{i-1,j}$到$V_{i,k}$的边长，等价于水库调度中的$-N_{i-1}\Delta t$；$L(V_{i-1,j})$为从V_0到$V_{i-1,j}$的最短路径，等价于$-E_{i-1}^*(V_{i-1,j})$；$d'(V_{i,k})$为当前回溯路径（从$V_{i,k}$到结束节点V_{n+1}）长度；$L_{\min}$为从开始节点V_0到结束节点V_{n+1}的最短路径，等价于$-E^*$。$-E_{i-1}^*(V_{i-1,j})$和$-E^*$能预先采用最短路径算法得到。

在当前路径为$V_0-V_{i-1,j}$时，该算法根据式（9.17），选择节点$V_{i,k}$，沿着$(V_{i-1,j},V_{i,k})$向前搜索。显然，该算法需要枚举所有的从开始节点到结束节点的路径，计算复杂度很大。

本节综合现有算法，采用如下步骤推求近似最短路径和近似最优解。

（1）对于所有的相邻节点对$V_{i-1,j}$和$V_{i,k}$，$\delta(V_{i-1,j},V_{i,k})$用来描述通过$(V_{i-1,j},V_{i,k})$到达$V_{i,k}$，与采用最短路径相比，损失为

$$\delta(V_{i-1,j},V_{i,k})=c(V_{i-1,j},V_{i,k})+L(V_{i-1,j})-L(V_{i,k}) \tag{9.18}$$

其中，$L(V_{i-1,j})$和$L(V_{i,k})$可以采用经典的动态规划法计算得出。显然，如果$\delta(V_{i-1,j},V_{i,k})>\varepsilon E^*$，那么通过$(V_{i-1,j},V_{i,k})$的路径不可能属于近似最短路径。

（2）在当前路径为V_0-V_{n+1}时，枚举所有的$V_{i,k}$节点，当式（9.19）成立时延长路径$(V_{i-1,j},V_{i,k})$：

$$\delta(V_{i-1,j},V_{i,k})+e(V_{i-1,j})\leqslant \varepsilon L_{\min} \tag{9.19}$$

其中，$e(V_{i-1,j})$为子路径$(V_0,V_{1,j_1},V_{2,j_2},\cdots,V_{i-2,j_{i-2}},V_{i-1,j})$的累积损失，计算公式为

$$e(V_{i-1,j})=\delta(V_0,V_{1,j_1})+\delta(V_{1,j_1},V_{2,j_2})+\cdots+\delta(V_{i-2,j_{i-2}},V_{i-1,j}) \tag{9.20}$$

（3）重复步骤（2）直到所有的始末路径枚举完毕，输出结果。

上述算法的计算复杂度与近似最优解个数K呈线性增长关系[14-17]。需要指出的是，一些动态规划的改进算法，如离散微分动态规划，难以直接应用到近似最短路径的求解中。

9.3.3 近似最优调度域

如果水库调度为连续目标函数，所有的近似最优解可能形成一个调度区间，这里称为近似最优调度域，即所有近似最优解的上下边界。其物理意义如下：水库在近似最优调度域内调度运行不一定能获得近似最优调度策略；一旦超出了这个边界，则一定无法获得满足$E\geqslant E^*(1-\varepsilon)$的目标值（近似最优解）。

可采用如下方法推求水库近似最优调度域。

（1）在回溯过程中，如果阶段i的节点$k(V_{i,k})$满足式（9.21），那么将k保存到链表$D_{1,i}$中。

$$\delta^*(V_{i+1,l})+c(V_{i,k},V_{i+1,l})+E_i^*(V_{i,k})\geqslant(1-\varepsilon)E^* \tag{9.21}$$

其中，$\delta^*(V_{i,k})$为从结束节点V_{n+1}到当前节点$V_{i,k}$的最大目标值，计算公式为

$$\delta^*(V_{i,k})=\max_{l\in D_{1,i+1}}\{\delta^*(V_{i+1,l})+c(V_{i,k},V_{i+1,l})\} \tag{9.22}$$

设置初始条件$\delta^*(V_{n+1})=0$。

（2）从V_{n+1}到V_0重复步骤（1）。任意时刻i的近似最优调度域的上、下界为$D_{1,i}$的最大值和最小值：

$$\begin{cases}L_{\mathrm{p},i}=\min\limits_{l\in D_{1,i}}\{V_{i,l}\}\\ U_{\mathrm{p},i}=\max\limits_{l\in D_{D_{1,i}}}\{V_{i,l}\}\end{cases}\quad(i=1,2,\cdots,n) \tag{9.23}$$

水库近似最优调度域算法的最大复杂度为$O[(n-1)m^2+2m]$，其中m为离散个数。可见，求解水库近似最优调度域与传统动态规划推求最优解的算法复杂度相当。

9.3.4　实例研究

1. 三峡水库

三峡水库是一个具有防洪、发电、航运等多项综合效益，世界上最大的水利水电工程，其水电站单机容量、总装机容量、年发电量均居世界第一。三峡水库属于季调节或不完全年调节水库，调度涉及枯季补水、汛期防洪等多方面的需求。开展三峡水库优化调度，社会经济效益显著。根据三峡水库 1882～2003 年径流系列资料，选取了三个代表年：1965 年为丰水年，1895 年为平水年，1995 年为枯水年。每次优化计算仅针对一个代表年，计算时段长度取旬。

2. 近似最优解

采用上述算法，给定误差水平，得到各代表年的多个近似最优解。列出 1895 年的几个近似最优解，如图 9.5 所示，其最优解为 893.4×10^8 kW·h，相应的目标函数值也列在图中，可以看出调度轨迹虽然不同，但调度运行的目标函数值基本相同，说明近似最优解客观存在。

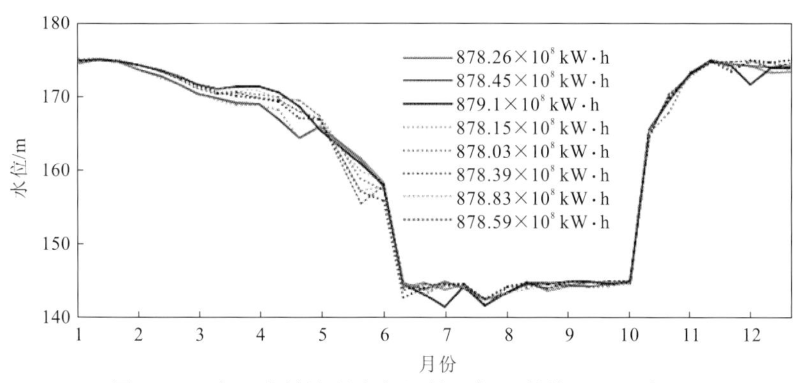

图 9.5　8 条调度轨迹具有相近的目标函数值（1895 年）

表 9.4 给出了当误差为 0.01%时，取不同离散个数离散水库库容，得到的近似最优解个数和相应的计算时间。由表 9.4 可以得出如下结论。

表 9.4　误差为 0.01%时三个代表年的近似最优解个数、计算时间与离散个数之间的关系

年份	离散个数	近似最优解个数	寻求最优解时间/s	寻求近似最优解时间/s	比例/%
1965（丰水年）	50	131	0.19	0.00	0.00
	100	2 764	0.70	0.02	2.17
	150	52 051	1.58	0.09	5.61
	200	999 525	2.83	1.52	34.89
	250	6 025 521	4.42	9.89	69.10
	300	109 783 140	6.28	166.00	96.35
	350	288 274 501	8.50	494.80	98.31

续表

年份	离散个数	近似最优解个数	寻求最优解时间/s	寻求近似最优解时间/s	比例/%
1895（平水年）	50	119	0.14	0.00	0.00
	100	3 766	0.69	0.02	2.22
	150	120 936	1.58	0.20	9.40
	200	1 093 981	2.81	1.81	39.19
	250	9 326 475	4.36	16.88	79.47
	300	81 866 843	6.31	139.62	95.67
	350	751 253 964	8.61	1 395.55	99.39
1995（枯水年）	50	74	0.20	0.00	0.00
	100	5 703	0.80	0.02	1.92
	150	62 966	1.84	0.13	6.35
	200	981 740	2.91	1.77	37.79
	250	8 978 185	5.09	16.70	76.63
	300	63 383 828	6.52	112.28	94.52
	350	494 629 101	9.03	880.61	98.98

（1）随着离散个数的增加，近似最优解个数增加较快，近似为指数增长关系。

（2）计算时间也近似指数增长。

（3）将寻求最优解和近似最优解的时间对比发现：当离散个数不大时，取决于寻求最优解的时间；反之，则取决于寻求近似最优解的时间。

同样，随着误差水平的提高，近似最优解个数和计算时间也为指数增长关系；随着时段个数的增加，近似最优解个数和计算时间也为指数增长关系。

因此，近似最优解的算法复杂度依赖于离散个数、误差水平及计算时段个数等。前 K 条最短路径问题的复杂度为 $O(K+p_0+q_0\lg q_0)$（其中 K 为近似最短路径条数，p_0 和 q_0 分别为节点与边的条数），这是目前复杂度最低的算法。由于近似最优解的个数与离散个数、误差水平及计算时段个数均呈指数增长关系，故计算时间也呈指数增长。

3. 近似最优调度域

采用近似最优调度域方法，求得各代表年的近似最优调度域，平水年结果如图 9.6 所示。由图 9.6 可以得出如下结论。

（1）误差越大，得到的近似最优调度域范围越宽。

（2）水库汛前清空库容和汛末蓄水的调度域宽度很窄，说明此时调度非常关键，属于关键调度时期，这一点与调度经验相符。

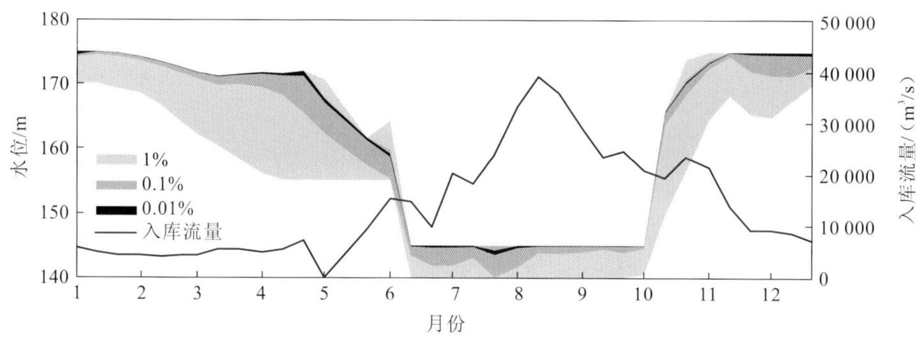

图 9.6 平水年（1895 年）的近似最优调度域

（3）近似最优调度域可以提供多个决策，可为多目标决策提供依据。例如，汛期为满足防洪要求，运行水位越低越好。根据近似最优调度域，可将汛期的运行水位适当降低，这样损失的电量不多，但可大幅度地提高防洪效益。图 9.7 给出了发电损失与洪水风险率的关系，如将 7 月上旬的水位降低到 142 m 左右，可在损失发电量 0.3%的条件下，将 1 000 年一遇洪水风险率降低到 0.04%。因此，近似最优解方法可提供多个备选，为多目标决策提供了另一条途径。

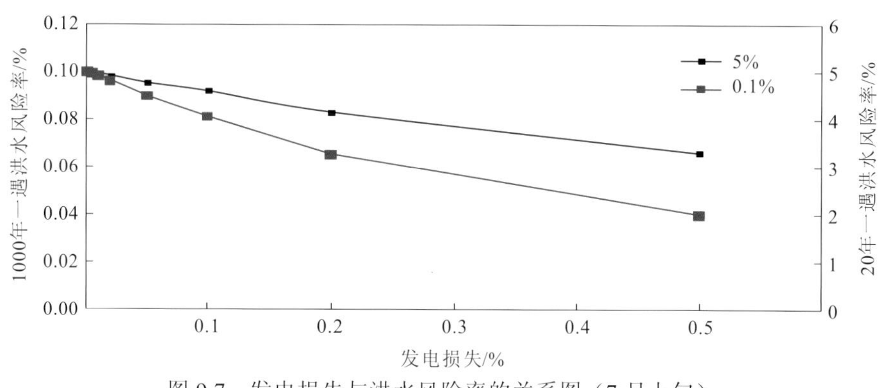

图 9.7 发电损失与洪水风险率的关系图（7 月上旬）

9.3.5 小结

本节给出了确定性水库优化调度中近似最优解的定义，将近似最短路径算法引入寻求近似最优解问题中，并提出了一种寻求水库近似最优调度域的方法。以三峡水库为研究实例，可得到如下结论。

（1）近似最优解客观存在。

（2）近似最优解可为调度决策提供更多的选择余地，为多目标决策提供依据。

（3）近似最优解可用来分析调度决策的敏感程度和关键调度时期。

9.4 水库最优调度区间

9.4.1 隐随机优化调度与水文模型的类比

自 Young[18]提出水库隐随机优化调度规则提取方法以来，Karamouz 和 Houck[19]证明拟合最优调度轨迹最好的调度规则不一定效率高，Koutsoyiannis 和 Economou[20]提出了基于模拟的优化算法；随着以 GA 为代表的智能算法在求解复杂优化问题方面灵活性和通用性的提高，基于模拟的优化算法已成为推求隐随机优化调度规则的标准方法[21]。

流域水文模型与水库优化调度问题颇具相似之处：目标函数是多极值的；模型中包含的参数（在水库调度中是调度轨迹或调度规则参数）之间存在相互补偿作用；模型参数具有随机性。本节拟借鉴水文模型中的“异参同效”分析技术，将隐随机优化调度规则推求问题中的调度规则参数视为具有概率分布特征的参数，将调度目标函数值视为似然函数，采用基于贝叶斯理论的不确定性分析技术，研究水库调度中的“异轨同效”现象，即多个最优调度轨迹的等效性问题，从而估计最优调度区间。

如图 9.8 所示，将水库调度规则形式视为模型，调度规则参数视为参数，调度目标函数视为似然函数，用通用似然不确定性估计（generalized likelihood uncertainty estimation，GLUE）法和马尔可夫链蒙特卡罗（Markov chain Monte Carlo，MCMC）法[21]等不确定性分析方法代替传统的优化方法，研究参数的后验概率分布，进而根据模拟调度进一步估计最优调度轨迹的区间分布。也就是说，认为各种调度规则参数均具有可行性与可能性，只是概率分布不同而已。评价最优调度区间内可行轨迹的调度效率，从而可以验证区间估计的合理性。

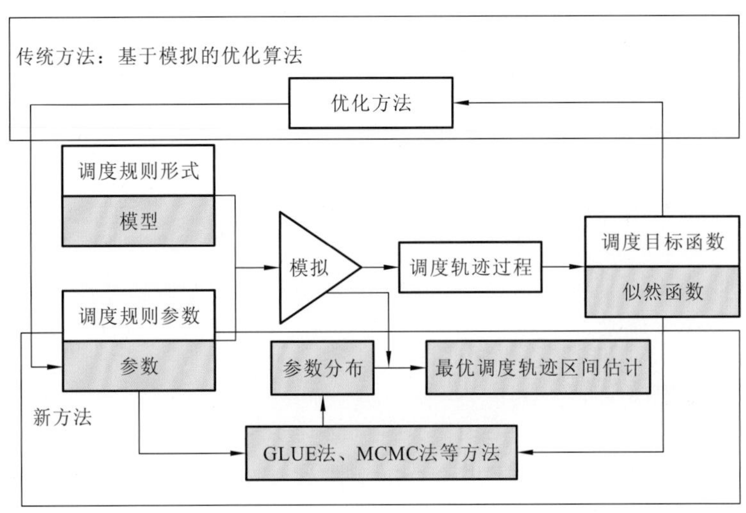

图 9.8 隐随机优化调度规则推求问题的传统方法与不确定性分析方法

9.4.2　基于贝叶斯理论的不确定性分析技术

贝叶斯理论在洪水预报和水文模型、水文分析计算及水环境等领域应用广泛。进行“异参同效”不确定性分析的方法很多，国际水文科学协会通过 Workshop 的方式，在全世界范围内探讨环境科学中的不确定性分析方法。

1. 伪贝叶斯方法

GLUE 法是目前最常用的不确定性估计的经验频率方法[22]，它的原理与步骤如下。

（1）假设水库调度目标函数中参数的先验分布是均匀分布，通过随机模拟取样方法生成一定数目的可行参数组。

（2）输入资料，利用模拟模型，计算各参数组对应的似然函数值（目标函数值）。以最优调度目标函数值的 α_G 倍为阈值（α_G 为 0～1 内的随机数），对于似然函数值低于该阈值的参数组，令其相应的似然函数值为 0；对于高于该阈值的参数组，按照似然函数值由高到低排序，设第 i 组参数组对应的似然函数值为 F_i，则它的权重为 $\dfrac{F_i}{\sum F_i}$。

（3）这些具有权重的参数组就是参数的后验分布，取其经验分布即可估计区间的分布。

2. 贝叶斯统计推断方法

常用的改进方法有基于自适应采样算法的马尔可夫链蒙特卡罗（adaptive Metropolis-Markov chain Monte Carlo，AM-MCMC）法[23]，可以不用给定参数的先验分布，步骤如下。

（1）设水库调度规则有 n_p 个参数，随机生成 i 组（如 $i=100$）矢量参数组 $\boldsymbol{\theta}_k\,(k=1,2,\cdots,i)$，计算相应的调度目标函数值。

（2）利用式（9.24）计算矢量参数组样本的协方差矩阵：

$$\boldsymbol{C}_i = s_n \mathrm{Cov}(\boldsymbol{\theta}_1,\boldsymbol{\theta}_2,\cdots,\boldsymbol{\theta}_i) + s_n \xi_p \boldsymbol{I} \tag{9.24}$$

其中，$s_n = \dfrac{2.4^2}{n_p}$，$\boldsymbol{I}$ 为 n_p 维单位矩阵，ξ_p 为 0.01～0.1 内的随机数。

（3）生成新的矢量参数组样本 $\boldsymbol{\theta}_{i+1} \sim N(\boldsymbol{\theta}_i, \boldsymbol{C}_i)$，$N(\cdot)$ 代表多维正态分布。

（4）将新的矢量参数组 $\boldsymbol{\theta}_{i+1}$ 样本代入模拟模型进行计算，得到目标函数值 F_{i+1}。

（5）计算接受的概率 $P_\beta = \min\left\{1, \dfrac{F_{i+1}}{F_i}\right\}$。

（6）产生 0～1 内的随机数 α_r，如果 $\alpha_r < P_\beta$，则 $\boldsymbol{\theta}_{i+1} = \boldsymbol{\theta}_{i+1}$，否则 $\boldsymbol{\theta}_{i+1} = \boldsymbol{\theta}_i$。

（7）$i=i+1$，重复步骤（2）～（6），直到生成足够的矢量参数组（如 5000）为止。

（8）这些矢量参数组就是参数的后验分布，取其经验分布估计调度轨迹区间的分布。

9.4.3 最优调度决策估计

采用隐随机优化调度方法开展三峡水库中长期调度，采用简单的线性调度规则，即

$$R_t = a_t(V_t + I_t) + b_t \tag{9.25}$$

式中：a_t和b_t为水库调度规则参数。

图 9.9 基于确定性最优调度轨迹，论证了该简单的线性调度规则对三峡水库旬调度的合理性。

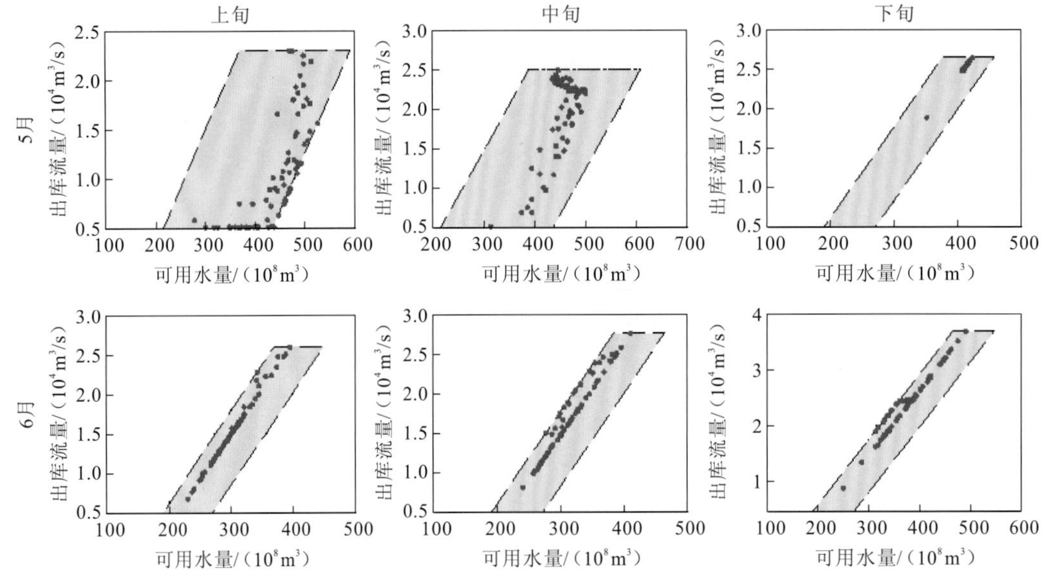

图 9.9 基于确定性最优调度轨迹的出库流量与可用水量的关系图

为获得最优调度规则，一般通过 SBO 方法确定水库调度规则参数a_t和b_t，在这里分析其不确定性。

首先随机生成一些参数组，然后计算相应的年均发电量指标，绘制图形，如图 9.10 所示。可以看出，参数存在一定的聚类，即存在等效性，为“异轨同效”提供了理论基础。

基于模拟仿真，采用不确定性分析技术，最终得到了参数估计与最优调度决策估计，如图 9.11 所示。可以看出，相对于单一调度决策，不确定分析指出，调度不一定要严格地控制水库水位在 170 m 左右。

对各旬参数绘制箱图，如图 9.12 所示。由图 9.12 可知，在汛前消落期和汛末蓄水期，参数不确定性较大，说明该段时间参数具有较大的不确定性，是关键调度时期。

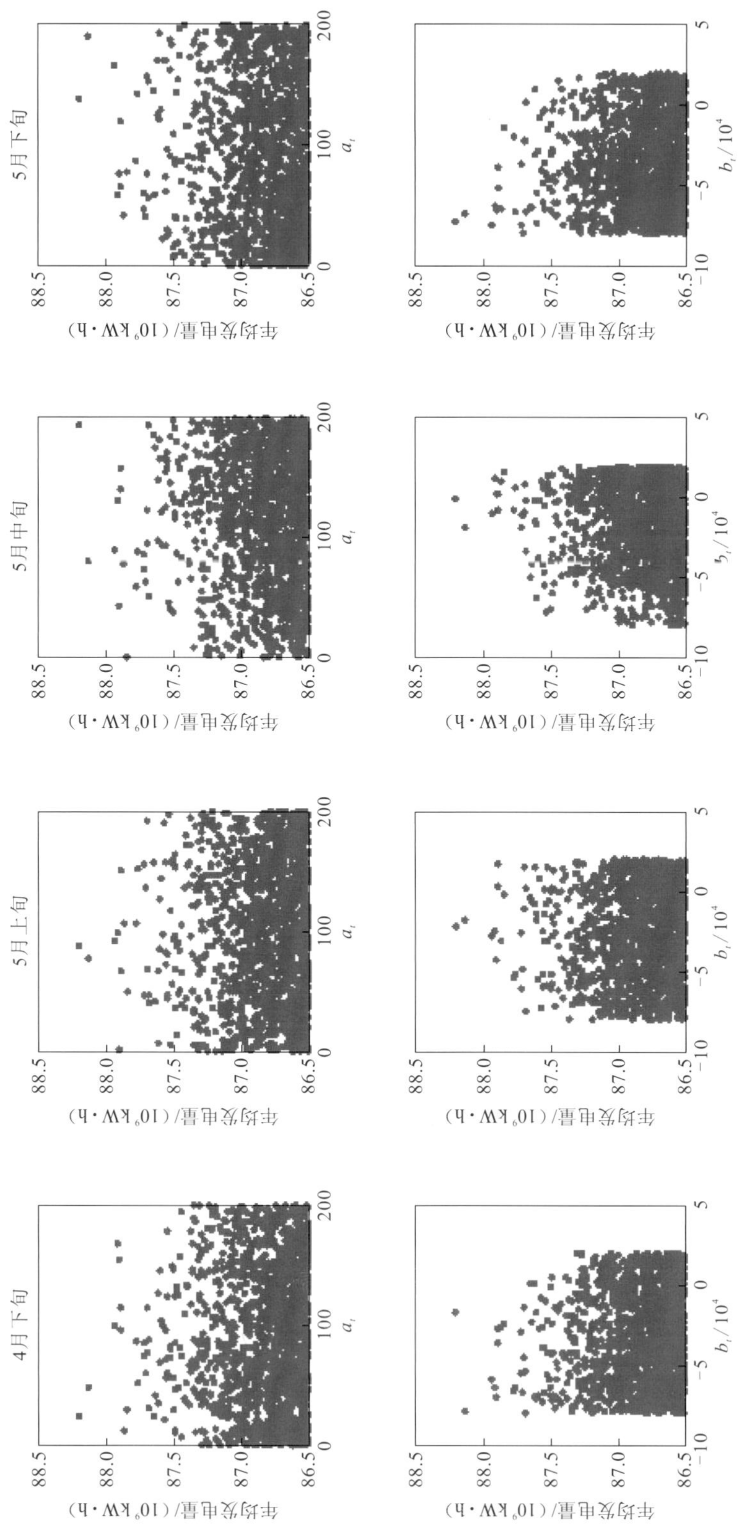

图 9.10　隐随机优化调度参数的等效性

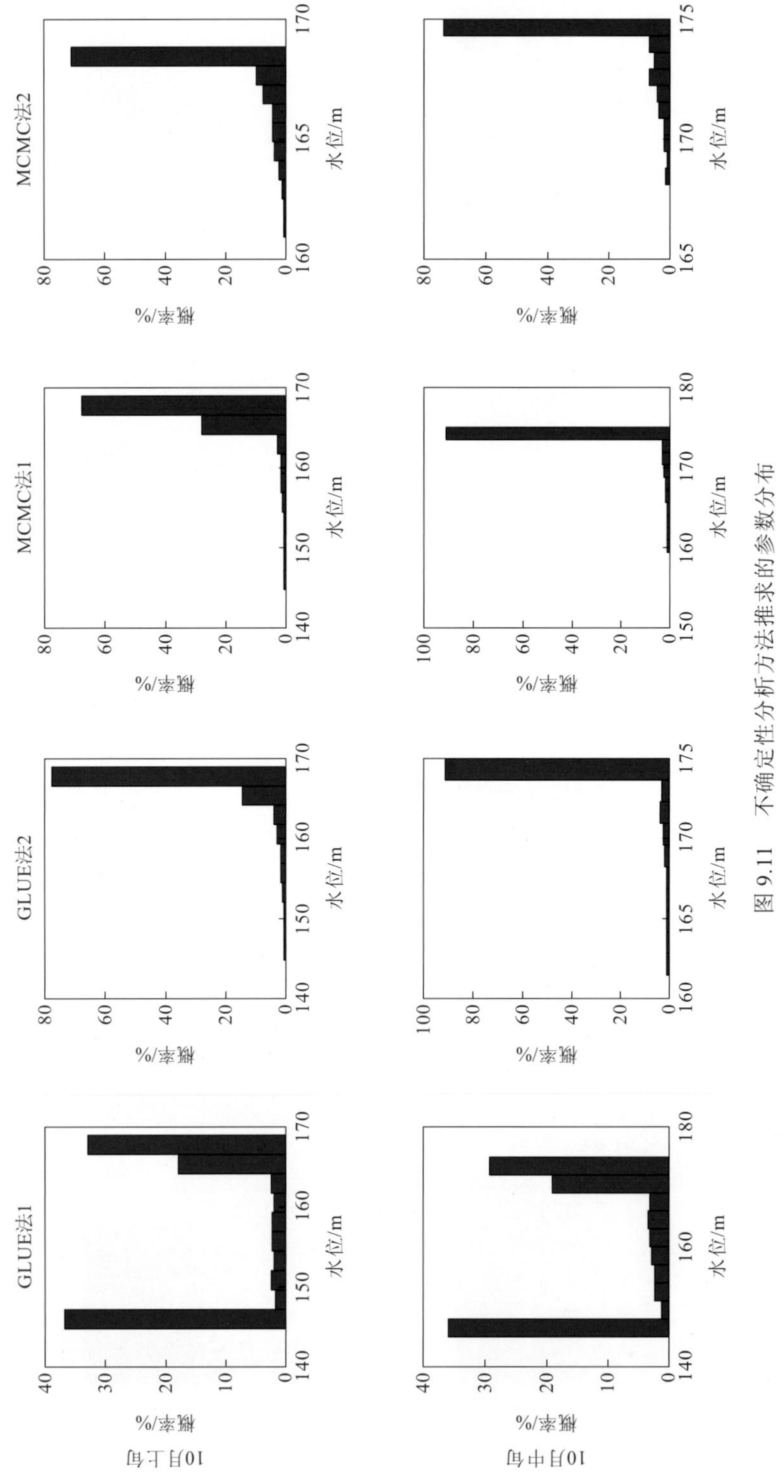

图 9.11　不确定性分析方法推求的参数分布

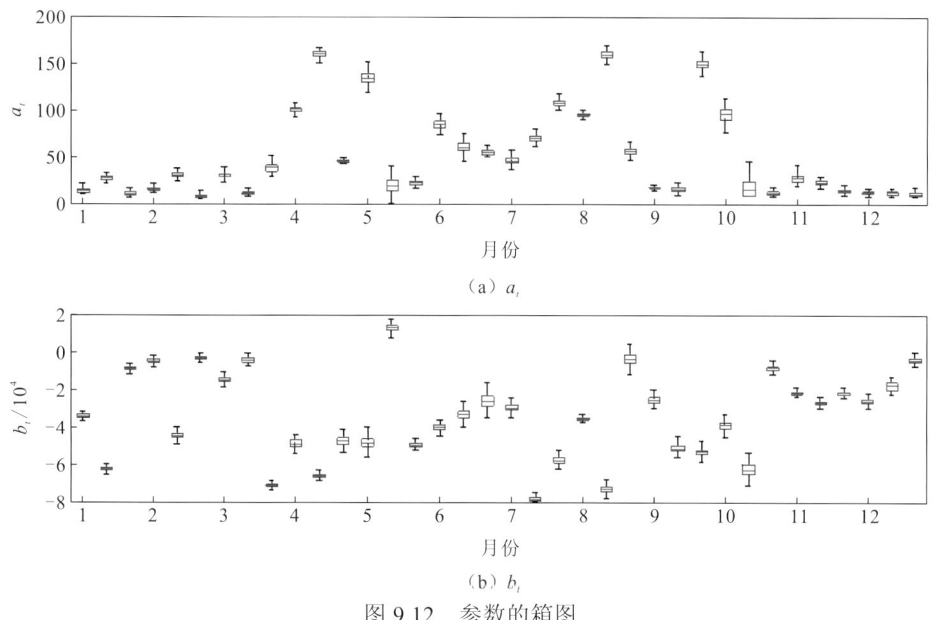

图 9.12　参数的箱图

根据不确定性分析得出最优决策，如图 9.13 所示。由图 9.13 可知，经不确定性分析后的中值更接近确定性最优结果，从而证实了水库不确定性调度的潜在实用性。

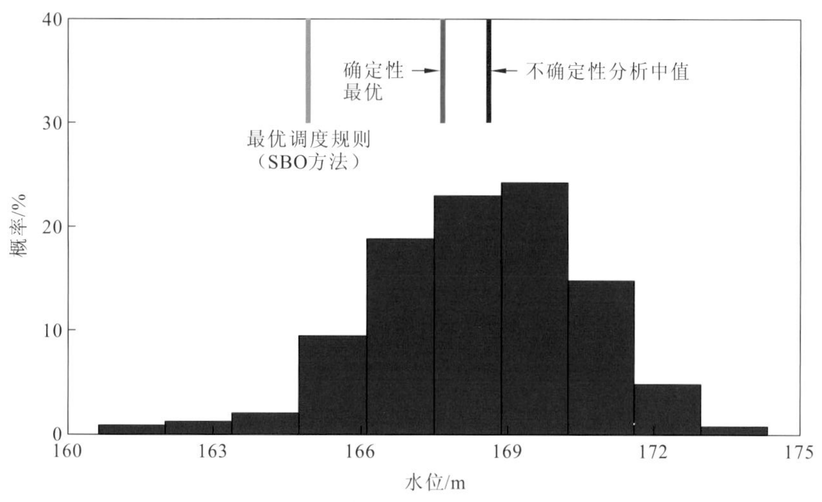

图 9.13　不确定性分析指导水库调度

9.5 本章小结

本章针对确定性水库优化调度问题，引入近似最短路径算法，寻求优化调度的近似最优解，从而证实“异轨同效”现象存在的可能性。借鉴流域水文模型的“异参同效”研究成果，视隐随机优化调度问题中的调度规则参数为具有概率分布特征的参数，视调度目标函数值为似然函数，采用贝叶斯方法估计最优调度轨迹的区间分布，开展水库调度中最优调度轨迹的等效性研究。研究结果表明，进行水库优化调度的“异轨同效”研究，可以估计最优调度轨迹区间，从而将传统调度的单点决策转变为区间决策，更符合调度操作实际。本章的主要结论如下。

（1）对动态规划法进行改进，寻求确定性水库优化调度的多重解（多个最优解），从而证实“异轨同效”现象的存在性，为理论研究提供依据。具体为对水电站经济运行的算法改进。

（2）提出了近似最优调度域的概念，并给出了基于动态规划原理的算法，为寻求近似最优调度域提供了较小的搜索区间；给出了近似最优解的定义，提出了寻求近似最优解的近似最短路径算法，改进以种群为单位的 GA 及 MCMC 法，为寻求近似最优解提供了实现途径。

（3）开展了水库调度的相关研究，研究了基于 SBO 方法的梯级水库调度图，为隐随机优化调度规则分析提供了基石；建立寻求最优调度轨迹或最优调度规则的模拟模型，采用 GLUE 法、MCMC 法等不确定性分析方法推求最优调度轨迹的区间分布。

参考文献

[1] YEH W W G. Reservoir management and operations models: A state-of-the-art review[J]. Water resources research, 1985, 21(12): 1797-1818.

[2] LABADIE J. Optimal operation of multireservoir systems: State-of-the-art review[J]. Journal of water resources planning and management, 2004, 130(2): 93-111.

[3] LIU P, CAI X, GUO S. Deriving multiple near-optimal solutions to deterministic reservoir operation problems[J]. Water resources research, 2011, 47(8): 1-20.

[4] 叶秉如，董增川，许静仪，等. 线性规划问题的多重解及其寻求[J]. 河海大学学报(自然科学版), 2005, 33(2): 224-231.

[5] 刘攀，郭生练，张越华，等. 水电站机组间最优负荷分配问题的多重解研究[J]. 水利学报，2010, 41(5): 601-607.

[6] 张勇传. 系统辨识及其在水电能源中的应用[M]. 武汉：湖北科技出版社, 2008.

[7] VRUGT J A, GUPTA H V, BOUTEN W, et al. A shuffled complex evolution Metropolis algorithm for optimization and uncertain assessment of hydrologic model parameters[J]. Water resources research, 2003, 39(8): 1-18.

[8] YAKOWITZ S. Dynamic programming applications in water resources[J]. Water resources research, 1982, 18(4): 673-696.

[9] 刘攀，郭生练，李玮，等. 遗传算法在水库调度中的应用综述[J]. 水利水电科技进展，2006, 26(4): 78-83.

[10] LIU P, CHEN G. Parameter uncertainty analysis of reservoir operating rules for implicit stochastic optimization[J]. Water resources research, 2014, 514 : 102-113.

[11] YEN J Y. Finding the *k* shortest loopless paths in a network[J]. Management science, 1971, 18(17): 712-716.

[12] EPPSTEIN D. Finding the *k* shortest paths[J]. SIAM journal on computing, 1998, 28(2): 652-673.

[13] CARLYLE W M, WOOD R K. Near-shortest and k-shortest simple paths[J]. Networks, 2005, 46(2): 98-109.

[14] HERSHBERGER J, SURI S, BHOSLE A. On the difficulty of some shortest path problems[J]. ACM transitions on algorithms, 2007, 3(1): 1-15.

[15] BYERS T H, WATERMAN M S. Determining all optimal and near-optimal solutions when solving shortest path problems by dynamic programming[J]. Operation research, 1984, 32(6): 1381-1384.

[16] MARTINS E Q V, PASCOAL M M B, SANTOS J L E. Deviation algorithms for ranking shortest paths[J]. International journal of foundations of computer science, 1999, 10(3): 247-262.

[17] 高松, 陆锋. K 则最短路径算法效率与精度评估[J]. 中国图象图形学报, 2009, 14(8): 1678-1683.

[18] YOUNG G K. Finding reservoir operating rules[J]. Journal of hydraulics division, 1967, 93(6): 297-321.

[19] KARAMOUZ M, HOUCK M. Annual and monthly reservoir operating rules generated by deterministic optimization[J]. Water resources research, 1982, 18(5): 1337-1344.

[20] KOUTSOYIANNIS D, ECONOMOU A. Evaluation of the parameterization-simulation-optimization approach for the control of reservoir systems[J]. Water resources research, 2003, 39(6): 1170.

[21] REIS D S, STEDINGER J R. Bayesian MCMC flood frequency analysis with historical information[J]. Journal of hydrology, 2005, 313: 97-116.

[22] BEVEN K, FREER J. Equifinality, data assimilation, and uncertainty estimation in mechanistic modeling of complex environmental systems using the GLUE methodology[J]. Journal of hydrology, 2001, 249: 11-29.

[23] 邢贞相, 芮孝芳, 崔海燕, 等. 基于 AM-MCMC 算法的贝叶斯概率洪水预报模型[J]. 水利学报, 2007, 38(12): 1500-1506.

第 10 章

水库调度规则结构不确定性分析

10.1 引　言

水库是人类重新分配水资源时空分布的重要手段，担负着防洪、发电、航运、供水等多方面的任务，成为促进社会文明进步的重要设施之一。水库调度技术是实现水库正常运行的必备手段之一。采用水库优化调度，并经济地运行、管理水库，具有投资少、效益大、需求高及前景广等优点[1-4]。

洪水灾害是我国最严重的自然灾害之一，水库防洪调度是解决洪涝灾害的重要措施。水库防洪调度根据调度原理和方法可以分为常规调度与优化调度，常规调度简单直观，优化调度建立水库防洪调度的目标函数，并拟定约束条件，然后借助最优化方法求解模型[5-9]。常用的模型求解方法有动态规划法[10]、离散微分动态规划[11]、逐次优化算法[12]等，但这些方法都存在结构复杂、求解困难等缺点。对于水库优化调度问题，常将调度函数（如线性函数、神经网络、模糊方法、决策树等）和调度图等水库调度规则形式作为水库调度规则，但这些形式以经验为主，理论依据薄弱，特别是对于水库群调度尚无通用的调度规则形式[13-21]。因此，研究水库调度规则形式来解决水库调度规则的不确定性，是国内外水库调度研究的重点和难点问题。贝叶斯模型平均（Bayesian model averaging，BMA）方法能够有效地降低模型的不确定性[22-25]，得到较稳健的输出，被广泛用于集合水文预报领域。本章将 BMA 方法应用于水库调度规则的提取领域，用来产生比单一水库调度规则形式表现更稳健的调度规则。

10.2 研究方法

BMA 方法调度规则的提取框架如图 10.1 所示，主要包括以下三大块。

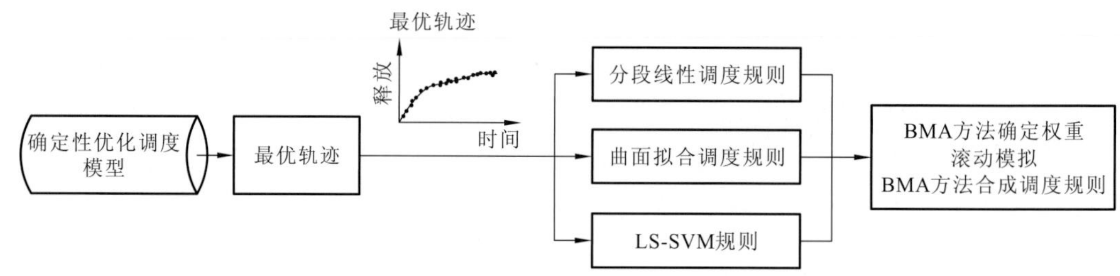

图 10.1　BMA 方法调度规则的提取框架图

（1）确定性优化调度模型的建立。

确定目标函数和约束条件后，采用简化二维动态规划（two-dimensional dynamic programming，TDDP）方法进行求解，从而得到最优调度轨迹，并将其作为后面提取水库调度规则的参考。

（2）提取三种单一的水库调度规则。

基于最优轨迹，分别提取单一水库调度规则，包括分段线性调度规则、曲面拟合调度规则[13,19]和最小二乘法支持向量机（least squares-support vector machine，LS-SVM）规则[26-29]。

（3）BMA 方法调度规则的提取。

基于三种单一的水库调度规则，使用 BMA 方法分别计算单一水库调度规则的权重，再进行滚动模拟，从而可以得到 BMA 方法合成的调度规则。

10.2.1　确定性优化调度

1. 确定性优化调度模型

已知入库洪水过程、区间入流过程、水库防洪库容、溢洪道泄洪能力及下游安全泄量等，采用最大防洪安全保证准则（下泄流量控制模式），在满足下游防洪控制断面安全泄量的条件下，尽可能多地下泄，从而留出更大的防洪库容，以备调蓄后续可能发生的大洪水。其等价目标函数为

$$Z_{\mathrm{m}}^{*} \Leftrightarrow \min\left\{\sum_{t=1}^{T}\{V(t)+[I(t)-O(t)]\Delta t\}^{2}\right\} \tag{10.1}$$

式中：Z_{m}^{*} 为水库最高水位最低值；$V(t)$ 为 t 时刻水库库容；$I(t)$ 为 t 时刻水库入库流量；$O(t)$ 为 t 时刻水库出库流量；Δt 为计算时段长度；T 为总调度时段数。

确定性优化调度模型的约束包括水量平衡约束、水库库容约束、下游河道安全泄量约束、水库泄流能力约束、泄量变幅约束及河道汇流约束[30-31]：

$$\frac{I(t)+I(t+1)}{2}\Delta t-\frac{O(t)+O(t+1)}{2}\Delta t=V(t+1)-V(t) \tag{10.2}$$

$$V_{\text{dead}} \leqslant V(t) \leqslant V_{\text{total}} \tag{10.3}$$

$$Q_{z}(t)+I_{\text{in}}(t) \leqslant Q_{S} \tag{10.4}$$

$$O(t) \leqslant O_{\max}(t) \tag{10.5}$$

$$|O(t)-O(t+1)| \leqslant \nabla O \tag{10.6}$$

$$Q_{z}(t)=C_{0}O(t)+C_{1}O(t-1)+C_{2}Q_{z}(t-1) \tag{10.7}$$

式中：V_{dead} 为水库死库容；V_{total} 为水库总库容；$Q_{z}(t)$ 为 t 时刻水库出流演算至下游防洪控制点的流量；$I_{\text{in}}(t)$ 为 t 时刻区间入流；Q_{S} 为保证下游防洪控制点安全的流量；$O_{\max}(t)$ 为 t 时刻水库的下泄能力；$O(t)$ 为水库水位的函数；$|O(t)-O(t+1)|$ 为水库相邻时段下泄流量的变幅；∇O 为变幅容许值；C_{0}、C_{1}、C_{2} 为马斯京根法洪水演进参数。

采用马斯京根法[32-33]进行洪水演算时，防洪控制点的流量不仅与上游水库当前时刻的出库流量有关，还与水库前 N 时段的出库流量有关，导致模型不满足无后效性要求，故不能直接应用动态规划法求解，可采用简化 TDDP 方法进行求解[34]。

2. 简化 TDDP 方法

简化 TDDP 方法与动态规划法相似，从系统状态转移角度，给定系统的初始状态 S_{n}

（水库蓄水量或水位）和当前系统决策 d_n（水库泄流量），系统下一个时刻的状态 S_{n+1} 并不能唯一由 S_n 和 d_n 确定。从一般角度，S_{n+1} 可表示为

$$S_{n+1}=F(S_n,d_n,d_{n-1},\cdots,d_{n+1-m})\quad(n\geqslant m) \tag{10.8}$$

为了满足动态规划递推的无后效性要求，将 $d_n,d_{n-1},\cdots,d_{n+1-m}$ 视为状态变量，形成新的状态变量 $S_n^*=(S_n,d_n,d_{n-1},\cdots,d_{n+1-m})$，有 $S_{n+1}=f(S_n^*,d_n)$，但这种处理方式易导致维数灾，实际上不能求解。

简化 TDDP 方法是根据动态规划法递推计算的结果，即系统默认初始状态 S_0 到 S_n 中间存在唯一一条最优轨迹，以及相应的最优策略 $\{d_{n-1}^*,d_{n-2}^*,\cdots,d_1^*\}$，将前 n 个状态的最优策略看作状态一，将 d_n 看作状态二，其中 d_n 为当前决策，可以看作简化后的二维动态规划，具体形式见图 10.2，这种处理可以降低复杂度，提高精度，关系表达式为

$$S_{n+1}=f(S_n^*,d_n) \tag{10.9}$$

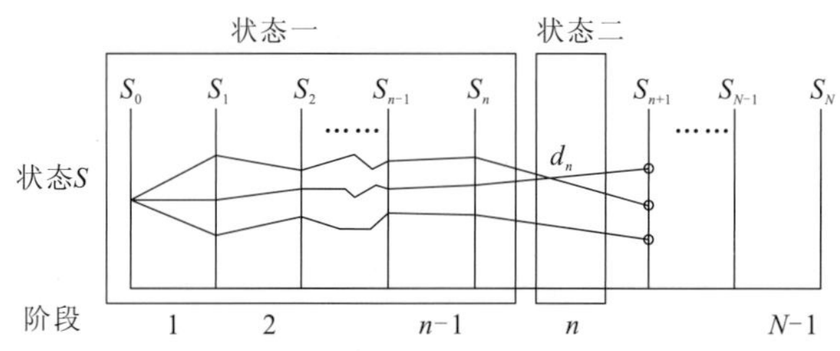

图 10.2　简化 TDDP 方法示意图

简化 TDDP 方法中，边界条件固定水库的始、末状态，以时段为阶段变量，以水库水位为状态变量，以水库泄流量为决策变量，对每个时段的水库水位进行离散。为实现预泄目的，将初始水位设定为低于汛限水位，将末水位设定为汛限水位；给定水库水位的离散步长，当离散步长足够小时，便可得到近似的最优运行策略（最优调度线），按顺时序计算调度过程，并按逆时序算得最优路径，从而输出优化调度后的结果。

求解过程的详细步骤如下。

（1）设定惩罚参数 a'、b'，根据水库库容曲线得到初始库容与终止库容，分别为 $V(1)=V_0$、$V(T)=V_{\mathrm{m}}$。

（2）第一阶段：对初始水位至防洪高水位进行离散，根据各种约束条件依次计算第 $i(i=1,2,\cdots,N)$ 个状态水位对应的时段平均泄流量和水库库容。

（3）任一阶段 $t(t=2,3,\cdots,T-2)$：利用简化 TDDP 思想，将前 $n-1$ 阶段最优路径与当前阶段决策进行组合，形成二维状态变量，再计算 $T-3$ 个阶段对应时段的平均泄流量和水库库容，以动用的防洪库容最小为优化目标进行递推计算。

（4）末阶段：给定水库末水位约束，将第 $T-1$ 阶段水库水位离散后对应的时段平均泄流量和水库库容与末阶段结合，以动用的防洪库容最小为目标值找出第 $T-1$ 阶段对应的最优状态水库水位，再回代计算，可以依次递推出惩罚参数 a'、b'下的最优水库蓄泄过程。

（5）根据所得水库库容过程可以计算出每个阶段的最优水位，并统计水库出库流量、下游防洪控制点断面流量。

10.2.2　单一水库调度规则

1. 分段线性调度规则

分段线性调度函数是对水库的出库流量和预报库容两个变量进行的拟合，预报库容是指当前库容加上预报的 k 个时段的入库流量，计算公式为

$$\widetilde{R_1}(t)=a'V^*(t)+b' \tag{10.10}$$

$$V^*(t)=V(t)+\Delta t\sum_{i=t}^{t+k}I(i) \tag{10.11}$$

式中：$\widetilde{R_1}(t)$ 为出库流量；$V^*(t)$ 为预报库容。

分段线性调度规则的提取包括两个步骤[21,35]：拟合和优化。首先利用确定性优化调度模型得到的最优轨迹，分别得到预报库容和出库流量两个系列的数据，然后拟合确定预报库容和出库流量的一一对应分段线性相关函数关系，相关函数关系的参数可以通过优化算法（如复形调优法[36]）进一步优化，确定最优值[6,21]，最后通过检验期来评判优化后的调度函数。分段线性调度规则提取框架见图 10.3。

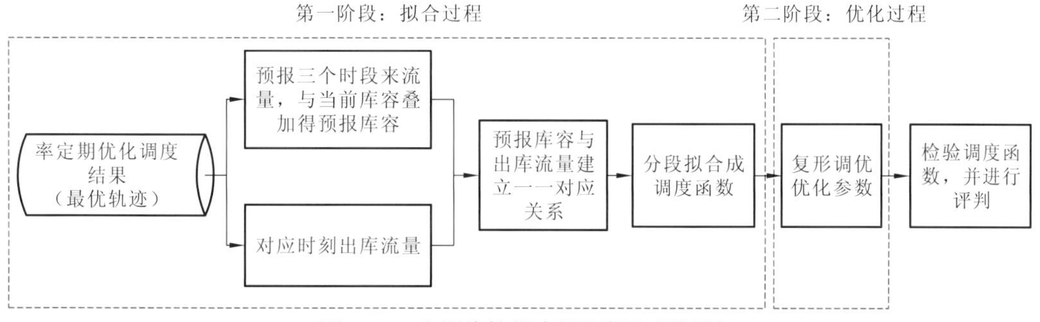

图 10.3　分段线性调度规则提取框架图

2. 曲面拟合调度规则

分段线性调度规则是二维调度规则，它将入库流量和当前库容进行了转化，从而寻找预报库容和出库流量之间的关系。对于曲面拟合调度规则，则需要寻找入库流量、当前库容和出库流量三者之间的关系[13]。同样，基于确定性优化调度模型的最优轨迹，确定入库流量、当前库容和出库流量三个系列的数据，然后通过 MATLAB 里面的 sftool 工具箱进行拟合，从而得到较优的调度规则，公式如下

$$R_2(t)=f[I^*(t),V(t)] \tag{10.12}$$

$$I^*(t)=\sum_{i=t}^{t+k}I(i) \tag{10.13}$$

其中，$R_2(t)$ 为出库流量，$I^*(t)$ 为预报的 k 个时段的入库流量的总和。由于曲面拟合调度规则较复杂，难以用一个简单的显式方程来表示，故曲面拟合调度规则参数不再另外进行优化。曲面拟合调度规则提取框架见图 10.4。

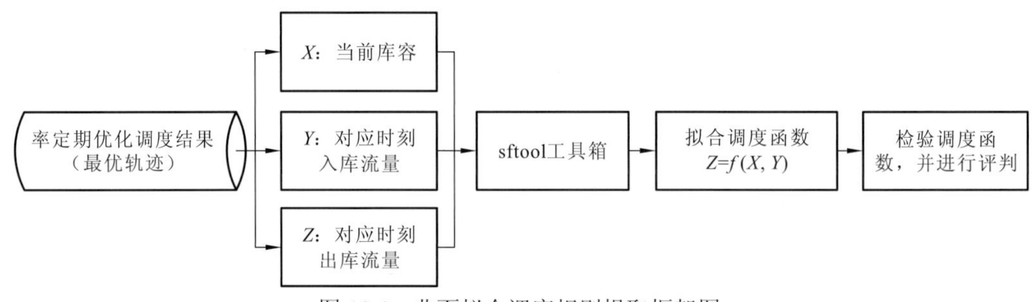

图 10.4　曲面拟合调度规则提取框架图

3. LS-SVM 规则

支持向量机是专门针对小样本学习问题提出的，通过统计学习中的 VC 维理论和结构风险最小化原则实现。从理论上来说，将最优分类面问题转化为求解凸二次规划问题，可以得到全局最优解，较好地解决局部极小点的问题；从技术上来说，由于采用了核函数，巧妙地解决了维数问题，算法复杂度与样本维数无关，非常适合处理非线性问题[37]。几种常用的核函数包括线性核函数、多项式核函数、Gauss 径向基核函数、B-样条核函数、Fourier 核函数等。在实际应用中，可优先考虑以 σ_{G} 为参数的 Gauss 径向基核函数[38-39]，其表达式为

$$K(x,x') = \exp(-\| x - x' \|^2 / \sigma_{\mathrm{G}}^2) \tag{10.14}$$

式中：x，x' 为两个样本；$K(x,x')$ 为关于两个样本的 Gauss 径向基核函数。

Suykens 和 Vandewalle[29]于 1999 年提出了一种新型支持向量机——LS-SVM，其用二次规划方法代替传统的支持向量机来解决函数估计问题。与标准的支持向量机不同的是，LS-SVM 在利用结构风险原则时，在优化目标中选取了不同的损失函数，即误差 ξ_i（允许错分的松弛变量）的二范数。

LS-SVM 用等式约束代替不等式约束，求解过程变成了解一组等式方程，避免了求解耗时的 QP 问题，求解速度相对加快，相对于常用的 ε 不敏感损失函数，LS-SVM 不再需要指定逼近精度 ε。

LS-SVM 的输入包括 k 个时段的入库流量、当前库容，最优轨迹可率定参数，同时参数也可通过交叉验证和网格搜索得到最优值。均方根误差（RMSE）和正态均方根误差（NRMSD）为 LS-SVM 调度函数的评价指标，同时也可以作为评价其他调度函数的指标。

10.2.3　BMA 方法调度规则

BMA 方法是一种利用多模型集合进行概率综合的方法，主要是用来描述模型的不确定性。BMA 方法中各模型的权重是基于各模型的概率密度函数来确定的，也就是各个模型的后验概率[40]。同时，各模型的权重大小也反映了模型的模拟效果，可作为筛选模型的标准。在水文领域，BMA 方法最早被应用于水文预报，水文预报模型多样，通过 BMA 方法，可以得到集合水文预报，效果优于任何单一的水文预报模型。在水库调度规则领域，针对单一水库调度规则存在的不足，想寻找得到一种稳健的综合调度规则，因此将 BMA 方法引入水库调度规则的提取中。

BMA 方法的概率预报计算公式为

$$p(R_k)=\sum_{k=1}^{K}[p(R_k\mid f_k)p(f_k\mid R_0)] \tag{10.15}$$

式中：R_k 为单一水库调度规则 f_k 对应的出库流量；R_0 为确定性优化调度模型确定的最优出库流量；$p(f_k\mid R_0)$ 为单一水库调度规则 f_k 对应的后验概率，也就是单一水库调度规则的权重 w_k，其中 BMA 方法调度规则中权重 w_k 按各单一水库调度规则的准确性划分，单一水库调度规则的出库流量越接近最优调度决策的出库流量数据，该单一水库调度规则的权重就越大，w_k 大于零且 $\sum_{k=1}^{K}w_k=1$；$p(R_k\mid f_k)$ 为给定单一水库调度规则 f_k 后，发生最优调度决策的概率，为先验概率。$f=\{f_1,f_2,\cdots,f_K\}$ 为 K 种单一水库调度规则的集合。

BMA 方法调度规则的出库流量 R_0 可通过单一水库调度规则确定的出库流量和相应的权重，以及确定性优化调度模型确定的最优轨迹共同确定，计算公式为

$$E[R_0\mid R_0]=\sum_{k=1}^{K}w_kR_k \tag{10.16}$$

BMA 方法中权重和不确定性区间的确定方法有多种，如期望最大化算法、MCMC 法等[41-44]，在具体实施中采用期望最大化算法估算 BMA 方法的参数。以 K 种水库调度规则的权重和 K 种水库调度规则在当前时刻的出库流量为输入，可采用 MCMC 法来估计不确定性区间，从而得到 BMA 方法调度规则对应的水库调度决策区间。

10.3　研 究 区 域

10.3.1　百色水库

百色水库位于广西壮族自治区郁江流域，将下游田东县作为防洪控制点，百色水库特征值见表 10.1。百色水库防洪调度对广西壮族自治区南宁市的防洪安全具有决定性的

作用，因此选取百色水库作为三种单一水库调度规则（分段线性调度规则、曲面拟合调度规则、LS-SVM 规则）和综合防洪调度规则（BMA 方法调度规则）的研究对象。对于百色水库从 1962～2005 年中所选取的 15 场典型洪水（以 12 h 为时间步长），将其中 10 年作为率定期（1970 年、1974 年、1976 年、1978 年、1983 年、1988 年、1994 年、1996 年、1998 年、2001 年），其余 5 年作为检验期（1962 年、1966 年、1968 年、2002 年、2005 年）。下游防洪安全控制断面田东县的安全泄量为 4 310 m^3/s。

表 10.1　百色水库特征值

水库	汛限水位/m	正常蓄水位/m	设计洪水位/m	校核洪水位/m	防洪库容/（10^8 m^3）	总库容/（10^8 m^3）
百色水库	214.00	228.00	229.63	231.27	16.4	56.6

10.3.2　常规调度规则

常规调度规则来自广西壮族自治区水利电力勘测设计研究院有限责任公司[45]。百色水库常规调度的出库流量主要取决于南宁市和崇左市断面。已知百色水库来水径流，根据主汛期、非主汛期的防洪调度规则进行水库常规调度，主汛期的防洪调度规则见表 10.2。

表 10.2　百色水库主汛期防洪调度规则（5 月 20 日～8 月 10 日）

判断条件	控泄条件/（m^3/s）	控泄流量/（m^3/s）
左江崇左市、南宁市涨水趋势	$Q_{崇左}$≤6 000	3 000
	$Q_{崇左}$>6 000，且崇左市前 12 h 涨率>1 000	1 000
	$Q_{南宁}$>13 900，且崇左市前 12 h 涨率>2 000	500
	$Q_{崇左}$>7 800，且崇左市前 12 h 涨率>3 000，或者南宁市 24 h 涨率>2 500	1 000
	其他情况	2 000
左江崇左市、南宁市退水趋势	$Q_{崇左}$≥7 800	1 500
	$Q_{南宁}$>12 000	2 300
	其他情况	3 000
库水位≥228 m		敞泄

基于常规调度规则，可对 15 年典型洪水进行常规防洪调度模拟计算。对于 2001 年典型洪水，调度后百色水库的最大水位是 221.94 m，下游田东县防洪控制断面最大流量为 4 170 m^3/s；但对于 1968 年和 2002 年的典型洪水，下游田东县防洪控制断面的最大流量达到了 4 330 m^3/s 和 5 010 m^3/s，均超过了安全流量（4 310 m^3/s）。15 场典型洪水常规调度的水库平均最大水位为 215.02 m，下游防洪控制断面平均最大流量为 3 120 m^3/s。

10.3.3　确定性优化调度模型

确定性优化调度模型可通过简化 TDDP 方法进行求解，可以有效处理马斯京根法洪水演进产生的滞时后效性问题，从而得到最优调度轨迹。其中，2001 年典型洪水百色水库的最大水位高达 218.14 m，下游安全控制断面田东县的最大流量为 4310 m^3/s。15 场典型洪水最优轨迹调度的水库平均最大水位为 214.29 m，下游防洪控制断面平均最大流量为 3 190 m^3/s。同时，最优轨迹可为三种单一的水库调度规则和 BMA 方法调度规则提供参考。

10.3.4　单一水库调度规则

1. 分段线性调度规则

基于确定性优化调度最优轨迹一一对应的预报库容和最优出库流量的散点图，进行分段拟合。预报库容是指当前库容加上两个时段的入库流量预报（24 h），本章中将历史径流作为无误差的预报值。分段拟合的参数可通过复形调优法进一步进行优化，图 10.5 是优化后的分段线性调度规则，其中，转折点为（3.17×10^8 m^3，1 962.69 m^3/s），则分段线性调度规则为

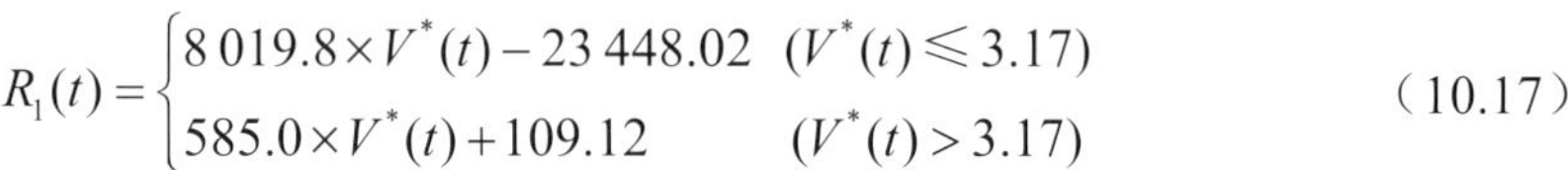

$$R_1(t)=\begin{cases}8\,019.8\times V^*(t)-23\,448.02 & (V^*(t)\leqslant 3.17)\\ 585.0\times V^*(t)+109.12 & (V^*(t)>3.17)\end{cases} \tag{10.17}$$

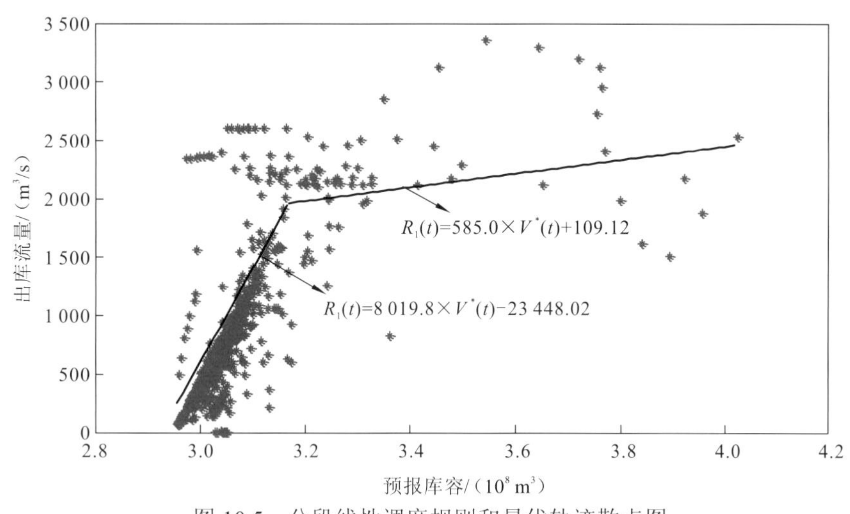

图 10.5　分段线性调度规则和最优轨迹散点图

2. 曲面拟合调度规则

同样，将最优轨迹的预报入库流量（24 h）、当前水库库容和最优出库流量三个系列的数据描绘在三维网格中，再通过 MATLAB 里面的 sftool 工具箱进行曲面拟合，得到曲面拟合调度规则，如图 10.6 所示，其中，确定性系数 R^2 为 0.70。

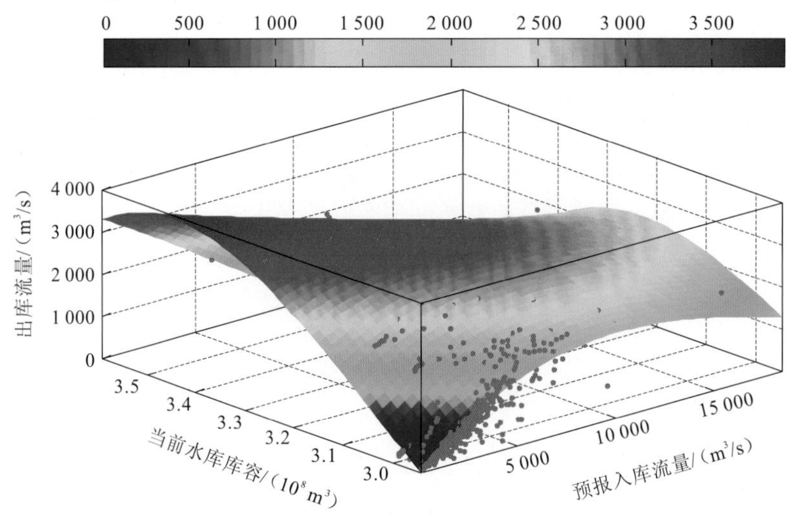

图 10.6　三维曲面拟合调度规则和最优轨迹散点图

3. LS-SVM 规则

基于最优轨迹，LS-SVM 的训练集定义为 $\{I(t),\cdots,I(t+k),V(t);R(t)\}_{t=1}^{T}$。指数形式的网格搜索（图 10.7）被用来寻找 LS-SVM 的最优参数 C_{L}、σ_{L}，其中，参数区间为 $[\mathrm{e}^{-5},\mathrm{e}^{5}]$，变化步长为 1.0。因此，每个参数有 11 种可能性，则一共有 $11\times 11=121$ 种可能性。

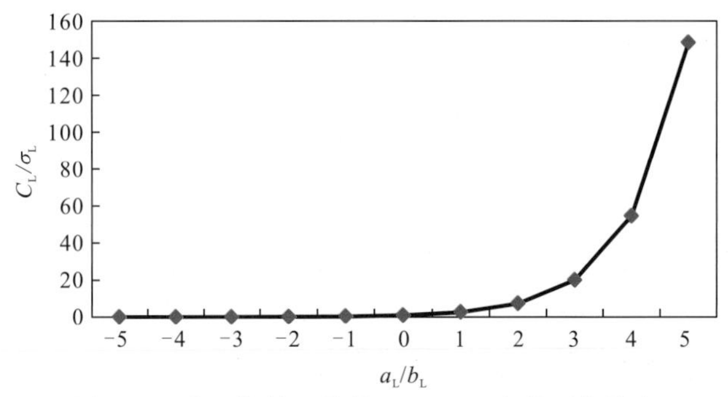

图 10.7　基于指数函数的 LS-SVM 参数网格搜索

$C_{\mathrm{L}}=e^{a_{\mathrm{L}}},\sigma_{\mathrm{L}}=e^{a_{\mathrm{L}}}$，$a_{\mathrm{L}},b_{\mathrm{L}}\in[-5,5]$

为了降低数据随机性带来的偏差，通过交叉验证方法来训练 LA-SVM。15 年典型洪水数据 D_{f} 被分为三个子集 D_1、D_2、D_3，分别对应 1962～1974 年、1976～1994 年、1996～2005 年，每个子集都分别选出检验期进行检验，则率定期为 $D_{\mathrm{f}}\setminus D_t,t\in\{1,2,3\}$。RMSE 和 NRMSD 用于评价拟合效果，交叉验证的结果如表 10.3 所示，发现对于不同的子集，得到的最优参数是一样的，均为 $C_{\mathrm{L}}=148.41$，$\sigma_{\mathrm{L}}=1$。

表 10.3　交叉验证检验期的误差

率定期	检验期	RMSE/（m^3/s）	NRMSD/%	C_L	σ_L
1962～1974 年，1976～1994 年	1996～2005 年	173.98	5.2	148.41	1
1976～1994 年，1996～2005 年	1962～1974 年	196.43	5.9	148.41	1
1962～1974 年，1996～2005 年	1976～1994 年	227.02	6.8	148.41	1
平均值		199.14	5.9	148.41	1

10.3.5　BMA 方法调度规则

与单一水库调度规则一样，考虑两个时段（24 h）的入库流量预报值。基于三种单一的水库调度规则和率定期中的最优轨迹，BMA 方法调度规则可确定三种单一水库调度规则的权重，如表 10.4 所示，权重代表了单一水库调度规则的出库流量接近于最优轨迹的程度。表 10.5 表示常规调度规则、三种单一水库调度规则和 BMA 方法调度规则相较于确定性优化调度最优轨迹的偏差 RMSE 和 NRMSD。从表 10.5 中可以看出，三种单一水库调度规则的权重顺序和偏差顺序是一致的。三种单一的水库调度规则中，LS-SVM 规则表现最优，具有最大的权重（0.791 3）和最小的偏差（152.385 m^3/s 和 3.7%）；其次是分段线性调度规则，权重为 0.125 9；最后是曲面拟合调度规则，权重为 0.082 8。

表 10.4　三种单一水库调度规则的权重

调度规则	分段线性调度规则	曲面拟合调度规则	LS-SVM 规则
权重	0.125 9	0.082 8	0.791 3

表 10.5　常规调度规则、三种单一水库调度规则和 BMA 方法调度规则相较于最优轨迹的偏差

调度规则	常规调度规则	分段线性调度规则	曲面拟合调度规则	LS-SVM 规则	BMA 方法调度规则
RMSE/（m^3/s）	353.078	187.980	249.087	152.385	119.741
NRMSD/%	10.2	8.9	7.5	3.7	4.2

10.4　结果分析

为了验证调度规则的效率和准确度，从拟合度和百色水库模拟调度方面比较了三种单一的水库调度规则（分段线性调度规则、曲面拟合调度规则、LS-SVM 规则）和 BMA 方法调度规则。此外，利用 MCMC 法计算得到了水库调度决策区间，从而为水库调度提供了柔性决策。

10.4.1 拟合度比较

三种单一的水库调度规则和 BMA 方法调度规则的出流分别与确定性优化调度的最优轨迹进行了对比拟合，如图 10.8 所示，横坐标为最优轨迹的出库流量，纵坐标依次为分段线性调度规则、曲面拟合调度规则、LS-SVM 规则和 BMA 方法调度规则的出库流量。

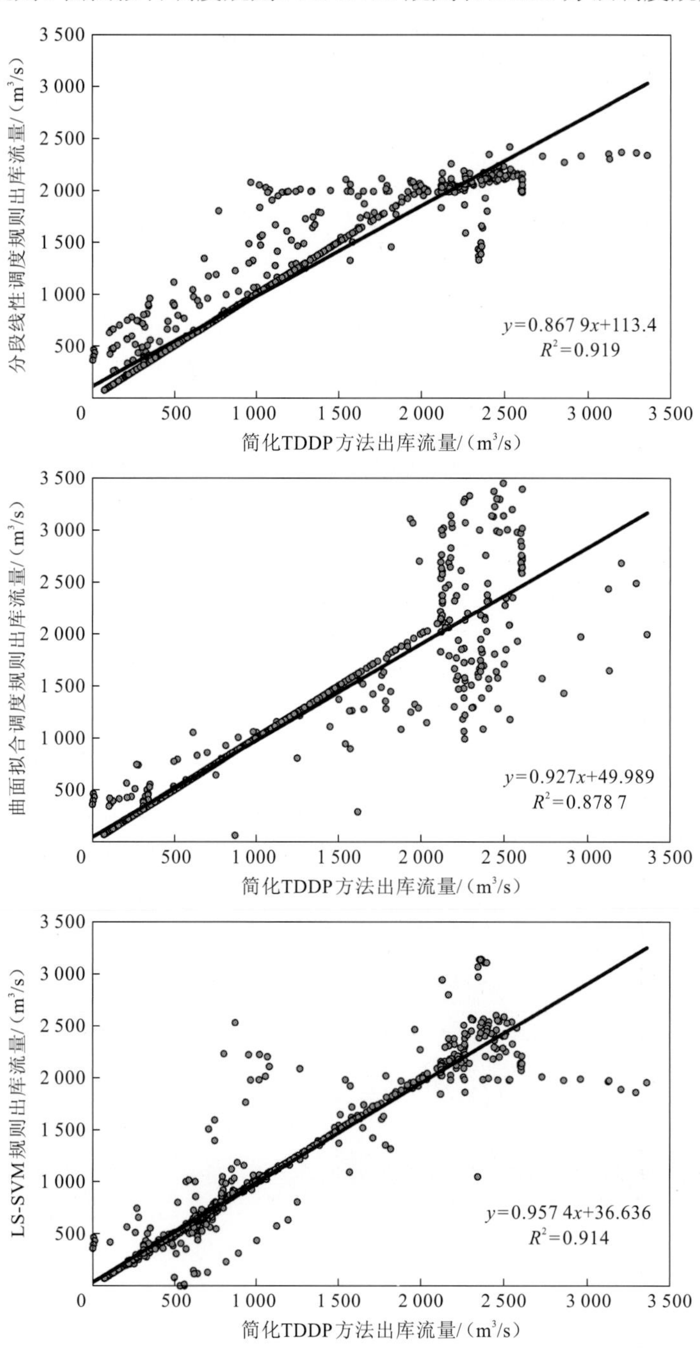

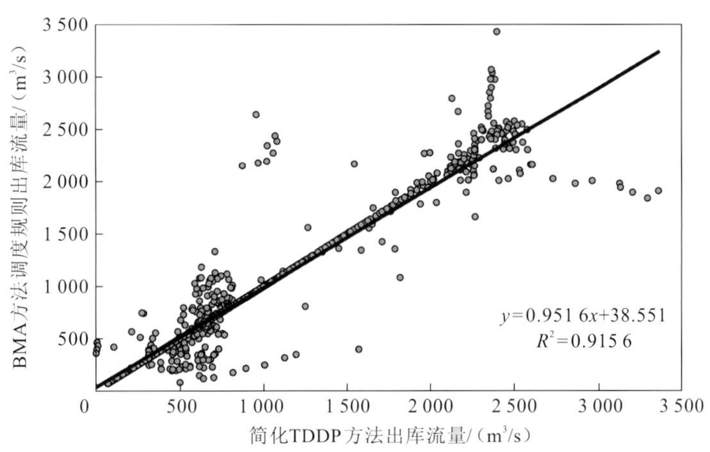

图 10.8　分段线性调度规则、曲面拟合调度规则、LS-SVM 规则、BMA 方法调度规则与最优轨迹拟合图

从图 10.8 中可以看出，分段线性调度规则的出库流量普遍要高于最优轨迹，说明分段线性调度规则在参数优化过程中存在系统偏差；另外三个子图中的散点均匀分布在 45° 斜线两边。由图 10.8 可知，BMA 方法调度规则相较于最优轨迹，具有最小的偏差（RMSE 和 NRMSD），其次是 LS-SVM 规则。因此，BMA 方法调度规则拟合效果最优，其次是 LS-SVM 规则。

10.4.2　百色水库调度模拟验证

基于三种单一的水库调度规则和 BMA 方法调度规则，分别对百色水库进行率定期和检验期的调度模拟，相应的结果分别与常规调度和确定性优化调度进行比较。表 10.6 和表 10.7 分别展示了常规调度规则、简化 TDDP 方法、分段线性调度规则、曲面拟合调度规则、LS-SVM 规则、BMA 方法调度规则调度后的最大水库水位和下游防洪控制断面田东县的最大流量。从表 10.6 中可以看出，对于 15 年典型洪水，简化 TDDP 方法的最大水库水位最小，均值为 214.29 m；曲面拟合调度规则、LS-SVM 规则和 BMA 方法调度规则的最大水库水位均值稍高于简化 TDDP 方法，为 214.37 m；常规调度规则和分段线性调度规则分别为 215.02 m 和 214.39 m。

表 10.6　常规调度规则、简化 TDDP 方法、分段线性调度规则、曲面拟合调度规则、LS-SVM 规则、BMA 方法调度规则调度后的最大水库水位

分期	年份	最大水库水位/m					
		常规调度规则	简化 TDDP 方法	分段线性调度规则	曲面拟合调度规则	LS-SVM 规则	BMA 方法调度规则
率定期	1970	214.28	214.00	214.00	214.00	214.00	214.00
	1974	214.25	214.00	214.00	214.00	214.00	214.00
	1976	214.23	214.00	214.00	214.00	214.00	214.00

续表

分期	年份	最大水库水位/m					
		常规调度规则	简化 TDDP 方法	分段线性调度规则	曲面拟合调度规则	LS-SVM 规则	BMA 方法调度规则
率定期	1978	215.44	214.00	214.11	214.00	214.00	214.00
	1983	214.00	214.00	214.00	214.00	214.00	214.00
	1988	214.00	214.00	214.00	214.00	214.00	214.00
	1994	214.00	214.00	214.00	214.00	214.00	214.00
	1996	214.00	214.00	214.00	214.00	214.00	214.00
	1998	214.00	214.00	214.00	214.00	214.00	214.00
	2001	221.94	218.14	218.31	219.59	218.92	218.91
	均值	215.01	214.41	214.44	214.56	214.49	214.49
检验期	1962	214.13	214.00	214.00	214.00	214.00	214.00
	1966	215.42	214.00	214.38	214.00	214.07	214.12
	1968	216.03	214.22	214.65	214.00	214.63	214.59
	2002	215.61	214.00	214.33	214.00	214.00	214.00
	2005	214.00	214.00	214.00	214.00	214.00	214.00
	均值	215.04	214.04	214.27	214.00	214.14	214.14
均值		215.02	214.29	214.39	214.37	214.37	214.37

表 10.7 常规调度规则、简化 TDDP 方法、分段线性调度规则、曲面拟合调度规则、LS-SVM 规则、BMA 方法调度规则调度后下游防洪控制断面田东县的最大流量

分期	年份	下游防洪控制断面田东县的最大流量/（m^3/s）					
		常规调度规则	简化 TDDP 方法	分段线性调度规则	曲面拟合调度规则	LS-SVM 规则	BMA 方法调度规则
率定期	1970	2 810	3 300	2 690	3 720	3 440	3 320
	1974	2 630	3 260	2 870	3 520	3 230	3 220
	1976	2 930	2 790	2 510	3 360	3 360	3 070
	1978	3 440	2 950	2 620	3 760	3 220	2 970
	1983	2 060	2 660	2 030	2 620	3 270	3 190
	1988	1 700	2 740	2 310	2 870	3 320	3 170
	1994	2 690	2 780	2 550	2 930	3 310	3 260
	1996	3010	3 210	2 930	3 330	3 880	3 650
	1998	1 700	2 780	2 170	2 790	3 270	2 920
	2001	4 170	4 310	4 350	4 310	4 450	4 310
	均值	2 714	3 078	2 703	3 321	3 475	3 308

续表

分期	年份	下游防洪控制断面田东县的最大流量/（m^3/s）					
		常规调度规则	简化 TDDP 方法	分段线性调度规则	曲面拟合调度规则	LS-SVM 规则	BMA 方法调度规则
检验期	1962	3 570	3 350	3 160	3 660	3 560	3 440
	1966	4 090	3 640	3 270	4 310	3 630	3 640
	1968	4 330	3 780	3 540	4 330	3 610	3 690
	2002	5 010	3 610	3 610	3 700	3 610	3 610
	2005	2 630	2 740	2 630	3 610	3 360	3 020
	均值	3 926	3 424	3 242	3 922	3 554	3 480
均值		3 118	3 193	2 883	3 521	3 501	3 365

图 10.9 以箱图展示了六种调度情况下百色水库最大出库流量和下游防洪控制断面田东县最大流量的分布。图 10.9（a）显示 BMA 方法调度规则下的最大水库出流的中位数要低于常规调度规则和曲面拟合调度规则，并且四分位距也小于常规调度规则和曲面拟合调度规则，表示 BMA 方法调度规则更稳定，并且没有异常点。尽管分段线性调度规则和 LS-SVM 规则的四分位距要小于 BMA 方法调度规则，但存在三个异常点。曲面拟合调度规则、LS-SVM 规则和 BMA 方法调度规则的平均最大水库水位相同，但 BMA 方法调度规则具有最小的平均最大出库流量（2 830 m^3/s）。从图 10.9（b）可知，在分段线性调度规则和 LS-SVM 规则模拟调度下，田东县断面流量在 2001 年的典型洪水中超出了安全流量，最大流量分别是 4 350 m^3/s 和 4 450 m^3/s，表示断面的防洪安全被破坏了。表 10.7 表示六种调度情景下，下游防洪控制断面田东县的最大流量。从表 10.7 中可以看出，常规调度规则和曲面拟合调度规则不能使得田东县断面安全度过 1968 年典型洪水，田东县断面最大流量达到了 4 330 m^3/s；同时，常规调度规则调度下，田东县断面最大流量在 2002 年典型洪水中高达 5 010 m^3/s。然而，BMA 方法调度规则调度下，田东县断面最大流量始终低于安全流量，从而保证了下游防洪控制断面的安全。并且，相比于曲面拟合调度规则，BMA 方法调度规则能够产生更低的中位数和更小的四分位距。

图 10.10 展示了六种调度规则在 2001 年典型洪水下百色水库出库流量的对比。针对入库流量的洪峰值，所有调度规则都能较好地削减洪峰，分段线性调度规则和 LS-SVM 规则调度下，田东县断面遭到破坏，最大流量达到 4 350 m^3/s 和 4 450 m^3/s；然而，常规调度规则、简化 TDDP 方法和 BMA 方法调度规则调度下，田东县断面最大流量均能低于安全流量，从而保证了防洪控制断面的安全。曲面拟合调度规则调度下，相邻时刻的出库流量相差太大，容易产生不稳定的库容变化；相反，BMA 方法调度规则调度下，水库出库流量较稳定。

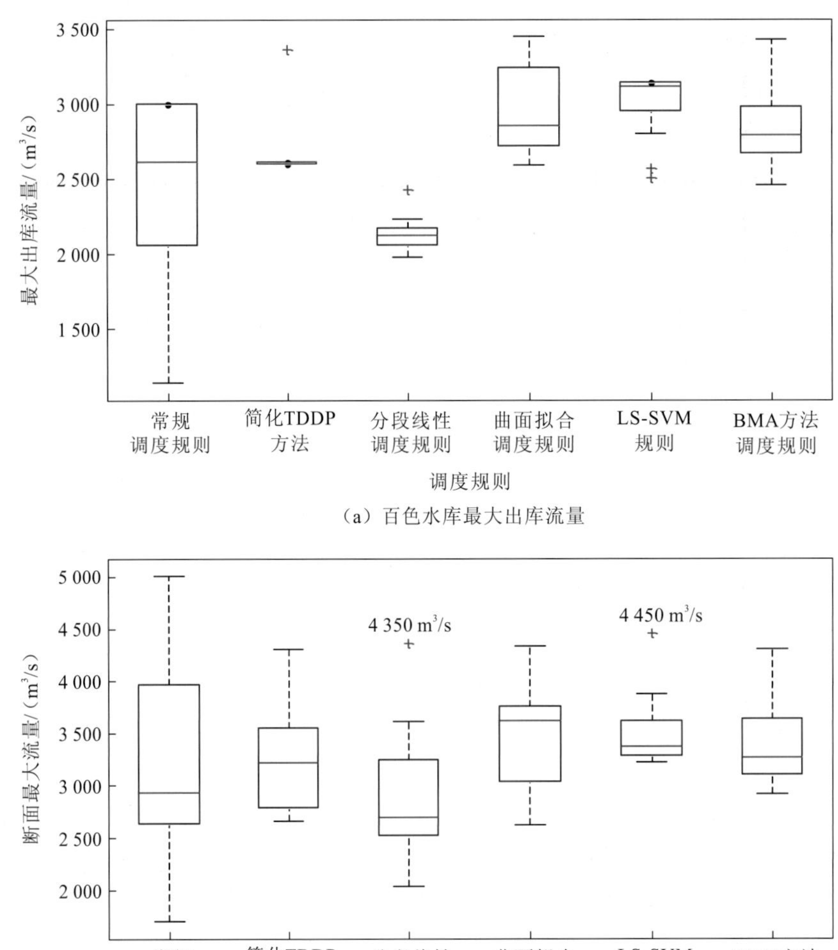

（a）百色水库最大出库流量

（b）田东县断面最大流量

图 10.9　常规调度规则、简化 TDDP 方法、分段线性调度规则、曲面拟合调度规则、LS-SVM 规则、BMA 方法调度规则 15 场典型洪水的箱图

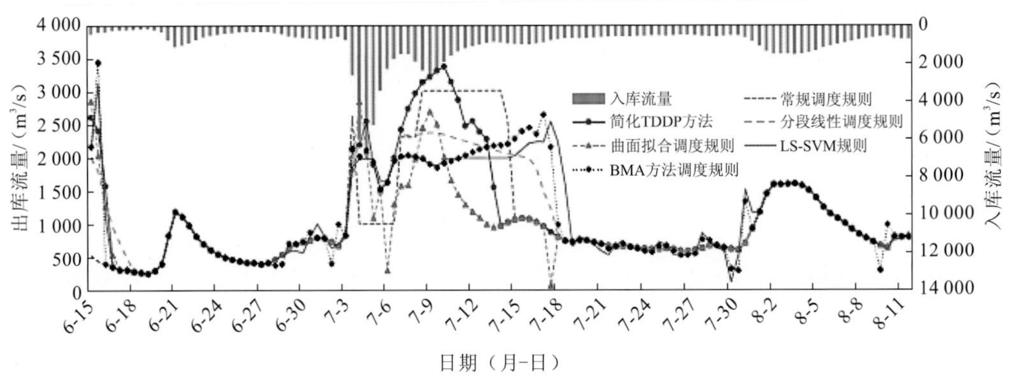

图 10.10　常规调度规则、简化 TDDP 方法、分段线性调度规则、曲面拟合调度规则、LS-SVM 规则、BMA 方法调度规则 2001 年典型洪水百色水库出库流量对比

图 10.11 表示六种调度规则在 2001 年典型洪水下，百色水库的水位变化情况。BMA 方法调度规则调度下，百色水库最大水位是 218.91 m，低于常规调度规则、曲面拟合调度规则和 LS-SVM 规则调度下的水库最大水位值。简化 TDDP 方法能够产生最低的最大水库水位值（218.14 m），因为确定性优化调度是基于洪水期所有的入库径流得到的最优调度。因此，BMA 方法调度规则是仅次于确定性优化调度最优轨迹下的调度规则，优于任何一种单一的水库调度规则。

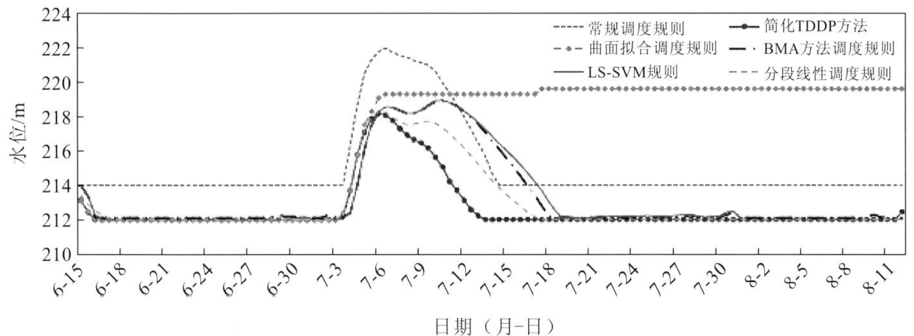

图 10.11 常规调度规则、简化 TDDP 方法、分段线性调度规则、曲面拟合调度规则、LS-SVM 规则、BMA 方法调度规则 2001 年典型洪水百色水库水位对比

10.4.3 百色水库调度区间

利用 MCMC 法进行模拟，BMA 方法调度规则率定期对应的 90%调度决策区间如图 10.12 所示。图 10.12 中红色点代表确定性优化调度下的最优轨迹，灰色区域则对应 90%调度决策区间。90%调度决策区间是通过 MCMC 法产生多组 BMA 方法权重，分别计算 5%～95%分位数确定的，也就是 90%置信区间。从图 10.12 中可以发现，最优轨迹基本上落在了 90%调度决策区间之内。调度决策区间可为决策者进行多目标权衡提供柔性决策选择，从而提高优化调度的可行性。

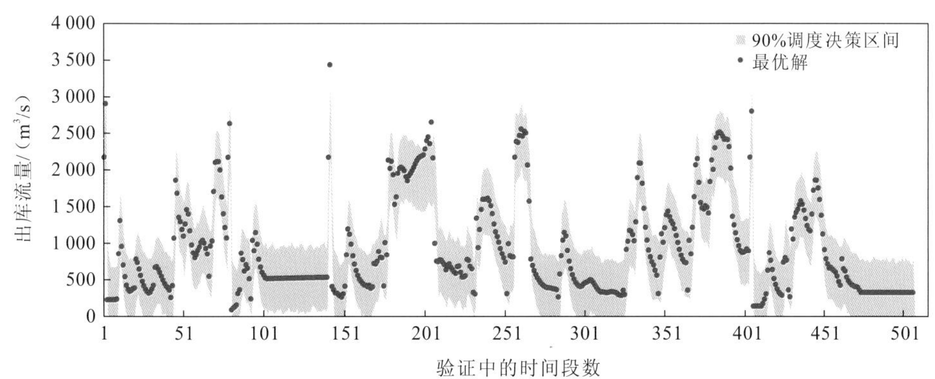

图 10.12 BMA 方法调度规则率定期对应的 90%调度决策区间（步长为 12 h）

10.5 本章小结

本章基于多种单一的水库调度规则，提取了稳健的 BMA 方法调度规则。从实例研究可以得到以下结论。

（1）基于历史洪水的确定性优化调度模型产生的最优轨迹要优于任何单一和合成的调度规则（分段线性调度规则、曲面拟合调度规则、LS-SVM 规则和 BMA 方法调度规则）。简化 TDDP 方法对应的平均最大水库水位是最低的，并且下游防洪控制断面田东县的最大流量均低于安全泄量。

（2）LS-SVM 规则要优于分段线性调度规则和曲面拟合调度规则，原因有：①LS-SVM 规则对应的权重在三种单一的水库调度规则中最大；②LS-SVM 规则下 NRMSD 最小。以上可以说明 LS-SVM 规则更接近于确定性优化调度的最优轨迹。

（3）稳健的BMA方法调度规则要优于任何一种单一的水库调度规则，原因在于BMA方法调度规则考虑了调度规则形式的不确定性，并且能够提高水库调度的效果。相比于单一的水库调度规则，BMA 方法调度规则能够产生较低的平均最大水库水位。同时，BMA 方法调度规则能够提供 90%调度决策区间，从而为水库调度提供柔性决策。

参考文献

[1] GUO X, HU T, ZHANG T, et al. Bilevel model for multi-reservoir operating policy in inter-basin water transfer-supply project[J]. Journal of hydrology, 2012, 424: 252-263.

[2] LI X, GUO S, LIU P, et al. Dynamic control of flood limited water level for reservoir operation by considering inflow uncertainty[J]. Journal of hydrology, 2010, 391(1/2): 124-132.

[3] LABADIE J W. Optimal operation of multi-reservoir systems: State-of-the-art review[J]. Journal of water resources planning and management, 2004, 130(2): 93-111.

[4] YEH W W G. Reservoir management and operations models: A state-of-the-art review[J]. Water resources research, 1985, 21(12): 1797-1818.

[5] CHANG F J, CHEN L, CHANG L C. Optimizing the reservoir operating rule curves by genetic algorithms[J]. Hydrological processes: An international journal, 2005, 19(11): 2277-2289.

[6] OLIVEIRA R, LOUCKS D P. Operating rules for multi-reservoir systems[J]. Water resources research, 1997, 33(4): 839-852.

[7] GUO X, HU T, ZENG X, et al. Extension of parametric rule with the hedging rule for managing multireservoir system during droughts[J]. Journal of water resources planning and management, 2013, 139(2): 139-148.

[8] TRELEA I C. The particle swarm optimization algorithm: Convergence analysis and parameter

selection[J]. Information processing letters, 2003, 85(6): 317-325.

[9] WEI C C, HSU N S. Derived operating rules for a reservoir operation system: Comparison of decision trees, neural decision trees and fuzzy decision trees[J]. Water resources research, 2008, 44(2): 1-11.

[10] BELLMAN R. Dynamic programming and Lagrange multipliers[J]. Proceedings of the national academy of sciences of the United States of America, 1956, 42(10): 1-3.

[11] HEIDARI M, CHOW V T, KOKOTOVIĆ P V, et al. Discrete differential dynamic programing approach to water resources systems optimization[J]. Water resources research, 1971, 7(2): 273-282.

[12] TURGEON A. Optimal short-term hydro scheduling from the principle of progressive optimality[J]. Water resources research, 1981, 17(3): 481-486.

[13] CELESTE A B, BILLIB M. Evaluation of stochastic reservoir operation optimization models[J]. Advances in water resources, 2009, 32(9): 1429-1443.

[14] YOUNG G K. Finding reservoir operating rules[J]. Journal of the hydraulics division, 1967, 93(6): 297-322.

[15] STEDINGER J R, SULE B F, LOUCKS D P. Stochastic dynamic programming models for reservoir operation optimization[J]. Water resources research, 1984, 20(11): 1499-1505.

[16] LIU P, GUO S, XU X, et al. Derivation of aggregation-based joint operating rule curves for cascade hydropower reservoirs[J]. Water resources management, 2011, 25(13): 3177-3200.

[17] RUSSELL S O, CAMPBELL P F. Reservoir operating rules with fuzzy programming[J]. Journal of water resources planning and management, 1996, 122(3): 165-170.

[18] LI L, LIU P, RHEINHEIMER D E, et al. Identifying explicit formulation of operating rules for multi-reservoir systems using genetic programming[J]. Water resources management, 2014, 28(6): 1545-1565.

[19] CELESTE A B, KADOTA A, SUZUKI K, et al. Derivation of reservoir operating rules by implicit stochastic optimization[J]. Annual journal of hydraulic engineering, 2011, 49: 1112-1116.

[20] MALEKMOHAMMADI B, KERACHIAN R, ZAHRAIE B. Developing monthly operating rules for a cascade system of reservoirs: Application of Bayesian networks[J]. Environmental modelling & software, 2009, 24(12): 1420-1432.

[21] LIU P, LI L, CHEN G, et al. Parameter uncertainty analysis of reservoir operating rules based on implicit stochastic optimization[J]. Journal of hydrology, 2014, 514: 102-113.

[22] HOETING J A, MADIGAN D, RAFTERY A E, et al. Bayesian model averaging: A tutorial[J]. Statistical science, 1999, 14(4): 382-417.

[23] AJAMI N K, DUAN Q, SOROOSHIAN S. An integrated hydrologic Bayesian multimodel combination framework: Confronting input, parameter, and model structural uncertainty in hydrologic prediction[J]. Water resources research, 2007, 43(1): 1-20.

[24] RAFTERY A E, GNEITING T, BALABDAOUI F, et al. Using Bayesian model averaging to calibrate

forecast ensembles[J]. Monthly weather review, 2005, 133(5): 1155-1174.

[25] ROJAS R, FEYEN L, DASSARGUES A. Conceptual model uncertainty in groundwater modeling: Combining generalized likelihood uncertainty estimation and Bayesian model averaging[J]. Water resources research, 2008, 44(12): 1-16.

[26] JI C, ZHOU T, HUANG H. Operating rules derivation of Jinsha reservoirs system with parameter calibrated support vector regression[J]. Water resources management, 2014, 28(9): 2435-2451.

[27] KARAMOUZ M, AHMADI A, MORIDI A. Probabilistic reservoir operation using Bayesian stochastic model and support vector machine[J]. Advances in water resources, 2009, 32(11): 1588-1600.

[28] SUYKENS J A K, VAN GESTEL T, DE BRABANTER J. Least squares support vector machines[M]. Singapore: World Scientific, 2002.

[29] SUYKENS J A K, VANDEWALLE J. Least squares support vector machine classifiers[J]. Neural processing letters, 1999, 9(3): 293-300.

[30] HSU N S, WEI C C. A multipurpose reservoir real-time operation model for flood control during typhoon invasion[J]. Journal of hydrology, 2007, 336(3/4): 282-293.

[31] ZHOU Y, GUO S. Incorporating ecological requirement into multipurpose reservoir operating rule curves for adaptation to climate change[J]. Journal of hydrology, 2013, 498: 153-164.

[32] GILL M A. Time lag solution of the Muskingum flood routing equation[J]. Hydrology research, 1984, 15(3): 145-154.

[33] GILL M A. Numerical solution of Muskingum equation[J]. Journal of hydraulic engineering, 1992, 118(5): 804-809.

[34] 梅亚东.梯级水库防洪优化调度的动态规划模型及解法[J]. 武汉水利电力大学学报, 1999(5): 10-12, 91.

[35] KOUTSOYIANNIS D, ECONOMOU A. Evaluation of the parameterization-simulation-optimization approach for the control of reservoir systems[J]. Water resources research, 2003, 39(6): 1-17.

[36] OKKAN U, SERBES Z A. Rainfall-runoff modeling using least squares support vector machines[J]. Environmetrics, 2012, 23(6): 549-564.

[37] LERMAN P M. Fitting segmented regression models by grid search[J]. Journal of the royal statistical society: Series C (applied statistics), 1980, 29(1): 77-84.

[38] BENGIO Y, GRANDVALET Y. No unbiased estimator of the variance of k-fold cross-validation[J]. Journal of machine learning research, 2004, 5: 1089-1105.

[39] RAFTERY A E, ZHENG Y. Discussion: Performance of Bayesian model averaging[J]. Journal of the American statistical association, 2003, 98(464): 931-938.

[40] VRUGT J A, DIKS C G H, CLARK M P. Ensemble Bayesian model averaging using Markov chain Monte Carlo sampling[J]. Environmental fluid mechanics, 2008, 8(5/6): 579-595.

[41] VRUGT J A, TER BRAAK C J F, DIKS C G H, et al. Accelerating Markov chain Monte Carlo simulation by differential evolution with self-adaptive randomized subspace sampling[J]. International

journal of nonlinear sciences and numerical simulation, 2009, 10(3): 273-290.

[42] LALOY E, VRUGT J A. High-dimensional posterior exploration of hydrologic models using multiple-try DREAM (ZS) and high-performance computing[J]. Water resources research, 2012, 48(1): W01526.

[43] SADEGH M, VRUGT J A. Approximate Bayesian computation using Markov chain Monte Carlo simulation: DREAM (ABC)[J]. Water resources research, 2014, 50(8): 6767-6787.

[44] 李传科. 百色水库防洪调度规则对老口枢纽防洪库容的影响分析[J]. 广西水利水电, 2007(5): 18-20.

[45] LIU P, CAI X, GUO S. Deriving multiple near-optimal solutions to deterministic reservoir operation problems[J]. Water resources research, 2011, 47(8): 1-20.